新时代
家庭家教家风研究

李骏 王芳 等／著

上海社会科学院出版社

前言

李 骏

2012年以来中国进入新时代,这不仅是党中央的一个重大政治判断,也是中国社会转型与变迁进入一个新的历史阶段的高度集中概括。新时代的标志是形成了习近平新时代中国特色社会主义思想,新思想的灵魂是马克思主义与中国具体实际和中华优秀传统文化的"两个结合"。而回顾中国式现代化的历史进程,承受时空压缩型现代化剧烈冲击但又延续了中国历史文化根脉的社会细胞,正是家庭。由此就能充分理解习近平的重要论述:"要重视家庭建设,注重家庭、注重家教、注重家风……使千千万万个家庭成为国家发展、民族进步、社会和谐的重要基点",[①]"无论时代如何变化,无论经济社会如何发展,对一个社会来说,家庭的生活依托都不可替代,家庭的社会功能都不可替代,家庭的文明作用都不可替代"。[②] 还有许多相关重要论述,都收录在《习近平关于注重家庭家教家风建设论述摘编》一书中,[③]成为习近平新时代中国特色社会主义思想的重要组成部分。因此,家庭成为观察新时代、理解新思想的一个重要研究对象。

上海社会科学院社会学研究所是中国家庭研究的重镇,最早参与国家哲学社会科学"六五"规划重大课题"中国城市家庭研究",牵头成立中国社会学会家庭社会学专业委员会,长期担任中国社会学会青少年专业委员会理事长单位,曾经组建家庭学和儿童社会政策研究两个特色学科,目前设立家庭和青少年两个创新团队,在婚姻、性别、儿童、青少年、福利政策等广义的家庭研究领域一直深耕不辍、成果

[①] 习近平:《在2015年春节团拜会上的讲话》,https://www.gov.cn/xinwen/2015-02-17/content_2820563.htm,2015年2月17日。

[②] 习近平:《在会见第一届全国文明家庭代表时的讲话》,https://www.xinhuanet.com/politics/2016-12/15/c_1120127183.htm,2016年12月12日。

[③] 中共中央党史和文献研究院编:《习近平关于注重家庭家教家风建设论述摘编》,中央文献出版社2021年版。

不断。当前，全党全国上下正在开展学习贯彻习近平新时代中国特色社会主义思想主题教育，为更好地理解新思想关于家庭家教家风建设的内容，我们精心收集编辑全所科研人员在这个研究领域的相关论文，出版《新时代家庭家教家风研究》。

全书共收录26篇论文，分为四个部分：家庭变迁与代际传承、家庭养育与家长参与、家庭政策与儿童发展、时代发展中的家庭与青少年。需特别说明的是，全书所收录文章均公开发表过，因受篇幅所限，每篇文章的参考文献均未放入，读者若有进一步参考需要，可按文末注明参看原文。

一、家庭变迁与代际传承

习近平指出，"我反复强调要注重家庭、注重家教、注重家风，是因为我国社会主要矛盾发生了重大变化，家庭结构和生活方式也发生了新变化"，[①]"敬老爱老是中华民族的传统美德。要把弘扬孝亲敬老纳入社会主义核心价值观宣传教育，建设具有民族特色、时代特征的孝亲敬老文化"。[②] 那么，中国的家庭生活发生了什么变化，对孝道文化、代际关系产生了什么影响？对这些问题的回答构成了本书的第一部分。

现代化必然导致中国社会从家庭主义向个人主义的转变吗？《代差与代同：新家庭主义价值的兴起》通过区分家庭主义的两个维度，发现代差主要体现在责任维度，代同主要体现在权利维度，得出的结论是：变迁的结果是在青年人身上出现了以个体意识的崛起和家庭价值的稳固为双重特征的"新家庭主义"，它区别于以前一味强调家庭高于个人、个人要为家庭利益无条件牺牲和奉献的传统"家庭主义"，也区别于西方式"个人主义"。现代化导致传统孝道文化衰落吗？《孝道衰落？成年子女支持父母的观念、行为及其影响因素》通过考察奉养双亲（养亲）、侍奉在侧（侍亲）、显扬亲名（荣亲）、顺从双亲（顺亲）四项指标，发现整体上传统孝道文化并未衰落，青年人不孝的趋势并未得到支持，代际关系中的给予与获得失衡问题并不严重，但城乡之间在孝道文化上确实存在较大差异。《"亲密有间"：两代人话语

[①] 习近平：《在同全国妇联新一届领导班子成员集体谈话时的讲话》，https://www.gov.cn/xinwen/2018-11/02/content_5336958.htm，2018年11月2日。

[②] 习近平：《在十八届中央政治局第三十二次集体学习时的讲话》，《人民日报》2016年5月29日。

中的新孝道》继续追问:何以农村研究发现"孝道衰落"而城市研究发现"孝道继承"? 作者回答,由于老年人经济上的独立性,现代城市家庭的孝道已由旧孝道向新孝道演化;旧孝道是"奉养无违",强调物质上要供养父母、精神上要绝对服从父母和压抑自我个性,而新孝道是"亲密有间",强调精神赡养的重要性,同时尊重亲子双方的个体价值和自由意志;从旧孝道到新孝道,养亲、侍亲发生弱化,尊亲、显亲、悦亲得到强化。沿着精神或情感这个费孝通认为"被忽略而极重要的"分析维度,《转型期的家庭代际情感与团结》通过比较分析和谐与冲突的两类城市"啃老"家庭,发现"亲子一体"的情感结构让代际互助传统表现出了强大的文化抗逆性,关系和谐的"啃老"家庭成功延续了以亲子一体和无限责任为特征的代际"和合"文化传统;《自反性实践视角下的亲权与孝道回归》通过聚焦成年初显期,认为城市中产阶层家庭代际关系的核心特征就是以亲密情感为基础的亲权和孝道运作,青年向亲权和孝道的回归既是亲密惯习的实践结果,也是协商性成年道路上的自我认同建构。而关于青年如何在代际传承中实现自我,《代际传承与二代企业家群体研究》通过比较父子两代民营企业家在产业选择、企业治理、技术更新、企业文化等方面的异同,描绘了子代对父代既继承又开创的继创者形象。

二、家庭养育与家长参与

习近平指出,"希望大家注重家教。家庭是人生的第一个课堂,父母是孩子的第一任老师……家长应该担负起教育后代的责任……广大家庭都要重言传、重身教,教知识、育品德",[1]"男同志在家庭中也要发挥作用,但女同志有自己的优势……广大妇女要自觉肩负起尊老爱幼、教育子女的责任"。[2] 那么,中国家庭的教育、养育和中国家长的参与性、主体性有什么特点? 对这些问题的回答构成了本书的第二部分。

《上海家庭教育的新变化与新挑战》通过比较2005年和2015年的两次家庭教育调查,发现大多数家长的家庭教育理念有了明显变化,家庭教育方式也随时代变化,家庭拥有了更多教育资源,家庭教育中"父亲缺位"依然存在,而母亲负荷有所

---

[1] 习近平:《在会见第一届全国文明家庭代表时的讲话》,《人民日报》2016年12月16日。
[2] 习近平:《在同全国妇联新一届领导班子成员集体谈话时的讲话》,https://www.gov.cn/xinwen/2018-11/02/content_5336958.htm,2018年11月2日。

上升,家庭亲子互动时间减少,而孩子课外教育时间上升,家庭成员之间对养育孩子的矛盾有所增多,不同阶层家庭之间的教育结果差异明显。《家庭教育需求与理念的代际比较》将研究场景从上海转换到苏州,将研究视角从时期比较转换为代际比较,发现家长和孩子对家庭教育的认识既有共性,也有差异,还有随孩子年龄增长而带来的变化。《城市"二孩"家庭的养育:资源稀释与教养方式》则重点探讨城市"二孩"家庭的养育特点及其影响因素,发现在养育资源上"二孩"家庭存在经济资源稀释但不存在教育资源稀释,在养育方式上养育两个孩子,尤其是两个女孩的父母体验更为积极,但养育两个男孩的父母面临更大挑战。《中国城市家庭教养方式的阶层差异》聚焦阶层差异,通过测量整体的教养方式而非具体的教养行为,使用职业、教育和综合地位作为阶层的三重指标,经过上海和全国数据不同测量方法的交叉验证,发现中国城市社会阶层之间确实存在教养方式的显著差异,经济社会地位越高的家庭越可能采取权威型或民主型教养方式,而非专制型或放任型教养方式。《新高考下家长参与"大学准备"的影响因素》将家长参与的分析重点从日常化的普遍情境转向具体化的高考准备,发现家庭文化、社会网络与学校升学服务均有正向影响,而对于在家庭经济和文化上不占优势的家长,家庭社会网络和学校升学服务对他们参与大学准备具有促进作用。《"鸡娃"时代的主体性发展困境》认为家庭养育不能回避人的主体性问题,结合热播影视剧中的典型案例,对密集养育模式下家长主体性的迷失、家长对儿童主体性的漠视、儿童主体性的消解进行了理论反思,并呼吁家庭养育的主体建构和模式转向。

三、家庭政策与儿童发展

习近平指出,"要积极回应人民群众对家庭建设的新期盼新要求,认真研究家庭领域出现的新情况新问题……做好家庭工作……帮助妇女处理好家庭和工作的关系……男性也不能当甩手掌柜,要同妻子分担养老育幼等家庭责任",[①]"家庭、学校、政府、社会都有责任……全社会都要担负起青少年成长成才的责任……要健

---

① 习近平:《在同全国妇联新一届领导班子成员集体谈话时的讲话》,https://www.gov.cn/xinwen/2018-11/02/content_5336958.htm,2018年11月2日。

全社会教育资源有效开发配置的政策体系"。① 那么,家庭建设、家庭工作需要国家出台什么样的儿童政策、性别政策、家庭政策?国家政策又对儿童发展产生什么样的影响?对这些问题的回答构成了本书的第三部分。

《家庭、国家与儿童福利供给》首先做了一个概述性的历史回顾:传统上儿童抚育事务主要由家庭承担,工业革命之后西方国家才开始系统关注并发展儿童社会福利,为抚育儿童的父母提供制度化的国家支持,并对父母亲权的实践进行国家监督;关注得不到家庭适当抚育的儿童并为其提供必要的福利服务,已经成为现代国家的共识;鉴于我国传统的以家庭为主的儿童抚育模式失灵,积极发展选择性的儿童福利服务具有充分合理性。接下来,《美国家庭支持服务育儿模式之审视》《美国无家可归儿童:定义、现状及救助措施》《法国儿童自闭症患者的政策演进及对我国的启示》分别介绍美国支持家庭育儿服务、美国救助无家可归儿童、法国发展儿童自闭症国家战略计划及对我国的政策启示。《欧洲就业性别平等政策的新路径及对中国的启示》则将视角从儿童转向性别,考察欧洲如何从发展公共照顾服务转向改变照顾责任性别安排,从而促进性别平等的经验及对我国的政策启示。鉴于国家政策和社会环境对儿童发展的重要性,《小学入学年龄对儿童义务教育阶段学校表现的影响》《中小学校园欺凌行为及其影响因素》分别研究了入学年龄对学校表现的影响和环境系统对校园欺凌的影响。

四、时代发展中的家庭与青少年

习近平指出,"广大青年要把正确的道德认知、自觉的道德养成、积极的道德实践紧密结合起来,自觉树立和践行社会主义核心价值观",②"少年儿童正在形成世界观、人生观、价值观的过程中,需要得到帮助",③"广大家庭都要弘扬优良家风,以千千万万家庭的好家风支撑起全社会的好风气"。④ 那么,与全球化背景下的其

---

① 习近平:《加强党对教育工作的全面领导是办好教育的根本保证》,《人民日报》2018年9月11日。
② 习近平:《在实现中国梦的生动实践中放飞青春梦想》,https://cpc.people.com.cn/xuexi/n/2015/0717/c397563-27322388.html? ivk_sa=1024320u,2013年5月4日。
③ 习近平:《从小积极培育和践行社会主义核心价值观》,《人民日报》2014年5月31日。
④ 习近平:《在会见第一届全国文明家庭代表时的讲话》,《人民日报》2016年12月16日。

他国家相比,中国青少年具有怎样的价值观?家庭、学校、社会的协同育人体系成效如何、挑战何在?对这些问题的回答,构成了本书的第四部分。

《"我一代"典型特征及其社会影响》介绍了美国心理学家滕格提出的"我一代",即出生于20世纪70—90年代的三代美国年轻人的统称,他们以自我为中心,藐视权威,展现出前所未有的自信与决断,可是也缺乏责任感、前所未有的不快乐,作者呼吁借用这一研究视角,对我国"80后""90后""00后"三代年轻人的社会特征进行统一研究。《日本"无欲世代"的群体画像和成因探析》介绍了20世纪90年代泡沫经济破灭后,日本社会出现的"无欲世代"现象,即年轻群体表现出物质寡欲、消费需求低落的同时,"低欲望"趋势也蔓延到对"性"的态度和行为上,对此有"平等说""风险说""负担说"等多元解读,背后是经济压力的增加和生活环境的改变等复合因素的共同作用。《深度现代化:"80后""90后"群体的价值观冲突与认同》从八个方面对中国"80后""90后"的价值观进行分析,认为当代青年的价值观并非简单的"后物质主义",而是从以物质主义为主的价值观,向生存和幸福价值观并重、传统和理性价值观共存的深度现代化价值观转变。《现代性和后现代性的同步发展:"90后"生活价值观特征分析》聚焦中国"90后"青年的生活价值观,认为这一代人的生活价值观既区别于"低欲望",也区别于"小确幸",是一种注重成就、注重工作、注重科技发展、注重家庭等现代性的发展元素,又注重自我表达和自我发展、淡化权威、追求个人内心宁静的简单和自然生活方式的后现代价值观,因此是一种现代性与后现代性同步、具有发展取向的价值观。《上海"00后"成长发展状况研究》从品德发展、学习能力、身体成长、心理健康、劳动实践、综合素养、学校育人、学校生活、家庭支持、家庭生活、社区环境、文化环境等诸多方面,对上海"00后"的成长发展和成长环境做了全面分析,既发现了新的特征,也剖析了新的挑战。《被"结构化"的童年与一场思想的革命》关注到近年来中国城市中一种被成人主导的高度"结构化"的童年景观,分析其形成逻辑和社会后果,认为需要一场关于童年的思想革命,重新思考和建构儿童与成人的关系框架。《AI时代"教育内卷化"的根源与破解》从当下中国儿童教育内卷化现象入手,认为在AI时代须通过构建家校社协同育人体系来解决这个难题:家庭教育应教会孩子"敬畏生命、学会生存、感恩生活",学校教育须破除功利化的"五唯"评价,切勿拿儿童"大脑"与"电脑"竞争,社会教育目的是"将孩子心灵点亮,而不是将大脑塞满"。

综观上述研究,充分体现了习近平总书记在"5·17"和"8·24"重要讲话中蕴含的构建中国特色哲学社会科学和中国特色社会主义社会学的四点方法论[①]。一是问题导向,如探讨孝道衰落还是孝道变迁、啃老家庭的代际团结、"鸡娃"时代的主体困境、AI时代的教育内卷、民营企业家代际传承等;二是吸收借鉴,如研究欧洲、美国、日本等国家和地区的家庭相关政策和青年发展状况对我国的启示;三是坚持创新,如提出新家庭主义、新孝道、现代性与后现代性同步、深度现代化价值观等概念,显示出中华优秀传统文化的坚守与韧性;四是重视实践,既使用问卷、访谈等社会调查方法进行定量与定性实证研究,又关注二孩政策、入学年龄政策、新高考政策、校园欺凌治理政策、儿童性别家庭政策等影响和建议。希望本书的出版,能让社会各界进一步了解本所服务中国家庭家教家风建设的整体研究实力,并推动本所进一步夯实中国特色社会主义社会学的学科建设布局。

[①] 李骏:《中国特色社会主义社会学的立场、方法和重心》,《社会科学》2022年第9期。

目录

前言 ⋯⋯⋯⋯⋯⋯⋯⋯⋯⋯⋯⋯⋯⋯⋯⋯⋯⋯⋯⋯ 李 骏 1

家庭变迁与代际传承

代差与代同：新家庭主义价值的兴起 ⋯⋯⋯⋯⋯⋯⋯⋯⋯⋯⋯⋯⋯ 2
孝道衰落？成年子女支持父母的观念、行为及其影响因素 ⋯⋯⋯⋯ 14
"亲密有间"：两代人话语中的新孝道 ⋯⋯⋯⋯⋯⋯⋯⋯⋯⋯⋯⋯ 31
转型期的家庭代际情感与团结 ⋯⋯⋯⋯⋯⋯⋯⋯⋯⋯⋯⋯⋯⋯⋯ 42
自反性实践视角下的亲权与孝道回归 ⋯⋯⋯⋯⋯⋯⋯⋯⋯⋯⋯⋯ 61
代际传承与二代企业家群体研究 ⋯⋯⋯⋯⋯⋯⋯⋯⋯⋯⋯⋯⋯⋯ 80

家庭养育与家长参与

上海家庭教育的新变化与新挑战 ⋯⋯⋯⋯⋯⋯⋯⋯⋯⋯⋯⋯⋯⋯ 94
家庭教育需求与理念的代际比较 ⋯⋯⋯⋯⋯⋯⋯⋯⋯⋯⋯⋯⋯⋯ 111
城市"二孩"家庭的养育：资源稀释与教养方式 ⋯⋯⋯⋯⋯⋯⋯⋯ 128
中国城市家庭教养方式的阶层差异 ⋯⋯⋯⋯⋯⋯⋯⋯⋯⋯⋯⋯⋯ 141
新高考下家长参与"大学准备"的影响因素 ⋯⋯⋯⋯⋯⋯⋯⋯⋯⋯ 157
"鸡娃"时代的主体性发展困境 ⋯⋯⋯⋯⋯⋯⋯⋯⋯⋯⋯⋯⋯⋯⋯ 168

家庭政策与儿童发展

家庭、国家与儿童福利供给	182
美国家庭支持服务育儿模式之审视	192
美国无家可归儿童：定义、现状及救助措施	202
法国儿童自闭症患者的政策演进及对我国的启示	211
欧洲就业性别平等政策的新路径及对中国的启示	219
小学入学年龄对儿童义务教育阶段学校表现的影响	228
中小学校园欺凌行为及其影响因素	248

时代发展中的家庭与青少年

"我一代"典型特征及其社会影响	264
日本"无欲世代"的群体画像和成因探析	272
深度现代化："80后""90后"群体的价值观冲突与认同	283
现代性和后现代性的同步发展："90后"生活价值观特征分析	299
上海"00后"成长发展状况研究	310
被"结构化"的童年与一场思想的革命	325
AI时代"教育内卷化"的根源与破解	330

家庭变迁与代际传承

代差与代同：新家庭主义价值的兴起

一、引言：问题的提出

家庭主义和个体主义之辨析，是当代青年价值认同的重要问题，也是当代家庭代际价值观念变迁研究争论的焦点，以此作为家庭价值观传统还是现代的分野。一方面，现代化的变迁有目共睹；另一方面，传统的坚守与回归同样清晰可辨。这一矛盾的社会事实在青年人身上表现得尤为明显，年轻一代到底"变了"吗，成了一个最容易引起争论的问题。

一些调查发现：幸福的家庭仍是青年人首选的人生价值；青年人总体上赞同家庭利益高于个人利益，具有较强的家庭义务感，认同自己对家人的幸福负有很大的责任；青年人在赡养父母观念方面甚至更加传统和理想化。

但另一些调查则发现：变迁社会中的青年正处于由"家本位"向"个人本位"的转型期；两代人在孝道方面存在日益明显的价值观差异，市场化使年轻的子代一味强调个人权利、欲望和自由，形成一种极端功利化的自我中心取向，导致孝道衰落、家庭责任意识淡薄。青年人日益为了追求个人快乐而躲避家庭责任义务，缺乏牺牲、容忍精神。而对于文化意义上的"代"，更多的研究结果支持青年人确实"变了"的结论。研究发现，年轻一代的价值观正朝向一个更强调个人主义、后物质主义、现代理性和现世化的取向发展，追求自由平等、个体自我实现、舒适与快乐，总之现代价值取向正在替代传统价值取向。

本文认为，基于研究视角的不同，对于"变化"与否的发现必然也会不同。因此，本文在暂时搁置对可能导致不同结论的研究方法上的检视（虽然研究方法对研究结果的影响一定存在）前提下，更关心的问题是：讨论青年人是否"变化"的标准到底在哪里？

二、理论架构：家庭中的个体

概括地说，家庭主义和个体主义是对利益主体单位认同不同的两种理想类型。家庭主义将家庭整体作为理性计算单位，强调一切以家庭利益为重，个人只是家庭中的一员，任何时候都以家庭的整体存在为前提、以家庭的发展为优先，家庭成员的个人利益须服从家庭的整体利益，个体价值通过群体价值来实现。因此，家庭主义是一种以家庭利益为本位的价值认同。相对而言，个体主义认为每一个家庭成员都是一个利益主体，个人拥有自由选择的权利和能力，同时个人为自己的生活负责，个体价值高于群体价值。因此，个体主义是一种以个人利益为本位的价值认同。两者的核心差别在于本位意识。所谓"本位"，也即原点、落脚点、中心的意思。在现象层面，青年人对于两者的认同可能呈现出摇摆、混合的特征；但矛盾现象背后的中心逻辑是本文探索和讨论的问题。

根据经典的现代化理论，家庭的现代化必然是一个由重视家庭利益的家庭主义向重视个人利益的个体主义转变的过程，个人的崛起必然伴随着家庭的式微。但是越来越多的研究结果挑战了单线进化论的假设。本文认为，问题的关键是，家庭利益和个人利益之间是否一定构成此消彼长、零和博弈的关系。从前述概念描述可以看到，两者的分析单位是不同的，家庭主义认同的单位是"家庭"，而个体主义认同的单位是"个人"，图1是两者相互关系的示意图。

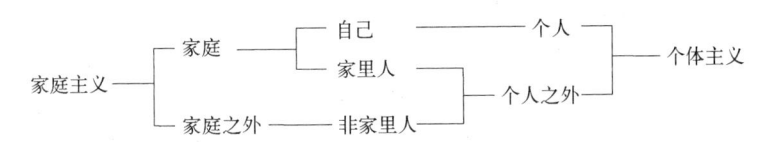

图1 "家庭主义"和"个体主义"概念分析单位及相互关系示意图
资料来源：作者编制。

当个人被包含在家庭之中时，家庭利益和个人利益的关系有两种可能：一种是零和的关系，另一种是双赢的关系。权变的可能在于"家庭中的个人"具有双重的角色。比如"家里人"，当我们将"家里人"认同为"个人之外"时，家庭利益和个人利益之间是零和的关系，而当我们将"家里人"认同为"家庭之内"时，家庭利益和个人利益则可能出现双赢的关系。了解人们如何看待自己和家里人的关系问题，即家庭与个人的关系问题,将有助于我们回答,对于现代青年人而言,家庭利益和个人利益到底是冲突的还是一致的。换句话说,对于个人而言,家庭到底是一种束缚还是一种支持?

三、家庭主义认同研究的新视角:个体的视角

对于这一问题的回答,需要先厘清"家庭主义"概念中的不同层面。

家庭主义作为中国社会取向的首要原则,虽然历来受到研究者的重视,但对于家庭主义并未形成共识。杨国枢的《中国人的家族主义:概念分析与实证衡鉴》一文提出了较为完整的关于家庭/家族主义探索性的概念架构。杨国枢首先从概念上指出,中国人的家族主义(familism)是与传统中国社会的农业经济形态密切关联的,在传统中国社会,家族是农耕生活的核心,家族的保护、和谐、团结及延续是极其重要的,因而形成了中国人凡事以家为重的家族主义的想法与作为。然后从认知、情感及意愿三个层次来说明家族主义的内涵:(1)认知层次:重视家族延续、重视家族和谐、重视家族团结、重视家族富足、重视家族名誉;(2)情感层次:一体感、归属感、关爱感、荣辱感、责任感、安全感;(3)意愿层次:繁衍子孙、相互依赖、忍耐自抑、谦让顺同、为家奋斗、上下差序、内外有别。从中我们可以大致归纳出"家庭主义"概念的两个主要维度。

(一)作为"责任"的家庭

作为"责任"的家庭视家庭为一种社会组织,强调家庭成员的角色义务和责任。比如认知层次的重视家庭延续、团结、名誉等内涵,情感层次中的荣辱感、责任感,意愿层次的繁衍子孙、忍耐自抑、谦让顺同、为家奋斗、上下差序。可以看到,家庭主义的这一维度是与"个人"相对立的,强调个人对家庭的忠诚、顺从和责任,充满了对个人自由、权利、欲望的束缚,强调个体的群体价值。

这一维度占据了杨国枢所界定的3个层次、12个内涵的主要方面,可以说是"家庭主义"概念建构中最重要、最核心的部分。

(二)作为"权利"的家庭

作为"权利"的家庭视家庭为一种社会资源,强调家庭对个人的保护和支持。比如情感内涵中的一体感、安全感、归属感、关爱感,意愿内涵中的相互依赖、内外

有别。可以看到,家庭主义的这一维度并非与"个人"相对立,更多的是对个人利益的庇护和支持。但它并不完全等同于"西方式个体主义"概念,因为这里虽然强调对个人利益的保护,但并不承认家庭内、外的个人利益具有同等的重要性,因此缺失了"西方式个体主义"概念中所具有的公共价值的一面。

在引入了个体的视角(即家庭与个人的关系)后,我们可以更清晰地厘清中国式的"家庭主义"的两个维度,即一方面,家庭对个人拥有刚性束缚(即家庭利益高于个人利益);另一方面,家庭向个人提供弹性支持(即家庭利益与个人利益具有某种程度的一致性)。

近年来,一些关注中国家庭中的个体崛起的研究越来越多,这些研究几乎都不约而同地发现了中国家庭中所谓的个人崛起更多体现在对上下差序束缚的挣脱,而家庭作为一种资源向个人提供内外有别的弹性支持,在单位保障退出、市场风险增加、社会保障尚不完善的今日中国,不但没有减少,反而可能增加了。这也可以解释为什么阎云翔的研究发现年轻一代走出祖荫的逻辑结果并非如他预想的是真正独立自主的个人的崛起,而是一种极端功利化的自我中心取向,在一味伸张个人权利的同时拒绝履行自己的义务。

本文认为,研究价值变迁与其去执着于传统与现代的两分法,努力分辨新一代人"变"了没有(在单维度的框架里,权变一定存在),不如同时观察他们在文化继承与选择中的取与舍(即权变在哪里,进而回答本质变了吗),以及这种取舍与传统、与现时处境的关联性。

因此本文的研究目的是:首先考察家庭中的两代人在家庭主义认同的不同维度上存在哪些异同(本文认为,代同与代差同样重要),在此基础上对家庭主义认同的变迁特征做一探讨。

四、研究方法:假设、指标和数据

(一) 研究假设

本文提出如下研究假设:(1)代差主要体现在"责任"维度的家庭主义认同上,子代的认同度要低于亲代;(2)代同主要体现在"权利"维度的家庭主义认同上,两代人在这一维度上的认同不存在明显差异;(3)家庭主义认同的变迁特征在于,子代对于家庭主义的认同具有选择性(青年人个体权利意识的迅速增长,使他们对于家庭"束缚"个人的认同度明显降低了,但由于家庭同时具有"支持"个人的作用,因此青年人对于家庭价值的认同度依然很高),这种选择性导致子代身上出现了以家庭价值的稳固和个体意识的崛起为双重特征的"新家庭主义"。

(二)测量维度和操作指标

为了验证上述假设,本文的实证分析主要有三个维度(前两个维度主要用于验证对"家庭主义"的认同,第三个维度主要用于验证"个体意识"),分别由以下指标构成。详见表1。

表1 测量指标构成及基本描述

测量维度	操作指标	分值范围	平均值	标准差	赞同率
作为"责任"的家庭	家庭和睦,比追求自己的利益更重要(谦让顺同)	1—5	4.477	0.680	92.7%
	家庭圆满了,我个人也圆满了(对家忠诚)	1—5	4.519	0.711	91.8%
	子女过得不好,父母好像有任务没完成似的(责任义务)	1—5	3.329	1.173	52.8%
作为"权利"的家庭	家庭让我感到安全和放松的感觉(安全感)	1—5	4.596	0.597	96.7%
	人最终总要回归家庭的(归属感)	1—5	4.525	0.618	94.7%
	我需要从家庭中享受亲情和爱(关爱感)	1—5	4.633	0.544	97.7%
	亲子之间,在各方面是相辅相成、相互影响的(一体感)	1—5	4.596	0.555	97.0%
	子女成家立业、过好日子,是对父母最大的回报(一体感)	1—5	4.475	0.709	92.6%
个人自由和欲望	家庭不是我生活的全部,我还希望拥有自己的圈子(自我实现)	1—5	3.559	0.993	65.7%
	我活着是为了追求快乐(快乐原则)	1—5	3.761	0.996	68.9%
	物质是个人快乐的重要条件(物质欲望)	1—5	3.687	1.024	67.9%

注1:分值1—5分别表示很不赞同、不太赞同、说不清、比较赞同、很赞同。
注2:鉴于本文的研究目标和研究对象的设定,文中提到的家庭既包括核心家庭,也包括主干家庭的概念。
资料来源:作者编制。

(三)数据来源和样本特征

本研究数据来源于2009年完成的对上海市区的入户问卷调查。调查对象为上海市常住居民,子女样本年龄在25—40岁,父母样本要求有年龄在25—40岁的子女。采用分层定比抽样的方法,最终获得有效样本量为父母样本146个、子女样本163个,总计309个。问卷调查之前先对26个家庭做了深度访谈,掌握了丰富的访谈资料,也有利于问卷测量指标的操作化。

子代样本的人口统计特征为:(1)性别:男性占51.3%,女性占48.7%;(2)年龄:25—29岁占33%,30—34岁占31.1%,35—40岁占35.9%;(3)受教育程度:初中及以下占3.8%,高中、中专占37.7%,大专占28.7%,本科及以上占29.8%;(4)婚育状况:未婚占15.8%,已婚无孩占23.7%,已婚/小孩在7岁之内的占28.4%,已婚/小孩在7岁以上的占32.1%;(5)是否独生子女:独生子女占53.8%,非独生子女占46.2%。

五、研究结果和分析

(一) 对于"责任"维度的家庭主义认同

表2显示,两代人在"责任"维度的家庭主义认同的三个测量语句上均存在显著差异。虽然子女样本中也有多数比例的人赞同家庭比个人更重要,但还是可以看到在处理家庭和个人关系的态度上,父母明显更倾向于家庭利益;尤其对于"家庭圆满了,我个人也圆满了"这句话的态度,高达98.5%的父母表示赞同(子女同比为86.3%),这说明总体上父母更认同家庭利益和个体利益的一致性。

表2 对于"责任"维度的家庭主义认同 单位:%

测量语句	样本类型	很赞同	比较赞同	说不清	不太赞同	很不赞同	
家庭和睦,比追求自己的利益更重要	父母	69	28.2	2.1	0.7		$X^2=18.800$ $Df=3$ $P<0.000$
	子女	46	42.9	8.6	2.5		
家庭圆满了,我个人也圆满了	父母	73.9	24.6	1.5	0		$X^2=20.726$ $Df=3$ $P<0.000$
	子女	52.8	33.5	9.9	3.7		
子女过得不好,父母好像有任务没完成似的	父母	23.6	40.7	11.4	23.6	0.7	$X^2=18.803$ $Df=4$ $P<0.001$
	子女	11.9	30.2	12.6	40.9	4.4	

注: * $P<0.05$,** $P<0.01$,*** $P<0.001$,下同。
资料来源:作者编制。

对于作为家庭成员的角色义务,主要采用了"子女过得不好,父母好像有任务没完成似的"这一测量父母角色的语句,两代人的态度也存在显著差异,子女不赞同的比例高出父母21个百分点。

(二) 对于"权利"维度的家庭主义认同

对于"权利"维度的家庭主义认同共有五个测量语句。其中,前三句话主要测量家庭对个体需求的满足,包括安全感、归属感和关爱感。表3显示,两代人对于家庭满足个体需求方面的态度不存在显著差异。

表3的后两句话主要用于测量家庭成员间的相互依赖、支持,亲子间的一体感和关系维系;可以看出,两代人的态度均没有显著差异。

表3 对于"权利"维度的家庭主义认同　　　　　　　单位:%

测量语句	样本类型	很赞同	比较赞同	说不清	不太赞同	很不赞同	
家庭让我感到安全和放松的感觉	父母	70.5	26.6	2.2	0.7		$X^2=5.376$ $Df=3$ $P>0.1$
	子女	58.4	37.9	1.9	1.9		
人最终总要回归家庭的	父母	64.7	29.5	5	0.7		$X^2=4.970$ $Df=3$ $P>0.1$
	子女	52.8	41.7	4.9	0.6		
我需要从家庭中享受亲情和爱	父母	68.5	31.5				$X^2=6.394$ $Df=3$ $P>0.05$
	子女	64.2	31.5	3.7	0.6		
亲子之间,在各方面是相辅相成、相互影响的	父母	64.1	35.2	0.7	0	0	$X^2=4.727$ $Df=3$ $P>0.1$
	子女	61.7	33.3	4.9	0	0	
子女成家立业、过好日子,是对父母最大的回报	父母	64.3	30.7	4.3	0.7	0	$X^2=7.206$ $Df=3$ $P>0.05$
	子女	51.9	38.8	5	4.4	0	

资料来源:作者编制。

(三) 对于个人自由和欲望的态度

表4显示,对基于快乐原则和物质享受的个人欲望的追求方面,两代人均有显著差异,子女中有明显更多比例的人赞同"物质是个人快乐的重要条件"。

表4　对于个人自由和欲望的态度　　　　　　　　　　单位：%

测量语句	样本类型	很赞同	比较赞同	说不清	不太赞同	很不赞同	
家庭不是我生活的全部，我还希望拥有自己的圈子	父母	6.8	46.6	15	27.8	3.8	$X^2=23.769$ $Df=4$ $P<0.000$
	子女	17.5	58.1	13.1	10.6	0.6	
我活着是为了追求快乐	父母	17.4	54.5	10.6	16.7	0.8	$X^2=13.664$ $Df=4$ $P<0.01$
	子女	29	37.7	19.1	14.2		
物质是个人快乐的重要条件	父母	15.9	42	13	26.8	2.2	$X^2=21.430$ $Df=4$ $P<0.000$
	子女	24.1	52.5	14.8	8	0.6	

资料来源：作者编制。

两代人最显著的差异表现在对"家庭不是我生活的全部，我还希望拥有自己的圈子"这句话的态度上，子女样本的赞同比例高出父母样本22个百分点。这项数据有力地揭示了两代人对于家庭之外的个体自我实现是不一样的；这在一定程度上反映出青年人身上的个体主义倾向。

在我们的个案访谈记录中，子代多有类似的表达。比如：

我觉得不同年龄层次的人都要有自己的生活，比如你喜欢做的事情，或者你的朋友。和我们这代人相比，我爸妈这代人好像没我们想得开，他们还是以家庭生活为主，把自己生活放在次要的位置。我们这代人，就像我的同龄人之间，还是以自己为主，朋友啊，同事啊。他们（指父母）基本上不大有自己的生活，自己的生活圈子很小……我以后大概不大愿意……（像我妈这样带孙辈），因为把我自己的时间都浪费掉了。像我妈妈这样，她根本没有自己的生活，她整天围着我们转。我不愿意的。(CF302)

两代人最大的不同是对生活的态度。我生活为了享受，我活着是为了快乐；他们活着就背负了很多责任，背负了很多压力。当然这个可能与他们有小孩有关系。但即使我有了小孩，我还是为我自己活着，至少我很大程度上是为了自己活着。他们活着就为了家庭，或为了别人活着。这是最大的差别。(MM309)

他们（指父母）就是很关注孩子，那我是希望他们更关注自己一点，我不回来吃你不是更简单吗，我要求少对于你来说是一种福气，对不对？你可以过自己的生活，但他们就比较专注于孩子……反而管得太多了，应该多爱自己一点……我始终要的一种状态是,我有需求你来帮助,之外就都是你的,我也尽量减少对你的需求。那现在有宝宝没办法,以前没宝宝,我能不麻烦他们的就尽量不麻烦他们,尽管我也不做饭,我不太会做家务,但我觉得这是我们夫妻俩可以自己去解决的问题,可能在他们认为这很不健康,一天到晚在外头吃,花钱,但我始终觉得我想让他们有自己的空间,有自己的圈子。(CF307)

(四)对家庭主义认同变迁特征的探讨

从表2和表4可看到,代差主要体现在"责任"维度的家庭主义认同以及对个人自由和欲望的态度。这一结果说明,青年人身上的个体意识已经崛起,迅速增长的个体权利意识使他们在对待家庭利益与个人利益孰轻孰重的问题上,与亲代的态度已经存在明显的差别;与亲代相比,青年人对家庭利益高于个人利益的认同有所降低。但从表1至表4的描述统计结果来看,总体上青年人对家庭利益的认同度仍然非常高,绝大多数关于家庭(包括亲子责任)的测量语句的赞同率都在85%以上,而青年人对于个人自由和欲望的测量语句的赞同率在75%以上,表明在青年人心中,家庭的位置总体上还是高于个人的,家庭价值是稳固的。

但同时不能忽略的一点恰恰来自对"代同"的发现,代同主要体现在"权利"维度的家庭主义认同,这使我们有理由推论,关注自我的青年人对家庭价值的高认同很大程度上来自家庭对个人利益的保护。这里有两层含义:一方面,家庭可以满足个体的需求,包括诸如安全感、归属感、关爱感这些基础性的人类心理需求。这一层面在个体主义社会中同样普遍存在,因此它并不能作为青年人对中国传统的家庭主义认同的证据(但它也是"家庭主义"这一概念的应有之义);另一方面则体现中国社会的特征,即对关系取向的认同,主要指代际间的支持和家庭成员间的相互依靠所带来的对个人利益的庇护(本文主要使用"亲子间的一体感"作为测量指标),在这一点上,青年人的赞同率在90%以上,对关系的认同,两代人不存在显著差异,这表明青年人认同家庭利益和个人利益具有某种程度的一致性。

因此本文认为,家庭主义认同的变迁即在于此:虽然两代人都认同家庭的重要性,但双方的逻辑是不一样的:亲代更认同家庭利益和个体利益的一致性(表2的数据可以佐证);而对于年轻的子代来说,他们对于家庭高于个人、仅仅通过家庭价值来体现个体价值的传统家庭主义的认同度明显要低于亲代,他们对于家庭利益和个人利益之间的冲突性更为敏感,意识到了在家庭之外有个体的追求,因此,家庭可能不再是他们的目的,而是他们满足个体需求和自我实现的一种资源和手段。个案访谈记录中几个子代样本的话可以帮助我们理解这一点。

我也说不清个人和家庭哪个更重要。虽然我会把家庭放在第一重要的位置,但因为家庭好了,我个人也快乐。所以如果综合考虑的话,总的来说我还是偏向于认为家庭更重要。(MM309)

家庭放在个体追求前面,是因为家庭更必要吧,倒不是有了它我更幸福,而是说没有它我更不行。家庭让我有温暖、安全感吧。我觉得安全感是最重要的。(CF310)

工作给你的是一种成就感,而家庭其实给你的是一种安全感,人的最终……我觉得,没有安全感,你只有成就感,得不到一种真正身心放松的感觉……安全感很重要……我至少保证了我的安全感。但你如果没有安全感,你去追求事业上的成就,最后你会觉得孤独。(CF402)

六、结论与讨论

实证分析的结果总体上验证了本文的假设。变迁已经发生,但变迁的结果是否导向"个体主义"呢?从前文对变迁特征的探讨来看,本文的结论是"否"。虽然青年人的个体意识已经崛起,但是对个人利益的关注并未挑战家庭利益在青年人心目中的地位,因此本文认为,变迁的结果是在青年人身上出现了以家庭价值的稳固和个体意识的崛起为双重特征的"新家庭主义"。它区别于以前一味强调家庭高于个人、个人要为家庭利益无条件牺牲和奉献的传统家庭主义,它具有将个体权利和家庭责任相结合的独特性,尽力争取家庭利益和个人利益的平衡关系。

由"家庭主义"向"新家庭主义"的变迁,还有以下几点值得总结和讨论。

(一)目前来看,家庭主义认同的代际继承清晰而强大,那就是两代人都非常认同"内外有别"的家庭对于个人利益的保护。

青年人对家庭主义的认同恰恰基于这一点,即家庭是一种自我实现的有力资源。唯一不同的是,相对于亲代对个人利益的强调更多侧重于家庭的内外之别,子代对个人利益的强调则除了具有家庭内外之别这一分界外,更多了一层个人与家庭的分界,如图 2 所示。

```
         代差
     ┌─家庭      个人
亲代─┤                家庭  ├─子代
     └─家庭之外  家庭之外
         代同
```

图 2　两代人的家庭主义认同的落脚点的差别

资料来源：作者编制。

但无论如何，在对待个人利益的态度上，家庭的分界是首要的。在家庭内部，无论是亲代还是子代，对家庭和睦的看重是毋庸置疑的，因此当家庭利益和个人利益发生冲突时，青年人倾向于根据现实情境和个体需求在两者之间取得平衡，当平衡难以达成时他们有可能放弃个人利益来维护家庭利益。有学者指出家庭主义原则和公共性原则（笔者注：即个体主义原则）在处理冲突方面最明显的差别是家庭主义将家庭中的冲突视为不和谐的非正常现象，因为家庭主义假定家庭成员利益一致，而多元社会无法做这样的假定。在面对家庭利益和个人利益发生矛盾时的这种处理态度，恰恰反映了当下青年人身上所保留的清晰的家庭主义的认同痕迹。也说明在中国文化土壤中成长起来的中国青年，目前来看，要真正实现向"个体主义"的转型还有很长的路要走，在他们身上可以成长的只能是"新家庭主义"。

（二）中国家庭的个体化进程已经起步，青年人对于家庭的认同是有选择的，选择的立场正是他们自身的需求。

有学者在研究"家庭认同"时提出了诸如"多重家庭成员身份"和"个体家庭"的概念来说明从个体出发的家庭边界的不确定性和可扩展性，而且都强调了这种弹性家庭边界下的家庭关系充分体现了经济利益和个体情感在某种程度上的一致性。这种家庭认同的弹性原则某种程度上也是对青年人重视家庭价值的落脚点在于个体的佐证。对于当代中国青年而言，个人幸福和个体的自我实现无疑成了人生的终极目标，而目前来看，家庭是帮助他们实现目标最重要的资源之一。单位保障的退出、市场风险的日增、社会保障的缺位，使家庭在化解个人生活压力、提升安全感和幸福感方面，具有不可替代的作用，因此与个体崛起相伴随的不是家庭价值的式微，而是家庭价值的回归。但是回归后的家庭在性质上发生了根本的改变，正如阎云翔所言，家庭逐渐演变为私人生活的中心以及个人的避风港，"私人生活"一词具有了家庭与个人的双重意义，而"新家庭主义"也许正是对这样一种双重意义的私人生活的回应。

（三）"新家庭主义"的提出,提醒我们思考家庭、个人双维度的研究框架。

在家庭变迁的研究中,家庭和个人可能并非完全和简单对立的两极,而是各自独立的变量。在一个双维度的框架里,如图3所示,"家庭主义"和"个体主义"虽然位于对角线上的两个象限(象限B和象限D),但是在当下中国的情境中,日益关注个人利益的中国青年人在家庭利益和个人利益发生冲突时,有可能牺牲小部分家庭利益来换取个人利益;但由于中国家庭对于个人利益的重要支持作用,家庭利益的重要性依然是显著的,因此变迁的结果很可能落到象限A,即青年人会尽力争取两者的平衡。

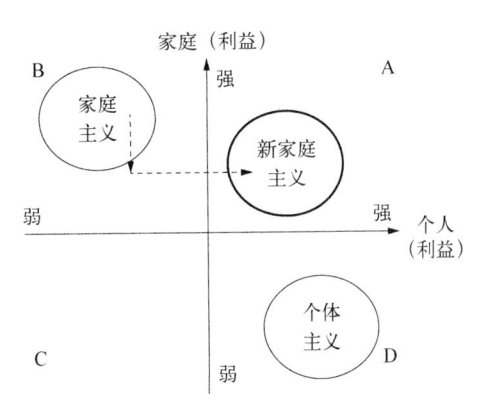

图3 "新家庭主义"示意图
资料来源:作者编制。

（四）本文的结论是,青年人由对"家庭主义"的认同转向对"新家庭主义"的认同,是本位意识上的转变,个体主体价值在青年人身上的显著提升是中国社会个体化进程的有力佐证,构成了当代社会价值变迁的基石。

(康岚,原文载于《青年研究》2012年第3期)

孝道衰落？成年子女支持父母的观念、行为及其影响因素

一、研究背景和问题

与现代化理论对家庭代际关系重要性下降的预期不同，中国虽然在现代化的道路上取得了举世瞩目的成就，但与传统社会相比，代际间的互惠合作性质并没有发生根本性的变化，成年子女与父母在日常照料、经济支持、情感慰藉等方面依然存在密切的互动。尽管已婚子女与父母同住的比例有所下降，但同住与否并不影响代际间的经济联系。亲子分爨但赡养和继承关系不变的"网络家庭"比核心家庭更能描述现代中国家庭关系的特点。

对于中国代际关系在现代化进程中表现出的非预期结果，既有解释除了社会结构的"未富先老"、福利保障制度不完善，以及家庭的安全网作用等结构性因素外，传统孝道文化和家庭价值观的影响是学者通常归因的另一个主要因素。杨菊华、李路路指出，家庭凝聚力具有强大的抗逆力性和适应性，深厚的文化积淀超越了现代化的作用。也正是基于对中国传统文化影响力的肯定，才让许多学者相信，中国的家庭变迁永远不可能沿西方家庭变迁的道路进行。潘光旦、梁漱溟、许烺光等都从中国人行为的伦理本位、关系本位、情境中心等特征来分析代际合作的独特性，这种中国人心理和行为模式是中国文化的深层次结构，或者说是中国人特有的人心秩序，对父母"感恩图报"作为子女自我价值认同的来源和父母得到精神抚慰的源头，这在现代中国依然具有类似于宗教的价值功能。

然而，传统孝道观念究竟在多大程度上以及如何影响日常生活中的成年子女对父母的支持行为，现有研究并没有清楚说明。在对农村代际关系的个案调查研究中，许多学者得出的结论是传统价值观已在现代中国发生巨变，子女向父母恶性索取、不履行赡养义务的背后是现代化和市场化带来的世俗化和理性化价值的普

及导致农村传统孝道衰落、农民价值世界坍塌。与子代的个体理性化相对,亲代仍怀有宗教式的传宗接代愿望,由此造成了失衡的子女剥削父母的代际关系。与此相对,定量研究中关于传统价值观的延续和对代际紧密关系的维持的讨论并没有提供有力证据。多数研究是将人口学、经济学等结构变量不能解释的部分笼统归因为文化和价值观的影响,未提供实证测量。在不多的有观念测量的实证研究中,多为对家庭责任的社会压力感测量,缺乏对作为内在驱动力的价值观的直接测量变量,进入多元模型的仅见用初婚年龄推测被访传统价值观的持有程度。

针对既有研究的缺憾,本文旨在考察孝道文化究竟在多大程度上以及如何影响当代中国家庭代际支持的实践。据此,本文将回答以下问题:传统孝道文化在当代中国的认同度到底如何?成年子女所持孝道观念的强弱是否影响他/她在现实生活中对父母在经济、家事和情感方面的支持强度?以及是否影响他/她在与父母的支持关系中成为"给予者"还是"获得者"?笔者将对这些问题的探讨放在对成年子女孝道观念及其对父母的支持行为的影响因素这个大框架下进行,以便对当代中国成年子女支持父母的逻辑有更深入的认识。

二、研究假设、数据和测量

文化通常以两种方式制约行动:一是通过社区成员达成共识,形成外在的舆论压力;二是通过社会化将共同的价值观内化为行动指向。据此,推出两个假设:(1)社区压力假设:经济发展较为落后、人际隔离和陌生化程度相对较低的社区,传统的舆论监督和社会规范对个体家庭生活的约束力更强。(2)价值观驱动假设:价值观念越传统、对孝道观念认同度越高,支持父母的动力越大,在行动上也对父母的支持力度越大。

本文的研究数据来源于 2008 年上海社会科学院家庭研究中心与兰州大学社会学系在上海和兰州两地进行的"中国城乡居民家庭观念和生活状况"抽样调查。样本以多阶段分层抽样产生,共获得有效样本 2 200 个,其中上海 1 200 人、兰州 1 000 人。被访者为 21—65 岁的成年人,其中有老年父母尚无成年子女者 1 237 人(56.2%),既有老年父母又有成年子女者 481 人(21.8%),因父母过世而无父母者 482 人(22.0%)。因为没有父母的被访在过去一年中没有与父母发生实际的支持行为,所以我们在支持行为和支持角色的分析中没有包括这部分人。样本的其他重要人口特征为：平均年龄43.4岁，男性占50.5%，女性占49.5%；市区占65.8%，农村34.2%；小学及以下教育水平占15.9%，初中占32.2%，高中占29.1%，大专及以上占22.8%。该调查中有丰富的关于代际支持的测量题目，既包括主观态度方面，也包括实际行为。更为重要的是，该调查的数据可以满足本研究的目标，一方面，它同时调查了不同地区和城乡的资料，可以检视社区文化压力差异的影响；另一方面，它有主观价值观的测量指标，可以检视价值观的内在驱动力作用。

（一）孝道观念认同的研究假设和操作化

中国传统"孝"观念的内涵十分丰富，从对父母的日常赡养、继承志业到嗣续、丧葬祭祀等是一整套围绕家族主义而建构起来的"长老统治"的文化。本文选择奉养双亲（养亲）、随侍在侧（侍亲）、显扬亲名（荣亲）、顺从双亲（顺亲）四个典型特征进行研究，每个特征选择一个指标。本研究选取的四项指标是传统父系家庭的孝道观念，如"媳妇侍奉公婆""父亲权威不可挑战"等，这些指标在现代社会更具敏感性，便于观察和测量到传统孝观念的变迁。四个具体指标的陈述和取值参见表1。在做多元分析时，我们将四个指标相加作为自变量进入模型（四个指标内部相关性 $\alpha=0.6184$）。

根据文化的社区压力假设和价值观驱动假设，在孝文化的认同方面推出三个假设：

a1. 农村与城市相比，对孝道观念的认同度更高。

b1. 兰州地区与上海地区相比，对孝道观念的认同度更高。

c1. 教育程度越高，现代个体主义价值观念越强，对孝道观念的认同度越低。

（二）成年子女对父母支持的研究假设和操作化

因循既有代际支持研究的思路，本研究也将成年子女对父母的支持分为经济支持、家事料理和情感联系三个方面进行考察。在比较代际的经济支持金额时会发现，成年子女得到双方父母经济资助的均值为3564元，最大值高达70万元，而他们对双方父母的资助为2365元，最大值为20万元。这种客观经济上的不对等还是比较明显的存在。不过，我们不单考察被访者与自己父母的关系，因为当前中国仍主要是男系家庭模式，女性结婚后组建的小家庭也仍然与丈夫的父母同住比例、来往比例都更高，因此我们将被访对自己父母和对配偶父母的经济支持、家事互助和情感联系同时进行考察。具体的测量指标的选项分为"完全没有""偶尔"

"有时""经常"四档,相应赋值 0—3 分。在多元分析中,我们将被访在过去一年中对自己父母和配偶父母三方面的支持频率分别相加,生成三个新的变量后作为因变量进入模型。

根据文化的社区压力假设和价值观驱动假设,在孝文化对成年子女支持父母的影响方面推出三个假设:

a2. 农村与城市相比,成年子女对父母支持的强度更大。

b2. 兰州地区与上海地区相比,成年子女对父母支持的强度更大。

c2. 对孝道观念认同度越高,成年子女对父母支持的强度越大。

(三) 成年子女与父母支持关系的研究假设和操作化

本研究用子代与亲代的付出和获得相比较来衡量"代际失衡"问题,采用的因变量是一个综合的主观指标。指标的具体叙述为"总体而言,过去一年中是您给予父母更多,还是父母给予您更多?"将选择"我得到更多"和"我得到较多些"合并视为"获得者";将选择"我给予较多些"和"我给予更多"合并视为"给予者"。将选择"差不多"的视为"给予和获得相平衡者"。

根据文化的社区压力假设和价值观驱动假设,在孝文化对成年子女与父母支持关系中的角色的影响方面推出三个假设:

a3. 农村与城市相比,成年子女在与父母的支持关系中更有可能给予而非获取,更有可能成为"给予者"。

b3. 兰州地区与上海地区相比,成年子女在与父母的支持关系中更有可能给予而非获取,更有可能成为"给予者"。

c3. 成年子女对孝道观念认同度越高,在与父母的支持关系中更有可能给予而非获取,更有可能成为"给予者"。

除了文化逻辑之外,本文还将代际关系视为家庭成员主动应对家庭压力的一种策略结果。基于此,笔者在多元模型中引入了个体人口特征和与父母相比的资源优势等变量,以此来验证个体的具体生活情境对孝观念及支持父母行为的影响。个体人口特征和家庭生活情境变量包括性别、收入、教育、年龄、身体健康状况、是否父母健在、是否独生子女、是否结婚、子女数量等。代际相对资源优势包括子女与父母相比,身体健康方面的优势和教育程度方面的优势。身体健康优势越大代表子女可付出的体力资源越大、父母需要照料的程度相对越大;教育优势越大代表子女可提供的经济资源和智力资源越大,而父母自身的经济资源和智力资源相对越少。前者指标用被访的健康程度与父母健康状况最差的一方的健康状况相减。后者的指标用被访的教育程度减去父母当中教育程度较高一方的教育程度。

三、研究分析与结果

(一) 基本状况描述

1. 九成被访认同善事父母观念

如表 1 所示,总体来说,传统孝观念仍得到多数人首肯。从均值看,被访对于"养亲""侍亲""荣亲"的态度都在"比较赞同"和"非常赞同"之间,对"顺亲"的态度也接近"比较赞同"。从百分比看,九成以上被访认同养亲和侍亲观念,说明孝的原初核心观念,即"赡养"和"善事"父母的观念[①]处于绝对主流地位。而对荣亲观念的认同度也接近九成,说明父母与子女之间精神上的"和合共生"关系仍受重视。相对较低的是对顺亲观念的认同度,赞同度仅逾七成。进一步分析显示,独生子女家庭和教育程度高的被访对顺亲的赞同度更低,表明基于威权的"孝道"观支持度已相对趋弱。

表 1　孝观念四个层次认同度的基本描述(N=2200)

孝的内涵	观　念　陈　述	取值范围	赞同的比例	均值	标准差
养亲	子女应尽自己的力量赡养父母使他们的生活更为舒适	1—5	94.3%	4.46	.704
侍亲	好好孝敬、侍奉公婆是媳妇应尽的责任	1—5	92.8%	4.38	.750
荣亲	子女要力争有出息,以使父母/家庭引以为荣/自豪	1—5	86.1%	4.27	.901
顺亲	无论如何,父亲在家中的权威都应该受到尊重	1—5	74.5%	3.90	1.068

资料来源:作者编制。

另外,从城乡和地区差异来看,城市相对于农村、上海相对于兰州对传统孝道观念的支持度显著较弱,显示出现代化对传统代际文化的消解力量。地区差异尤

[①] 对"孝"最原始的解释是"善事父母为孝"(《尔雅·释训》)。

其显著,兰州对四个层次的孝道观念持"非常赞同"态度的比例是上海的1.9—2.7倍。

2. 五至七成的成年子女支持父母

如表2的统计结果显示,在与父母的经济、家事和情感支持方面,情感支持最频繁,表示"有时"和"经常"给予自己父母情感支持、家事帮助和经济资助的比例合计分别为70.7%、58.0%、50.5%。在与配偶父母的支持方面的相应三个比例分别为52.2%、46.8%、47.6%。比较对自己父母和配偶父母的支持发现,被访自述对自己父母的各种支持都高于对配偶父母的支持。

表2 一年中是否经常为父母提供以下帮助　　　　单位:%

	经济调剂或支持		帮助料理家务或照料生活		听父母的心事或想法	
	给自己父母	给配偶父母	给自己父母	给配偶父母	给自己父母	给配偶父母
0. 没有	17.8	18.1	13.6	25.0	6.5	16.4
1. 很少	31.7	34.3	28.4	28.3	22.5	31.4
2. 有时	31.7	32.1	32.3	28.6	42.3	35.7
3. 经常	18.8	15.5	25.7	18.2	28.7	16.5
N	1 699	1 534	1 702	1 534	1 702	1 536

(资料来源:作者编制)

双变量分析显示,在对自己父母的支持方面,男性报告的经济支持和家事帮助略大于女性,但这种差异不具有显著性,而女性给予父母的情感支持却显著高于男性(2.0 vs 1.87,$F=9.599^{**}$)。在对配偶父母的支持方面,三种支持都是女性报告的支持比例高于男性,其中家事支持和情感支持的差异具有显著性。进一步分析,是否共同居住对给予配偶父母的支持影响大于对自己父母支持的影响?均值比较结果显示,与自己父母同住仅会增加对父母家事支持,但对经济支持和情感支持都没有影响;而与配偶父母同住会显著提高为配偶父母提供家事照料和情感支持的力度,不只影响对配偶父母的经济支持。因此,女性对配偶父母支持多于男性可能与女性更多从夫居紧密相关,但女性对自己父母的支持已脱离是否共同居住的限制。

3. 成年子女自述给予和获得比例相当

统计结果显示(见表3),36.3%的被访自述为"获得者",37.4%的人为"给予者",两者比例相差无几。还有26.3%的人认为自己在与父母的关系中"给予和获得相平衡"。"给予者"比例和"获得者"比例相当,甚至略高,这一结果并没有显示出在成年子女与父母的代际关系中存在代际失衡。

表3　过去一年中您给予父母更多还是父母给予您更多　　单位：%

代际支持关系中的角色		全体样本 (N=1 718)	城　乡		地　区	
^	^	^	农村 (N=588)	城市 (N=1 130)	兰州 (N=754)	上海 (N=964)
获得者	我得到更多	11.3	8.3	12.8	11.4	11.2
^	我得到较多些	25.0	19.9	27.7	29.6	21.5
平衡者	差不多	26.3	30.8	24.0	18.0	32.8
给予者	我给予较多些	30.0	33.7	28.1	30.5	29.7
^	我给予更多	7.3	7.3	7.3	10.5	4.9

资料来源：作者编制。

双变量分析结果显示,成年子女在与父母支持关系中的角色在城乡和地区分布方面差异很大。城市中获得者更多,农村中给予者更多,而上海和兰州相比,自述是"给予和获得"相平衡的比例高出14.8%。性别比较发现,男性被访表达获得更多。39.7%的男性自述从父母那里获得的更多,而40.7%的女性自述给予父母的更多。相比之下,女性自述为"给予者"的比例比男性高6.3%,而自述为"获得者"的比例比男性低7.0%。

(二) 影响因素分析

1. 孝道观念的影响因素

如表4所示,研究结果支持了假设a1和b1,而假设c1则仅得到部分证实。另外,家庭生活情境对孝观念,尤其是侍亲观念的影响也很显著。

表4　孝观念的线性回归分析

	养　亲		侍　亲		荣　亲		尊　亲	
^	B	SE	B	SE	B	SE	B	SE
个体人口特征								
性别(1=男)	0.050	0.031	0.024	0.033	0.070	0.039	0.060	0.046
收入(ln)	0.005	0.016	0.018	0.017	−0.020	0.021	−0.060*	0.024
年龄(岁)	−0.005*	0.002	0.001	0.002	0.001	0.002	0.002	0.003

续　表

	养亲		侍亲		荣亲		尊亲	
	B	SE	B	SE	B	SE	B	SE
家庭生活情境								
是否从父母那里得到更多(1=是)	0.035	0.040	0.137**	0.042	−0.066	0.051	0.054	0.060
是否有婚姻经历(1=是)	−0.015	0.062	0.146*	0.066	−0.016	0.080	−0.016	0.094
是否有父母健在(1=是)	−0.076	0.042	−0.125**	0.045	−0.022	0.054	0.030	0.064
是否独生子女(1=是)	0.013	0.052	0.070	0.055	0.168*	0.066	0.066	0.078
价值驱动								
教育(年)	−0.003	0.005	−0.010	0.006	−0.011	0.007	−0.030***	0.008
社区压力								
地区(1=上海)	−0.211***	0.052	−0.313***	0.056	−0.495***	0.067	−0.601***	0.079
城乡(1=城市)	−0.519***	0.054	−0.547***	0.057	−0.796***	0.069	−0.628***	0.081
地区×城乡	0.233***	0.062	0.301***	0.066	0.610***	0.079	0.598***	0.094
截距	−0.211	0.052	4.595***	0.180	5.086***	0.216	5.143***	0.255
F 值	18.980***		18.559***		21.284***		20.862***	
调整后的 R^2	0.085		0.083		0.095		0.093	
N	2 130		2 130		2 130		2 130	

注：B 为非标准化回归系数，SE 是标准误；* $P<0.05$，** $P<0.01$，*** $P<0.001$。
资料来源：作者编制。

(1)孝认同的社区压力假设得以证实。表 4 的回归分析显示,在控制了被访的个体人口特征和家庭生活情境之后,城乡和地区差异仍然是影响孝道观念强弱的重要力量。分别计算上海城市、上海农村、兰州城市和兰州农村的标准回归系数并比较可知(未列出),养亲和荣亲观念从强到弱的排序是兰州农村、兰州城市、上海城市、上海农村;侍亲和尊亲观念从强到弱的排序是兰州农村、兰州城市、上海农村、上海城市。事实上,在双变量的比较中,上海在养亲、侍亲和荣亲观念的城乡差异都不具有统计显著性,只有在尊亲观念上,上海农村显示出比城市更传统的倾向。另外,仅从均值上看,上海农村地区的养亲和荣亲观念甚至略低于城市地区。

(2)孝认同的价值驱动假设得到部分证实。回归结果还显示,在其他条件相同的情况下,教育的提高并未显著降低对"养亲""侍亲"和"荣亲"观念的认同度,但显著降低了对"顺亲"观念的认同度。然而,与城乡和地区的影响相比,教育对"顺亲"观念的影响系数小得多,说明相对于传统社区解体对孝观念的冲击来说,这种基于现代教育促进个体主义价值观的增长,降低传统孝道认同的可能性要低很多。

(3) 青年人不孝的趋势并未得到支持。表 4 的回归结果并未证实当前人们预期的年轻人更不孝的趋势。相反,在孝道观念的四个层次上,仅在养亲观念上有一定的年龄效应,但年龄的回归系数为负表明年纪越小的人越赞同养亲观念而不是更不赞同。回归结果还显示,教育和收入对尊亲观念有负影响。也就是说,收入和教育层次越高的被访越不赞同基于威权的代际关系。我们由此也可以推测,社会对"年轻人越来越不孝"的印象可能来自青年人更反对传统孝道宣扬的顺亲观念,不肯对父母言听计从。但需强调的是,反对顺亲观念的动力不是因为年纪轻而主要是青年人教育水平普遍提高的结果。另外,独生子女比非独生子女更赞同"显亲"观念,说明独生子女承载父母关爱和期望更多,在精神层面回报父母的意愿也更强。

(4) 现实家庭生活情境冲击善侍父母的理想。如表 4 所示,"从父母那里得到更多"的被访比"给予父母更多"和"得到、给予差不多"的被访对"侍亲"观念的认同度更高,说明代际互助的实践会影响被访的孝观念,子代对亲代的赡养意愿有一定的交换和互惠色彩。这一结果也在一定意义上支持了王跃生对中国代际关系的"抚养—交换—赡养"模式分析,即成年子女与父母尚有劳动能力时的交换关系是维持后续赡养关系的基础。另外,父母(双方或一方)健在的被访比父母双亡者的侍亲观念更弱,说明现实生活中与父母相处和照料父母的复杂和困难会冲击善侍父母的理想。

2. 成年子女支持父母的影响因素

如表 5 所示,假设 a2、b2 和 c2 在成年子女对父母的经济支持的回归分析中都得到了不同程度的证实,而家事料理的回归分析仅支持了假设 a2,情感支持的回归分析仅支持了假设 c2。

表 5 对双方父母三种支持的线性回归分析

变量	模型 1:经济支持 B	SE	模型 2:家事料理 B	SE	模型 3:情感支持 B	SE
个人特征						
性别(1=男)	−0.266**	0.094	−0.174	0.093	−0.307***	0.087
年龄	0.017*	0.007	0.024***	0.007	0.009	0.006
受教育年数	0.045*	0.018	0.020	0.018	0.047**	0.017
收入(ln)	0.383***	0.052	−0.059	0.051	0.091	0.048

续 表

变量	模型1：经济支持 B	模型1：经济支持 SE	模型2：家事料理 B	模型2：家事料理 SE	模型3：情感支持 B	模型3：情感支持 SE
身体健康状况	0.059	0.055	0.123*	0.055	0.054	0.051
是否独生子女(1=是)	0.259	0.153	0.171	0.152	−0.112	0.142
是否结婚(1=是)	1.087***	0.258	0.812**	0.256	0.888***	0.239
子女数(个)	−0.055	0.104	−0.002	0.103	0.008	0.096
代际资源比较						
与父母健康程度比较	0.070	0.045	0.042	0.045	0.070	0.042
与父母教育程度比较	0.052	0.032	0.042	0.031	0.009	0.029
社区压力						
城乡(1=城市)	−0.406*	0.192	−0.454*	0.191	−0.004	0.178
地区(1=上海)	−1.132***	0.195	−0.275	0.193	−0.047	0.180
城乡×地区	0.234	0.210	0.147	0.208	0.285	0.195
价值驱动						
孝道观念的赞同度	0.039*	0.020	0.035	0.019	0.051**	0.018
截距	−2.911***	0.700	1.008	0.694	−0.161	0.648
F 值	11.401***		5.094***		6.205***	
调整后的 R^2	0.105		0.044		0.056	
N	1 239		1 238		1 240	

注：因变量为被访对自己父母的支持情况和对配偶父母支持情况的加总。经济支持指"经济调剂或支持"，家事料理指"帮助料理家务或照料生活(如打扫、做饭、买东西、代办杂事、看病陪护)"，情感联系指"听父母的心事或想法/帮助解决困扰"。
资料来源：作者编制。

(1) 对父母经济支持的社区压力假设得以证实。在城乡差异方面，农村成年子女对父母的经济支持比城市多，虽然差异不十分显著，但仍具有统计意义。在地区差异上，上海地区成年子女对父母的经济支持显著低于兰州。这种差异在一定意义上支持了本文对孝文化的 a2 和 b2 假设，即上海和城市的孝文化的社区压力更小，导致人们的孝行更少。但因为是经济支持的回归分析，我们也可以用制度差异来解释，推测这是因为上海和城市的老年父母自身的经济条件较好、社会的养老服务相对发达，对子女提供经济支持和家事支持的需求更低。另外，孝观念的增强也会促进对父母的经济支持，虽然具有统计显著性，但从系数上看这种促进作用不及社区压力那么大。

(2) 孝道的价值驱动假设仅在情感支持模型中得到验证。在对父母的支持行为方面,研究结果部分证实了 c2 假设。如表 5 所示,孝道观念的增强会显著增加对父母的情感支持,对经济支持的影响也有一定的显著性,但对帮助父母的家事料理方面没有促进作用。同时,教育对情感支持也有显著促进作用,对与父母沟通情况的指标分析显示(未列出),大专及以上的被访与非同住父母通电话的频率在每周一次以上的比例是小学及以下者的 3.4 倍(31.0% vs 9.1%)。孝道观念仅促进对父母的情感支持在一定意义上可以推测,只有情感支持是与主观价值观关系最为密切的支持行为,而经济支持和家事支持则更多是由外在条件限制的。

(3) 个人特征显著影响对父母的支持行为。在对父母的家事帮助模型中,农村的成年子女比城市的成年子女对父母的家事帮助更多,但地区没有显示出影响力。农村子女对父母的家务帮助更多,我们不能推测是孝道文化的压力结果,因为这有可能是因为农村子女与父母同住比例更高的结果。事实上,在我们的调查样本中农村的主干家庭比例显著高于城市(51.7% vs 25.4%)。相比而言,年龄、身体健康状况和是否结婚对父母的家务帮助影响更大。

表 5 的三个模型都显示,个人特征变量对父母支持行为具有非常显著的影响。教育和收入显著影响对父母的经济支持,受教育程度和收入越高对父母的经济支持力度越大。同时,教育提升了个体对精神生活的追求,受教育程度高的人更重视与父母的沟通和理解,自述对父母的情感支持力度越大。年龄越大对父母在经济和家事料理方面的支持力度越大,尤其是对父母家事料理方面的帮助显著增多,表明代际支持模式并非一成不变而是随家庭成员生命周期变化而变化的。除此之外,结婚对父母各个方面的支持都有显著促进作用。在中国人的传统中,结婚组建小家庭是获得成人身份的重要仪式,在未结婚之前只是父母的孩子,是一个从父母那里获得照顾的角色。但结婚离家后则意味着回报父母和赡养义务的开始。因此,结婚对给予父母各方面的支持都有显著促进作用。

(4) 女性比男性对父母的支持力度更大。表 5 的回归分析结果显示,在其他条件相等的条件下,女性比男性对双方父母的经济支持和情感支持显著更多。事实上,在纳入是否与自己/配偶父母同住两个变量后(模型结果未列出),女性在为双方父母提供家事照料方面也显著高于男性。女性比男性给予父母更多情感支持和家事照料支持符合传统性别规范的预期结果。但令人吃惊的是,女性在对父母的经济支持方面也高于男性。在传统父系家庭制度中,儿子是赡养父母的主要承担者,女儿结婚后作为儿媳主要扮演照料公婆的角色。唐灿对浙东农村家庭关系的研究发现,女儿在承担赡养父母和家计责任方面扮演越来越重要的角色。我们进一步对城乡分别做模型发现(未列出),农村的女性在三类支持上都不比男性给予更多,但城市女性对父母的经济和情感支持明显高于男性。如果说既有研究发现农村赡养的女儿化倾向,那么本研究则进一步证实城市赡养也出现女儿化倾向。这与谢宇和朱海燕对上海、武汉、西安三个城市的代际支持研究结果一致。这种赡养的女儿化倾向与当前女性教育和经济地位上升,女性支持父母的能力上升紧密相关。

3. 成年子女角色的影响因素

基于前面成年子女对父母的经济支持和家事支持更多受外在客观条件影响的研究结果,考虑到城乡养老制度的巨大差异造成老年人对经济和物质需求程度有本质上的不同,因此本部分我们将城乡分开进行考察,以检视城乡制度差异下代际支持影响因素的差异。

表 6 在与父母关系中成年子女角色的多项 Logit 模型

	城市				农村			
	获得者		给予者		获得者		给予者	
	B	SE	B	SE	B	SE	B	SE
个人特征								
性别(1=男)	0.391*	0.176	−0.466**	0.179	0.092	0.267	−0.315	0.233
年龄	−0.065***	0.013	0.078***	0.012	−0.086***	0.022	0.083***	0.018
受教育年数	0.086*	0.034	0.003	0.034	0.095	0.061	−0.016	0.048
收入(ln)	−0.303**	0.102	0.178	0.108	−0.071	0.152	0.408**	0.144
身体健康状况	−0.073	0.111	−0.001	0.114	−0.197	0.149	0.140	0.128
是否独生子女(1=是)	0.344	0.254	0.031	0.313	1.831**	0.592	0.504	0.813
是否结婚(1=是)	−0.969**	0.366	−0.396	0.490	−0.580	0.701	−1.378	0.766
子女数	0.389	0.234	0.079	0.233	0.130	0.253	0.115	0.219
代际资源比较								
与父母健康程度比较	0.030	0.086	0.101	0.085	−0.110	0.123	0.130	0.100
与父母教育程度比较	−0.009	0.054	0.224***	0.053	−0.106	0.130	0.281**	0.107
社区压力								
地区(1=上海)	−0.288	0.203	−0.956***	0.203	−1.002*	0.427	−1.922***	0.413
价值驱动								
孝道观念赞同度	0.044	0.035	0.064	0.036	0.104	0.066	−0.074	0.057
常数项	4.821***	1.298	−5.259***	1.385	2.755	2.013	−4.044*	1.864

续　表

	城　　市				农　　村			
	获得者		给予者		获得者		给予者	
	B	SE	B	SE	B	SE	B	SE
−2 Log Likelihood	1 892.302				970.547			
Cox & Snell R^2	0.329				0.393			
N	1 076				580			

注：因变量的参照组为"给予和获得平衡者"；表中 B 为非标准化回归系数，SE 为标准误。
资料来源：作者编制。

（1）社区压力假设在给予者模型中得到证实。如表6所示，b3假设主要在"给予者"的回归分析中被证实。如结果所示，无论城乡，上海成年子女在代际关系中成为"给予者"的可能性更低。在农村模型中，上海农村成年子女成为"获得者"的可能性也更低。模型还显示，上海成年子女自述在与父母的关系中"获得和给予平衡"的可能性更高，表明上海代际关系更遵循公平交换逻辑，也在一定意义上说明兰州地区的代际间的互助多于上海。另外，对获得者和给予者分别进行的两项Logit模型分析（结果未列出）显示，城乡变量（1＝城市）对"获得者"有显著的正向影响，而对"给予者"有显著的负向影响。即研究结果支持了假设a3，农村的成年子女比城市的成年子女在与父母的支持关系中更显著地成为"给予者"。

（2）孝道的价值驱动假设没有得到支持。模型结果显示，无论城乡，也无论哪一种代际支持角色的回归分析假设c3都没有得到支持，我们由此判断成年子女孝道观念的强弱不直接影响其在与父母支持关系中扮演的角色。也就是说，价值观不影响被访在代际关系中成为给予者、获得者还是平衡者。事实上，如表6的结果所示，成年子女的性别、年龄、收入等个体人口特征，以及与父母相比的资源优势更具影响力。从子女的相对资源优势的影响上看，与父母的教育资源相比，子女条件越好，成为"给予者"的可能性越大。虽然不具有统计显著性，但系数为负说明子女的比较教育资源优势对成为"获得者"具有阻碍作用。这些结果表明现实代际关系的模式并非家庭成员主观价值观塑造的结果，而更多是依据家庭成员资源情况而定的家庭策略。

（3）代际支持角色随生命周期变化而变化。无论城乡，年龄都与"获得者"成负相关关系，而与"给予者"成正相关关系。这表明代际关系是随家庭生命周期变化而变化的。随着成年子女的年龄增长，在与父母的关系中获得越来越少、给予越来越多。双变量的分析结果显示，在 35 岁及以下的子女中 64.2% 的人是"获得者"，"给予者"仅为 15%。而在 50 岁以上的子女中 27% 的人是"给予者"，"获得者"仅为 7.4%。与此相应，在城市，是否结婚对成为"获得者"有显著影响，未婚子女表示从父母那里获得的更多。

（4）个人特征对代际关系的影响存在显著城乡差异。在城市的代际关系中，与成为平衡者相比，儿子在代际关系中成为"获得者"的可能性更大，成为"给予者"的可能性更小。这与前一部分中女儿对父母的支持大于儿子的结果相协调，两者共同证实了女儿在城市赡养父母中工具性作用上升，甚至超过儿子的新趋势。农村模型并未显示儿子、女儿的差异。但儿子没有显著对父母的支持大于女儿，这本身也是一种不同于传统父系家庭的赡养文化规范的新趋势。

除了性别差异之外，城市中受教育程度越高在代际关系中成为"获得者"的可能性越大，而农村则无此结果。其背后的原因可能在于城市中受教育程度越高的人其父母的条件越好，而农村则无此规律。对子代和亲代的教育程度的相关性分析结果显示，两者确实有正相关关系（与父亲和母亲的相关系数分别为 $r=0.506**$ 和 $r=0.524**$）。

在城市中，子女收入高不影响其成为"给予者"，只是会减小成为"获得者"的可能性。但农村模型则显示，子女收入越高和与父母相比的资源优势越大都越有可能成为"给予者"。城乡这一差异，体现了城市老年人因为有退休金，所以子女自身的经济资源并不决定给予父母更多，而农村老人没有养老金只能依靠子女这一现实。

农村独生子女更有可能成为"获得者"，说明在农村，独生子女家庭的代际资源倾斜更明显。对该调查中其他指标的统计结果也显示，与城市相比，农村对与子女的关系重视程度重于与配偶的关系，家庭资源对子代的投入高于对亲代的投入。[①] 这与农村家庭拥有的资源更少，人们把改善生活的希望更多寄托在下一代身上的"投资"心理紧密相关。

四、总结与讨论

本文围绕孝道文化对支持父母行为的影响，考察了成年子女孝观念的认同状

[①] 限于篇幅作者未在此列出具体数据，有疑惑和兴趣者可向作者索要结果。

况、对父母的支持行为及在与父母支持关系中的角色三方面的影响因素。在孝道文化制约行动的两个假设方面,社区压力假设在三方面的研究议题上都得到了不同程度的支持,但内在价值观驱动假设却仅得到部分证实,主要体现在对父母的情感支持有显著促进作用。研究结果同时发现,个体人口特征和代际资源优势比较对代际关系的影响不容忽视。概而述之,重要的结论和思考可归纳如下:

(一) 孝文化对代际支持实践的解释力有限

研究结果显示,孝文化能促进家庭代际间的情感联系,但对工具性的代际支持影响十分有限。首先,在对父母的家事支持上,文化的两个假设都没有得到支持。其次,虽然社区压力假设在经济支持模型中得到证实,但如前所述这种社区效应不能排除制度上家庭养老负担的地区差异。再次,仅在对父母的情感支持方面,孝道观念作为内在驱动力显示了显著影响。值得说明的是,与盛行个体主义文化的国家相比,中国代际关系的独特性和优势并不在于代际间的情感联系。[①] 一项欧洲国际比较研究显示,基于自愿的代际交往情感关系最和谐,老年父母对子女的依赖会增加代际关系的紧张和冲突。在那些公共福利不充裕的国家,家庭必须承担成员间的照料压力和责任,代际间的支持具有被迫性,父母与子女的居住距离一旦加大就会显著降低代际间的情感亲密度。本研究结果还显示,在代际工具性支持方面,社区压力假设比内在价值驱动假设更具解释力,说明中国传统孝道文化对代际关系的形塑并不是基于个体价值理念内化后发生作用,而是通过外在结构性压力产生作用的。这也启示我们对当前中国紧密的代际关系的解释更多地应该从国家政治经济制度中去寻找,家庭主义文化很有可能只是家庭政策的一种社会后果而不是抵抗家庭变迁的根本力量。因此,要构建和谐的家庭关系,又要避免西方式的家庭个体化,中国的家庭制度设计关键在于适度剥离家庭的责任,在帮助家庭减负和维护家庭功能之间做到平衡。

(二) 当前代际失衡现象并不能简单归结为"孝道衰落"

首先,本研究显示,虽然孝观念在四个层次上的认同度存在差异,但整体上并未有衰落。一方面,虽然基于威权的"顺亲"观支持度相对较弱,但"善侍"父母的观

[①] 以美国为例,美国20年来的代际关系研究结果都显示,成年子女与父母在经济和家事方面的互助很少,但情感上的联系仍相当紧密。

念仍占绝对主流。另一方面,青年人并未出现更无视赡养父母义务的倾向;相反,因为未进入复杂的家庭生活,养亲观念更强,赡养观念更理想化。其次,统计结果并没有显示子女更多地从父母那里获得而不给予,而是随着年龄增长给予父母越来越多,从父母那里得到越来越少。再次,代际失衡的程度与孝道价值观的文化因素没有关联。在养老危机严重的农村地区,成年子女在代际关系中更多地扮演"给予者"角色,孝道观念的支持度也远远高于城市。在上海城市地区,养老危机问题相对最弱,但成年子女在与父母的支持关系中扮演"给予者"角色却最少,孝观念的认同度最低,与父母的支持关系更遵循公平交换的逻辑。最后,多个个体人口特征变量和代际资源比较优势对代际关系有较大影响。

以上结果说明,代际支持关系并不是主观价值观或道德感蜕变的结果,而是两代人在应对家庭成员生老病死及其他来自家庭外部的压力的一种家庭策略。其最大的特点是会随着家庭生命周期变化而变化。当前出现的普遍的亲代付出更多的代际失衡现象,在很大程度上是社会的结构性张力转嫁在家庭中的结果。在城市,劳动力市场化、住房私有化和单位制解体带来青年人购房、工作竞争、幼儿照料压力上升,而青年人应对这些压力的主要策略是求助于父母。另一方面,由于老年人的预期寿命和健康状况大大改善,延长了他们在与子女支持关系中的"可给予期",而有退休金的城市父母对子女的需求不仅在于"养",这与子代有限的对父母的时间和情感付出形成张力。正如其他对城市代际关系的研究结果那样,子代通过亲代的帮助获得了经济上和劳务上的满足,而亲代却难以从子代那里获得情感上的满足,从而造成当前城市代际权利义务失衡。在农村,户籍制度松动后,青年人外出打工将子女留在家乡,老年父母不但得不到子女的照料,还要承担家里农活,以及照料孙子女的生活甚至就学,而外出子女虽然对父母的经济支持有所提高,但这种回报却十分有限。从家庭代际交换的角度看,成年子女外出削减了老年人在代际交换中的实际利益所得,由此造成了当前农村老年人生存状况的恶化。因此,当前代际交换的失衡、老年人的整体利益受损,其实是城乡家庭为应对社会结构转型、谋求家庭更大整体利益的一种家庭策略,是每一个家庭在变迁的社会中承受的"变迁之痛"。

(三) 中国城乡养老制度的差异造成城乡孝文化的不同意义

本研究在观念和实践的影响因素上都发现了巨大的城乡差异,而这些差异充分体现了中国城乡养老制度的差异,以及由此导致孝道文化对于赡养意义的巨大差异。在退休金制度覆盖的城市家庭,子女对父母的经济支持的赡养性质减弱,而文化象征意义增强,亲代对子女"孝"的要求也发生了从强调"奉养"到强调"情感陪伴"的转变。但在农村地区,因为养老保障制度的缺乏,子女仍然是老年人生活依靠和经济来源的唯一途径。因此,农村子女对父母的赡养行为更具工具性意义,文化象征意义则居于其次。孝道文化中的"养亲"和"侍亲"仍是重点,强调子女对父母的"养"对于农村来说则体现为一种刚性的制度意义。因为城乡老年人对孝需求存在差异,女儿对父母支持作用的增强在城乡也有不同的意义。在城市,女儿赡养可以同时满足父母现实和精神两方面的需求,而在农村,女儿提供的支持仅具有"孝"的象征意义,而现实生活中对"养"的工具性需求还主要是指向儿子。

(刘汶蓉,原文载于《青年研究》2012年第2期)

"亲密有间":两代人话语中的新孝道

中国社会的老龄化趋势已不可逆转,"六普"数据显示,中国大陆 65 岁及以上人口比重为 8.87％。2013 年新施行的《老年人权益保障法》中有一条引人注目的修改,法律规定,家庭成员应当关心老年人的精神需求,不得忽视、冷落老年人,与老年人分开居住的赡养人,应当经常看望或问候老年人,这一规定也被大家通俗地理解为"常回家看看"。据西方发达国家的经验,老年人的精神需求会随着社会的发展和进步而逐步强烈;瑞典、芬兰等北欧福利国家的法律中都有关于子女对父母精神赡养的具体要求。在中国,这一趋势也日益明显,尤其是城市中的老人大多有一定的经济基础,对子女经济供养方面的需求越来越少,开始日益关注自身精神层面的需求。

然而,"常回家看看"却在法律实践层面备受质疑,因为精神上的满足太难量化,完全取决于老人的主观感受,实际上也有赖于代际间固有的交往模式和亲情来维系,显然这是社会学领域可以探讨的话题,也是本文关心的问题。今天城市中的青年人及他们的父母是如何看待老人晚年回报和理想亲子关系这些问题的?在计划生育政策背景下成长起来的中国年轻一代,自身面临激烈的竞争压力,同时也必须迎面日益严峻的养老压力,他们应该如何调整自身来适应这种现实的变化?

本文希望通过回答以上问题,来探寻中国传统孝道是如何实现现代转型的。在老年人的晚年回报方面,代际间能否以及如何达成共识?这不仅对于老年人,同样对于义不容辞地肩负重大养老责任的青年一代具有极为重要的现实意义。

一、文献回顾

关于中国养老问题和孝道的现有研究结论中,可以看到一个明显的矛盾。一些研究认为中国社会存在日益严重的养老危机,并得出"孝道衰落"的结论。而另一些研究则认为,孝道观念仍得到普遍认同,老年人也对与成年子女的关系表示满意,没有发现"孝道衰落"的迹象。

对比结论相异的两类文献后发现,孝道"衰落"的结论主要来自农村样本,而城市样本的研究并没有得出孝道"衰落"的结论。为什么不同的样本会得出不同的结论?要回答这个问题,需要进一步回答:在什么意义上,孝道被认为衰落了?对孝道衰落与否的评价,究竟来自父母感受还是子女的孝道行为?

细读文献后发现:一是孝道衰落与否的评估标准主要来自父母的感受而非子女的行为。因为如果仅从孝的行为来看,城乡两类样本中的子女孝道行为都减少了,但导致的父母感受却不一样;农村父母感觉孝道衰落了,而城市父母基本没有这样的感受。二是导致父母感受差别背后的原因是亲子权力关系的变化,这一变化直接导致了亲子间对于孝道标准的理解可能不尽相同。这一发现对于解释孝道是否变迁以及如何变迁至关重要。

(一)孝道"衰落论":亲代地位衰落,亲子间关于孝道的理解不同

郭于华对河北农村的研究和阎云翔对黑龙江下岬村的研究均发现,代际交换的公平逻辑仍然存在,但交换倚重的内容却不同了,亲代注重生养之恩(即要求子女无条件回报),而子代则强调生养之外的交换资源(即子代成年后亲代的付出,也即子女要求有条件回报)。因此,农村赡养危机突出表现为老人所要求的无条件回报不得不让位于小辈人所认可的有条件回报。那些在"生养之恩"之外没有更多交换资源的亲代,"为了防止老来无靠,讨好子女成为一种公开的竞争"或者任由"小辈人指责"。而少数在家里还受到尊重的父母"统统都是要么有钱要么有权","其他大部分大家庭里的父母都得设法有所贡献"。研究认为,影响代际关系改变的最重要因素还是国家力量,支持孝道的传统机制(包括法律、公众舆论、宗族社会组织、宗教信仰、家庭私有财产等)在经历了多次政治运动后已经丧失,孝道观念失去了文化与社会基础。

(二)孝道"继承论":亲代地位维持,亲子间关于孝道的理解基本一致

孝道"继承论"的研究主要来自城市样本,研究中的老人都具有以下特征:(1)绝大多数独立性强,无论是经济还是自理能力,对成年子女的依靠都不是必需的,而是辅助性的;(2)代际互惠的双向关系非常清晰,在家务、照顾孙辈方面,老

人都能给予子女很多帮助;(3)在精神方面也具有代际双向互动的特点。这些特征表明,实际上城市父母在"生养之恩"之外依然拥有代际交换的资源。

另外,农村留守父母与外出打工子女关系的研究也没有发现孝道衰落,因为农村留守父母在亲子关系中也发挥了应有的作用。对河南、贵州两省的调查发现,虽然留守老人在子女外出后,从代际关系中并未明显获益,但代际关系满意度反而提高了。因为除了家庭整体经济收益的增长外,留守父母为外出子女提供的各种家务帮助(如照顾孙辈等)也肯定了老年人的价值,而且子女外出经历隐含着"光宗耀祖"的成分,老人因此间接为家族昌盛做出贡献;这些都使农村老年人的社会交换感、家长角色和权威地位得到维护。

综上,结论相异的两类研究,评价的是不同情境下的孝道。前者的研究中,父母自身丧失了"生养之恩"之外的交换资源,而后者的研究中,父母拥有更多的可交换资源。资源上的差别对孝道标准的理解产生影响,前者要求子女无条件的回报,后者认同子女有条件的回报。结果是,固守"无条件回报"标准的老人更可能产生孝道"衰落"的感喟,而在实践中已经表现出"有条件回报"标准的老人则与子女较为协调,代际关系满意度更高。

本文认为,孝道作为一种文化因素,其背后必然有结构因素的支持,结构性的变迁必然导致文化标准的改变。因此,与其去争辩孝道是否衰落的问题,不如仔细审视不同结构背景下的不同文化标准,即关注孝道是否变迁以及如何变迁的问题。本文的目的正是希望考察现代都市背景下两代人心目中的孝道标准是怎样的,从中能否看到一种有别于传统孝道的新孝道模式。这对于中国社会日益紧迫的养老危机无疑更有现实意义。

二、关于孝道变迁的理论架构

传统孝道是中国农业社会的文化表征。在封闭的农业社会,家庭是中国人最重要的团体或组织,人们终其一生可能都在家庭内部劳作、生存。传统孝道之所以重要,就在于它有助于家庭内的权威式结构和尊卑关系,培养了顺从、听话的下一代,保证家族的和谐、团结及绵延。因此,传统孝道与中国农业社会的家庭主义原则和父权家长制唇齿相依。

今天的中国已进入工业化时代,虽然家庭主义的取向依然深刻影响着每个中国人的生活,但人们对个体自由、权利、价值、尊严及幸福的追求与日俱增,家庭主义与个体主义之间的张力已经形成,并对包括亲子关系在内的中国社会关系的权利义务实践产生深刻影响,孝道的演化正是其中之一。

(一) 孝的本质依然是"敬"

中国传统孝道思想以孔子的孝道观为基础,重点就在孝敬。《论语·为政》中记载,子游问孝,孔子曰:"今之孝者,是谓能养;至于犬马,皆能有养;不敬,何以别乎?"可见,孔子认为"善待"父母关键在于要有对父母发自内心的真挚的爱,如果只是单纯的物质供养,尚不足以为孝,更重要的是要"敬",使父母得到人格的尊重和精神的慰藉。《礼记·祭义》中,曾子也承继了这一观点:"孝有三:大孝尊亲,其次弗辱,其下能养。"对"孝"作了层次上的区分,尊敬父母为最高层的孝。虽然孝道的变迁成为必然,但"敬亲"这一孝道的本质不会改变。杨国枢认为:"善待父母是孝道之所以为孝道的核心要素,是属于孝道不应也不会因社会变迁而改变的部分。"

(二) 从"顺从"到"尊重":孝的标准发生改变,"顺亲"弱化

传统孝道为了维护权威式结构和尊卑关系,要求遵从父母的意志,即对父母无条件的服从,否则被视为忤逆和不肖。因此传统孝道的"敬"具有更多敬畏、顺从的成分。这是因为儒家文化发轫之初对社会秩序的关注,"无违"才能维持一个"礼"字。而新孝道追求亲子关系的平等性,强调亲子双方的个体价值和尊严,尊重个体的独立和自由,因此新孝道的"敬"重在"尊重",而"顺从"弱化。

(三) 从"奉养无违"到"亲密有间":孝的模式发生改变

旧孝道的"奉养无违"模式强调物质上要供养父母、精神上要绝对服从父母,压抑自我的个性。这一模式强调父母身份的权威性、优先待遇和子女身份的依附性。而新孝道的"亲密有间"模式则强调精神赡养的重要性,将孝道要求从物质层面的供养提升至精神层面的关心和满足,同时尊重亲子双方的个体价值和自由意志,具体表现在以下几个维度。

1. 新孝道重实效:"养亲/侍亲"弱化

相比于作为社会规范的旧孝道在养亲、侍亲方面的强制性和仪式性,新孝道则在表现形式上更加多样化,以适应不同家庭的需要。比如独生子女政策实行以来,中国社会出现了越来越多的"四二一"家庭结构,使"侍亲"可能更难办到。另外,城

市父母的经济独立也使经济供养可能不再成为尽孝的必然要求。因此,物质赡养的重要性在新孝道中可能整体弱化。

2. 新孝道强调情感表达:"悦亲"强化

旧孝道对角色规训的强调,可能使子女对父母敬畏有余、亲密不足。新孝道将亲子间的交往、交流还原到了个体层次,尤其在少子化甚至是子代唯一性的今天,更加促进了亲子间的亲密相处和陪伴,情感表达和精神交流成为亲子间的主要表现形式。另外,社会发展的日新月异也使亲子关系呈现明显的文化反哺特点。

3. 新孝道凸显互益性和关系:"显亲"强化

旧孝道中"轻慈重孝"的倾向比较明显,强调父权的稳固。但在新孝道中,施慈和尽孝同样重要,代际间相互履行责任、资源流动,以形成长久而密切的关系。这种代际互惠的"关系"体现出某种程度上的经济利益和情感因素的一致性,由此生发出的亲子间的付出与回报不仅具有感恩的意义,更具有利他的情怀。因此,子女自身的成就以及亲子间相辅相成的关系将在新孝道的实践中占有相当重要和独特的位置。

可见,区别于旧孝道的"社会规范"取向,新孝道更多表现出一种"个体福利"的取向。这里不仅有物质的供养、生活的扶助,更包括对个体情感和价值的尊重及认同,尊重老年人的独立性、情感需要和在代际关系中的自我效能感和自尊感。因此,要实现新孝道的标准,精神赡养至关重要。

本文提出如下理论假设:在现代中国城市家庭中,孝道标准已由"顺从"向"尊重"演化,从而使亲子间的互动模式由"奉养无违"转变为"亲密有间"。本研究将证实或证伪这一假设。

三、资料分析:两代人关于父母晚年回报的态度

研究资料来源于 2009 年对 25—40 岁的上海常住居民及其父母的调查,访谈样本 30 个,并辅以问卷资料的佐证。

(一) 物质赡养

1. 养亲:父母普遍不求"经济回报"

问卷数据显示,只有 2.4% 的父母表示希望从子女那里得到"经济支持",可见

城市父母由于自身经济独立,普遍不求"经济回报"。访谈中还发现他们希望经济上能"完全自足"。

S阿姨(个案编号:UM204)家里一直经济压力重,儿子工作后获得高薪收入,极大地缓解了家庭经济压力,但她不希望增加儿子的经济负担:"我替他(注:指儿子)想想,他们今后压力也蛮重的,以后两个小的要管四个老的。现在社会竞争这么厉害,看看他们这些钱,也不是好赚的。"谈到自己的经济压力,她会说:"身体好点还不要紧,万一身体不好,压力就大了。讲难听点,我一下子去了嘛也算了,就怕不死不活吊着,现在医药费都很厉害,就怕这种。"

同样经济不宽裕的Q阿姨(MM401)也表明不想依靠儿子:"反正日子过得过去嘛就可以了,子女那里你再去问他们拿呢……也不会拿他们当摇钱树的呀,最好我们退休金再加点。"

比较两代人收入水平后发现,有60%的子女经济水平好于父母。可见父母不需要子女的经济回报并非因为父母的经济状况好于子女,原因可从下面的个案中得到。

一位父亲(UF203)说:"按照我们以前的讲法,他们(注:指子女)现在的收入很好了。但是年轻人用钱的地方比我们多呀,那么我们就体谅点呀(笑)。因为我们年纪大了,用钱的渠道也比他们少呀。"这位父亲的"体谅说"道出了原因,子代在客观需求和消费水平两方面都明显高于亲代,因此决定代际间经济流向的是需求水平,而不是收入水平。

2. 侍亲:身体照顾是子女最难达到的

本研究的子代调查对象年龄为25—40岁,因此其父母多数还不需要身体上的特别照顾,但我们也询问了他们对未来养老的愿望和预期。多位父母提到会考虑去养老院,无论是考虑去养老院还是居家养老,父母都认为子女由于工作或自身的压力,可能很难亲身来照料他们的生活。独生子女的父母更是都提到"四二一"家庭结构对于养老问题的现实困境。

60岁的Z阿姨(CF313)有一个独生女:"现在小孩都是一个,她也没有更大的能力像上一代一样……讲最简单的,大人住院了,你有四五个小孩,今天一个,明天一个,后天一个,不吃力的,你天天吊牢一个人,肯定不行的。"

57岁的W阿姨(MM205)明确表示不想依靠儿子,她考虑以房养老:"养老我想过的。如果生活有了矛盾,烧饭很吃力了,我就把这套房子卖掉,就好像交按揭,住养老院去,钱换劳动力。(和儿子住在一起)我觉得不大可能了。他们工作都很忙的,等他们40岁以后,年龄大了,工作更吃力了,这时候小孩大了,我们也带不动了,他要负责了。我觉得他没这个能力再来管我们。"

正如父母谈到的,在养老问题上,经济能力是先决条件,最终的出路是去养老院。对于未来父母养老的预期,子女普遍认为经济回报可能是他们更容易达成的一种回报方式。原因除了有父母谈到的压力和时间精力之外,也有个体意识层面的原因,子代对于自我的关注和个人独立性有着明显高于亲代的诉求。

37岁的Y女士(CF402)说她母亲说过将来要去养老院,退休金全部交给养老院,不够时由子女补贴。对母亲的这个态度,她说:"我蛮赞同的。因为我结婚晚,我属于那种正好孩子要读书,我必须花在孩子身上的时间要多一点。我如果把他们(注:指父母)交给一个很专业的机构去养老,这样会更好。找一个很专业的,不是那种一般的、随便送进去,真的是比较专业一点的,那钱不够没关系,我觉得我完全可以去省下这笔钱……因为我做子女的,特别是有家庭的子女,你工作、孩子都要兼顾,不可能再有时间去照顾老人了。但我能保证一周,或者最少两周去看她一次。"

32岁的R女士(CF307)的态度是要看整个社会的环境,目前来看更可能选择居家养老,但她也提到"最后的出路是去养老院",因为"倒不是说孩子不肯养你,因为我们能够给他们什么,他们其实也知道,不可能天天陪着他们,除非真的更长寿一些,我退休了。但基本上不太现实"。对于子女对父母的晚年回报,R女士有这样一段话:"现在他们生活上帮到我们很多,我们以后也会赡养他们终老,这个是很必然的,我从来没去想过别的一些东西。可能我们没有这么多的时间去照顾老人,可能我们到那个阶段还在上班,那比如说一些经济上的,可能到最终真的就是经济,因为你想投入一些东西也很难,你不可能放弃工作,你没有经济能力更不要谈别的,我是这么认为的。所以这个是蛮残酷的。因为父母现在投入的很多是他们的感情,这个是不能用钱来衡量的,但是可能最终我们回报他们的是钱,去找一个可靠的阿姨来服侍他们,或者找一个福利好的养老院或医院,就是这样一种方式,可能我们不能经常地或者很好地去照顾他们,只是周末或者在有空的时候尽量地去看他们而已,这个蛮不公平的,但是可能就是一个社会现象。"

以上两个个案的说法在子代中具有相当的典型性。关于父母的养老,访谈中多数子代赞同的仍然是居家养老,但都表示出可能没有时间或没有能力亲身服侍父母,而更愿意请人来照顾父母,同时都特别强调了经济回报更具有现实可行性。

（二）精神赡养

访谈中，我们一再听到父母强调对子女是"不求回报"的。本文认为，有必要对父母的"不求回报"作进一步的讨论。这就涉及父母最看重的东西是什么，当哪些方面得到满足时，父母就会有较好的满意度，"回报"在一定程度上也得以实现。

问卷数据显示，父母对于"希望从子女那里得到什么"的回答，排在前三位的分别是"只要他自己过得好"（75%）、"多聊天多沟通"（72.2%）和"能关心我或关注我"（69.1%），都在七成左右。可见，子女自身的发展以及亲子间的情感维系是老年父母最看重的。这个结果对于我们解释城市父母对回报的期待是很有意义的。

1. 显亲：子代成长是父母最看重的

2011年《社会心态蓝皮书》报告指出，"子女发展期望"在中国人的九大生活动力中排在首位。这与我们的调查结果相当一致，父母最希望从子女那里得到的回报是"只要子女自己过得好"，被选率高达75%。

关于这一点，两代人是非常有共识的。数据显示，两代人对于"子女成家立业、过好日子，是对父母最大的回报"的态度，不存在显著性差异；高达95%的老年父母赞同这一说法，青年人中的占比为90.7%。这或许在某种程度上可以回应，虽然很多老年人希望子女"常回家看看"，但也会非常体谅子女的忙碌和没有时间，只要子女自己的工作和生活都能顺利。

所谓"子女自己过得好"首先是不要让父母"操心"。

L先生（UF203）说："（对子女的）希望呢要看物质上还是精神上。物质上呢我们是从来不希望的，精神上就是希望以子为荣，希望他们能够成长、争气，不要犯错误，好好过日子，好好工作。希望他们稳定，让我们放心，不要老是为他们提心吊胆过日子。"他的妻子也说："以前讲养儿养女防老，现在呢，养男也好，养女也好，是一个任务。不要考虑到养老，他不淘气就蛮好了。做大人嘛，就这样，只要你们好，不要来让我们烦。"

除了不让父母"操心"，进一步的要求是希望看到子女的"成长和进步"。

S阿姨（UF314）说："女儿是我的希望。将来老了，我还能看到女儿怎么样，你好像一直在看她成长进步，这是一种希望。看到孩子一点点大起来，有成绩，这是最幸福的……总希望一代比一代过得好，一代比一代幸福，这就是做人的宗旨呀。"

Z阿姨（CF313）的女儿、女婿工作很忙，外孙完全由他们老两口来带，在家务方面Z阿姨为女儿一家付出很多，但她还是觉得满意度很高，因为女儿、女婿在事业上、经济上都很成功。说起对女儿的希望，她说："我只要她成长了，她现在可以了，我觉得就好了。我所谓的希望就是,只要她过得比我好(笑)……各方面都要比我好,生活啊,工作啊,还有她的下一代啊,能否成长啊,就是这个希望。"除此之外,她坚定地表示她"不求回报"。这里,我们可以看到新孝道所具有的"互益性"的特点。如果仅从物质回报看,Z阿姨并没有从女儿那里获益更多,相反,她还付出很多,但由于女儿各方面的发展很不错,而这与父母的支持分不开,因此Z阿姨觉得在精神上得到了回报。

2. 悦亲:情感沟通是父母最期待的

在子女自身发展的基础上,亲子间的情感沟通和精神支持就是老年父母最期待的了。主要有以下三方面。

(1) 33.2%的父母希望与子女"经常见面"。S阿姨(UM204):"作为我们(老的),也希望他们(年轻人)经常来来,这样也热闹点。搭搭伙,只要我们做得动,也无所谓的。"W阿姨(MM205):"我跟儿子讲,你一个礼拜要回来一趟,看看我,如果有时间多,你多回来(几次)最好。"

(2) 72.2%的父母希望与子女"多聊天、多沟通"。W阿姨(MM205)举了一个例子:"有时候儿子讲话很简单的,但是……举个例子,我带钟点工过去帮他打扫了一下,第二天他发个短信过来,姆妈,你昨天来过啦,很干净的,我就觉得心里很开心,其实我每个礼拜都去的,但这样就给人感觉……好像一种肯定一样,是不是?倒不是要他怎么回报,给我送什么礼物。"这个例子告诉我们,其实父母有时候需要的仅仅是一点点来自子女的沟通和反馈。

S阿姨(UM204)的儿子26岁,月薪过万,工作很忙。她对儿子非常满意,但访谈中也流露出一些困惑:"我就希望儿子下班回来,有啥事情跟你讲讲。不管你今天有开心的、不开心的事情,能够回来大家讲讲,作为我们,很想听听,很想知道。就是不是说儿子工作了,我好坏都不用管了。我其实很想知道他所有的事情……比如有时候他出差,有可能他和女朋友之间会经常联系的,他跟家里好像就不大会(联系)。我有时候就讲你想过家里吗,但我们好像很……很(牵挂他的),他就说没电话给你们总归是太平的,对他来讲是这样的,但对我们大人来讲就不是这样的……他出差一个礼拜,最多到了给你报个平安,到回来再给你一个电话,中间就不会了,他认为又没事情。"讲到这些时,能明显感到S阿姨的失落。

子代在访谈中同样谈到了父母渴望交流的愿望。

Y女士(CF402)说:"我爸妈虽然不希望与外人接触太多,但他们希望与子女交流多一点。比方说我弟弟,他就喜欢一个人门'邦'一关打电脑,我妈妈说和他谈话像见首长一样困难(笑),就是在吃饭时间抓紧和他谈话。"

个案 UM204 和 CF402 都是具有相当典型性的个案,反映了现在两代人在处理代际关系时的态度和行为方式有很大差别,有相当一部分亲代并未从子代那里获得较好的精神满足,而且他们更多地表现出一种理解子代的立场,从而有意无意地压抑着自身的情感需求。

（3）69.1%的父母希望子女"能关心或关注我"。"关注"一词表达的正是在亲子关系中父母对自身价值的期待。访谈中多数父母并没有直接表达出这种愿望,这与中国父母一贯以"无私""奉献""忘我"的形象示人的文化传统有关,如果用开放式的访谈很难获得这个答案,但面对问卷中设置的这个选项,近七成的被选率足以证明这一点对父母的重要性。

32 岁的 R 女士(CF307)说："父母最希望的是得到关爱吧。当你长大了,你的信息接收量越来越大、人际关系越来越广,可能父母不再是你生活的中心,哪怕现在我们关系这么密切的一个家庭,父母在我的日常生活中也不算是非常中心的人,我还有我的圈子,我工作的一些东西,还占了很主要的地位吧。所以我觉得父母可能更需要的是子女关注他们,这个可能是他们最希望得到的。关注他们的生活、情绪,就是这些东西。其实他们这代人对经济的要求还是相对会低很多。"R 女士的这段话非常贴切地表达了现代城市父母对子女的一种愿望和心境,也非常准确地描述了亲子互动中的一些困境,即子女对父母的关注和关心有所欠缺。

(三)理想的亲子关系:"独立的个体"+"亲密的关系"

数据显示,分别有 84%的父母和 85%的子女认为理想的亲子关系应该是"既是亲密依靠的,又是各自独立的",两代人在这一问题上的态度非常接近。

现代父母普遍认同亲子间应该是平等的关系,将双方都视为人格上平等、经济上各自独立的个体,因此他们特别强调亲子间的"相互尊重",即子女要尊重父母,父母也要尊重子女。

W 阿姨(MM406)说："相互尊重,相互通气,能帮助尽量帮助,也不用走得很(密切)。按照他们的能力,能够关心我们的(就关心),按照我们的能力,能够关心他们的(就关心),就很好了。不要一味地追求他们要对我们怎么样,他们能够尊重我们,很多礼节能够做到,就好了。相互尊重和理解最重要。"

S 阿姨(UF314)也说："(子女)到大了,就像一对好朋友。如果住得近,就像邻里关系,大家客客气气,你帮我、我帮你。你不要一本正经父母喽,怎么样喽,小的现在不服帖了呀。"

L先生（UF203）也强调要尊重对方的独立空间，良好的沟通是前提，他说："我的感觉，还是平淡一点好。也不要天天待在一起，相互都多留一点空间。该待在一起的时候，大家自然会走到一起，这就是最开心了。双休日、节假日，那么大家在一起，还要看双方的时间。"

从对于"理想亲子关系"的描述也可以看到，两代人都强调亲子双方的独立、自由和自主性，认为情感上的表达和精神上的融洽才是亲子关系的主要表现形式。

四、结论与讨论

基于以上两代人对父母晚年回报和理想亲子关系态度的分析，本文得出以下结论：伴随中国社会的现代转型，在城市家庭中，孝道标准已由"顺从"向"尊重"演化，从而使亲子间的互动模式由"奉养无违"转变为"亲密有间"。

"亲密有间"作为新孝道的互动模式，反映现代城市家庭中亲子关系变动的两大基本趋势：第一，亲子双方是拥有独立人格的个体，亲子间的权利和义务具有现代法意义下的清晰界定，亲子双方拥有各自的独立和自由，相互尊重，互不干涉，这有利于减少代际间的依赖，促进代际双方的自立和自主。第二，基于独立人格的亲子关系将真正趋向于平等，使亲子间的互动更具有"利他"的情感和互益的关系，从而在亲子间形成真正亲密的情感关系。

孝道模式的这一转变表明，新孝道对今天年轻一代的子女提出了更高层次的孝道要求，即对精神赡养的重视，要求子女从发自内心深处的情感出发去关心、关注父母，尊重他们的情感，了解他们的需求，使父母真正在精神和情感层面上享受到家庭的和睦、心情的愉悦和精神的慰藉。具体来看，旧孝道中的尊亲、显亲、悦亲等特征得到强化，这与当下老龄事业所倡导的"老有所乐、老有所尊"的更高目标是非常契合的，充分体现了对精神赡养的重视。另一方面，由于现代老年人经济上的独立性，以及父母对子女的爱护、体谅之心，使物质赡养的要求在新孝道中成为辅助性要求，当父母自身具有较强的养老能力时，旧孝道所强调的养亲、侍亲的特征在新孝道中得到一定的弱化。上述改变促使新孝道在实践中回归到中国传统孝道思想的核心理念，基于对父母的尊敬和真挚的爱而"善待"父母，这使中国孝道中的价值得以弘扬。

（康岚，原文载于《当代青年研究》2014年第4期）

转型期的家庭代际情感与团结

本文所指的"啃老",是成年子女在日常生活中高度依赖父母的现象,既包括经济依赖,也包括劳务依赖。"啃老"之所以被持续热议,在于它文化上的不契合,既不符合中国家庭主义文化传统下"反馈模式"的角色期待,也不符合西方个体主义文化传统下"自决个体"的角色期待。这种三代一体的紧密代际关系被称为"中国式啃老"和"后现代式啃老",更是有趣地反映出中国家庭代际关系在现代化进程中的独特性。

个体化是中国社会转型的特征之一。虽然中国缺乏古典个体主义和民主文化,国家管理和公共福利体制也欠发达,但当下的中国个体也生活在由动荡的劳动力市场、流动的职业、持续增长的个人风险和强调亲密与自我表达的文化所构成的后现代大环境之中。在一定意义上,"啃老"是这种特殊个体化社会情境的产物,是中国家庭领域充满结构性张力和矛盾意向的集中体现。一方面,现代社会高昂的生活成本需要两代人共同分摊,青年夫妇对父母经济、住房以及孩子照料、家务分担等有较高的依赖。对于个体生存来说,家庭主义的福利需求更显紧迫。但另一方面,在个体主义文化观念的传播下,子代寻求自由和自我实现的理想更加普遍和强烈,亲子关系中固有的冲突和世代间的隔膜更加激烈。

本文将"啃老"视为一种团结和冲突并存的矛盾意向关系,以期理解传统(代际责任伦理与规范)与现代(个体理性和情感取向)如何共同塑造当下的中国家庭生活。在个体化和矛盾意向视角之下,通过分析关系和谐与冲突的两类"啃老"家庭的认知策略及其对代际关系走向的影响,来展示生活实践中家庭成员之间在利益、价值、情感方面的互构和张力,讨论具有主体性的个体如何实现代际团结。本文力图证明,在当下中国的社会转型情境下,代际关系中基于血缘的情感和责任仍是家庭认同的基础,个体的自反性行动并未导致家庭的个体化,而是再造了代际责任伦理和团结。

一、个体化进程中的代际关系及其研究

贝克等人的个体化理论认为,后工业时代带来了新的制度需求,劳动力市场需要更大的自主性、灵活性和流动性。第二现代性将个体从家庭团结的义务中解放出来,家庭从需求共同体变成了"选择性关系"。在这一框架中,自反性变化(reflexive change)成为后现代社会中家庭最重要的特征。在第一现代性情境下,家庭关系是先赋的,家庭生活方式和行为受制于社会规范的约束。但在第二现代性之下,家庭生活变成了关乎自我认同的一项自我创造的事业。个体更关注表达性需求的实现,规范不再先于个体行为,而是被个体行动不断定义和改变。个体化理论框架在解释全球化的离婚率上升、不婚、晚婚、不育等方面得到有效的应用,但在代际关系方面的解释力受到挑战。吉尔丁认为,家庭社会学出现了"私人生活"研究范式的转向,但对自反性、去制度化、去传统化的过度强调,会忽略人类行为的生物性基础和经济意义基础。吉尔丁的这一警示同样适用于中国的家庭代际关系研究。

(一) 有待弥合的代际关系研究

关于现代化进程中的中国家庭代际关系变迁,既有研究可概括为两条路径。

一是大量量化研究显示,中国家庭在现代化进程中依然保持着紧密的代际团结。人口社会学家比较历年的人口普查数据发现,中国三代直系家庭的比例三十年来始终保持稳定。基于抽样调查数据的研究基本认为,代际支持关系依然因循"反馈模式",成年子女与父母在日常照料、经济支持、情感慰藉等方面依然存在密切的互动,以善侍父母为核心的孝道观念在青年人群体中依然得到高度肯定。虽然,研究者们基本达成共识,认为中国家庭变迁道路上的"现代性"与"传统性"共存,但这一研究路径因为囿于现代化理论和数据等的局限,并没有揭示这种共存是如何实现的,对于家庭生活实践的复杂性,以及新现象、新特征揭示得非常少。

二是一些基于个案分析的研究则更多地强调家庭结构的多元化、流动性,以及基于个体利益的策略性建构,在代际关系方面侧重于揭示家庭内部的矛盾、压力,以及结构不平等。在个体化理论的启示下,一些学者论证了家庭代际关系的个体化倾向,比如,子代的权利意识上升,强调个人利益与家庭利益平衡;传统制度化的家庭权力结构松动、对情感亲密性的主动建构等。更有一些研究者鲜明地提出中国家庭个体化的命题。比如，姚俊通过对"临时主干家庭"的观察分析，认为当前中国家庭是一种走向"自我中心式家庭"的变迁之路。沈奕斐基于对上海城市家庭生活的体验和观察，提出"个体家庭"概念，强调个体以自我为中心，根据自己的需要来建构家庭结构和家庭关系。这类研究因循个体化理论认为，在当代中国，个体不再是为了延续家庭或家族的需要而存在，而是家庭不断变动以服务于个体的需要。作为文化规范的传统，早已失去了制约力量，只是个体可资利用的资源，作为"想象的共同体"发挥着塑造个体身份认同的作用。

个体化理论在家庭研究中的应用，展现了在日常生活实践中，家庭成员作为行动者本身所具有的主体性。但就目前的研究来看，因为强调家庭成员对资源的争夺和权力的博弈，难以整合总体上中国家庭趋于代际团结的社会事实。比如，在家庭个体化的视角下，亲代主动采取寻求代际和睦的个人策略，将使自身面临主体性消融、权力让渡和权力丧失的困境。这种结论暗含的逻辑是家庭成员彼此的利益诉求具有不可整合性，以及个人利益诉求与家庭利益之间是相分离和相互竞争的关系。这种个体主义范式下对"个人"和家庭关系的理解，与中国人关系本位的主体认知和情感结构存在隔膜。另外，在描述中国当前的家庭关系趋势方面，"家庭个体化"论断存在一个解释难题，即中国家庭到底还有没有高于个体利益的家庭利益？事实上，很多学者认为，当前中国家庭紧密的代际关系是因为有共同的利益和价值基础。为此，对于社会转型中的结构性力量如何作用于个体的行为，价值领域中对个体利益的强调、对亲密情感需求的增长，以及个人主义文化和家庭主义文化的角力，到底如何形塑着中国人的日常生活，尚需更多、更细致的研究来加以探究。

（二）个体化背景下的代际团结

代际团结（intergenerational solidarity）是一个内涵多维的概念，既包括了代际间实体性的关系，如接触见面、经济和劳务帮助，也包括非实体性的关系，如情感和精神上的归属感和密切性。在用"团结"来描述家庭成员之间的关系时，除了表明家庭内部成员的相互帮助之外，通常还传达了家庭是一个整体，而非个体简单之和的意思。家庭行为是为整个家庭的行为，而非一个成员为另一个成员的行为。早期的研究者区分了传统社会与现代社会的代际团结机制，前者依赖于家庭主义的文化规范，后者依赖于个体之间的情感联结。后来，本特森等人将代际团结的类型细致化，区分为交往性团结、功能性团结、结构性团结，情感性团结、一致性团结、规范性团结。国际比较研究显示，代际间的情感团结与工具性团结呈现无关联甚至矛盾的关系。虽然这种彼此独立的类型学划分能有效说明不同文化下的代际关系特征，但无法描述生活实践中的代际互动过程。对于日常生活中的代际互动来说，规范性团结、工具性团结和情感性团结并非隔离，而是相互作用和内嵌的过程。

代际团结在20世纪末再次成为研究焦点，与19世纪末社会学家关注社会分工对社会团结机制的影响不同，这一次的背景主要是第二现代性引发的个体化，即"现代"社会组织如婚姻、社区等在社会团结功能方面的失效。进入21世纪后，代际关系重要性的上升趋势明显，并被视作家庭变迁研究领域继家庭核心化、制度性衰落、异质性增长之后最重要的趋势和假说。成年子女与父母之间的代际关系在全球化、个体化、福利保障私人化的后现代经济和文化环境中所展现出强大的韧性和弹性，让西方学者开始反思"家庭"（family）概念的历史局限性。切尔林在回顾威廉·J.古德（William J. Goode）的家庭现代化理论时指出，世界家庭变迁的事实证明了现代趋同理论和发展范式的错误，虽然婚姻制度呈现了明晰的"制度婚—伴侣婚—个体婚"的发展道路，但从家庭整体制度看，当前的家庭正在超越夫妇家庭（conjugal family）模式，而重返复杂模式（the return to complexity）。纵观整个西方世界，只有20世纪中叶，婚姻关系在家庭生活中才占据绝对主导地位，之前和之后的家庭模式都不是如此。

对于向来以纵轴为核心的中国扩大家庭模式（expanded family）来说，我们甚至没有观察到一个亲子轴曾被夫妻轴战胜的清晰的历史阶段。而这也让中国家庭关系的呈现和发展趋势都更为复杂和模糊。在当下的压缩现代性情境中，家庭中的个人还未从前现代的孝道传统束缚中彻底解放出来，就在后现代式的风险压力下更深地嵌入了代际关系之中。但需指出的是，团结的增长并不意味着冲突的减少。相反，在以文化多元、绝对权威消解、市场经济和全球化为特征的风险社会情境下，家庭成员之间的利益冲突、观念冲突也在增多。

（三）代际关系的自反性特征

个体化理论认为，对于后工业时代的家庭实践来说，自反性（reflexivity）超越了习俗和规范，个体行动的标准依赖于自己之前做出的决策后果和行动质量，而非遵从既定的规则和历史传统。个体从传统的家庭制度和血缘关系中脱嵌出来，线性的标准化人生轨迹不再存在，被解放的个体不得不"为自己而活"，自己为自己的行为找依据并做出决定,通过各种尝试和努力,包括同居、结婚、离婚、再婚等等,拼凑自己的人生轨迹。对低收入人群的研究表明,在个体的自反性生涯中,家庭关系的生产和维系依赖于个体的情感体验和认同,而这种情感产生于共同的生活经历和工具性支持,以及共享的价值观念。对于中国家庭代际关系的观察也表明,工具性支持与情感并不是二元对立和两分的关系。因此,笔者认为,生活实践中的代际关系自反性,体现为家庭成员根据各自的利益需求、价值和情感不断协商的过程。首先,代际关系变化的基点是满足家庭成员的日常生活所需及对生老病死的应对。这种生活上的互助和协作是构成家庭成员对"家之所以为家"认同感的重要来源。其次,代际关系是家庭成员的认知、理念和情感相互影响和建构的过程。而且,家庭成员之间长期的、模式化的互动行为会沉淀为个体的情感结构,影响具体的个体行为决策。再次,个体行动的标准具有选择性,但文化规范和传统并非不重要,而是以一种内在于"心"的主观结构对个体行为产生影响,形塑行动者对家庭生活的理想和代际关系的期待。

在中国的家庭研究中,情感结构是一个"被忽略而极重要的研究对象"。近年来有研究者开始关注情感纽带对于代际团结的意义。一些研究者发现,亲代主动付出经济资源、劳务资源,甚至放弃权力争夺,以建构与子代的亲密关系,认为亲代"被啃"并非是在与子代权力博弈中的失败,而是情感在建构成年子女与父母互助关系中的重要性上升。梳理既有国内代际关系研究发现,以子代为中心的研究强调行动者的理性逻辑,而以亲代为中心的研究突出行动者的情感逻辑。事实上,要使理论解释更接近生活实践,子代行动的价值和情感面向以及亲代行动的理性面向也都是不能忽略的。如何理解变迁社会中家庭的内部张力,代际矛盾意向理论(intergenerational ambivalence)可能是一个有益的探索。

二、代际矛盾意向视角下的"啃老"

源自精神分析学派的"矛盾意向"是指积极情感和消极情感同时存在和相混合的状态。社会学意义上的矛盾意向主要指无法兼容的角色(地位)规则或期望所引发的矛盾的情感、态度、信仰及行为,以及结构性的资源限制与实际需求引发的矛盾。从宏观层面讲,代际矛盾意向产生于社会关于亲子关系的文化规范本身存在冲突。从微观层面看,家庭内部的代际依赖、代际间不平等的工具性支持、亲代和子代观念的不相容，都会产生矛盾意向。经验研究发现，当成年子女在经济上依赖父母的时候，父母就会产生矛盾意向。一方面，老年父母会基于责任伦理认为，他们有责任帮助子女，为他们提供工具性支持；另一方面，他们又感到成年子女应该独立建立自己的生活，甚至认为子女应该为他们提供工具性支持。

"啃老"是一种明显的团结与冲突并存的矛盾意向型代际关系。一方面，啃老家庭实现了两代人的紧密互助，特别是父母家庭对子代的帮助，缓解了社会快速转型所带来的压力和社会失范。但是，啃老家庭的功能团结并不一定带来代际关系的和睦和情感团结，因为成年子女对父母的高度依赖既不符合现代意义上的个体主义文化规范，也不符合传统意义上的孝道文化规范。研究显示，当生活世界中的行动者背离制度化、规范化的家庭生活模式，无法扮演符合社会文化期望的家庭角色时，家庭成员将经历和体验被矛盾的撕扯（being torn），以及积极和消极情绪共存的焦灼。在代际矛盾意向视角下，这种个人付出的心理和精神成本从根本上反映的是关系和结构的矛盾特征。石金群认为，当前的中国人受个体化进程和结构因素的影响，处在特定家庭代际关系中的个体摇摆于独立和责任之间。代际关系最终走向团结，还是冲突甚至解体，都源自个体与结构之间的协商和博弈，以及在应对这些矛盾心境时采取的不同行为策略。

在中国，"啃老"之所以有趣，还在于社会对"啃老"的弹性接纳。因为中国父母与成年子女之间向来有紧密的互助和互惠传统，代际间的适度依赖是幸福家庭的象征。虽然很多研究者认为，啃老是"逆反哺"和"代际失衡"，是年轻人无视亲代利益，向亲代无节制索取以满足自我需求的结果，彰显的是年轻人对自我利益的追求，被斥为"自我中心式的个人主义"和"无公德的个人"。但现实生活中，父母心甘情愿地被"啃老"并不鲜见。那么，生活实践中哪种啃老是可以被接受的？哪种情况是不能被接受的呢？在本研究开展的焦点组座谈会上，亲代的判断标准有两个方面：一是子女的依赖是否超出了父母的承受能力，如果父母经济条件好、身体状况好，给孩子贴钱、烧饭、照料家务都是"可以的"，但如果父母条件不好，那这样的子女就是"作孽"；二是子女是否"有孝心"和感恩，如果子女从语言和行为上表现出了"不好意思""想得到父母在为他们付出"，也就"不算啥了""可以理解"，否则就是"孽子""讨债鬼"。这些信息揭示出"啃老"能否被成功合理化，既取决于家庭所拥有的客观资源，也取决于家庭成员的主观认知，并最终体现为情感上的相融与否。

三、资料搜集和案例概况

在中国日常语境中,"啃老"是一个含混和充满争议的概念,远远超出英语中对"尼特族"(NEET, Not currently engaged in Employment, Education or Training)的"有劳动能力而不上学、不工作、不受训"的内涵界定。在既有的研究中,研究者们对啃老的判断主要是依据"反馈模式"的文化规范,即成年子女在代际支持关系中应该扮演"给予者"而非"获得者"。不同作者按照子女依赖父母的程度和原因等,提出了"显性啃老、隐性啃老""主动啃老、被动啃老""啃钱财、啃劳力、啃关系"等类型。从这些多元的界定和分类可知,"啃老"的核心指向是成年子女对父母的高度依赖,但边界和内涵有很大的弹性。

为了反映现实中子女依赖父母的多种形态,本文采取广义的界定,将啃老群体界定为:具有劳动能力,已经毕业离开学校,目前无工作或已就业、有工资收入,但仍然长时间、大量地接受父母提供的各种支持和帮助,包括金钱支持和劳力支持。本研究沿着"可接受与否"的标准,在诸多的研究个案中,选择了关系和谐和关系冲突两类"啃老"家庭进行比较分析。在具体选取案例的时候,主要依据有两个:一是被访家庭的主观态度,即被访的亲代或子代或双方认为子女/自己属于啃老族;二是子代的日常生活对亲代有高度依赖,这些案例中的子代均表示,离开父母的帮助自己目前的生活就无法维持,而且希望继续得到亲代的帮助。研究案例来自作者身边亲戚、朋友、邻居以及朋友介绍。除了案例的可得性限制之外,案例的最终选取考虑了啃老方式和代际关系类型的可比性,以及访谈对象的性别、年龄以及家庭背景等相关因素的差异性。

最终,本研究确定的四个家庭,共访谈了九人,其中一个家庭访问了父母双方和女儿本人,另外三个家庭都只访问了子女和父母中的一位。四个案例中,案例1和2是代际关系和谐的家庭,案例3和4是代际关系冲突的家庭;案例1和3的啃老方式主要是经济依赖,案例2和4虽然也有经济依赖,但子代对亲代劳务上的依赖更为突出。对每个家庭正式访谈一次,非正式访谈和观察多次。每个个案的被访与作者关系远近不同,因而进行的观察和谈话次数也有所不同。亲代和子代访谈分别进行,访谈以半结构方式进行,当面交流,聆听他们讲故事,了解他们家庭形成啃老局面的来龙去脉,了解双方对"啃老"相关问题的看法以及对他们代际关系的看法。

(一) 关系和谐的啃老家庭案例

案例1：子代T,男,32岁。大学本科毕业,无业,已婚,孩子4岁。母亲,58岁,某医院主任医生,父亲,59岁,大学教授。

T毕业后工作不顺利,辞职至今10年未工作。家境较殷实,有车有房。目前T先生和妻子靠在家带孩子及照顾两边父母的日常家事换取双方父母给予的报酬。

案例2：子代X,女,37岁,博士研究生学历,高校教师,两个儿子,一个6岁,一个半岁。母亲,62岁;父亲,69岁,二人均退休。

X自怀孕开始,父母从老家搬进女儿家,帮助女儿、女婿料理家务、养育孩子。第三代出生以来,睡觉、吃饭、穿衣、打疫苗、看病、送幼儿园几乎都由外婆管理。六年来从未间断。另外,父母两次支持女儿购房,第一次帮助女儿支付了首付,第二次不惜卖掉了老家的房子。

(二) 关系冲突的啃老家庭案例

案例3：子代Y,男,26岁,美术学院本科毕业,专业油画画师。母亲,56岁,会计,丧偶。

Y毕业后,放弃了留校当老师的铁饭碗,一心想要成为油画第一人,目前无固定工作,画作销路不畅,生活主要经济来源来自母亲。

案例4：子代L,女,43岁,硕士研究生学历,离异,单亲妈妈,孩子2岁。父亲,74岁,母亲,69岁,二人均退休。

L两次离婚,第二次离婚时孩子刚出生不久。因为女儿上班,父母不得不和女儿一起居住,长期帮她带孩子、做饭和料理家务。平时,L父亲还帮女儿打理股票账户。

四、案例分析和发现

矛盾意向性代际关系中存在着持续变动的要素,同时包含"推—拉"两种力量,代际关系最终是走向团结、冲突,还是继续矛盾,取决于矛盾的需求、期待之间的角力和协商。合理化、接纳是个体应对代际矛盾意向的重要策略,而行动者对自己所承担的代际责任的认同程度,以及对代际关系的期待实现与否等都影响着合理化的可能性。只有当子代和亲代都能对啃老事件合理化时,代际关系才能维持平衡与和谐状态,否则代际关系则因紧张冲突而失衡。

(一)和谐型啃老家庭:代际和合下的理性合作

在关系和谐的啃老家庭中,两代人实现了基于利益、观念一致基础上的代际互惠和情感团结。"啃老"这一看似以子代利益为核心的代际关系,其内核是亲代权威和责任伦理传统的延续。但与传统的威权式关系不同,代际间的日常互动以平等和关爱的亲密形式展现。

1. 情感化的关系认知和接纳

首先,两代人将啃老局面的形成主要归因为彼此的关心和爱护。"从对方利益出发""考虑对方的感受和需求"是此类家庭成员访谈中提及的最重要的理由。比如,T先生(案例1)的父母因为担心他"身体垮掉",所以让他辞职在家养病。后来又担心儿子"到外面去学坏""走上歪路",宁愿自己掏钱,让孩子在自己眼皮子底下生活。访谈中,T母既没有表达对儿子抱有中国传统家庭主义文化中"光宗耀祖"的期许,也没有西方个体主义文化中"独立自足"的期许,而是在价值选择上更看重"家庭和睦""健健康康"和"情感陪伴"。

> 一开始孩子大学毕业是去上班的,当时还是试用期。上班蛮远的,坐地铁单程就要1小时。上班2个月里面加班就30多天,有时候甚至会加班通宵的。……2个月下来,生病了!身体吃不消。……这个孩子从小身体并不好,我做医生的,晓得的。如果放任他折腾下去,身体垮了,什么都完了。IT行业过劳猝死案例很多的。……其实我们对小孩的要求不高,不需要他们赚很多钱,只要他们健健康康、开开心心就好了。他们现在一家三口陪着我们,我们已经很满足了。(案例1访谈记录,母亲)

X女士(案例2)拥有高学历却在生活上高度依赖父母,甚至在"生不生二孩"的人生大事上也遵从了母亲的意愿。用她自己本人的话来说,就是"我们家没有我和我老公没问题,但离不开外公外婆,离了他们就肯定(运)转不下去"。在一些研究者看来,正是父母的溺爱和全权代理阻碍了子女的正常社会化,造成子女缺乏基本的生活自理能力。但访谈资料显示,从家庭内部视角来看,正是这种依赖建构了他们"母慈女孝"的和谐大家庭,再造了代际间互以对方为重的责任伦理。访谈中,X母充分表达了"为女儿着想"的观点,是一个全方位、没完没了操心的母亲。因为女儿"从小只会读书,家务事一点不会做",如果老两口不来帮忙,"肯定得哭"。她不仅怕女儿体力上受苦,还担心女儿、女婿因家务分工闹婚姻矛盾;还怕女儿照顾孩子耽误自己的事业,因为"女人不能没有工作,没工作就没地位";甚至因为担心"一个儿子靠不住",所以极力说服女儿再生一个孩子,等等。

在子女的话语中,他们凸显自己的独立心和责任心,通过强调"为父母着想""孝顺父母""自我牺牲""有责任心"的话语来塑造自己道德个体的形象,以合法化自己的啃老行为。比如,访谈中,T先生一再强调,他目前的啃老状态,其实是一份工作,"虽然老板是爸妈",但自己一直是辛苦付出以回报父母的。而且,这是和父母"双方你情我愿、和谐商议、没有死皮赖脸",是一种公平的关系,而非占父母的便宜。甚至,他强调,为父母打工,照顾父母、孩子的生活起居,是"我们(夫妻)二人牺牲了去打造社会基础(的机会)",才实现了家庭的"双赢",既给家庭节约了开销,还陪伴了父母。X女士在谈到自己长期在家务劳动上依赖父母的时候,表示十分感谢父母对自己的帮助,但同时,她认为自己是一个有做家务潜能和"能扛事"的人。目前啃老状况更多的是出于对"爱操心"母亲的迁就,"既然她都做了,我也不能去操心,掺和的人多了就会起矛盾""她不开心,大家就不开心",暗示这也是她为了家庭关系的和谐而做出的努力。

其次,两代人之间表现出高度的认可和接纳。一方面,亲代并没有将子女的啃老行为认定为子女缺乏独立性,或者人生失败,而是正向地理解子女的行为。在案例1的访谈中,T母表示,儿子在家做"保姆"七八个月的时候,她也曾担心焦虑过,想过"堂堂一个大男人总是不上班也不是个事儿"。但在"颇有见地"的教授丈夫的劝说下,她内心的焦灼得到了消解,认可儿子在家属于"男孩耐得住性子""是好事"。对于儿子不外出工作这件事,T母在访谈中不仅没有从孩子社会化失败的角度进行解读,甚至认为儿子"愣是把亲家一家人也说动了,我们双方父母给他们发工资"是"这孩子厉害",话语中充满着对儿子的理解和赞许。另一方面,亲代经常表达子女"听话"和"懂事"。比如,T母认为,儿子主动提出照顾一家老小,是儿子"知道自己长大了,不好意思白吃白住",是"这孩子好的地方"。因为父母的认可和关爱,也因为子女在成长经历中始终享有较高的自主权,子代几乎没有想过和父母分开,甚至没有认真考虑过"独立"的意义,反而认为"爸妈就我一个小孩,住在一起,方便相互照顾,不是蛮好的?!"(T先生),或者"爸妈最后肯定是要和我住一起的,还不如早点儿磨合好"(X女士)。

2.代际互惠的理性建构

在关系和谐的啃老家庭中,两代人将维持目前的啃老关系认定为一种代际互惠与合作,是一种"划算"的理性安排。

首先,这种安排是一种出于以家庭为单位的经济理性计算,两代人能在啃老的关系中各取所需。比如,案例1中的T先生和妻子能"为父母打工"十年,是因为两代人都理性地算过一笔账。

双方家长对现在的状况很满意,可以说非常高兴……其实很多人没有算过一笔账,算过了你就认同了。我不工作,但是一日两餐我来准备,你请一个做饭的钟点工,多少钱?一小时25块,一天3小时多少?75块,一个月就是2 250块,对吧?买日用品、买菜、人工要吧?请个人照看小孩要多少钱?高级一点的要上万的。早教,就是要教会小孩上幼儿园之前的所有知识!这个又要多少钱?!……省下就是赚到,我们付出时间和精力,省下上万元的支出,比我们各自去朝九晚五赚5 000元要划算多了吧?(案例1访谈记录,儿子)

访谈中,T母表示,自己和老公因为工作忙,没时间烧饭,"钟点工也换过好几个,称心的却做不长",正好儿子喜欢做家务,自己家里人做饭和照顾孩子比请人"放心"也"省心"。同样,案例2中,女儿一家四口长期和父母住在一起,也有"放心、省心"的考量。X母认为,"每个月花五六千也请不到像我和她爸爸这样尽心尽力、能包下所有家务事的人",而且,"带孩子可不只是一般的照顾吃饭睡觉,还要接送孩子上学,还要带孩子看病,要承担很多责任呢!"因此,在家务劳动市场、保姆市场服务不让人放心的情况下,对于年轻父母都要外出工作的家庭来说,祖辈带孙辈成为两代人理性计算后的家庭策略。

其次,除了经济理性之外,这种互惠关系还来自亲代的工具性付出,在子代和孙辈身上获得了情感和精神性的回报。比如,T母对儿子一家三口"陪在身边""不走歪路"的强调,充分显示了独生子女家庭中,亲代对子代情感和精神上的依赖。对于案例2的X母来说,她所获得的精神回馈,不仅来自子代和孙代的陪伴,还来自我价值感的提升。她认为,家庭"六年来没发生过什么大的矛盾"主要源于自己的牺牲和奉献,"我把所有的事情都做了,他们还有什么话呢?"而且,她对自己的家庭贡献和在家庭中所拥有的地位感到很骄傲,"我女婿单位的人说我本事大,开玩笑说我一个小学生管理着一个博士(女儿)、一个硕士(女婿)、一个本科生(老公),还有两个混世魔王(外孙)哩!"

3. 利益共识和亲代意志彰显

和谐型啃老家庭的代际团结表现出鲜明的价值整合特征。

首先,亲子两代人都存在共同的"大家庭"观念和利益共生意识。两代人将彼此和第三代组成的家庭视为一体,为了这个"三代一体"大家庭的延续和发展,家庭成员在不同时间段承担着的不同分工。案例2的X母表示,"我们老的把家里的事情担起来,让他们年轻人安心去奋斗,他们混得好,也是给我们脸上贴金哩,是不是?"在利益共生的意识和默契下,代际间分摊家庭的发展成本是自利行为,亲代为子代的付出就是在为自己的将来努力。正如其他研究显示的那样,与非独生子女家庭相比,独生子女家庭的代际关系更平等、代际间的情感互动更多、精神共同体色彩更强烈。在这种共同体中,不仅亲代自愿将子代的事视为自己的事,子代也将保障亲代的利益看做自己的责任。访谈中,案例1和2的子代都多处谈到"我是爸妈唯一的孩子",父母将来"总归是我的责任"。

案例1的访谈资料显示,两代人对家庭的未来已经达成共识,即等父母退休以后,小两口再出去挣钱,老两口再照料家务。虽然未来好不好找工作、怎么挣钱也让人"发愁",但对于这个大家庭来说,"家务总是要有人照料的",目前儿子不出去工作是一种合理和风险最小的安排。就像T母说的那样,"等过几年我们退休了在家带孩子,他们两个人就可以安心去闯闯了,毕竟有点年纪,不容易走歪路了"。而T先生在访谈中也表示"等爸妈退休了,能照顾小孩了,好!我们就冲出去,全部冲出去!"表现出对未来承担"主外"责任的信心和向往。对于这个家庭来说,两代人勾画的共同的未来图景,有效地消解了亲代对现状的焦虑和不满。而父母将会衰老和退回家庭的必然事实,让子代对自身价值拥有强烈的预期,极大地减少了他们的自卑心理。因此,在这类家庭中,子代并没有因为目前对父母的依赖而认为自己是一个失败者的想法。

其次,两代人拥有共同的情感反应和代际意识。在"三代一体"的价值体系下,第三代是家庭的最终利益,是一个人活着的时候所能看见的最远的家庭的未来;这也是两代人共同的未来。访谈中,X女士讲述了"生不生老二"的家庭协商过程。

我老公一开始坚决反对,他说生两个孩子根本不是他想要的生活,甚至说再生一个就是毁掉他的人生!冲突还是蛮大的……确实,两个孩子的经济压力和时间精力成本都太大了。……但我妈就一直找我们谈话啊,说独生子女对孩子不好,我们都是要老要走的,到时候MM(指大儿子)在这个世界上连个照应都没有……我自己是独生子女,这方面我很有感触……还有关键的一点是,我妈坚决表示说她会带孩子的,不用我们操心……我就劝我老公,有这么一个坚强的后盾,还怕啥?……我们听我妈的话,其实也是这么多年的经验。……我们家很多事都是按她的决定办的,因为大体上结果也都证明没有错。如果外婆决定总是错的话,我们也就不会都听她的了。是吧?(案例2访谈记录,女儿)

既有研究指出,亲代会为了维持与子女的代际互助和亲密关系而主动让渡自己的权力,而本文的案例显示,子代也会为了维持与亲代的互助和亲密关系而让渡自己的权力。在以上案例中,虽然女儿表示,遵从母亲的意志是自己"主动"的选择,强调了自己的听话并非盲从,以凸显自我的理性和自主性。但成长经验之所以取代了个体反思,源于"母亲总是对的"的直觉反应。这让我们看到,在关系和谐的独生子女家庭中,子代对亲代的依赖根植于思想和情感深处的信任。正是基于长期"成功"被保护、被关爱的代际互动而产生的情感和信任,"听话"和遵从父母权威则成为子代自然的和理性选择。另外,以上的访谈资料,除了展现了小夫妻的理性之外,还反映了两代人拥有共同的"以下一代为重"的思考和感受方式。"为了孩子""让孩子有个照应"成功地激发了子代的情感认同,降低了代际协商的成本。

(二)冲突型啃老家庭:情感捆绑下的理性冲突

在关系冲突的啃老家庭中,亲代未能成功合理化子代的行为,而合理化失败的主要原因在于价值整合的失败。由于子代与亲代的理性选择相异,代际因亲子一体而形成的情感和责任捆绑失去了互惠和平衡基础,代际关系因紧密和冲突并存而产生矛盾意向。

1. 价值冲突和情感绑架

首先,访谈资料显示,两代人对"何为有价值的生活"有很深的歧见。价值观的不一致,特别是亲代对子代生活道路选择的不认同,极大地损害了亲代为子代付出的意愿,也伤害了代际间和谐的关系。在亲代看来,子女"主动"不要稳定的工作、不要"完整"的家庭,是缺乏规划、没有未来的人生道路。一些被研究者概括的"啃老族"特征,诸如"缺乏清醒的自我认识和定位""心气高,能力不足""过于理想化""自我中心,不考虑父母感受"等在亲代的话语中被反复述说。

现在的年轻人到底在想点啥,我真的搞不懂!有好工作机会,放弃!有赚钞票方向,放弃!就一天到晚做梦,那么简单成为中国第一人啊!你又不是生在大富大贵人家,我们是啥?工薪阶层啊,就这点点死钞票,你还想做点啥?……你看看人家小孩,就算读书成绩差的也有一份正正经经的工作,不像我家这个讨债鬼,一天到晚做梦。(案例3访谈记录,母亲)

我当年和她讲,如果你打算以后一个人过一辈子,你就离!但谁知道她又整出这样一个事情(指刚生孩子又离婚),还一点儿不打招呼?!人还是要对社会有敬畏之心,社会将来会发生什么你是看不清的,应该有长远眼光一点,要给自己留后路!!(案例4访谈记录,父亲)

但子代的访谈资料却显示,他们认为,选择这种人生道路是对自己有自信,也是为了过一种更有价值的人生,虽然"父母那个年纪的人无法理解"。Y先生(案例3)知道如果去临摹画就能养活自己,但他认为:"一旦开始临摹谋生,就很难再有自己的创意灵感了……我此生最大的愿望就是能在油画上,做近代中国第一人……放弃梦想去临摹,这太浪费我的才华了。"怀抱理想的Y认为自己目前的啃老只是暂时的不如意,访谈中,他说"没错!现在我单靠卖画确实还不能养活自己,但以后,也许我就是中国的毕加索、凡·高"。至于生活和经济上对母亲的依赖,他觉得这些都只是暂时的,只要有一天他获得了成功,母亲对他一切的付出自然就有了回报。L女士(案例4)其实在生孩子前就想要离婚了,她不想过那种"没有爱的生活",之所以"生了孩子才离婚",是因为她考虑自己年纪大了,朋友劝她"想要一个孩子的话,这可能是唯一的机会了"。经历了两段婚姻之后,她对婚姻很失望,她渴望从血缘纽带上获得一种稳定的安全感。"这个时代,其实人们对婚姻期望都不高的,夫妻说散了也就散了,但和孩子的关系总是稳定的,只要你自己不讨厌孩子,有个孩子总是好的。"

其次,亲代表达了强烈的不情愿和无奈的被情感绑架的感受。访谈中,案例3的母亲多次谈到独自抚养儿子的辛苦,抱怨说"不是为了这个小鬼头啊,我生活不要太舒服哦"。"我以前打一份厂里的工,兼职三个私人老板公司的会计记账、报税工作,每天都不休息,才供他上完大学",原本以为儿子大学毕业就算熬出头,谁知道"毕业三年多了",还是要自己赚钱给儿子买画布、颜料、画笔。"小姐妹们都讲我赚钱疯掉了,肯定攒了很多钱",其实连给未来儿媳妇的礼金都没攒下,"真丢人啊!"案例4中,L的母亲无奈地表示,"请保姆照顾孩子,白天也要家里有人啊?我们不来和她住,她怎么上班呢?不上班,养孩子怎么养?"而L的父亲则表示过来和女儿一起住纯属无奈,完全是因为"她妈要来帮忙,身体又不好,我只好跟着来"。在谈到现在的生活时,两个家庭的父母充满了抱怨和不平,多次谈及自己的"不容易"和孩子的"不懂事",抱怨被子女拖累。在这类家庭中,父母对子女的控诉和子女对现状的执拗,让代际关系长期处于一种关系紧张的状态。

2. 责任伦理下的矛盾意向

首先,"对责任的无可逃避感"和"不得已"的两难是亲代产生负面情绪的重要原因。访谈资料显示,亲代虽没有直接表达对传统伦理规范的认可,但"被子女所累""不能不管"在父母看来却是没有选择的,对为人父母责任的认定具有无可辩驳性。案例3中,Y母始终不支持儿子的选择,但她不得已地三年来一直给儿子钱,支持他独立创作。虽然,她说她已经给儿子下了最后通牒,最多再支持两年。但我们可以预见,如果儿子坚持不改变的话,这位母亲依然只能一边控诉一边给儿子掏钱。本研究的其他案例也显示,亲代会"不得已地纵容"子女的"啃老",他们真正的担忧并不是孩子用了自己的钱,因为认定"做父母的,就是把最好的给孩子,自己的就是孩子的",他们深层次的烦恼和痛苦在于担心孩子怎么活。就像Y母反复念叨的那样"到时候我老了,做不动了,他还这个样子,怎么办哦?!"在案例4中,深感焦灼的L父亲同样践行着这种"不得已"的纵容,他一方面表达自己不想帮女儿带孩子、理财,不愿意"受这个罪",另一方面又表达"不管不行"的想法。

她是典型的拆东墙补西墙,一屁股贷款,就指望着股市挣钱。我是知道她的理财能力的,如果不帮她,她很快就会把钱折腾光的。到那个时候,可怎么收场呢?!……我想过不管她的,谁叫她不听话呢?但事已至此,怎么办呢?她已经是没有其他路可走了。……我总不能看着自己的孩子在这个世上活不下去吧?(案例4访谈记录,父亲)

阎云翔指出,亲代之所以向子代做出让步主要是源于情感和道德层面的"父母心"。也有研究者指出,啃老的存在是因为亲代对子女的单向庇护对亲代仍构成心理压力。本文的案例资料分析还显示,亲代的让步不仅是道德约束的结果,也是家庭主义福利下的被迫的理性选择。受过大学教育的L父亲,在访谈中表达了他"按道理来说"的代际责任观,"父母不可能管子女一辈子,养到18岁就尽到责任了!",但他又说"现实做不到啊!"。如上面的访谈资料所示,他认定与女儿的利益具有不可分割性,子女未来的失败对于自己来说也是无法"收场"的。这种责任认知不仅产生于舐犊情深的人类情感,也反映了中国人在长期的家庭主义福利体制下的惯性思考。基于利益的捆绑、无限责任和"亲子一体"的父母观,"子女必须管"以行为主体内在结构的方式,成了亲代"自然"的反应和思考方式。

其次,子代的矛盾意向性在于,对父母的工具性依赖根深蒂固,但在情感上却对父母亲近不起来。访谈中,Y先生表达了对自由的强烈追求。对于为什么自己挣钱不多,还要花钱租房子的原因,他说:"我是成年人了,而且是搞艺术创作的,当然需要很独立的空间。和妈一起住,很多地方都会受到束缚,会让我觉得很不自由,创作的灵感也会受到影响。"子代对自己生活道路执拗的前提固然有自我性格上的原因,潜在的也有"父母的,就是我的""以后我所拥有的,也是父母的"的观念。这种亲子一体化的观念"正当化"了他们的啃老行为。而独生子女家庭中,子代啃老的底气更足。比如在案例3中,Y对自己未来可能对母亲所作的贡献充满自信,这种自信不仅仅来源于对自己才华的确定,也来自他的独生子女身份。在亲子一体化的家庭主义文化中,独生子女身份使他几乎不假思索地认定自己是未来母亲生活的唯一支持者,这个背景是他和母亲之所以能维持啃老现状的潜在契约和保障。

3. 理性冲突和孝行落空

首先,父母对子女"不听话"有强烈的挫败感,认为不仅是子女的失败,也是自己人生的失败。访谈中,L父亲显得很沉痛,他自视是一个颇有远见的人,也认为在子女的教育方面尽心尽责,"她从小我该说的话都说了",但还是不明白为什么女儿的生活会如此不尽如人意。访谈中,L父亲讲述了他如何劝阻女儿不要换学区房、不要投资公司,但"一意孤行"的女儿总是让他觉着自己白努力和白辛苦,经常想"不管她"。父亲希望女儿能过上一种安全、稳妥的人生,他之所以帮女儿炒股,是希望能帮助女儿获得经济安全,但女儿却热衷于"以小博大"和结果未卜的投资。然而,L女士并不认为自己的投资不明智。在她看来,从小父亲的"告诫和谈话很多",但她"不能都赞同"。她说,自己第一次离婚换大房子的时候,父母也坚决反对,但"现在看来自己幸亏当时买了这个大房子"。与关系和谐的啃老家庭不同,在关系冲突的案例中,子代的理性思考结果与亲代预期不一致,因而显示出权力博弈和情感绑架的特征。

其次,子代的非标准人生道路损害了亲代对子女孝行的感受。访谈中,案例3和案例4的亲代都表达了对子女婚姻状态的焦虑。在社区压力明显的熟人社会中,子女结婚意味着父母任务的完成,血脉延续的维持,是自我社会人格完整的需要。但在当下城市生活陌生人化的情境下,个体所感受到的舆论压力明显减小,父母对子女结婚生子的强烈期待,主要是一种基于家庭主义福利现实的理性衡量。如前所述,父母深层次的焦虑在于自己死后子女生活没"着落",而结婚是让人生有着落的有效途径,比子女追求的"成名成家""发大财"更让他们有安全感。对于秉持无限责任伦理观念的父母来说,子女是自己一生的责任,除非子女有了其他有效支持网络,不然就意味着自己不能放手,无法安享晚年生活。因此,自身资源越有限的父母,对子女婚姻稳定的需求越迫切。就像L母亲表达的那样,"如果她有个完整的家,我和她爸至少还能趁身体还好的时候,过个十来年的好日子",而如果子女不能体谅父母的这种心理,不能设法减轻父母的压力,就会引发父母"子女不孝""子女自私"的抱怨。

访谈资料还显示,由于对"好生活"缺乏共识,即使子代明确表达了赡养父母、对父母好的意愿,也不能成功激发起亲代在情感和精神上的获得感。案例4中,女儿L表示她打算换更大的房子,并不完全是为了投资,更是为了能与父母、孩子一起住得舒适一些,"再过几年,他们年纪更大了,单独住是不可能的,身边总得有个人吧?和我一起住,我多少还是能帮得上忙!"但在L父母看来,日常生活中与女儿摩擦太多,共同居住太辛苦。他们的理想是女儿能够有一个自己的家庭,老两口能"解脱"出来,住在自己的房子里。

案例3的母亲在访谈中多次谈及自己与儿子对未来期望存在矛盾,她苦口婆心地劝儿子放弃成名的梦想,目的是想让儿子和她过上稳定的、儿孙绕膝的普通幸福生活。但在儿子看来,母亲这种没有远见的思想源自惜财,所以会说"等我出名了,全都还给你!"Y母表示,"知道儿子还是很孝顺的""每年母亲节都会买点儿东西给我",但她苦于儿子不懂她的心,一句"我养大他,就是为了让他还给我啊?"道出了她对儿子不理解自己的痛苦。在访谈的结尾,Y母用无奈的口吻述说了她的生活理想,希望儿子能结婚生子、生活安定,这样她多年的苦熬才算没白费,才"对得起孩子死去的父亲"。在亲子一体的代际关系中,家庭的未来在于下一代,下一代过得好对自己来说是一种解脱。从现实利益来讲,对于经济能力有限、但还能够独立养老的城市老人来说,子女最要紧的孝行不是许诺将来奉养父母,而是尽早自立以减轻父母独立养老的负担。

总体而言,由于缺乏一致的未来预期,子代啃老不仅不能给亲代带来工具性的帮助,而且削减了亲代未来独立养老的资源,特别是子女对"标准"人生道路的背离,冲击了子代给予亲代精神和情感回馈的基础。在深层次上,子女听话是代际"和合"文化传统的内生性要求。对于秉持亲子一体和无限责任伦理的父母来说,子女"不听话"和非标准人生道路不仅关乎为人父母的权威丧失,还意味着对未来生活安全感的丧失。

五、结论和思考

作为个体化进程影响下的一种矛盾意向性代际关系,"啃老"反映出中国家庭亲子文化在社会转型背景下的韧性和内在张力。韧性表现为代际责任伦理依然对家庭生活中的个体具有约束力,是代际功能性团结的基础。而张力则集中表现在价值团结的日趋艰难性,亲代权威的实现越来越倚重于代际互动中的情感内化。案例显示,关系和谐的啃老家庭成功延续了以亲子一体和无限责任为特征的代际"和合"文化传统,关系结构中双方的利益、价值和情感都得以平衡。但"传统"的亲代权威、责任伦理和家本位关系模式,是以理性分析和情感取向的"现代"方式呈现的。而关系失衡的啃老家庭则是对代际和合文化传统的不彻底延续,子代对亲代的工具性依赖和价值观念上的"反叛"构成了关系的结构性矛盾。由于两代人价值整合的失败,责任伦理的践行失去了互惠和平衡的基础,代际关系陷入情感捆绑下的理性冲突。

综上分析,笔者认为,在中国当下的个体化进程中,家庭代际关系的自反性并未导致家庭个体化,相反,亲子一体和代际责任伦理在家庭成员的自反性生涯和协商过程中得以再造。因此,从代际关系角度看,当前中国家庭是个体实现自我利益的资源,也是统摄个体的社会结构,并非个体化理论所预设的那样成为一种"选择性关系"。虽然代际的协商实践,两代人都表现出高度的理性化和情感化取向,但反思的起点和结果都是关系导向的而非个体导向的。无论是关系和谐还是冲突,亲代和子代在观念和意识上都将对方的未来纳入自己未来的生活预期中。年轻人对父母责任的认定是子代啃老合法性的来源。基于血缘的代际责任强烈地表现出"不可选择性"。事实上,正是这种不可选择的捆绑关系才产生了代际关系中的爱恨纠缠。

关于当下中国家庭这种基于自反性关系的代际团结,其结构性特点以及家庭成员的利益、情感和价值在代际团结过程中的角色,以下几点还需强调和说明。

首先,亲代与子代的需求结构互补是代际合作的基础。一方面,由于老年人经济上能够自足,而且预期寿命和健康状况大大改善,延长了他们在与子女支持关系中的"可给予期",亲代对子女给予情感陪伴和精神回馈的需求增大。另一方面,劳动力市场竞争日趋激烈、年轻人经济自立的难度增大,加上婚姻关系不稳定、兄弟姊妹关系缺失,社会化的幼托服务、养老服务不健全等,亲子纽带成为个人最重要、甚至唯一可以依靠的支持网络。因此,家庭作为需求共同体的特征并未削减。事实上,即使是在全球化、后现代的背景下,家庭结构日益变得多元,家庭作为个人的庇护所,依然处于个人生活的中心位置,处于个体与更宏大的结构之间,调节着全球化、社区资源、国家政策对个人的影响。个体很少有脱离家庭的资源和情感依附关系来做决定的。所以,家庭作为行动者(agent),依然是分析社会的一个基本单元。

其次,啃老是两代人的理性合谋,但个体的理性计算是通过情感被合理化和被接受的。在中国的家庭主义文化语境下,孝顺是子女对父母"报之以情"的主要体现,使代际间原本不对等的支持关系得以平衡。对于有自养能力的城市父母来说,他们的获得感不在于子女的赡养承诺,而在于子女"顺"和"听话"所带来的情感慰藉和安全感。但在威权式孝道式微的背景下,亲代权威无法来源于父母身份,而取决于子女在人生经历中对父母所形成的情感依赖和决策信任水平。亲代先赋权威的丧失,造成了代际间价值整合对日常互动和情感内化的依赖。另外,在价值多元的语境下,两代人在日常生活中形成的共同的、无意识的情感反应模式和"集体惯性化",能有助于代际间达成理解和协商成功。

再次,社会转型强化了"亲子一体"的情感结构,让代际互助传统表现出了强大的文化抗逆性。不同于强调"断裂"的个体主义文化,中国的代际文化强调父母与子女的"和合"与"共生",子女教养方式并不围绕培养"独立、完整的个人"而设,成年子女的"儿童化"和代际间的撒娇式亲密行为在文化上具有正当性。虽然从20世纪初以后,中国经历了一系列反传统文化运动,但"独立自我"和割裂式代际关系在文化上并没有得以制度化。在经济风险、婚姻风险增大的社会背景下,亲子关系的工具性意义强化了代际依赖的精神意义,成为个体寻求稳定感、安全感和自我认同最重要的资源。需注意的是,在独生子女家庭中,责任对象的唯一性减少了代际间的利益矛盾,同时也增加了代际亲密的需求和代际互助责任的紧迫性,由此也增大了产生矛盾意向的风险。另外,因为家庭占有资源的差异性,个体福利对代际纽带的高度依赖将会导致社会不平等的代际传递。这一点也是在探讨家庭主义和代际团结的韧性及其后果时所不能忽略的。

(刘汶蓉,原文载于《社会学研究》2016年第4期)

自反性实践视角下的
亲权与孝道回归

一、问题的缘起

本研究的问题意识源于当下中国青年人矛盾的代际地位形象。一方面,学者们认为,当下的中国青年人是推动社会变革的先锋,他们比前辈群体拥有更高的文化素质、技能和创造力,拥有更加自信、自主和开放的理念,在代际互动中拥有"文化反哺"能力和"话语权力"。但另一方面,学者们也观察到家庭内部父母权威和孝道话语的上升。不仅横截面的数据比较结果显示青年人对孝道责任的认同程度高于年长群体,且追踪调查研究显示,与20世纪90年代末相比,父母对子女孝顺评价更好,父母在子女的教育、就业、婚姻方面的决定权在上升,父母干预性离婚现象引发学界关注,"妈宝"的话题更是常见诸各大媒体,被民众认为是广泛存在的负面社会现象。

文化反哺能力的提升为何未能改变青年人在家庭代际关系中的地位?亲权回归到底是由哪些社会力量共同作用的结果?阎云翔(2016)指出,当前中国代际关系中的亲权崛起和孝道回归并非来自传统规范的约束力量,而是青年人应对社会转型和个体化带来的生活风险、不确定性和物质主义压力的个人策略。从代际协商和个体行动策略角度看,亲权回归受到社会风险程度和父母资源多少的影响。处于风险越高、竞争越激烈的社会环境下的青年人向父母寻求保护的可能性越高,经济、社会资源越多的家庭子女向亲权回归的可能性越大,所以城市中产家庭比相对弱势阶层的家庭更有可能发生亲权回归。但总体而言,既有研究缺乏青年人成长视角的分析,对当下城市中产家庭的亲权和孝道特征,以及亲权回归的发生过程,特别是子女成年之前与父母的关系互动特征还需要更多的经验研究和理论探索。基于此,本文拟以城市中产家庭的亲子关系为研究对象,力图实现两个研究目标：一是通过分析成年初显期子女与父母的代际互动和协商特征，讨论子女文化反哺与父母权威共存的代际关系特征；二是通过回溯子女成长过程中的代际关系和生活共同体的建构过程，理解子女向亲权和孝道回归的家庭实践机制。

二、相关文献回顾及分析框架

（一）亲密亲职与孝道情感化

除了工具性依赖之外，亲密实践是理解个体化背景下家庭关系的另一条路径，也是本研究的一个重要理论渊源。自20世纪晚期以来，社会学关于家庭生活的研究出现亲密关系研究转向，并逐步从两性关系扩展至代际关系研究。杰美森认为，亲密实践（practices of intimacy）是"激发、产生与维系主观上感到彼此亲近、协调和专属"的行动的积累和联合，麦克拉伦强调关系双方"建立实质的共享世界"的重要性。阎云翔、杨雯琦（2017）将代际亲密关系界定为"一种反映在情感依赖关系上的深度沟通、口头表达和肢体表达上的跨代际的互相认知、理解和情感共享"。虽然中西文化下的人际距离不同，但亲密实践都表现出共同的特点，包括心理层面的相互理解、关心、依赖、信任和忠诚，行为上频繁的语言交流、礼物互送、共度时光等。

代际亲密实践从父母照料未成年子女开始就广泛存在，主要通过陪伴、起居照料、共享和共度时光，让孩子产生依恋感，并依此建立基本的社会信任和自我认同。研究显示，中国家庭的亲职方式和文化理想，已经逐步向"爱的教育"转变，强调以孩子为中心，对孩子的发展进行密集性的时间、金钱和情感投入，但亲密亲职（intimate parenting）在中产阶层家庭更为典型。首先，从客观的金钱投入、时间投入和精力投入来说，中产阶层家庭的母亲是密集母职和教育竞争的主要承担者。其次，与工人阶层的家长相比，中产阶层的家长更注重对孩子情绪表达和综合素质的培养，在关系结果上表现为亲子关系更亲密。而且，家长的受教育程度越高、越年轻的家长，越重视孩子的自主性和情绪表达培养，亲子关系也更亲密，互动更频繁。

有趣的是，亲密亲职一般被认为是代际关系平等和民主化的表现和推手，但在中国情境下，亲密亲职也推动了孝道观念的上升。比如，对初中生和大学生的研究显示，亲子间的理解交流、亲子依恋的质量和早期父母的情感温暖能显著正向促进子女的孝道观念,减少叛逆心理。事实上,梳理既有研究可知,孝道规范整体上在中国并未发生衰落,而是发生了情感转向。一方面,大量的调查研究显示,孝道观念依然被大多数青年人共享,特别是基于情感的相互性孝道观念具有高度的稳定性,且相互性孝道的代际传递效应随着世代更迭而逐渐加强。

另一方面,研究者也一致发现,强调父母权力和子女责任义务的权威性孝道观念式微,比如在孝道的多元维度中,"抑己顺亲"的观念接受度最低,"孝而不顺"被父母子女广为接受。一系列质性研究指出,情感和亲密关系的建构是代际间责任伦理生产的驱动力,也是个体化时代个人重新嵌入和建立安全感的重要策略;代际关系中的权力表现为一种"亲密的权力",即亲密关系是权力运作的前提和约束;两代人的理性团结只有通过情感才能被合理化和接受。

但这些研究并未关注代际亲密实践本身,且都聚焦于成年子女与父母的代际支持和实践,而对子女成年独立之前的代际关系建构,以及亲密亲职与亲权和孝道观念之间的内在生产过程缺乏细致的经验研究。

(二) 城市中产子女的协商性成年

本研究的另一个理论渊源是关于成年初显期(emerging adulthood)的研究。这一概念的提出者阿奈特认为,20世纪末以来青年人独立生活和心理成熟的年龄越来越晚,在生命轨迹中出现了一个明显的由青少年进入真正意义上的成人的过渡阶段。研究者一般将这一阶段界定在18—25岁,甚至29岁,实证研究将初职、初婚和初育作为该阶段结束的人生事件进行测量。这一阶段的青年人虽然已经达到法定的成年年龄,进而从法律意义上已经获得了成年身份以及与之相匹配的权利与责任,但由于仍处于爱情、工作与世界观的不断探索与试错的时期,所以缺乏稳定的自我认同和承担家庭责任的能力。

成年初显期是生理成人性与社会成人性发生断裂或不一致的社会—文化现象,发展出相对稳定和一致的自我认同(self-identity)是该阶段青年成长的重要任务。从社会学意义上看,自我(self)的本质是关系性的,自我认同根植于共同体中的人际联结,以及成员所共享的意义系统,包括利益诉求、价值目标、认知模式和情感体验模式等。现代人的认同困境则源于既有的文化制度无法提供稳定的人际联结和有效的角色引导,脱嵌的个体面临巨大的生涯变动性和不确定性,"自我认同变成一个不断探索和建构的反身性过程"。普缇(Côté,1996)指出,随着"前现代社会—早期现代社会—晚期现代社会"的发展,个体的认同方式也经历了"先赋—实现—应对"(ascribed-achieved-managed)的变化。对于成年初显期的青年来说,求学、求职以及择偶的竞争和压力,伴随着消费主义、全球化不断创造出的新欲望,严重撕扯着他们的情感和认知方向。扩大的自由选择和看似无限多的可能性,对自我导向和自主性的强调,将青年人推向恐慌和失衡的状态。在日趋个体化、复杂和混乱的世界中,个体的成年道路,即获得成年身份和认同感受,也变成了一个不断权衡、协商、寻找解决方案的过程。

相关研究表明,家庭背景是影响子女成年初显期持续时间的重要因素。国际比较和阶层比较发现,与弱势阶层家庭相比,优势阶层家庭的子女进行身份认同的探索空间更大,生命历程中的成年初显期阶段也更加凸显。国内的实证研究显示,城镇青年的初职年龄比农村青年晚,父亲的社会地位越高、职业越好的青年初职年龄越晚,表明城市优势阶层青年的成年初显期持续的时间更长。研究还显示,成年初显期持续越长,成年后收入越高、生活幸福的可能性越大,说明该阶段是人生中重要的经验和资源积累阶段。但重要的是,青年人应对风险和规划生活的能力都依赖于自身所处的社会阶层和拥有的资源。要在日益延长的成年道路上取得成功,个体不仅需要更多的经济和物质资源来支撑探索期的日常生活,还需要强大的心理资源和认知能力,如反思能力、理解能力、判断能力、学习能力、抗压受挫的能力等,来支撑自己追求长远目标。在此背景下,代际亲密关系作为子女成长的内在资源的意义越来越受到重视。一项以上海大学生为样本的研究结果显示,与父母关系的质量,如亲密感、认同感和良好的沟通,直接影响青年人的抗逆力、自我效能感、自尊感,并从而影响他们的成人身份和社群身份认同。

综上可知,城市中产家庭子女的成年道路具有鲜明的协商性,其身份探索期更长,独立时间更晚,父母是他们应对未来风险的重要资源,这也从侧面支持了亲权回归的可能性。基于这些研究的启示,笔者认为,要进一步理解当下青年人向亲权和孝道回归的原因机制,不仅需要探讨青年人如何借助代际资源维持和追求个体利益,还需要考察他们如何借助代际资源满足自我发展的需求,抵御DIY成长道路(do-it-yourself biography)上的认同困境。

(三) 本研究的分析框架

综上所述,城市中产家庭的亲权和孝道回归现象折射出家庭实践背后多元而复杂的动力机制。对于现代社会中个人生活实践和家庭关系所展现出的多样性和协商性,社会学家通常在自反性(reflexivity)理论框架下进行分析。在个体化理论中,自反性是联结宏观和微观、结构与个体的概念工具,也是理解宏观结构和文化变迁的一个主观维度。自反性实践是个体脱嵌于传统设置,如稳定的工作、家庭、社区生活之后,对矛盾社会结构需求的积极回应,也是对自我身份认同的创造性建构。其创造性和主体性在于,行动者对所处社会情境进行认知和回应的过程,主要体现为个体动员情感、情绪来考虑和建构关于自我与他人、与生活世界的关系,本质上是一个情感化、身体化和认知化的过程。经验研究显示,制度的自反性与传统惯例之间并非相互矛盾和削弱的关系,自反性实践具有多样化的形式,社会制度会在自反性的惯例行为(reflexive convention)中被重塑和再造。在个体化情境中,家庭生活领域充满了结构化矛盾的协商和再构。比如,劳动力市场对个体化的推动,性别认同去传统化,但家庭和亲密关系的重要性持续,所有这些元素共同导致家庭成员对家庭意义的自反性再构,再构的结果既可能是生成新的家庭结构,也可能是家庭生活的再传统化。因此,基于自反性概念所内含的对行动主体性、策略性和协商性的强调,以及对社会制度的变迁具有开放性和包容性,本文用"自反性回归"来概括当前中国青年人向亲权和孝道回归的现象,强调这种回归是基于父母与子女自反性实践而产生的社会后果,与传统孝道规范下的亲权相区别。同时,我们建立"自反性回归"的解释框架(见图1),以明确本文的研究链条和主要内容。

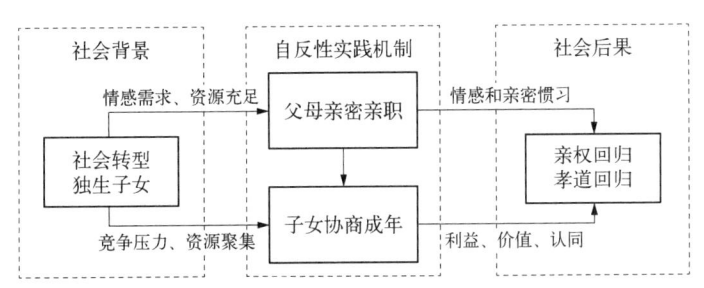

图 1 城市中产阶层家庭亲权和孝道"自反性回归"解释框架

资料来源:作者编制。

如图1所示,在亲权和孝道的"自反性回归"解释框架中,社会转型和独生子女家庭结构是发生亲权回归的客观背景和起点,代际自反性实践(包括父母亲密亲职和子女协商性成年两个相关联的过程)是中间机制,亲权与孝道的回归是代际自反性实践的社会后果。其中,自反性回归的亲权和孝道特征及其产生的两个中间机制是下文的重点分析内容。在此,关于社会背景再作一说明。首先,以市场化、个体化、全球化和家庭主义福利体制加强、经济繁荣与不平等共存等为特征的中国社会转型,推动了城市中产家庭生活在由消费主义、教育竞争、动荡的劳动力市场、流动的职业,以及持续增长的代际支持需要和强调亲密与自我表达的文化所共同构成的大环境之中。另一方面,在普遍的双职模式和独生子女家庭结构背景下,中国城市家庭拥有相对充裕的物质条件,而唯一的孩子承载了家庭的未来和希望,也导致家庭资源的聚集和唯一流向。作为对这些结构性约束和矛盾需求的回应,城市中产家庭普遍的家庭目标是建立代际亲密关系、重视子女教育和追求子女社会经济成功,也依此形成了父母亲密亲职和子女协商成年的家庭实践模式。

三、研究方法和个案介绍

本文通过立意抽样的方法,在 L 省 D 市抽取了 10 个中产独生子女家庭,分别对子女及父母其中一方进行了一次或多次的访谈。主要访谈时间是 2018 年,于 2019 年进行了部分补充性访谈。因为最初的研究目标是代际亲密关系的建构,所以选择的个案家庭没有明显的代际冲突,父母与子女都自述关系和谐、"亲情浓厚"。访谈中主要搜集的资料包括,两代人各自的成长经历、与自己父母/子女的关系,以及自己/子女成长过程中重要的代际关系事件,对父母/子女的认识和评价等。访谈采用亲子分开访谈的方法,注意两代人对家庭事件叙述的资料互证。资料分析方法主要采用对资料进行层层编码和归类的方法,通过反复阅读和比较,在类型中寻找关系和主题,并最终获得论文框架。

10 个被访家庭均为独生子女家庭,子女都处于 18 岁以上但尚未结婚生子,[①]没有独立住房,属于典型的成年初显期青年。子代中共访问了 5 名男性、5 名女性,最小年龄 20 岁,最大 31 岁,平均 25.6 岁。被访子女中有 3 人工作,其余均为在读学生,其中本科在读 4 人、硕士研究生在读 2 人、博士研究生在读 1 人。被访的亲代中有 2 位父亲、8 位母亲;年龄最大的 59 岁,最小的 47 岁,平均 52.8 岁;亲代均从事技术性或管理型工作,除了 2 人高中学历、1 人中专学历之外,其余 7 人有大学学历。遵循社会科学的匿名化原则,本文对被访者进行了编码。其中,首字母 C 表示案例(case),第二个字母表示子代的性别,男性用 M(male)表示,女性用 F(female)表示,之后的数字表示家庭个案编号。案例编码中,如果数字后面连接字

---

① 其中一人在访谈时刚订婚。

母,则表示是对亲代的访谈资料,其中父亲用 F(father)表示,母亲用 M(mother)表示。如 CF06 - M 表示是对 6 号家庭母亲的访谈,这个家庭的子代是一个女儿。

四、资料分析与发现

在自反性视角下,亲密实践意味着个体改变个人人生轨迹和历史的创新努力,但也意味着对外来强制性变化的保护性反应和对传统的再创造。本文通过对成年初显期子女与父母的代际关系特征、建构过程分析发现,在当下的城市中产家庭中,父母与子女都是亲密关系的积极行动者,父母在反思自己与父母关系中的缺憾基础上,通过亲密亲职的努力塑造了子女和自己相似的认知结构和性情倾向,而子女在运用亲密资源应对外界风险、探索自我身份和认同的同时,也再造了亲权和孝道。

(一) 成年初显期子女与父母关系的特征

为了确定当下成年初显期子女与父母互动的特征,笔者采用资料对比的方法,比较两代人各自与父母的互动方式和结果。研究资料分析结果表明,该阶段的代际关系质量是童年和既有代际互动和情感的延续和累积,子代在面临人生选择时深受父母的影响,但影响方式以情感和认同为基础,而非传统的家长威权。在科技发展和信息化时代,子代非经济的反哺能力明显提升,从而使这一阶段的代际关系显示出新特征。

1. 代际亲密的外显化

首先,日常互动表现出鲜明的平等性和亲密性。访谈资料显示,在亲代记忆中,父母呈现绝对权威的形象,家庭中联结亲子的情感是"敬"而非"亲"。当谈到顶撞父母的问题时,一位母亲(CF06 - M)未加思索地答道"小时候绝对家长说了算。我们哪有敢顶他们的!不可能的!"另一位被访则(CF09 - M)明确说那时候的"父母一般不愿在子女面前表现出亲密,而是'端着父母的架子'"。正如戈夫曼所描绘的那样,为了维持父母的神圣身份,必须在子女面前保持一定的神秘感与距离感,让子女继续对他们保持敬畏。事实上,在 20 世纪六七十年代的多子女家庭中,父母工作和家务之余少有精力分配给诸多子女。访谈中,很多父母表示,自己儿时与父母比较陌生,几乎没有交流。一般只有晚餐时大人能与小孩说说话,但能了解的仅限于有没有闯祸而已。

与亲代相比，子代对父母的情感则主要是"亲"而非"敬"。一方面，被访子女在日常生活中，不仅经常对父母直呼其名，还经常开玩笑地称呼"哥""姐"，起绰号称如"老佛爷""天仙"等的现象也并不鲜见。另一方面，子女会直言不讳地表示"自己有时候脾气不好"，顶嘴的时候会和父母"看谁分贝高过谁"（CF07），还表示和父母发牢骚、起摩擦"很正常"，不然是"亲爸亲妈吗？"（CF09）进一步分析资料发现，子代深知尊重长辈和不逾矩的道理，比如CF09在访谈中提到："爸妈从小会跟我说怎么去礼貌待人，也为我树立了榜样。我不会对导师或者父母还是什么人做出很出格的事情，还是很尊重的。"因此，在这一代青年人看来，他们与父母争执、顶撞并非主观上对父母的不尊敬，只是一种"意见表达"和"情绪表达"；而对父母撒娇、戏谑行为，更非恶意，只是将此类行为视为与父母之间的专属行为，体现出子女对舒适区的眷恋以及亲子间的亲昵。

其次，亲子生活彼此嵌入，超时空同步。两代人资料相比，子女离家的意义已经大为不同。对于父辈来说，离家上学、当兵就丧失了随时联系父母的可能，意味着必须自己建立新的人际支持网络。但对于现在的子女来说，离家后却与父母仍在一起。一方面，在情感纽带的驱动下，亲子双方均有跨距离保持紧密联系的意愿；另一方面，新技术则为保持代际情感联结和建构亲密关系提供了手段。互联网语音和视频技术可以全面而即时地传递信息和情感，智能手机的普及则显著增加了人们远距离维持亲密关系的能力。访谈资料显示，尽管亲子的空间距离随子女去外地求学而拉长，但在生活中依然与父母保持频繁交流。比如CF06在日本留学期间每天跟母亲视频通话，从来没有缺席彼此的生活。"我跟我妈之间，视频就是大部分的日常。我们俩现在的沟通特别多，每天的聊天记录都能有几百条吧。现在就是能保证每天不打电话也会聊语音，断断续续聊一整天。"这种对彼此生活的深度嵌入，甚至促成了双方之间的心灵感应，这是代际亲密延续的直观体现。

哪天他们没有联系我，一定是他们发生了什么事儿。前两天他们就没有联系我，……我妈那天下午，除了我问她，再就没跟我讲过一句话。晚上我给她发了个视频，比平常要早一些。但一看都挺好的。不过第二天讲话的时候露馅了，她那个手给划到了。我就跟她说我就觉得你肯定有事儿，你还瞒着我。我觉得他们都瞒不住我，因为我们每天都联系，所以只要有点异常，我就能立马发现。（CF06）

当这种远程的细致体察被解读成"关爱"则会促进亲子间的亲密感。另外，在成年初显期,青年人离家后普遍会面临来自人际关系、学业竞争、恋爱失败等多方面的挑战,经历着高度的精神压力和身份焦虑。因为即时沟通的便捷,在与父母亲密惯习的支配下,一些情绪敏感的子女只对父母敞开心扉。他们虽然与父母不住在一起,但"离家不离心",父母成为超越朋友,最值得信赖和让自己放松的人。

我跟我妈说的有些话是跟很多朋友没法说的,因为大学以后人际关系越来越复杂,但是跟我妈就完全不考虑这些。可能也会有分歧,但不影响我跟她什么话都说。(CF08)

亲子间在生活上的超时空同步,始终保持着对彼此生命历程的参与,两代人在密切的互动中形成了相对统一的价值观念和认知模式,共同的时间表加深了生活共同体的团结感和安全感。虽然子女会有日常事务上的小叛逆,但在大事的抉择上通常与父母能保持较高的一致性。

2. 父母权威的内隐化

首先,亲代幼时的伤痛经历促动反思性亲职。比较两代人的成长资料发现,在上一辈的代际关系中,代际关系以维持家庭秩序为主要目标,亲子地位的等级性明显,父母对子女的关爱不外露,子女在亲子互动中主要表现为服从和妥协,当与父母意见相左时几乎没有协商的资源和空间。

那时候父母都一心让孩子考重点高中,考大学……(但是)我想干空姐、厨师那种活儿,因为我本身喜欢劳动,不喜欢读书……我姐学习比我好很多都没考上(大学),我考得上吗?但是拗不过家长。……我们当时报船校能加30分,但我爸也坚决不让我报,死活就是不行!他就让我报高中,五中。我填志愿的时候生气,在写"五"的时候就连了一下。他非说我写了个"王",给我罚站!(CF06-M)

上述案例充分体现了当时家长权威的绝对性,也反映了亲子间缺乏了解的现状,即使子女对自己的情况分析得非常透彻,但父亲一言堂,完全不与孩子沟通,也根本不了解子女的意愿和能力。访谈中,亲代表达了对这种缺乏沟通的亲子关系的无奈,对即使不理解也必须执行父母意愿而感到委屈、痛苦。事实上,这种伤痛记忆成为他们反思性亲职的基础,是为人父母生涯中努力建构民主和亲密亲子关系的内在动力。

其次,父母影响力以观念渗透和认同塑造的方式进行。访谈中,很多子女表达了对父母"有先见之明"的信服,但在回溯事件时子代更加强调接受父母意见的过程性和主体性,经历了自己的反复思考和时间考验,并非简单的接纳。比如,正在读博士的 CM04 表示,自己读博士的道路是受到父母的启发,经历了从父母建议到自己主动愿意的过程。而 CM02 在女朋友问题上,一开始与父母有意见分歧,但经历分手之后也开始认同父母,表示"他们还是更有经验"。

我当时对工作有无限的憧憬,但实际做下来我发现这个工作不是我想的那样,事儿特别多……父母看到我下班比较累也会问我,我就抱怨两句。他们就说,你可以读博嘛,要是选择深造是不是就没有这事儿了呢?……如果不存在他俩任何意见的话,可能这个博我也不读了。(CM04)

我之前有一个女朋友,农村的,在城里工作。她待人处事还可以,比较得体。但我父母对农村出身还是比较介意……结果最后我和她因为一些问题分手了……自己考虑问题没有父母那么周全,这方面他们还是更有经验一些,我自己也会去反思。(CM02)

事实上,访谈资料多处表明亲代已经意识到,在规劝和约束子女方面,强制性和命令式要求的效力已经明显下降,甚至可能会引起反感而遭到逆反,所以"讲道理"和"打感情牌"是更常见的策略。但以上两个案例也充分表明,中产父母与子女民主关系的背后并非对父母权威的放弃。而是通过平等民主的协商策略掌控子女的发展,包括求学、求职和婚恋选择,从而实现家庭目标的成功。

再次,代际冲突中父母的显性权威下降。资料显示,当下的中产父母会在与子女的重大冲突中表现出退让和妥协,有的亲代在访谈中表示自己当年"想都不敢想"。比如,CM01 案例的父亲根据自己的人生经验和判断,原本计划让儿子考重点大学、学习电子信息专业,但最后却遵从了儿子的选择,去体育大学学习康复专业。

我希望他学习符合社会发展趋势的专业,比如计算机、电子信息这样的。……但是这个老伙计(儿子)临秋末晚(截止日期前)在翻阅报考指南的时候发现了 BT,就给加进去了。……他最后真就被 BT 录了。咱因为对体育棒子的偏见就不让他去,……但孩子查过资料,包括在网上跟他们学长联系以后,态度就很明朗了,非要去。天天做我们工作。我们就坚决不接受,天天跟他提复读。有一天我就急了,他一直梗梗(不听话),我就动手了……快开学了,我通过朋友介绍找到了 BT 的领导,提前去了解情况,想转专业。对方一句话:你想来体育大学学英语吗?就这一句话我就听进去了。后来到了他寝室,发现这些孩子考分都不低,并且都很阳光、上进,这个集体很好。一瞬间就把我的偏见击得粉碎!(CM01-F)

与 CF06-M 案例相比,当前的代际关系中,子女有了更多的协商资本,可以不断地劝说父母,而父母也表现出更多的耐心和意愿去了解和论证子女决策的可行性。在这个过程中,父母虽然也动手,也强硬,但子女的无惧和策略性也展露无遗,最终子代的"胜利"更标志了父代权威的隐退。另一方面,这个案例也反映了中产父母对子女发展进行掌控的努力,即使最后表现为子女的胜利,但这一结果是建立在父母的充分衡量和认可之上,在一定意义上仍在父母的影响力范围之内。

3. 子女孝行的个体化

首先,子女孝心是代际亲密性的自然延伸。对比两代人的资料可知,亲代在谈及自己对父母的孝行时多强调责任和义务,强调自己年轻时遵从父辈权威和践行象征性行为的重要性。比如,CF06-M 在访谈中委屈地谈及当年父亲命令自己每个星期必须抱孩子去问候婆婆,毫不顾及自己的感受和困难。

那么远的道(路程),那阵儿一个礼拜就休息一天,俺不得洗洗涮涮,休息休息吗?我们那阵儿上班多累啊!……再说(刚生孩子)那么困难的时候,她奶奶不给看(照顾)孩子,现在还要我颠颠儿(热脸贴着冷屁股这样的)抱给她看看?我最后也没办法……都是抱着孩子哭着往外走的呀!(CF06-M)

与这种基于社会规范和强制性的孝行不同,当下青年子代对父母孝的意识则生发于情感,是基于彼此理解和共情的心灵生活。访谈资料显示,"对父母好"几乎是所有被访子女对自己的内在要求,"百善孝为先"被视为重要的为人准则。但与表现出尊敬、顺从相比,他们更重视对父母的实质性关怀,多从自己的理解和喜好出发,与父母分享和共有"好东西",比如健康、时尚、新技术等,甚至会在吃饭的时候严厉呵斥父亲不要喝太多酒,"像小时候父母管教自己那样"(CF06)。这种孝道践行意识的产生并非来自外在力量的压力,而是出于心疼父母,希望他们过上好生活的愿望。

进一步分析资料显示,当下青年人的孝心和孝行主要源于对父母的亲密情感,以及维系亲密共同体的强烈愿望。当子女面临父母衰老和代际角色的反转压力时,深刻感受到代际亲密纽带断裂的风险,从而生发出承担家庭责任的紧迫性。访谈中,一些有父母离世经历的亲代表达了无限的伤感和后悔,也谈及父母离世自己孤独面临世界的恐惧,而这些痛苦的经验时刻促动着年轻子女的反思,促使他们更加努力地扮演好子女的角色。

其次,子女以文化反哺的优势扮演父母的"监护人"。访谈资料显示,成年后的子女脑海中不断闪现记忆中父母的无所不能,在对比中感受到父母日渐衰老,并在情感推动下主动承担父母"监护人"的职责。对于正处在成年初显期的子代而言,他们意识到自己还没有从经济上反馈父母的能力,有意识地通过各种非经济行为,在自己擅长的各个方面表达着自己对父母的关爱和亲情。比如,CF07带着父母去玩了北京大大小小所有的景点,她认为这是自己作为女儿的价值所在。

我们这次去北京,我已经渐渐成为他们的倚靠了。……因为真的,他们地铁都坐不明白的。刚开始我跟他们说怎么坐地铁,在哪儿换乘,手机导航怎么看。跟他们说的时候都懂,但让他们亲自实践的话,他们根本无法完成,或者等他们走到那个地方,大半天都过去了。(CF07)

还比如,在D市读博的年近30的CM04,他在访谈中强烈地表达了从情感上对父母衰老的抗拒,希望通过自己的努力让母亲跟上时代,提升社会适应能力。

你告诉她这个快递应该怎么收,怎么寄。你给她换手机,你不希望她用老人机,因为她没到那个年纪,我就跟她说你还是能跟得上这时代,你要玩这种最新最好的东西,要去体验一些AI设备,……很早地步入老人生活,这是不应该的!……我得把我所长的事情教给她,并且没有说教个一遍两遍就失去耐心了,因为父母不能马上理解,你得多告诉她几遍。(CM04)

进一步分析资料显示,子女随着年龄的增长,他们渴望被父母信任、依赖,以展示自我价值和主体性。他们热衷于在日常生活中对父母进行文化反哺和扮演"监护人"角色,一方面出于对自我价值的追寻,另一方面也是在真正成年和承担起家庭责任之前所能践行"对父母好"的主要方式。

再次,"孝顺子女"身份认同折射子女的成年焦虑。对于处在成年初显期的子女来说,他们对自己将逐渐成为代际关系的主导方有明确的意识,但随着年龄的增长对自己还没有在社会上拥有一席之地,不能承担起家庭责任而深感焦虑。因此,他们有的如CM04那样不愿意接受父母老去。还有的如CF07,在接受"父母老了"之后表现出对"自己成长慢"的深深自责。她因为准备读研究生,但在暑假实习时会因为自己不是正式员工而倍感压力。在提及未来打算时,她会和专业能力最强、职业前途最好的人群相比较,表现出深度的不自信和自我认同焦虑。

我经常感觉,我成长的速度赶不上他们老去的速度。……我这次实习,有1995年的,刚毕业都已经是正式员工了,而我还是个实习生。这其实是一个挺无奈的事情。……我希望进四大,但是在美国学金工的那些厉害的人,会计师事务所一般是他们最末的选择,觉得人和人的差距蛮大的……我觉得自己成长得还是挺慢的。(CF07)

比较亲代的职业获得经历发现,在20世纪80年代末90年代初获得工作的途径主要有三种:大学毕业分配、接班、当兵。被访家庭中,父辈的就业基本在20岁之前就完成了(因为大学包分配,所以考上大学就算有工作)。在计划经济体制下,虽然工作选择余地非常小,但城市子女并无找不到工作的压力,只有"待业青年",没有"失业青年"和"无业青年",总体上"人少岗位多"(CF07-M),而且工作虽然有单位和工种差别,但收入差别不大。相比之下,子代却基本丧失了人生道路的可预期性,虽然重点院校毕业,甚至海外研究生毕业,但等待他们的是来自全球劳动力市场的残酷竞争。因此,有学者认为,对于青年人不断延长的成年初显期,其本质是全球经济形势的恶化,我们不应该乐观地只看到是青年人自由选择和机会的增长。

对于未来人生道路充满风险和社会身份不确定的青年子女来说,原生家庭和血缘纽带是唯一稳定的情感投射和社群归属,"孝顺子女"的身份则成为他们进行自我确证和建构自我价值、人生意义最重要的来源。因此,在访谈资料中,子代虽然鲜有提及孝或孝顺,也没有直白的爱父母的表达,但常常表达急切地希望为父母提供感恩性回馈的话语,展现出"为父母好",为父母享受好生活而不断努力的实践意识。甚至如CF07,这种回馈急切性成为她个人焦虑的又一来源,展现了成年初显期的身份认同的矛盾困境。

(二)亲权和孝道回归的代际实践机制

概括前面对成年初显期子女与父母的代际关系特征,可以发现,父母对子女的传统权威已经不复存在,父母的影响力主要体现为子女对父母的情感依赖、信任和关爱,代际和谐源于两代人在情感上的依赖和信任,以及代际间利益和价值观念上的趋同,表现出亲密共同体特征。回溯代际关系的建构过程可知,这种亲密性一方面源于长期的有效代际互动中形成的惯例和惯习,另一方面源于子女在成年道路上的反思性认同。

1. 亲密亲职:父母对子女生活的有效参与

如前所述,亲代的童年生活与父母是隔离的,在他们的记忆中,父母对自己的学校生活缺乏参与,对自己的思想和观念也缺乏关心和了解。基于这种伤痛反思,他们全方位、事无巨细地参与子女的生活,害怕缺席子女成长的每一步。在教育竞争加剧的社会环境下,演变成对子女学业的全面规划和管理。

首先,积极介入子女的学校生活,参与家校互动。访谈资料显示,当孩子在学校生活中面临问题时,中产父母会及时发现并通过主动了解学校和老师所需,向老师和学校投资,使自己成为子女在校竞争的资源,在子女学校生活中扮演无形的"后盾"。

其次,塑造子女日常学习习惯,提升学业竞争力。CF08案例中,笃信"世界不是努力的人的,也不是聪明的人的,而是有心人的"母亲在女儿遇到学业难处时巧妙地找到了解决方法,将"做个有心人"的实践意识传递给女儿的同时,不但让女儿的学业大为受益,也塑造了一个和自己有同样行为倾向和习惯的女儿。

我女儿在小学三四年级的时候,她放学回家说,老师又让写作文!我说,"宝,那怎么办呢?"她说,"我不知道,反正我也没什么素材。"然后我说,"那行,我帮你想。"……我说:"这样呗,每天呢,你放学回家,就把每天感觉到开心的事情给记下来,哪怕就两三句话:老师今天表扬我了,数学卷考了100分,体育达标了。或者你要实在不爱写,咱就写一句话。然后咱们就日积月累,这不就是你的作文素材吗?"……从那次以后,她记日记这个习惯一直坚持到现在。后来她能经常给《少年大世界》杂志供稿,经常能收到人家给她的15元稿费。高中的时候,她的一篇考场作文就被贴在了她们学校①的告示栏里,她们学校最好的语文老师都感动得不行。(CF08-M)

孩子在圆满解决燃眉之急的同时,对父母的信任和依赖加深。依附理论认为,个体童年时期与父母之间的亲密关系质量会从根本上影响其本体安全感和社会交往行为。对于安全型依恋的儿童而言,由于父母能帮他们应对外界危险,所以其自身会主动形成向父母寻求关爱与安慰的习惯。

再次,与子女共度休闲时光,培养情感亲密性。对家庭时间的研究认为,家庭成员自愿融入对方的时间,是促进家庭内亲子关系亲密性的重要因素。访谈资料显示,大多数被访家庭的父母的日常生活围绕孩子进行组织,服务于孩子教育的最高目标。这体现为父母主动迎合孩子的兴趣,融入孩子的学习与休闲时光,从中双方产生频繁的亲子互动。在孩子看来,父母"总是在那儿"。

我们家当时住在三中(体育高中)附近,周末就领着他去三中,那儿有足球训

---

① CF08所在的中学是D市四区内公认最好的综合性高中之一,文理的实力都在D市名列前茅。

练。我就看教练怎么教小孩儿,我就教他怎么踢。小的时候他看动画片我都在做饭,等他看完了,也吃完饭了,我们就一起写作业。周六周日我俩基本在少年宫,休息时间就带着他去人民广场放风筝、去劳动公园玩。(CM02-M)

初中高中每周五晚上,我跟我妈都会去和平奥纳看电影,雷打不动,除非有天大的事儿,不然雷打不动每周五去看。爸爸现在没以前那么忙了,也一起去看电影,全家一起看,挺好!(CF09)

父母对子女童年的有效参与产生了亲密关系建构的情感资源。参与的有效性体现为行为的互动双方能成功地接收对方的讯息,并给予对方发自内心的回应。这种有触感的"真实性"成为情感纽带的来源,父母付出的专属于子女的时间,承载了对子女无可替代的情感投入,成为日后代际协商中可资动员的情感资源,子女会表现出"黏"着父母的亲密行为。比如CM02案例中的母亲说儿子从中学起就喜欢和自己看电影,导致儿子的同学都发出不可思议的感叹,但"我们俩现在还是经常一块儿去看电影"(CM02-M)。

2. 协商性成年:子女与父母的共情和契洽

儿童发展研究表明,子女对父母的依赖会随着年龄增长而转化为对父母的亲密情感,且儿时发展出来的这种情感会持久稳定存在,不会随着年龄上升而发生太大的改变。在此之上,子女成年初显期在经历一系列独立生活和困境应对事件中,加深了对父母的理解和认同,代际利益共同体的意识得以强化,子女的价值观念、认知模式和行为倾向进一步向父母靠拢,从而形成了基于亲密关系之上的亲权回归和孝道回归机制。

首先,子女独立生活的体验促发与父母的情感共鸣。虽然子女离家上大学拉大了代际间的地理距离,一些被访子女也表达了除经济上依赖父母之外,其他事务尽量不靠父母,"打电话就是要钱""沟通就是报喜不报忧"(CM03,CM05,CF10)。但与此同时,很多子女都表达了随着生活阅历的增多,对父母的认同和情感上的接纳进一步加深,包括对待金钱、工作和择偶态度等方面都有一个向父母回归的历程。比如原来不知柴米油盐贵的CF09,上大学以后"很惊讶"地发现"捡了一兜子芒果,花了60多块钱""一晚上吃掉的枣,要200多块钱"。在她在意识到自己"以前挺能花钱的",向父亲表达自己以前不懂事的时候,父亲"笑笑、一笔带过"的包容,更激发了她对父母的感激和愧疚情感,表示"这让我更难受,你还不如说我两句呢!"

其次,父母的协助指导促进子女的价值与父母趋同。资料显示,离家后的子女在遇到困难时，父母会提供远程沟通和帮助，子女在解决问题的过程中显著地加深对父母的信任和认同。比如 CM01 在刚刚赴北京求学后，应接不暇的繁杂事务让他迷茫和不知所措。通过远程求助父母，CM01 不但得到了精神上的支持，也加深了对父母的理解和认同，"更像父母的子女"也得到了父母更大的认同。

> 大一压力大到爆炸，学生会、社团、学习，尤其这几个一起来的时候，我就分不出来一个先后……就一团乱麻。我就跟我爸妈联系，问他们我该怎么办……这个过程中双方都懂了彼此的想法，然后就变得很多话都讲，关系越来越好……后来我在处理事情上就更有他们影子了，更大局化一点……现在回家父母跟我说的最多的话就是：儿子，你成熟了。(CM01)

中产阶层父母掌握更多的经济资本、文化资本和社会资本，对子女的教育和职业发展更具指导力。对于正在努力建构自己社会身份的子女来说，中产父母的职业身份和社会地位既是他们的资源，也是他们努力成为的目标。因为父母的经验具有参考价值，所以"相信父母"能降低成年道路上的协商成本。

再次，子女在抵御成长风险和认同危机中向父母回归。一些经历过精神困境和认同危机的子女，则更加明晰地表达了父母帮助对自己人生的重要性。比如刚上大学发生适应困难，想退学的 CF09 说，"当时我想退学，跟我妈讲。她态度真的很强硬，就很 push 我，一定要我挑战。当时我就很不理解，各种吵，跟谁都吵。真是很大的坎！"但基于对女儿的了解，母亲准确地判断出是因为孩子感觉到不如别人，自信心出了问题，"以前在学校什么文艺活动她都肯定能上，现在在 W 大，人家都是专业的舞蹈高手，她一看就是业余的……自信心没了"。后来，在母亲的坚持和老师的帮助下，CF09 度过了"坎"，访谈中她一再肯定母亲当时决定的正确性，表示没有母亲她不可能走上现在读研、读博的道路。

再比如，五六年级就独自去香港旅行的 CF08，因为上大学后感觉与环境格格不入，情绪非常低落，甚至想退学去上海当酒吧驻唱歌手。"心思全在女儿身上"的母亲，为了引导女儿继续学业，努力成为与女儿"无话不说""比朋友还要可靠"的倾听者。通过倾听、陪伴和鼓励，最终让她渡过了难关。

> 2015 年、2016 年，她(女儿)非常崩溃，我就引导孩子怎么学习，每一个细节都在想，心思都在女儿身上。……有一天她跟我说"姐,[①]我月入 240！"，她说同学要

[①] 被访对象原话，也是亲密外显和权威内隐在这一家庭中的体现。

跟她学钢琴,每周一次。我知道那个时候她就感觉到了自己的人生价值,然后就开朗了很多。(CF08 - M)

在本文的被访子女中,有一半的人已经取得或正在攻读研究生学位,其中有四人在海外求学。他们在漫长的求学道路上,并不是一帆风顺的,很多人在访谈中谈到了难熬的焦灼和事后对父母支持的感激。对于城市独生子女来说,因为从小在优渥生活中养成了优越感,在家人的众星捧月中形成了较高的自我期望,所以在遭遇现实落差时容易产生自我认同危机。例如,在 CF08 和 CF09 两个案例中,正是父母通过努力,加强与子女的深度沟通和理解信任,成功地帮助子女应对了学业危机和认同危机。事实上,在日趋激烈的学业竞争背景下,父母能提供有效的帮助,是中产家庭子女与底层子女学业成就差距最重要的原因。对于中产父母来说,他们深知教育回报的重要性,子女完成高等教育既是子女个人前途的保证,也是家庭维持阶层地位的重要保证。正是因为父母与子女在这一点上的默契与共识,所以帮助子女成功"过坎"能极大地加强代际间的融洽关系。

五、结论与思考

关于当下城市中产家庭的亲权回归现象,本文在家庭的自反性实践框架下进行理解和分析。通过对成年初显期子女与父母关系的访谈资料分析,研究发现,当下中国城市中产家庭的代际关系表现出"亲密外显化""亲权内隐化"和"孝行个体化"的特征,这些特征的核心是以亲密情感为基础的亲权和孝道运作。从代际关系建构的过程看,中产父母持续的亲密亲职和子女的协商性成年相互作用,导致了传统亲权和孝道的自反性再造。总体来说,当前中国家庭的亲权和孝道回归,体现了社会转型和独生子女家庭结构下,两代人,特别是亲代追求代际团结和家庭发展的努力。对于身处个体化进程中的青年人来说,回归亲权和孝道既是亲密惯习的作用结果,也是成年道路上的自我认同建构。

在自反性实践视角下,转型期中国家庭的代际关系充满了相互冲突的矛盾意向,这也决定了代际关系表现形态的多样性和流变性。成年初显期的代际关系同时包含"分化"和"融合"两个过程的角力,虽然属于过渡人生阶段,但对未来子女成年后与父母的关系实践和质量具有预测意义。根据本文研究结果,城市中产家庭在亲密实践机制下,"融合"的力量战胜了"分化",孝道文化得以再造,构成了当下中国家庭关系和变迁的独特性。本文认为,在自反性实践框架下理解亲权和孝道的回归,我们看到实践对既有制度同时具有的创造性和依赖性,也由此看到家庭制度和孝道文化变动的复杂性。关于此,以下几点值得进一步思考和阐明。

首先,这一看似独具中国特色的现象其实是现代性推动的家庭生活亲密化进程的一部分。西方关于纯关系和个体化的研究认为,在家庭关系的生产和维系方面,传统社会中那些普遍适用的、外在于个体的既定规则和先赋性力量消解,而主要依赖于个体的情感体验和认同。从中国家庭主义传统看,孝道的制度化、等级化是保证家庭效率和功能的核心,但本文研究结果显示,虽然"孝"对幸福家庭、道德自我的符号意义依然存在,但在当下的中国城市中产家庭生活实践中,情感亲密性和关系质量比关系结构更能保证家庭发展和目标实现,成为更重要的家庭整合机制。这一变迁趋势,在其他人群的代际关系研究中也有发现,比如刘捷玉对中国农村家庭照料的研究认为,照料质量高低取决于子女与父母之间的情感亲密程度,而非责任和义务的捆绑,原生家庭亲密纽带不断增强是农村女儿养老不断强化,甚至挑战父系传统的微观机制。

其次,孝道通过自反性实践得以再造说明文化制度的韧性以及家庭制度变迁的缓慢性。本研究结果显示,孝文化不是以外在强制约束的形式影响个体行动,而是作为自我认同建构的资源和工具,以心理契约的方式形塑代际协商。张珺在对城市家庭的汽车消费研究中提出"协商性孝道"(negotiating filial piety),认为"孝"在城市中产青年中仍具有道德上的不可置疑性,但年轻人服从老年人不再是伦理核心,关键是对家人的重视和负责,在实践上表现为一种以关爱和情感为核心的协商,个人欲望对扩大家庭需求的妥协。一项对北京未婚青年的民族志研究发现,身为独生子女的青年人选择服从父母是出于爱和关怀的动机,与他们追求独立和自我实现的价值理想并行不悖。在价值日益分化和社会系统隔离和抽象化的现代生活情境下,"孝"成为青年人体验和维持"真我"(authentic self)的道德理想和话语。这些论述与本文的研究结果异曲同工,提供了一个从自我认同角度理解孝道情感化及其生产的路径。也就是说,社会层面的孝道生产是微观层面青年人以个体化的方式建构道德自我和人生意义的后果。

但青年人向孝道的自反性回归,体现了孝道话语作为一种社会制度对个体行动的统摄力。虽然个体化背景下,亲密实践的自反性给制度创新带来了可能,但正如越来越多的研究者意识到的那样,行动者很难依赖自身的反思性实践挑战和推翻既有结构。相反,行动者的反思性行动可能会趋向于回归既有制度,因为既有制度是其行动的资源所在。正如本文所揭示的,青年人向父母和孝道回归,是因为血缘纽带和孝道文化是他们在个体发展和自我实现道路上最重要,甚至是唯一可依赖、信任的有效资源。在这个意义上,社会转型所促进的代际亲密化,一方面反映了代际关系的现代新趋势,但另一方面也反映了青年人社会空间的压缩和家庭内在张力的增大。

最后需指出,本研究在样本和资料方面存在不足和局限。一方面,由于最初研究目标是代际亲密关系的建构,样本选取均为关系和谐、代际冲突不明显的城市中产家庭,因此研究结论的稳健性还需要扩展案例类型,如关系不和谐的案例、其他阶层的案例等。另一方面,因为对代际关系建构过程的研究资料均为回溯性的访谈资料,所以对代际关系真实性和客观性的呈现具有局限性,有待设计追踪性资料搜集、参与式观察等研究方案加以改善。

(刘汶蓉,原文载于《青年研究》2020年第3期)

代际传承与二代企业家群体研究

民营企业的代际传承一直是企业成长和发展的关键议题。既有研究发现,中国民营企业的传承仍然以子承父业为主流继任模式,这一模式植根于中国制度与文化情境,也会带来一系列需要面对和处理的问题。作为传统民营经济大省,广东省的发展一直与民营经济发展休戚相关。"十二五"期间,广东民营经济对全省经济增长贡献率一直大于50%。2016年,全省规模以上民营工业完成工业增加值6 832.13亿元,占规模以上工业的比重提高至48%,同比增长13.8%;民间投资8 591.07亿元,占固定资产投资的63.1%,同比增长19.6%。与此同时,广东省的民营企业也面临着交接班和代际传承的压力,这不仅关乎企业的常青基业,也握住了中国经济未来持续向好的命脉。

为全面了解广东省二代民营企业家的发展状况、民营企业的传承情况,研究者于2016年在广东省多个地级市开展了"二代企业家调查"。在定量研究之外,研究者还采用了座谈会、深度访谈等定性研究方法,对于二代企业家的感受经历进行深入探究。为了有效比较和推论,问卷调查还选择了上海和山东的民营企业作为对照;并在青年企业家样本之外,同时选择了父辈企业家作为对照样本。三地的问卷调查样本分布如下:

表1 受访样本的类型与地域分布

		样本数			样本数			样本数
广东	二代企业家	142	山东	二代企业家	204	上海	二代企业家	36
	父辈企业家	130		父辈企业家	142		父辈企业家	25
合计		272	合计		346	合计		61

资料来源:作者编制。

一、民营企业代际传承的制度性安排

(一) 民营企业交接班的进展

调查发现,在广东受访的老一代企业家中,有62.89%表示,自己的企业已经启动了交接班工作,但日常经营管理交由子女负责的仅为21.65%。有超过半数(51.55%)的广东父代企业家表示,他们对于企业传承有系统思考,并且已经有了明确方案。这一比例高于山东的父代企业家。根据调研组在山东开展的调研数据,山东省有系统思考和明确传承方案的比例为43.3%。

从表2可以看到,12.68%的广东企业已经完成了交接班,父辈已退居二线;有30.99%的企业,二代已经进入高管层,采取两代人合作办企业的模式;有26.76%的企业,二代尚未进入高管层,但已经进入企业工作。与广东相比,山东的交接班情况更为滞后。受访的父代企业家中,仅有1.64%表示企业交接班已经完成;有47.54%的企业家表示,二代进入了企业高管层;26.23%表示,二代尚未进入高管层,但已进入企业工作。

表2　传承工作所处阶段:比较广东与山东

传 承 阶 段	广东(%)	山东(%)
1. 求学	0	9.84
2. 在别的企业工作	7.04	6.56
3. 在本企业部门工作	26.76	26.23
4. 进入高管,两代合作	30.99	47.54
5. 领导权移交	2.82	1.64
6. 完成接班,本人退居二线	12.68	1.64
7. 出资让他创业	1.41	0
8. 为其专设一部门或机构由其独立经营	4.23	0

资料来源:作者编制。

对二代企业家询问也得到类似的回答:有13.38%表示已经完成接班,父亲退居二线;有49.3%表示已经进入公司高管层;另有26.06%已经在本企业部门工作。

（二）传承意愿的代际异同

多数父代企业家仍会尊重子女接班意愿。在广东受访的父代企业家中，有23.81%认为，一定要子女接班；71.43%则表示，自己有意让子女接班，但同时也尊重子女意愿；另有4.76%表示，目前尚没有考虑这一问题。与山东比较则可以看到，山东父代企业家有相当一部分（15.38%）还没有考虑这个问题，在剩下的企业家中，认为一定要子女接班的比重也显著更高（34.07%）。

表3　父代的传承意愿：比较广东与山东

	广东（%）	山东（%）
1. 本人有意让子女加班 如果子女不愿接班或有其他想法，尊重子女意愿	71.43	50.55
2. 一定要子女接班 至于如何接班会考虑子女的想法	23.81	34.07
3. 目前没有考虑这个问题	4.76	15.38

资料来源：作者编制。

超过四成的二代企业家在调查进行的当年即表示愿意接班。在广东，受访的二代企业家中，有40.14%表示当年还是愿意接班的，而另有14.79%则表示当年并不愿意接班；在受访的父代企业家中，有77.42%认为子女确有接班打算，有6.19%则认定子女并无意接班，16.13%表示并不清楚子女的想法。相比之下，山东父代企业家中，认为子女有接班打算的仅为35.56%。

广东民营企业的父代与二代对于接班的共识较强，易于处理交接班问题。将父代与二代的传承意愿放在一起，可以看出，广东的父辈企业家更倾向于尊重子女意愿，而子女有接班打算的比例也很高，父子两代的想法大体一致；而山东父代对于子女接班的诉求更为强烈，与此同时，子女接班的意愿却较弱。

二代不愿意接班的意愿是什么，父子两代企业家是如何理解的？比较父子两代对这一问题的观点，可以看到确实存在一定差异，总的来说，二代对家族有认同，愿意承担责任，但同时也遵从自己的内心。这也呼应了既有一些研究的发现。

在访谈中，父子两代企业家都强调，二代不愿意接班的原因不是因为缺乏对家族的认同，也并非与家族成员或管理层的矛盾使然，而是"理念上的差异"。这里的"理念"包含了经营理念、工作理念和生活理念等多个层次，在这些层次上，父代和子代在认知上存在很大差异,集中体现在父代往往将个人的人生目标与企业的经营目标合一,但在子代看来,两者是相互独立的,至少是不完全重合的。

从调查数据所呈现的结果来看,父代对子代的了解只能算是差强人意。尽管父子两代在有些方面确有共识,但也存在大量不一致的认知。例如,父代企业家中有更高的比例认为二代觉得做企业太艰辛(21.65%),二代对企业管理不感兴趣(12.37%),但二代并不那么认为,仅有4.93%认为自己对企业管理不感兴趣;二代认为"理念同父辈不一致"和"打算自己创业"的比例明显高于父代,也就是说,二代对于自己的偏好和目标有比较明确的认知,而父辈并不一定知晓。

表4 二代不愿意接班的理由:比较父代与二代的认知

理　　由	父代企业家(%)	二代企业家(%)
1. 做企业太艰辛	21.65	15.49
2. 不想活在父辈的影子下	17.53	14.08
3. 能力不足	10.31	9.15
4. 家族企业的认同不够	2.06	3.52
5. 已有自己的事业	21.65	13.38
6. 打算自己创业	22.68	29.58
7. 对企业管理不感兴趣	12.37	4.93
8. 理念和父辈不一致	5.15	9.15
9. 和家族成员的矛盾	0	0.7
10. 和管理层的矛盾	2.06	0
11. 股权结构不清晰	0	0
12. 激励不明	2.06	3.52

资料来源:作者编制。

(三) 人力资本还是社会资本

父代企业家会采取哪些方式来培养接班人,处理接班工作,这是一个具有理论和现实意义的问题。从表5可以看出,广东的父代企业家最看重教育,包括接受正规的专业教育(74.23%)和企业经管培训(69.07%);第二看重的是实践经验,包括商业熏陶(62.89%)和熟悉企业生产流程(60.82%);相对比较不看重"人脉",包括与政府建立人脉(18.56%)、通过姻亲建立人脉(17.53%)。

表 5　培养接班人的方式：比较广东与山东

	广东			山东	
	培养方式	比例		培养方式	比例
1	接受正规的专业教育	74.23	1	在重要的商业/社会活动中，经常带接班人参加	94.83
2	参加企业经营管理相关培训	69.07	2	参加企业经营管理相关培训	94.83
3	在重要的商业/社会活动中，经常带接班人参加	62.89	3	接受正规的专业教育	89.66
4	在本企业不同岗位上工作，配备师傅/导师	60.82	4	在本企业不同岗位上工作，配备师傅/导师	86.21
5	先进别的企业工作，积累经验	37.11	5	通过婚姻为企业传承建立家族基础	63.79
6	安排专人处理家族传承事务	26.8	6	安排专人处理家族传承事务	27.59
7	先在政府机关工作，积累人脉	18.56	7	先进别的企业工作，积累经验	24.14
8	通过婚姻为企业传承建立家族基础	17.53	8	先在政府机关工作，积累人脉	22.41

资料来源：作者编制。

相比之下，山东的企业家也看重教育、培训和实践经验，但他们对于人脉的重视，尤其是通过婚姻为企业传承建立基础（63.79%），更甚于广东的父代企业家。他们对于商业熏陶也十分看重，认为要带接班人参加重要的商业/社会活动的比例高达 94.83%。

无论是广东还是山东，父代民营企业家都不太看重子女去政府机关工作，积累人脉。这与调研中接触到的案例比较一致：父代会考虑到子女的教育背景与社会阅历，而更多将生产、市场、技术等方面的工作率先交给子女，甚至在子女完成接班后，公共关系、与政府打交道等工作还是由父辈担纲。

二、从"继承者"到"继创者"：二代企业家的角色变迁

（一）行业选择的代际差异

广东省既有大量由村镇工业发展而来的传统制造业企业，又有八九十年代在"引

进来"及出口导向政策指引下的"三来一补"和"贴牌生产"的加工与贸易业。早期崛起的民营经济有相当一部分属于上述类型,是亟待转型和升级的目标企业。那么,当前的企业代际传承中,父代和二代企业家对于产业行业的选择是否存在差异?

本次调查发现,二代企业家并不满足于仅仅接受并延续父代的产业,约有35.9%的二代另外创立了新公司。他们不仅拓展父代经营的产业,而且"另起炉灶"。新企业的主营业务与其父代相比有如下特点:

第一,二代成立的新企业,所涉行业相对分散。除了常规行业之外,对于社会组织、教育等行业也有所涉猎。父代的公司一般更加趋向于集中在制造业、批发零售、房地产等一些常规行业。

第二,二代成立的企业,同时兼营多项业务的情况略多于父代。大约有13%的二代在初创期便选择了多元化模式,即涉猎三类或以上主营行业。与之相比,父代企业有64%只涉猎单一行业,在经营多年后,涉猎几个行业的也仅占15%。

第三,二代创业与父辈之间的产业关联度在降低。拿制造业来说,父辈主营制造业的企业,二代接班后所创立的新公司也从事制造业的仅为22%,近八成不再从事制造业。

表6 父代与二代企业的主营业务比较

排序	父代企业主营业务	比例(%)	二代企业主营业务	比例(%)
1	制造业	41.55	制造业	35.29
2	建筑业	15.49	批发零售	15.69
3	房地产	14.08	房地产	13.73
4	租赁和商务服务	13.38	租赁和商务服务	13.73
5	批发零售	12.68	农林牧渔	11.76
6	农林牧渔	7.75	住宿餐饮	9.8
7	住宿餐饮	7.75	建筑	7.84
8	金融	5.63	信息、计算机和软件	7.84
9	交通运输、仓储邮政	4.93	金融	7.84
10	文化、体育	4.23	文化、体育	7.84

资料来源:作者编制。

过去我们常常将二代企业家看作白手起家的"创业者"或者是子承父业的"继承者"。然而,在现实当中,两者的身份界限正日益模糊。越来越多的"二代"并不是简单地继承了父辈的企业,而是进行了大胆的创新,甚至"另起炉灶",二次创业。有研究者将这一群体称为"继创者",这是很有说服力的。研究表明,这一群体既是父辈财富和精神的继承者,也是创业创新的践行者。

(二)行业转换的代际支持

父代对二代的产业转换持何种态度?调查显示,父代有不同观点,但仍努力求同存异。

第一,对父代企业家而言,他们能够预计到继承者会调整方向,一定程度上并不认可,但仍然保有较多尊重。调查询问父代企业家,他是否认为继承者会主动调整企业经营方向,有近四成(38.73%)给出了肯定答复。

对于子女不愿意继续从事他/她所创立的产业,老一辈创业者表现出了些许不满,有半数(51.55%)直接表示,并不认可子女的这些想法;仅有18.56%赞同子女这样做。与此同时,80%的父代企业家对于子女选择感兴趣的行业创业,持鼓励和支持态度,但他们希望自己创立的产业得到保留。

同样地,在对待子女接班后启动企业重大转型的问题,父辈的态度也十分矛盾。超过七成(76.15%)的父辈对此表示鼓励,但同时也有四成认为要有所控制和制约,另有15%直接表示并不认可子女对企业大动干戈。

第二,对于代际传承中行业转换可能带来的影响,父辈企业家并不确定。有六成(59.23%)比较认可,认为无论怎样,这会为企业注入新的思想和动力;有半数(50.77%)也认为,这有利于企业开辟新领域、创造新模式。但对于尝试新产业的后果,父代企业家并无十足把握:有三成(36.15%)认为,创新后一定会比过去更好;有两成(19.23%)认为不好说,要看实际情况;另有近一成(8.46%)认为,难以超越企业过去取得的成绩。两者在价值观上的差别确实会对企业的行业转换产生影响。

第三,制造业的父代企业家支持二代转型,同时期待以技术促升级。广东有大量的传统制造业,其转型升级更是一项挑战。在调研中,有企业家反映,二代接班后并不那么愿意继续辛苦从事制造业生产,转而开始资本运营等新领域。调查也专门针对制造业的父辈企业家提问,发现有近四成(38.46%)支持接班人不再继续从事这一行业;三成(32.31%)表示并不会收缩或结束传统制造业,希望通过技术创新来促进转型升级;二成(23.85%)表示,难以割舍实业,会交给职业经理人打理,同时支持子女另起炉灶。

(三) 二代企业家更接受现代企业制度

调查发现,二代企业家对于分离所有权和经营权、聘请职业经理人、组建经理会/商管会来做战略与日常决策等制度安排持更开放态度。所有权与经营权分离是建立现代企业制度的信号,但私营企业往往难以接受或寻觅到靠谱的经营者,因此企业决策与日常管理大多还是由企业所有者负责。父代企业家中,有10.31%表示,仍然没有建立现代企业制度,经营、决策、风险把控由其一人决定,财务管理制度也不健全。但二代企业家中,这一比例仅为3.52%。

中国家族企业的用人模式更多的遵循同心圆和差序格局模式,而企业代际传承所带来的最明显的变化,就是降低了企业的家族化特征,削弱了"前朝老臣"的作用。如何做出企业重大决策,父辈企业家与继承者之间也有差别。如果我们比较父代创业者与二代继承者在处理企业重大决策时的做法,可以发现:创业元老和家族成员在重大决策中的作用明显下降;全体股东、董事和高层管理者的决策作用明显增强;真正交由职业经理人做重大决策的比例并没有因为代际传承而有显著差异,都不到5%。可以想见,主要出资人、股东、管理者中也会有一部分家族成员或创业元老,但年轻的继承者们更看重的显然不是他们的亲缘或年资,而是对公司实实在在的贡献。

表7 企业重大决策由谁做出

	父辈创业者(%)	二代创业者(%)	二代继承者(%)
1. 主要出资人	46.74	56.25	45.52
2. 全体股东	50	34.38	55.22
3. 董事	27.17	31.25	32.84
4. 高层管理	20.65	25	26.87
5. 职业经理人	4.35	6.25	4.48
6. 家族成员	15.22	6.25	12.69
7. 创业元老	5.43	12.5	2.24

资料来源:作者编制。

在调研中,一位二代企业家表示,父辈对待创业元老的态度和他们年轻一代有很大差异,父辈会更多看到历史,认为打江山的人不能请走,但这些"老臣"往往不能适应公司的新发展。继承者会放眼未来,更没有包袱,在与父辈充分沟通之后,会做出更果断的决定。

与此同时,我们应该看到,有些特征确实是掌门人的"年轻态"带来的变化,也有些特征是新时期办企业的共性。例如,比较二代与父辈创业者就会发现,年轻的企业家由全体股东做出决策的比例仅为34.38%,显著低于父辈创业者和他们的继承者,这在侧面反映了企业的所有权与经营权一定程度上分立;家庭成员的重要性更弱,仅为6.25%;相比之下,职业经理人和创业元老的重要性就明显提升了。可以想见,继承者在"另起炉灶"的过程中,更有可能扮演年轻的二次创业者角色,他们对于企业产权安排等的诸多理念会更多地融入自己打造的企业中。

根据调查数据并无法准确区分二代企业家所经营的企业多大程度是其"另起炉灶"的部分,但在调研过程中已有许多佐证。茂名市商会的一位二代企业家表示,他手头的生意很多,有一些股份很分散,降低风险;也有一些他只占很小股份,也不必过问,只要保证不亏损;还有一些他控股,但却交由职业经理人团队打点。父亲对此很不能理解,觉得必须掌控在自己手里,心里才踏实。他认为,这是根本理念的差异,"做企业,并不是必须把董事长和总经理都握在手里,企业才属于我,即便我只是股东,企业也是属于我的,股东也可以任命总裁。有所为有所不为,我才可能去做真正感兴趣的、力所能及的事业"。

对于聘请职业经理人团队,父辈企业家的疑虑较多。调查询问,如果您非常信任的职业经理人管理企业,比您子女接班更合适,您是否会改变子女接班的规划?有45.36%的父代企业家表示"不好说",剩下明确给出答复的企业家中,肯定与否定的答复各占一半。可见对于职业经理人接手企业这种安排,父代企业家的态度有很大分化。

父代企业家虽有子承父业之偏好,但在子女继承不顺时仍会以企业发展为重。当被问及如果无子女接班,您的企业打算如何处理时,有40.21%选择"培养或招聘职业经理人",相比之下,交由家族其他成员打理的比例不到15%,转让或关停的比例更低至5%以下。

调研也佐证了这一观点。湛江一位二代企业家表示,父辈肯定对企业有很多的情感投入,但最终还是会以企业的发展为主,企业的发展需要越来越多的能人,而不能仅仅依靠家庭成员,"外面的能人太多了,如果我们不把他们招进来,他们就会去竞争对手那里。如果能够找到足够的人才去好好打理企业,我们可以只做股东,完全把企业交给他。这才是一个现代企业应该做的事情。如果还是用很传统的思维来管理企业,那就是对企业不利,对企业不利也就是对家族的财富不利,任何一个成功的企业家都会认可这一点,我父亲也不例外"。

结合之前对产业与行业的讨论,企业在交接班过程中的行业扩展与产业转换也是促发所有权/经营权分离的原因。许多企业家表示,聘请职业经理人作为核心管理者,"是为了适应企业多元化经营、提升企业规模的需要"。二代接班则会提高企业经营范围的多样性,进一步扩大企业经营规模,从而促进建立现代企业制度。他们对公司股权持更开放的态度,也更愿意采用多方合作的形式。

三、企业接班人培养的代际与区域差异

(一)二代企业家的能力建设偏好

合适的企业接班人需要具有多方面的能力,那么,广东企业家最看重企业接班人具有哪些能力,父代和二代企业家的观念是否存在差异。

从表6可以看到,广东的父子两代企业家有一个共同点,就是十分看重接班人应对市场竞争的能力。无论是父代还是二代,都有近六成的被访者认为,企业接班人有必要在这方面加强和提升。除此之外,父代企业家会更看重处理政商关系的能力,认为处理政商关系(45.74%)比处理社会关系(15.96%)重要得多;相比之下,二代企业家同样看重处理政商关系,但选择比例更低(38.64%),而对于处理社会关系能力的看重程度要高于父代,有23.48%选择了此项。

表8 您觉得接班企业家最需要提升的能力:比较广东父代与二代

	父代企业家	比例(%)	二代企业家	比例(%)
1	应对市场竞争能力	57.45	应对市场竞争能力	59.85
2	处理政商关系的能力	45.74	宏观形势分析与政策掌握能力	46.97
3	宏观形势分析与政策掌握能力	44.68	开拓市场能力	43.18
4	开拓市场能力	36.17	处理政商关系的能力	38.64
5	持续学习的能力	23.4	处理复杂社会关系能力	23.48
6	处理复杂社会关系能力	15.96	持续学习的能力	15.15
7	承受失败挫折能力	14.89	与企业员工相处能力	9.09
8	与企业员工相处能力	12.77	承受失败挫折能力	7.58
9	从头开始创业能力	7.45	从头开始创业能力	6.82
10	与企业管理层/元老的协调能力	4.26	与企业管理层/元老的协调能力	6.82

资料来源:作者编制。

将山东与广东作比较,我们发现差异非常大。差别可以用一句话概括,广东重"市场",山东重"关系"。具体来说,首先,广东企业家十分看重企业掌门人的"市场"能力。无论父代还是二代,都将应对市场竞争能力看作是重中之重,也十分看重开拓市场的能力;相比之下,山东企业家对接班人"市场"能力的重视度十分低下,只有不到三成(32.76%)的父代企业家认为应对市场竞争的能力很重要,而开拓市场的能力更不被看重,只有6.9%的父代企业家选择了此项。

其次,山东企业家特别重视接班人处理"关系"的能力。尤其是山东的父代企业家,有77.59%认为处理政商关系的能力是接班人最需要提升的,有60.34%则认为,处理复杂社会关系的能力最重要。这两个选项在广东的父代企业家中,分别只有45.74%和15.96%的被访者选择。

再次,相比于父代之间的粤鲁差别,二代之间的地域差异有些许缩小。山东的二代企业家相对其父辈,更看重"市场"能力,更不看重"关系"能力。但这只是相对而言,与广东二代企业家相比,山东同辈对于"市场"能力的不重视也令人惊讶。

表9 您觉得接班企业最需要提升的能力:比较山东父代与二代

	父代企业家	比例(%)	二代企业家	比例(%)
1	处理政商关系的能力	77.59	处理政商关系的能力	48.69
2	处理复杂社会关系能力	60.34	宏观形势分析与政策掌握能力	43.46
3	宏观形势分析与政策掌握能力	55.17	处理复杂社会关系能力	35.60
4	应对市场竞争能力	32.76	应对市场竞争能力	27.75
5	承受失败挫折能力	13.79	开拓市场能力	26.18
6	持续学习的能力	8.62	承受失败挫折能力	24.61
7	开拓市场能力	6.9	与企业员工相处能力	18.32
8	与企业管理层/元老的协调能力	6.9	持续学习的能力	11.52
9	从头开始创业能力	5.17	与企业管理层/元老的协调能力	7.33
10	与企业员工相处能力	3.45	从头开始创业能力	5.76

资料来源:作者编制。

(二)二代企业家的知识体系偏好

对于企业接班人最需要哪方面知识,广东的父代和二代企业家之间差异并不很大。父子两代都认为,企业营销与管理方面的知识最重要,二代对此的看重程度更甚于父代,有近九成(89.63%)选择了此项。对于法律、社情民意的重视程度,父子两代人相当,都有四成左右的企业家认为,有必要加强这一内容。有趣的是,近年来大热的国学、历史等领域,无论是父代还是二代,看重程度都很低,基本不超过5%。

代际差异更多体现在对人际关系、金融投资和科学技术的重视上。二代企业家对于金融证券和投资知识的重视度位列第二,有40%选择了此项,相比之下,父代企业家对此较为淡漠,仅有29.79%认为需要学习;父代企业家对科学技术知识的重视度也低于二代。之前曾经提到,二代企业家的教育背景、海外经历、办企业初衷都与父辈有较大差异,接手企业后会对技术革新、产业转换有更强的诉求,这都导致二代更看重新兴行业的知识和技能。

在父代的排序中,人际关系的重要性仅次于企业营销与管理,有44.68%选择了此项;二代当然也认为重要,有32.59%选择了此项,但与父代相比,重视程度明显较低。对人际关系的看法也是父子两代人的核心差异。调研也发现,有些父代企业家会愿意在各种社交场合带上接班人,但二代更喜欢钻研市场、技术,和同辈群体社交。有年轻的接班人就坦言,在父辈要求他出席的社交场合,"除了端茶倒水,完全插不上话",很不习惯。

四、政策意涵

(一)建立新生代企业家创业交流平台的孵化机制

当前大量的企业家自发形成的非正式聚群或社团,存在于统战部门视野范围内的只是冰山一角。目前政府部门对于这些非正式组织的工作策略比较被动。地方政府可以给予一定的引导,帮助这些组织先"浮出水面",便于相关部门了解并追踪其发展,等到相应的办事人员、办公地点等有所着落时,再适时地建立实体组织。不少地方的操作是,先鼓励成立联谊会性质的"青年企业家联谊会"(青企联)、"青年创业者联谊会"(青创联)、"女性企业家沙龙"等组织,不断正规化之后再正式注册成为商协会,这些商协会早期的雏形可能就是一个非正式的交友平台,但当地政府注意到并主动提供服务引导,由此促进了政企合作共建。

(二)提供法律和政策的学习、沟通平台及立法推动平台

年轻一代企业家对于法制的诉求明显强于父辈,他们大多在海内外修习了正

规的工商管理,十分看重政策稳定性和公平性在企业发展中的作用,当遇到政策和法律的模糊或灰色地带时,也会特别谨慎。当企业对于合作、股权等制度安排变得越来越开放时,市场上会随之出现更多合作公司、交叉持股、所有权/经营权分离的情况,法律能否明晰有效地界定契约当事人的权益,司法过程能否公正透明,这些问题都会得到企业主更多的关注。当行业划分越来越细,企业家就会发现,他们踏入的行业也许缺乏行业标准,并可能由此引发危机,这都会促使企业家积极倡导并介入相关法律政策的制定与执行过程。

(三)增加常设性和临时性的政企沟通与交流机制,促成类似"大联动"机制的多部门平台

目前对接企业和企业家的行政部门十分零散,有工商联、统战部、经促会,甚至还有专注于女企业家的妇联、专注于青年企业家的团委、专注于海归创业或接班的侨联等部门。对于有些企业家来说,在政府需要时,他往往面临多个部门的吸纳与整合,疲于应付;而当他需要对接政府,了解最新政策时,又往往不太清楚该找哪个部门,让人一头雾水。而执掌着面临企业创新转型的年轻企业家,与政府多部门交流、了解相关政策的需求会特别强烈。建议增加设立多部门参与的平台,打破条块,将企业运营过程中可能会需要沟通与对接的部门整合在一个平台上,降低信息与沟通成本。

(朱妍,原文载于《当代青年研究》2019 年第 5 期)

家庭养育与家长参与

上海家庭教育的新变化与新挑战

一、研究背景与方法

2015年2月17日,习近平总书记在春节团拜会上的讲话中指出:"家庭是社会的基本细胞,是人生的第一所学校。不论时代发生多大变化,不论生活格局发生多大变化,我们都要重视家庭建设,注重家庭、注重家教、注重家风,紧密结合培育和弘扬社会主义核心价值观,发扬光大中华民族传统家庭美德,促进家庭和睦,促进亲人相亲相爱,促进下一代健康成长。"习近平总书记从治国理政的高度阐明了家庭教育的重要性以及家庭教育对国家发展、民族进步和社会和谐的重要意义。

随着经济和社会的发展以及人们受教育水平的提高,家庭教育受到的重视程度越来越高。家庭教育立足于促进家庭成员身心健康和全面发展,[1]是学校基础教育和终身教育的重要组成部分。家庭教育不仅仅是发生在家庭内部的个人行为,更是一项社会工程,需要家庭教育法律保障,家庭公共政策支持以及家庭、学校和社会的共同参与。当前,伴随经济发展和社会结构变化,家庭的结构、类型、关系和功能都在发生相应变化,家庭教育呈现新的特征,面临新的挑战。上海市妇联和上海社会科学院曾于2005年在上海全市开展过一次家庭教育调查,2015年又以相同的主题开展了调查。时隔10年后,上海家庭教育的内容和形式发生了哪些变化?家庭教育面临哪些新的挑战?

本次调查的研究对象为有子女正在就读幼儿园、小学或初中的上海市区家庭。我们在普陀、闵行、黄浦、浦东四个行政区各随机挑选2所幼儿园、2所小学和2所初中,每所学校随机抽取100名在校儿童或青少年,再请其家长(父亲或母亲)填答父母调查问卷。共计发放2 400份问卷,回收有效问卷2 227份,有效率达到93%。

---

[1] 杨雄:《当前我国家庭教育面临的挑战、问题与对策》,《探索与争鸣》2007年第2期。

从未成年人的角度来看,最终获得的调查样本按课题设计大体上平均分布于幼、小、初三个年龄段,每个年龄段样本的性别比也大体平衡。另外,总样本中本地户籍与外地户籍(含境外)的构成比例约为 7∶3,并且外来人口子女在三个年龄段都有一定的分布,这为进一步研究该群体的家庭教育情况提供了可能。从家长的角度来看,本次调查约有 2/3 是由母亲填答的。家长的教育程度较高,大专或高职学历者占到 24.58%,本科或研究生学历者占到 36.32%,两者合计高达 60.90%,充分反映出新时期的年轻父母普遍接受过高等教育的特点。与较高受教育程度相应的是家长较高的职业地位,从事专业技术工作的占到 20.71%,从事管理工作的占到 28.59%,两者合计接近 50%。

从家庭状况来看,本次调查涵盖了各种家庭类型,家庭之间在收入、住房等经济条件上有较大的分化。独生子女家庭是指只有一个孩子的家庭,在本次调查中占到 77.04%。独生父母家庭是指父亲或母亲至少有一方是独生子女的家庭,在本次调查中占到 48.52%。三代家庭是指祖辈、父母与子女三代共同居住的家庭,在本次调查中占到 41.68%。全职主妇(夫)家庭是指母亲或父亲不工作并在家中全职照料子女的家庭,在本次调查中占到 14.39%。[①] 在本次调查中,父母全年总收入的均值约为 17 万元,但标准差也达到了 14 万元;[②]家庭人均住房面积的均值约为 29 平方米,但标准差也达到了约 21 平方米。家庭之间的经济条件分化之大,与全国和上海近年来收入差距的扩大趋势具有一致性。

二、家庭教育新特征与新变化

2005 年调查报告的分析框架包括教育观念、教育行为和教育互动。[③] 我们除了从这三个方面对 10 年前后的情况作全面的数据比较,还将补充报告目前家庭教育的资源和投资状况。

(一) 研究发现一:大多数家长家教理念有了明显变化

教育观念作为家庭教育"知"的层面,主要包括对家庭教育任务的认识和对子

[①] 基本上都是全职主妇,全职主夫只占极小比例。
[②] 由于调查提供的原始选项是收入区间,此处作了区间中值处理,故只能作为大致的参考。
[③] 史秋琴等:《城市变迁与家庭教育》,上海文化出版社 2006 年版,第 57 页。

女的教育期望等。表1比较了10年来上海家庭对家庭教育任务的认识变化,其中,"客观"表示受访家长对社会上大多数人关于家庭教育任务的理解,"主观"表示受访家长自己对家庭教育任务的理解。2005年的调查结果曾显示,家长存在主客观认识不一致的现象,即"主观"上大部分家长认为道德教育最重要(占52.8%),但"客观"上却是大部分家长认为智力开发与学习最重要(占46.4%)。2015年的调查结果显示,这种主客观认识不一致的现象得到了改观,无论是"主观"还是"客观",大部分家长都将道德教育列在家庭教育任务的首位(分别占64.3%和58.0%),这说明社会上过度重视智力开发与学习的家庭教育风气得到了一定程度的"纠正"(虽然有19.0%的家长仍然认为社会上大多数人比较重视智力教育)。10年来的另一个明显变化是,人格和心理素质教育开始受到家长们的重视。它在家庭教育任务中的重要性,不仅在家长们的"主观"认识上排名第二,而且在家长们对社会风气的"客观"认识上也排名第三,但在2005年时,它却没有进入前三名。相对而言,除了道德教育之外,10年前更重视生活习惯的培养,而10年后则更重视心理素质的培养。

表1 对家庭教育任务的认识(2005—2015) 单位:%

		2005		2015	
"客观"	第1位	智力开发与学习	46.4	道德教育	58.0
	第2位	道德教育	41.6	智力开发与学习	19.0
	第3位	生活习惯	5.9	人格和心理素质教育	12.8
"主观"	第1位	道德教育	52.8	道德教育	64.3
	第2位	生活习惯	18.3	人格和心理素质教育	19.0
	第3位	智力开发与学习	15.1	生活习惯	5.7

资料来源:作者编制。

家庭教育的认知改观还表现在另外两个方面。其一,在对家庭教育成功标准的认识上,家长们目前普遍将道德品质、身体健康和心理健康列于首位,相反,选择"未来能挣大钱"等功利化标准的比例相当低。其二,在对家庭教育习得品质的认识上,排列前茅的除了独立、勤奋、毅力等优秀的个人品质外,还包括了感恩、责任感、宽容和尊重他人等优秀的社会品质。10年来,家长对子女的教育期望"换挡升级"。从家长自己的教育期望来看,2005年时,41.8%的家长希望子女本科毕业,39.9%的家长期望更高,18.3%的家长期望较低;

但到了 2015 年,希望子女达到本科以上学历的家长已从 39.9% 上升到 54.6%,而希望子女不必达到本科学历的家长已从 18.3% 减少到 2.6%。从家长对社会上大多数人对孩子的教育期望的理解来看,也可以观察到同样的变化趋势。家长教育期望的"换档升级",一方面与家长自身受教育水平的提高密切相关,另一方面可能也受到我国高等教育(包括本科和研究生两个阶段)扩张的影响。可见,在高等教育从精英化走向大众化阶段后,相当一部分家长已不再满足于本科教育。

(二) 研究发现二:家庭教养方式随时代变化

作为家庭教育"行"的层面,教育行为主要包括教养方式和责任分工。2005 年的调查结果显示,学龄期的儿童和青少年的家庭教养方式更多倾向于"专制型"。2015 年的调查结果则发现,虽然"专制型"的家庭教养方式仍然占据社会主流,但专制成分有所减弱。调查发现,不同意孩子绝对不能顶撞老师的比例达到了近 20%。表现之二是,同意孩子上完课和做完作业后拥有自由时间的比例达到了近 50%。表现之三是,同意凡是有关孩子的事情都要和孩子民主商量的比例超过了 90%(以上数字详见表 2)。表现之四是,当和孩子发生冲突时,家长们选择的解决办法以寻求妥协、双方协商或接受孩子意见等为主,分别占到 41.98%、14.67% 和 6.06%,合计 62.71%,而选择各执己见或接受父母意见的仅占到 37.29%。表现之五是,认为自己对孩子是开明的占比 71.79%,而自认严厉、宠爱、不太关注的占比分别为 21.93%、5.04% 和 1.24%。

表 2　家庭教养方式(2015)　　　　　　　　　　　单位:%

	完全同意	比较同意	不太同意	不同意
1. 孩子顶撞老师是绝对不能容忍的	53.85	26.44	15.03	4.69
2. 孩子上完课,做完作业后,再想干什么是他自己的事,家长不用管	11.94	37.58	39.17	11.32
3. 和孩子有关的事情,无论大小都要先和孩子商量一下	53.23	40.41	5.13	1.24

资料来源:作者编制。

各种家庭类型和各个社会阶层之间在家庭教育的观念或方式上是否具有差异呢?我们用受访家长对"专制型"教育方式的认同程度来进行研究,具体来说,是用受访家长对"孩子顶撞老师是绝对不能容忍的"这种表述的同意程度来测量对"专制型"教育方式的认可程度。① 表3是双变量分析,只给出了具有统计显著性的结果。在学前阶段,独生子女与非独生子女家庭、独生父母与非独生父母家庭、三代家庭与两代家庭、全职主妇与非全职主妇家庭、移民家庭与非移民家庭之间,在对"专制型"教育方式的认可程度上均不存在显著差异。在学龄阶段,虽然非独生子女家庭比独生子女家庭、移民家庭比非移民家庭表现出更多的对"专制型"家庭教养方式的认同,但差值幅度并不太大(分别差7.39和4.14个百分点)。然而,无论是在学前还是学龄阶段,阶层之间在对"专制型"家庭教育方式的认同程度上都存在显著的差别。如果用家长教育程度来衡量阶层,可以发现教育程度越高的家长对"专制型"家庭教育的认同度越低,回答"完全同意"的比例在学前组中依次从41.67%下降到23.01%,在学龄组中依次从72.46%下降到39.15%。如果用家庭收入来衡量阶层,可以发现收入越高的家庭对"专制型"家庭教育的认同度越低,回答"完全同意"的比例在学前组中从48.28%下降到20.11%,在学龄组中从63.27%下降到41.22%。而且,即使是在多变量分析中控制了家庭类型和受访人的其他人口社会学特征后,教育和收入的这种影响也仍然存在。② 可见,家长教育程度的提高和家庭经济条件的提升有利于降低家庭教育观念或方式中的专制成分。

表3 对"专制型"家庭教育方式的认同程度　　　　　单位:%

	不同意	不太同意	比较同意	完全同意
学前				
家长教育程度				
初中及以下	16.67	25.00	16.67	41.67
高中	3.57	30.36	26.79	39.29
大专	5.97	29.85	26.12	38.06
大学及以上	5.11	32.10	39.77	23.01
家庭收入				
下	3.45	20.69	27.59	48.28
中下	7.41	33.33	37.04	22.22
中	8.87	22.58	31.45	37.10
中上	3.47	36.63	31.19	28.71
上	5.17	32.76	41.95	20.11

---

① 洪岩璧、赵延东:《从资本到惯习:中国城市家庭教育模式的阶层分化》,《社会学研究》2014年第4期。

② 限于篇幅,回归结果在文中未展示,有兴趣的读者可向作者索取。

续 表

	不同意	不太同意	比较同意	完全同意
学龄				
是否独生子女				
否	5.65	8.64	19.93	65.78
是	4.34	17.35	28.80	49.52
是否移民家庭				
否	3.82	17.26	29.51	49.41
是	6.45	10.48	20.16	62.90
家长教育程度				
初中及以下	6.76	5.31	15.46	72.46
高中	4.30	11.56	23.12	61.02
大专	3.18	20.49	31.80	44.52
大学及以上	4.65	22.48	33.72	39.15
家庭收入				
下	5.44	8.16	23.13	63.27
中下	2.41	13.25	22.29	62.05
中	4.58	13.98	25.78	55.66
中上	5.15	17.65	30.15	47.06
上	6.11	22.90	29.77	41.22

资料来源：作者编制。

(三) 研究发现三：大多数家庭拥有更多教育资源

2005年调查已经发现，随着上海的经济社会发展水平上升，家庭开始拥有较多的教育资源。2015年调查显示，家庭的教育资源进一步充实。除了上文提到的家长教育程度和职业地位普遍较高之外，还表现为以下三个方面：一是孩子拥有独立书桌、独立书架和独立房间的比例较高，分别为87.60%、77.53%、65.54%。二是多数孩子都有自己的家庭藏书，有50本以下的占38.96%，有50—100本的占29.47，有100本以上的占31.57%。三是家庭对孩子的课外教育投资（包括请家教和参加补习班或兴趣班）普遍较高，上学期花费的平均值约为5 500元，中位值也达到了3 000元，占家庭同期可支配收入的比例在10%及以下的占61.28%，在11%—20%的占20.78%，在20%以上的占17.94%。

表4对家庭之间在教育投资上的差异作了比较，只给出了双变量关系具有统计显著性的结果。从不同家庭类型的比较来看，独生子女比非独生子女家庭对孩子的课外教育投资更高，独生父母比非独生父母家庭的教育投资更高，非移

民家庭比移民家庭的教育投资更高,但三代家庭与两代家庭、全职主妇与非全职主妇家庭之间不存在显著差异。学前组和学龄组的数据结果均如此。以是否移民家庭为例,在学前组中,移民家庭比非移民家庭在教育投资总金额上约低1 068元;在学龄组中,移民家庭比非移民家庭低2 450元。从不同阶层的比较来看,家长教育程度越高、家庭收入水平越高的家庭对孩子的课外教育投资也越高。在学龄组中,不同等级的阶梯式差异效应表现得非常明显。但在学前组中,收入水平与教育投资并不存在如此明显的线性关系,教育程度与教育投资的关系也不显著。这可能是因为学前教育尚未受到大家的重视,各个阶层还未对学前教育展开投资竞赛。

资源稀释理论认为,非独生子女家庭不得不将有限的家庭经济资源在孩子之间进行分配,因此每个孩子得到的资源不可避免地被稀释了,而独生子女家庭则不存在这个问题。该理论可以用来解释独生子女家庭的教育投资高于非独生子女家庭这一发现。类似地,非移民家庭的教育投资高于移民家庭这一发现也可用经济资源的多寡来解释,因为一般来说移民(尤其是一代移民)的劳动收入和经济地位要低于当地居民。独生父母家庭的教育投资高于非独生父母,很可能也是因为独生父母有更高的社会经济地位。阶层之间的教育投资差异更明显是由他们的经济资源差异所直接决定的。因此,对上述发现的一个综合结论是,家庭教育投资的高低主要取决于家庭的经济资源多寡。事实上,多变量分析表明,当用上述家庭类型和家庭阶层变量来同时预测家庭教育投资的金额差异时,只有家庭收入变量是显著的。[①] 这也意味着,经济资源决定论是站得住脚的。

表4同时还给出了家庭收入对家庭教育投资占家庭收入比例的影响,结果耐人寻味。经济收入越低的家庭,孩子课外教育花费占家庭收入的比例却反而越高。在学前阶段,经济收入处于下层组的家庭,孩子教育花费占家庭收入比达到20%以上的比例为34.48%,中下层组的这一数字为25.93%,中层组的这一数字为16.94%,中上层组的这一数字为9.85%,上层组的这一数字为3.43%,呈依次递减的模式。同样,在学龄阶段,从下层组到上层组,教育花费占家庭收入比依次从34.69%下降到12.21%。这说明,在课外教育市场定价刚性的情况下,低收入阶层的家庭为了追求同样的市场化教育,付出了更大的代价。

[①] 限于篇幅,回归结果在文中未展示,有兴趣的读者可向作者索取。

表 4　对孩子课外教育的投资

	投资总金额(元)	投资占收入比例(%)		
		10%以下	10%—20%	20%以上
学前				
是否独生子女				
否	5 857.00	—	—	—
是	6 884.94	—	—	—
是否独生父母				
否	5 607.26	—	—	—
是	7 241.76	—	—	—
是否移民家庭				
否	6 897.81	—	—	—
是	5 830.10	—	—	—
家庭收入				
下	4 585.52	37.93	27.59	34.48
中下	5 068.89	51.85	22.22	25.93
中	4 880.65	58.06	25.00	16.94
中上	7 213.10	69.46	20.69	9.85
上	7 998.30	86.29	10.29	3.43
学龄				
是否独生子女				
否	3 629.49	—	—	—
是	5 381.16	—	—	—
是否独生父母				
否	4 341.10	—	—	—
是	5 659.51	—	—	—
是否移民家庭				
否	5 722.46	—	—	—
是	3 272.20	—	—	—
家长教育程度				
初中及以下	3 278.69	56.52	20.77	22.71
高中	4 183.74	50.54	22.85	26.61
大专	5 777.58	58.30	22.26	19.43
大学及以上	6 295.87	65.89	20.54	13.57
家庭收入				
下	3 657.24	38.10	27.21	34.69
中下	3 871.40	46.39	17.47	36.14
中	4 103.66	56.63	25.78	17.59
中上	6 166.26	64.34	21.32	14.34
上	7 615.31	78.63	9.16	12.21

资料来源：作者编制。

（四）研究发现四：家庭教育中"父亲缺位"现象依然存在、母亲负荷有所上升

父亲参与不足的问题 10 年前就已经出现，当时已明确提出增强父亲角色力量的建议。[①] 应该说社会各方面对父亲参与重要性的宣传力度在不断加大，如近两年热播的《爸爸去哪儿》节目就引起人们对父亲参与的关注和热议。但是时隔 10 年之后，纵向比较的数据表明，问题不仅没有解决，"父亲缺位"的现象反而更为严重。

2005 年调查数据虽然发现在孩子生活方面普遍存在"母性照料模式"，但却发现在孩子教育问题上父亲的发言权普遍高于母亲。然而，到了 2015 年，父亲不仅没有在孩子生活方面参与得更多，甚至还将孩子教育方面的责任转移或交给了母亲。这一现象在学前和学龄两个年龄段都可以观察到。

表 5 第一列是在孩子生活方面的家庭责任分工变化，可以看到，对于学龄前儿童，孩子生活主要由父亲负责的比例，从 2005 年的 9.2% 下降至 2015 年的 2.5%；对于学生，该比例也从 2005 年的 12.2% 下降至 9.6%。从表中还可以看出，在孩子生活上的家庭责任分工模式，开始由"母性照料模式"转为"母亲为主、祖辈为辅"的模式，即母亲将自己照料孩子生活的责任部分转移给了祖辈。表 5 第二列是在孩子教育方面的家庭责任分工变化，可以看到，主要由父亲负责的比例发生了相当程度的下降（学前样本从 25.9% 下降至 14.7%，学龄样本从 30.2% 下降至 23.8%），相反，主要由母亲负责的比例却发生了较大幅度的上升（学前样本从 23.2% 上升至 51.4%，学龄样本从 20.3% 上升至 47.2%），父亲与母亲在负责孩子教育问题上的责任权已经发生了逆转。

表 5 在孩子生活、教育和业余时间上的家庭责任分工(2005—2015) 单位：%

		生活		教育		业余时间	
		2005	2015	2005	2015	2005	2015
学前	父亲	9.2	2.5	25.9	14.7	11.3	13.0
	母亲	70.3	40.3	23.2	51.4	37.9	34.8
	祖辈	6.5	33.6	0.3	1.6	1.0	7.6
	孩子自己	0.7	0.7	1.4	0.2	23.2	4.1
	大家商量	13.0	22.9	48.8	32.1	25.9	40.5

---

① 史秋琴等：《城市变迁与家庭教育》，上海文化出版社 2006 年版，第 94—95 页。

续表

		生活		教 育		业余时间	
		2005	2015	2005	2015	2005	2015
学龄	父亲	12.2	9.6	30.2	23.8	10.2	12.5
	母亲	69.8	56.6	20.3	47.2	23.0	31.9
	祖辈	6.2	14.3	2.3	1.6	2.7	2.6
	孩子自己	0.4	1.0	6.2	0.9	45.6	19.1
	大家商量	11.4	18.6	41.0	26.6	18.5	33.9

资料来源：作者编制。

另外，从孩子业余时间上的家庭责任分工来看（见表5第三列），一方面，孩子自己的决定权大幅下降（在学前和学龄两个阶段均如此），另一方面，母亲的决定权却大幅上升（尤其是在学龄阶段）。因此，随着"父亲缺位"现象的强化，母亲主要承担孩子的生活照料、主要负责孩子的日常教育、主要安排孩子的业余时间，在家庭教育中承担了主要的，甚至可谓超负荷的责任。

父亲参与对孩子的社会化、情绪和认知发展的积极作用已经得到国内外众多研究的支持，而父亲的缺位则会增加孩子抑郁、孤独、任性和依赖行为的发生率。[1][2] 当前上海父亲缺位的现象很可能出于两种原因，一种是主观上重视程度不足，尚未充分认识到父亲参与的重要性，将责任交由母亲和祖辈承担，一种是过度的职场竞争和职业压力以及过长的工作时间挤占了父亲参与的时间。此次调查中，我们注意到，全职主妇在母亲中的占比为13%，全职主夫在父亲中占比仅为1%，可见，传统的"男主外，女主内"家庭模式在当前有所扩展。

（五）研究发现五：家庭亲子互动时间减少，而孩子课外教育时间上升

教育互动，主要反映于亲子互动的时间，10年来在各个年龄段都有所减少。不管是对幼儿、小学生还是初中生来说，亲子相处时间平均每天在3—5小时和5小时以上的比例10年来均出现下降，亲子相处时间平均每天在1—3小时和1小

---

[1] 李燕、黄舒华、张筱叶、俞凯：《父亲参与及其对儿童发展影响的研究综述》，《外国中小学教育》2010年第5期。
[2] 李晔轩、李成学、牛玉柏：《父亲参与及其对儿童发展的影响评述》，《中国儿童保健杂志》2015年第3期。

时以下的比例10年来均出现上升。而且,从各个年龄段的退化幅度比较来看,年龄段越大,则亲子相处时间的退化似乎越严重。以亲子相处时间仅在1小时以下所占比例来说,幼儿阶段上升了约15个百分点,小学阶段上升了约30个百分点,初中阶段上升了约40个百分点。

亲子互动的时间减少了,那么孩子的时间去哪儿了?一个可能的答案是,亲子互动时间让位给课外学习时间了。本次调查询问了孩子每周参加课外学习的时间,结果显示,幼儿参加校外兴趣班的比例达到了70.25%,参加校外补习班的比例甚至也达到了31.9%(详见表6)。小学生和初中生虽然参加校外兴趣班的比例依次低于幼儿(分别为60.29%和38.26%),但参加校外补习班的比例却依次高于幼儿(分别为46.41%和59.57%)。总之,孩子们都没闲着,低年龄段的在忙着上兴趣班,高年龄段的在忙着上补习班。

表6 孩子参加校外补习和兴趣班的时间

		没参加	1小时以内	1—2小时	2—3小时	3—5小时	5小时以上
补习班	幼	68.10	6.45	12.72	7.17	3.23	2.33
	小	53.59	3.99	17.70	11.32	7.34	6.06
	初	40.43	3.16	18.74	11.64	15.78	10.26
	总样本	54.43	4.55	16.37	10.05	8.51	6.09
兴趣班	幼	29.75	12.54	27.78	17.38	7.89	4.66
	小	39.71	14.04	24.88	11.64	6.06	3.67
	初	61.74	9.66	15.58	7.50	4.14	1.38
	总样本	43.03	12.23	23.05	12.29	6.09	3.31

资料来源:作者编制。

(六)研究发现六:家庭成员之间对养育孩子的矛盾有所增多

或许正是由于"父亲缺位"现象的强化和亲子互动减少的原因,家庭成员之间的教育矛盾10年来有所上升。以父母养育矛盾为例,学前阶段"比较多"和"经常"出现矛盾的比例从5.4%上升到11.5%,学龄阶段也从8.9%上升至12.7%(详见表7上栏)。相应地,家庭教育的满意度出现下滑。2005—2015年,虽然家庭教育的不满意率仅从6.6%微升至8.5%,但满意率却从77.5%降至55.1%(详见表7下栏)。

表7 家庭教育的矛盾和满意度(2005—2015)　　　　单位：%

		2005	2015
父母养育矛盾			
学　前	经常	2.0	4.4
	比较多	3.4	7.1
	有时	48.8	44.4
	比较少	35.2	30.4
	几乎没有	10.6	13.7
学　龄	经常	2.9	5.9
	比较多	6.0	6.8
	有时	43.0	38.5
	比较少	34.1	28.8
	几乎没有	14.1	20.0
满意度			
总样本	不满意	6.6	8.5
	一般	15.9	36.4
	满意	77.5	55.1

资料来源：作者编制。

（七）研究发现七：不同阶层家庭之间教育结果差异明显

上面的分析显示，阶层之间在家庭教育方式和教育投资上都存在显著差异，那么，在教育结果上是否也同样如此呢？我们从孩子的人格发展得分和数学成绩评价两方面来进行分析，[①]结果见表8（只给出了双变量关系具有统计显著性的结果）。

表8　孩子的人格发展和数学成绩

	人格发展（分）	数学成绩（%）		
		下	中	上
学前 是否三代家庭 　　否	3.95	—	—	—

---

① 人格发展得分根据相应量表计算得出，该量表包括五个题项，分别是"孩子学习（做事）很认真""孩子生性乐观""孩子喜欢与他人交往""孩子很受同龄人的欢迎""孩子尽量自己独立做事"，每个题项包括从"十分不同意"到"十分同意"五级评价。

续表

	人格发展(分)	数学成绩(%)		
		下	中	上
是	3.85	—	—	—
是否全职主妇				
否	3.84	—	—	—
是	4.18	—	—	—
学龄				
家长教育程度				
初中及以下	3.73	19.51	30.24	50.24
高中	3.76	16.53	24.66	58.81
大专	3.83	8.16	21.28	70.57
大学及以上	3.93	6.23	21.01	72.76
家庭收入				
下	3.67	20.00	23.45	56.55
中下	3.77	18.18	30.30	51.52
中	3.81	12.14	26.46	61.41
中上	3.80	9.93	19.85	70.22
上	4.03	5.38	18.46	76.15

资料来源：作者编制。

就人格发展指标来说，虽然在学前阶段，两代家庭比三代家庭的孩子稍显优势（3.95 vs 3.85），全职主妇家庭比非全职主妇家庭的孩子稍显优势（4.18 vs 3.84），但到了学龄阶段，上述差异就变得不再显著了。就数学成绩指标来说，在学龄阶段，两代家庭与三代家庭、全职主妇家庭与非全职主妇家庭的孩子也不存在显著差异。所以，关于祖辈可能会在家庭日常生活与教育中因宠爱或溺爱孩子而不利于孩子人格发展这种说法，可能是过于担忧了，因为这种现象并没有从学前组延伸到学龄组。类似地，关于全职妈妈照料和教育出来的孩子会在人格发展和学习成绩上表现得更优秀这种说法，也可能是过于夸大了。当然，本研究使用的只是横截面数据，更严谨的结论有待日后的追踪研究来进一步检验。

在学龄阶段可以观察到的一个现象是，家长教育程度与家庭收入水平与孩子的人格发展和数学成绩均呈正相关关系，也就是说，家庭背景越好的学生在认知能力和非认知能力上的发展都更好。就人格发展指标来说，家长教育程度为初中及以下组的孩子的人格发展得分为3.73分，高中组的孩子为3.76分，大专组的孩子为3.83分，大学及以上组的孩子为3.93分，依次递升；家庭收入处于下层组的孩子的人格发展得分为 3.67 分,中下层组的孩子为 3.77 分,中层组的孩子为 3.81 分,中上层组的孩子为 3.80 分,上层组的孩子为 4.03 分。就数学成绩来说,随着家长教育程度和家庭经济收入的升高,数学成绩在班级处于上等的比例也在升高。多变量分析表明,当上述家庭类型和家庭阶层变量在统计模型中相互控制时,只有教育和收入这两个变量仍然具有统计显著性(见表 9)。因此,对上述发现的一个综合结论是,家庭教育结果的差异主要出现于学龄阶段,并且主要是一种阶层之间的差异。当然,社会中上层的孩子在学习成绩上所具备的优势,可能来自家庭教育理念和方式本身的差异,也可能来自(课外)教育投资的差异(见上文),还需要进一步深入研究。

表 9 对家庭教育结果差异的多元回归分析

	模型 1 (人格发展得分)	模型 2 (数学成绩评价)
家长教育程度		
初中及以下(参照组)		
高中	0.059 (0.068)	0.311** (0.105)
大专	0.114 (0.073)	0.548*** (0.118)
本科及以上	0.104 (0.075)	0.634*** (0.124)
家庭收入(10 层)	0.027** (0.009)	0.040* (0.016)
独生子女家庭	−0.004 (0.049)	−0.036 (0.089)
独生父母家庭	−0.034 (0.044)	−0.060 (0.080)
三代家庭	−0.035 (0.041)	−0.056 (0.076)
全职主妇家庭	0.175*** (0.052)	0.081 (0.094)
移民家庭	−0.060 (0.054)	−0.072 (0.096)
F	3.65***	7.41***
R^2	0.032	0.085

注:表中报告的是非标准化回归系数,括号中的数字是标准误。模型中的控制变量还包括孩子年龄段、受访家长性别、常数项,结果未展示。 *** $P<0.001$,** $P<0.01$,* $P<0.05$(双尾检验)。
资料来源:作者自编。

三、促进家庭教育可持续发展的对策建议

2005年和2015年前后10年调查结果的纵向比较显示,随着时代的发展和上海城市的变迁,上海家庭教育出现喜忧参半的发展现状,一方面,家长对家庭教育任务知行不一的情况有所改善,在主观和客观上都最重视道德教育,家庭教养方式中专制成分减少,大多数家庭拥有了更多的教育资源;另一方面,"父亲缺位"现象依然存在,亲子互动时间减少,家庭成员养育矛盾增多,家庭教育满意度下降,不同阶层家庭之间教育结果差异明显等。这表明家庭教育在取得成绩的同时又出现新的危机。这些需要引起家庭、学校和社会的高度重视并采取有效措施,以促进家庭教育的可持续发展。

(一)加强亲职教育,提升养育能力

亲职教育强调父母对于子女所施的教育,旨在扶助子女身心与人格的健全发展。本次调查中父母养育矛盾的上升以及家庭教育满意度的下降说明家长在教育观念、教育知识和教育方法上仍然存在困惑,家长迫切需要接受科学系统的育儿知识。因此,首先应加大宣传力度,通过传统媒体和新媒体向全社会宣传正确的家庭教育理念和方法,帮助家长树立正确的家庭教育观,使家长明晰家庭教育应着眼于孩子的身心健康和全面发展,而不仅仅是学校教育的延伸。其次,应积极开发各类优质家庭教育资源,促进家庭教育理论研究,加强家长学校建设,增强对不同家庭结构和家庭成员的分类指导,如对父亲、母亲、祖辈以及双亲、单亲家庭,乃至对保姆以及其他监护人的指导等,提高家庭教育的针对性。最后,针对家长多元化需求,可通过家教书籍、现场讲座、网络课堂、个别指导及专家咨询等多种形式,为家长提供便利可及的家庭教育指导途径,提高家庭教育的实效性。

(二)重视道德教育,促进心理健康

与10年前相比,道德教育的重要性已经越来越得到家长的关注和认同。正如《弟子规》所说"首孝悌,次谨信。泛爱众,而亲仁。有余力,则学文",孩子无论在家中还是外出首先要遵循基本的道德规范,之后才是学习文化知识。家庭道德教育虽然仰赖于全社会的道德氛围和道德榜样的示范作用,但更重要的还是家长的以

身作则。家长一方面要注重用好的道德规范引导孩子,如亲子共读《弟子规》《三字经》《千字文》等中国传统经典读物,让孩子从小懂得尊老爱幼、遵守秩序等基本道德规范,另一方面,要提高自身的道德修养,通过自己的言传身教,在潜移默化中将良好的道德规范和道德行为内化于孩子的日常行为中。

与10年前相比,家长对孩子心理健康教育的重视程度也有较大幅度的上升,这与当前孩子心理健康状况欠佳有关。联系近年来时有发生的青少年抑郁以及自杀的社会问题,家庭教育中应高度重视对孩子的心理健康教育。首先,要努力为孩子营造一个充满爱的家庭环境,良好的夫妻关系、温暖的家庭氛围是孩子心理健康发展的基础。其次,应尽可能采取"权威—民主型"的家庭教养方式,在这种教养方式下长大的孩子有较强的自信心和自控力,比较乐观、积极。最后,应加强心理健康知识的学习。家长应增强心理健康意识,掌握一定的心理辅导知识和方法,在孩子出现心理问题时能察觉到并能有效疏导,必要时应向专业机构寻求帮助。

(三) 提高父亲参与度,保障父亲参与权

与10年前相比,"父亲缺位"的现象不仅未得到缓解,反而有所加剧。父亲参与不足既与中国传统观念有关,又与当前的相关政策有关,因此,要改善父亲参与不足的现状,应从这两方面着手。中国传统观念认为家庭中应该"男主外,女主内",男性应该主要承担家庭经济支柱的功能。正是由于这种家庭角色的定位降低了父亲参与养育孩子的意愿。殊不知,这并不是一种必然的情况,如在美国和欧洲等西方国家,父亲对孩子养育的参与程度就越来越高。因此,父亲应转变观念,更积极地参与到家庭教养中,同时,家庭成员包括母亲和祖辈也应转变观念,积极配合,尽量给父亲提供和孩子互动的机会,提高父亲育儿能力。各类机构和组织在设计家庭教育项目时,可有意识地引入父亲角色,促进父亲更多地参与到亲子互动活动中,通过体验促进父亲角色的担当,提升父亲家庭教育的自信心、责任心和成就感。在政策上,应为父亲参与创造更多友好型条件,如可借鉴瑞典设立仅供父亲使用的"爸爸日"以及"陪产假"等,在制定家庭教育法等相关法律法规政策时,充分考虑父亲参与的重要性和必要性,为父亲设定专有假期,保障父亲参与时间。

(四) 缩小阶层差距,促进家庭教育公平

本次调查显示当前家庭教育面临新挑战,即不同阶层间的家庭教育差异显著,这种差异体现在家庭教育投资、家庭教养方式和家庭教育结果各个方面。较高社

会阶层的家庭对孩子的经济投资更多、家庭教养方式更民主、孩子的人格发展更好、学业成绩也更好。这就意味着低社会阶层的家庭将很可能面临家庭教育失败的结局。正如教育部原副部长王湛所说,不同社会群体之间家庭教育资源差异程度之大,是当前突出的问题。要促进家庭教育公平,政府应该将家庭教育纳入基本公共服务领域,为较低社会阶层的家庭提供家庭教育支持性服务,努力缩小家庭教育的阶层差距。如可借鉴发达国家政府给予低收入家庭经济援助、重视弱势成人群体的补偿教育、鼓励非政府组织和教育部门为弱势家庭及其教育提供服务和指导以及实施家庭教育项目等措施,构建起特殊家庭和弱势家庭的社会支持体系,促进家庭教育公平。

(杨雄、陈建军、李骏、魏莉莉,原文载于《当代青年研究》2015年第5期,本书收录时根据需要有修改和补充)

家庭教育需求与理念的代际比较

一、研究背景

随着社会的进步,家庭教育受到的重视程度越来越高。习近平总书记在2015年春节团拜会上讲话时指出:"家庭是社会的基本细胞,是人生的第一所学校。不论时代发生多大变化,不论生活格局发生多大变化,我们都要重视家庭建设,注重家庭、注重家教、注重家风,紧密结合培育和弘扬社会主义核心价值观,发扬光大中华民族传统家庭美德,促进家庭和睦,促进亲人相亲相爱,促进下一代健康成长。"由此可见家庭教育的重要性以及家庭教育对国家发展、家庭幸福以及促进下一代健康成长的重要意义。

2008年成立于豆瓣网的"父母皆祸害"小组吸引了几万注册成员的加入,合力声讨和控诉自己的父母,在网上引起一片哗然和关注之声,这从一个侧面反映了亲子之间可能存在的矛盾冲突。父母作为抚育孩子的中心人物,在孩子成长中扮演着重要的、无可替代的角色,但是当前中国不少父母在对孩子的教养方法上存在如过度保护、过分溺爱和过高期望等问题,而且不同阶层家庭之间教育结果差异明显。那么当前家长和孩子对家庭教育的理念、内容和方法的认识和理解究竟存在哪些异同?不同阶层的家庭在教育内容上有什么差异?这些可以给当前的家庭教育带来哪些启示?为了回答以上问题,2016年5—6月,上海社会科学院社会学研究所和苏州市教育局联合开展"家庭教育态度与行为调查",调查对象为苏州的中小学生及家长。调查根据苏州各地区的发展状况以及不同学校类型,分别抽取不同类型的小学、初中和高中,每所学校随机抽取100名学生,再配对邀请其父亲或母亲填答父母问卷,考虑到小学1—3年级学生填答问卷可能存在困难,因此小学1—3年级只做了父母版问卷。调查共获得有效问卷10 536份,其中家长问卷6 314份,学生问卷4 222份。

从学生的角度看,男生占比44.8%,女生占比55.2%,独生子女占比60.2%,苏州本地户籍占比69.4%。从家长的角度看,40.2%的调查问卷由父亲填答,59.8%的问卷由母亲填答。家长中苏州本地户籍占比71.3%,家长为独生子女的占比38.2%。家长的受教育程度较高,大专或高职学历者占比23.9%,本科或研究生学历者占比30.7%,两者合计达到54.6%。家庭全年总收入在5万元以下的占比25.1%,5万—10万的占比20.4%,10万—20万的占比33.6%,20万以上的占比20.9%。本次接受调查的家庭中,核心家庭占比42.7%,主干家庭占比51.2%,再婚家庭占比2.7%,单亲家庭占比3.4%。

二、主 要 发 现

研究主要从家长和孩子对家庭教育的理念、内容和方法等的认识展开,并对家长和孩子的异同点进行了比较,同时对不同年龄阶段的学生及其家长,包括小学1—3年级学生家长、小学4—6年级学生家长、初中生家长、高中生家长,小学4—6年级学生、初中生和高中生的认知情况进行了比较。

(一) 对家庭教育的主要内容,家长和孩子的排序基本一致;随着孩子年龄增长,家长对孩子各项内容教育频率在下降;家长自认为对孩子的教育频率要显著高于孩子认同的家长对自己的教育频率

研究对家长认为自己对孩子教育的内容与孩子认为家长对自己教育的内容进行了调查,其中1分代表从来不会,2分代表很少会,3分代表有时会,4分代表经常会。

1. 家庭教育主要内容:家长和孩子的排序基本一致

调查显示,家长认为自己经常对孩子教育的内容排在前三位的是生活习惯教育、学习习惯教育和安全教育,得分分别为3.7、3.67和3.66分,排在后三位的是艺术审美教育、消费理财教育和青春期教育,得分分别为3.09分、3.19分和3.2分。孩子认为父母经常对自己教育的内容排在前三位的是生活习惯教育、安全教育和学习习惯教育,得分分别为3.67分、3.62分和3.6分,排在后三位的是艺术审美教育、青春期教育和消费理财教育,得分分别为3.07分、3.15分和3.26分。家长和孩子对各项教育内容的排序基本一致,说明家长和孩子的感受在顺序上具有较强的一致性。

2. 随着孩子年龄增长,家长对孩子各项内容教育频率在不断下降

随着孩子年龄的增长,无论是家长自认为对孩子各项内容的教育频率,还

是孩子感受到家长对自己各项内容的教育频率都呈现不断下降的趋势。例如在对孩子生活习惯的教育上，小学1—3年级学生家长、4—5年级学生家长、初中生家长和高中生家长的打分分别为3.83分、3.80分、3.72分和3.56分，呈现不断下降的趋势，这种趋势也同样体现在孩子的认知上，小学4—6年级学生、初中生和高中生的打分分别为3.76分、3.69分和3.56分，也呈现不断下降的趋势。除了个别例外的情况外，这种趋势也基本体现在其他各项教育内容上。这说明随着孩子年龄的增长，独立性逐渐增强，因此家长对孩子教育的频率也逐渐下降。

比较例外的几项教育内容主要有心理健康教育、青春期教育和消费理财教育。随孩子年龄的增长，家长对孩子的心理健康教育和青春期教育的关注程度逐渐上升，并在初中时达到最高峰，高中时略有下降。家长对孩子的消费理财教育则随孩子年龄的增长而不断加强（见表1）。

表1 家长教育孩子的内容　　　　　　　　　　　单位：分

	生活习惯教育	学习习惯教育	遵守规范教育	安全教育	责任感教育	礼仪教育	感恩教育
家长(1—3年级)	3.83±0.460	3.82±0.465	3.78±0.510	3.78±0.508	3.67±0.579	3.71±0.566	3.62±0.605
家长(4—6年级)	3.80±0.500	3.79±0.523	3.76±0.539	3.75±0.544	3.68±0.593	3.70±0.588	3.66±0.602
家长(初中)	3.72±0.573	3.69±0.598	3.66±0.622	3.68±0.607	3.64±0.634	3.63±0.633	3.61±0.650
家长(高中)	3.56±0.657	3.50±0.692	3.53±0.688	3.55±0.661	3.53±0.670	3.49±0.688	3.46±0.709
孩子(4—6年级)	3.76±0.586	3.77±0.575	3.68±0.657	3.75±0.617	3.63±0.719	3.67±0.657	3.55±0.761
孩子(初中)	3.69±0.620	3.62±0.701	3.61±0.686	3.62±0.698	3.55±0.749	3.61±0.686	3.47±0.775
孩子(高中)	3.56±0.676	3.42±0.745	3.47±0.719	3.49±0.722	3.47±0.720	3.48±0.709	3.39±0.750
F值	53.259***	95.980***	50.891***	49.600***	21.116***	30.508***	31.300***
显著性(P)	0.000	0.000	0.000	0.000	0.000	0.000	0.000

续 表

	独立思考能力培养	身体素质教育	心理健康教育	兴趣爱好培养	动手实践能力培养	青春期教育	消费理财教育	艺术审美教育
家长(1—3年级)	3.66±0.578	3.59±0.618	3.46±0.709	3.61±0.615	3.55±0.637	2.86±0.897	3.03±0.831	3.06±0.847
家长(4—6年级)	3.63±0.624	3.58±0.644	3.48±0.710	3.57±0.662	3.51±0.678	3.08±0.864	3.15±0.824	3.09±0.833
家长(初中)	3.56±0.685	3.54±0.680	3.50±0.701	3.47±0.730	3.39±0.754	3.29±0.791	3.16±0.850	3.10±0.896
家长(高中)	3.44±0.709	3.42±0.722	3.42±0.724	3.31±0.781	3.33±0.739	3.25±0.794	3.26±0.793	3.09±0.887
孩子(4—6年级)	3.69±0.684	3.52±0.781	3.41±0.888	3.57±0.772	3.49±0.818	3.01±1.079	3.16±1.040	3.16±1.019
孩子(初中)	3.53±0.764	3.40±0.779	3.40±0.860	3.35±0.834	3.36±0.851	3.30±0.911	3.31±0.887	3.08±0.996
孩子(高中)	3.37±0.793	3.33±0.779	3.32±0.826	3.20±0.848	3.30±0.814	3.16±0.896	3.31±0.817	2.99±970
F 值	42.606***	31.050***	8.375***	66.489***	26.884***	56.063***	23.431***	4.030***
显著性(P)	0.000	0.000	0.000	0.000	0.000	0.000	0.000	0.000

资料来源：作者编制。

3. 家长自认为对孩子的教育频率显著高于孩子认同的家长对自己的教育频率

多元回归分析的结果显示，在绝大多数的教育内容上，包括生活习惯教育、学习习惯教育、遵守规范教育、安全教育、责任感教育、礼仪教育、感恩教育、独立思考能力培养、身体素质教育、心理健康教育、兴趣爱好培养、动手实践能力培养和青春期教育上，家长自认为对孩子的教育频率都要显著高于孩子认同的家长对自己的教育频率。只有在消费理财教育上，呈现相反的趋势，即孩子认同的家长对自己的教育频率显著高于家长自认为对孩子的教育频率。在艺术审美教育上，两者没有显著差异（见表2）。

表 2　家长教育孩子内容的多元回归分析

	生活习惯教育	学习习惯教育	遵守规范教育	安全教育	责任感教育	礼仪教育	感恩教育
家长	0.071***	0.100***	0.109***	0.077***	0.110***	0.065***	0.139***
男	−0.092***	−0.085***	−0.078***	−0.085***	−0.062***	−0.071***	−0.092***

续 表

	生活习惯教育	学习习惯教育	遵守规范教育	安全教育	责任感教育	礼仪教育	感恩教育
本地户籍	0.025	0.051**	0.036*	0.023	0.032	0.027	0.008
独生子女	0.005	0.009	0.016	−0.005	0.019	0.027	0.002
家庭类型							
主干家庭	0.046**	0.067***	0.055***	0.055***	0.065***	0.058***	0.050**
再婚家庭	−0.301***	−0.239***	−0.257***	−0.227***	−0.266***	−0.265***	−0.253***
单亲家庭	−0.059	−0.059	−0.085*	−0.050	−0.071	−0.020	−0.026
家庭经济状况							
好	0.218***	0.236***	0.219***	0.200***	0.215***	0.235***	0.202***
一般	0.144***	0.125***	0.128***	0.132***	0.127***	0.123***	0.104***
常数项	3.504***	3.400***	3.403***	3.465***	3.356***	3.386***	3.338***
F	31.02***	33.02***	28.52***	22.25***	25.56***	27.13***	24.70***
R^2	0.0340	0.0361	0.0314	0.0247	0.0282	0.0299	0.0273

注：表中报告的是非标准化回归系数。家长以孩子为参照，男性以女性为参照，本地户籍以外地户籍为参照，独生子女以非独生子女为参照，家庭类型以核心家庭为参照，家庭经济状况以差为参照。***$P<0.001$，**$P<0.01$，*$P<0.05$(双尾检验)。为了使家长和学生样本具有可比性，由于学生问卷未调查小学1—3年级的学生，因此回归模型在比较家长和学生样本时，未纳入小学1—3年级的家长数据。下同。

表2　家长教育孩子内容的多元回归分析(续上表)

	独立思考能力培养	身体素质教育	心理健康教育	兴趣爱好培养	动手实践能力培养	青春期教育	消费理财教育	艺术审美教育
家长	0.051**	0.128***	0.109***	0.129***	0.046*	0.061**	−0.062**	0.042
男	−0.059***	−0.083***	−0.115***	−0.044*	−0.065***	−0.257***	−0.128***	−0.146***
本地户籍	0.096***	0.069***	0.088***	0.122***	0.086***	0.045	0.003	0.129***
独生子女	0.013	0.012	0.020	0.071***	−0.002	0.041	0.009	0.056*
家庭类型								
主干家庭	0.065***	0.032	0.059**	0.061**	0.066***	0.013	0.041*	0.059**
再婚家庭	−0.276***	−0.282***	−0.346***	−0.310***	−0.278***	−0.274***	−0.191***	−0.174***
单亲家庭	−0.102*	−0.061	−0.073	−0.092*	−0.065	0.002	0.016	−0.031

续　表

	独立思考能力培养	身体素质教育	心理健康教育	兴趣爱好培养	动手实践能力培养	青春期教育	消费理财教育	艺术审美教育
家庭经济状况								
好	0.228***	0.228***	0.198***	0.340***	0.169***	0.133***	0.091**	0.241***
一般	0.099***	0.092**	0.077**	0.101***	0.068*	0.047	0.040	0.045
常数项	3.296***	3.232***	3.206***	3.027***	3.214***	3.128***	3.231***	2.849***
F	29.75***	29.61***	29.03***	54.46***	18.36***	26.03***	9.56***	27.57***
R^2	0.032 7	0.032 5	0.031 9	0.058 3	0.020 4	0.028 7	0.010 7	0.030 4

资料来源：作者编制。

在控制变量上，家庭类型和家庭经济状况对家长教育孩子的频率有非常显著的影响。总体而言，主干家庭中由于父母和孩子以及祖辈共同居住，父母有较多时间和精力教育孩子，因此，主干家庭中的父母教育孩子的频率要显著高于核心家庭中的父母。单亲家庭中的父亲或母亲对孩子的教育频率虽然总体要低于核心家庭，但是在很多教育内容上未达到显著差异。情况最糟糕的是再婚家庭，由于再婚家庭中关系较为复杂，牵扯父母精力的事情较多，因此再婚家庭中的父母对孩子的教育频率要显著低于核心家庭中父母对孩子的教育频率。

以往研究显示，家庭社会经济地位对儿童发展具有重要的影响作用，在子代教育方面，中产阶层父母在资本投入上有显著优势。本次调查表明，家庭经济状况对家长教育孩子的频率有非常显著的影响，家庭经济状况越好的家长教育孩子的频率越高，家庭经济状况越差的家长教育孩子的频率越低。经济状况好的家庭在解决了基本的生存问题后，能够有更多的精力关注孩子的教育问题，而经济状况差的家庭将主要的精力放在赚钱养家上，往往没有时间和精力关心和照顾孩子，因此教育频率也更低。

（二）家长和孩子均对"人格修养"评价较高，而对"学习素养"评价较低；家长和孩子对"学习素养"的认识差异随年龄的变化而变化

1. 家长和孩子均对"人格修养"满意度最高，对"学习素养"满意度最低

在学生发展的三个核心素养（人格修养、生活素养和学习素养）中，家长和孩子打分最高的是人格修养，得分分别为4.08分和4.11分；其次是生活素养，得分分别为3.74分和3.97分；打分最低的是学习素养，得分分别为3.56分和3.53分，这反

映出部分家长和孩子对学习素养的期望最高。

2. 家长和孩子对"学习素养"的认识差异随孩子年龄的变化而变化

调查数据显示,在小学4—6年级阶段,家长对孩子学习素养的满意度低于孩子自己的满意度,其中家长的得分为3.61分,孩子的得分为3.97分;到了初中和高中阶段,情况发生了反转,孩子对自身学习素养的满意度低于家长的满意度,在初中和高中阶段,孩子对自身学习素养满意度的得分分别为3.30分和3.33分,家长对孩子学习素养满意度的得分分别为3.43分和3.62分。究其原因,可能是因为在小学阶段,孩子对学习重要性的认识还不太清楚,因此比较容易自我满足,而随着年级的增长,孩子越来越感受到学习的重要性和压力,对自身的要求也越来越高,因此满意度越来越低。

(三)"学习和考试"依然是半数家长和孩子交流的主要内容,并在孩子进入初中后达到峰值,远超过其他话题;相形之下,代际交流其他内容如"做人和品行""生活起居""交友和情感"等比例要低很多

1. "学习和考试"依然是家长和孩子交流的主要内容

在家长和孩子交流最主要的内容中,排在首位的是学习和考试,51.7%的家长和47.3%的孩子在亲子交流最主要的内容中选择了学习和考试,排在后面的依次为做人和品行、生活起居、交友和情感、交通、人身安全以及孩子的兴趣特长。

2. 家长和孩子交流学习和考试内容,在孩子初中时达到最高峰

从孩子入学开始,家长和孩子交流学习和考试就一直保持在较高的比例,并且在初中时达到最高峰,其中小学1—3年级家长、小学4—6年级家长、初中生家长和高中生家长选择学习和考试的比例分别为49.3%、49.6%、58.3%和47.5%,小学4—6年级学生、初中生和高中生选择学习和考试的比例分别为44.1%、51.3%和46.2%。相比之下,亲子之间交流其他内容如做人和品行、生活起居、交友和情感等的比例要低得多(见表3)。

表3 家长和孩子交流的主要内容　　　　　　　　　　单位:%

	学习和考试	做人和品行	生活起居(包括卫生、仪表)	交友和情感	交通、人身安全	孩子的兴趣特长	其他
家长(1—3年级)	49.3	18.1	13.3	9.3	7.1	2.5	0.3
家长(4—6年级)	49.6	22.8	11.1	7.3	6.2	2.4	0.4

续表

	学习和考试	做人和品行	生活起居(包括卫生、仪表)	交友和情感	交通、人身安全	孩子的兴趣特长	其他
家长(初中)	58.3	17.7	9.2	4.8	7.5	1.7	0.8
家长(高中)	47.5	18.7	14.4	9.1	7.3	1.7	1.3
孩子(4—6年级)	44.1	21.2	10.8	7.5	10.9	3.9	1.5
孩子(初中)	51.3	18.9	12.5	5.9	7.1	2.3	1.9
孩子(高中)	46.2	16.1	18.1	8.4	6.5	1.7	2.9

资料来源:作者编制。

(四)家长和孩子均认为最重要的品质是责任感、独立和宽容尊重他人。相形之下,家长更注重对孩子责任感、独立品质的培养,而不太注重服从、无私、自我表达、想象力、勤俭节约、有礼貌等品质的培养;孩子则更看重宽容尊重他人等品质

1. 家长和孩子认为最重要的品质排在前三位均是责任感、独立和宽容尊重他人;家长最看重责任感,孩子最看重宽容尊重他人

在最注重培养孩子的品质中,家长的选择中排在前三位的是责任感、独立和宽容尊重他人,选择比例分别为31.4%、24.1%和17.8%。孩子最注重的品质中,排在前三位的是宽容尊重他人、独立和责任感,选择比例分别为27.1%、17.9%和17.2%。家长和孩子选择比例最低的品质均为服从、无私和自我表达。

2. 家长比孩子更注重对责任感、独立品质的培养,孩子比家长更注重对宽容尊重他人等其他各项品质的培养

从家长和孩子的比较来看,家长比孩子更注重对责任感和独立品质的培养,而孩子对这两个品质的重视程度随着年龄的增长而逐步增长。对于其他各项品质,孩子的重视程度均高于家长,说明家长看重的品质更趋单一,而孩子看重的品质更趋多元化。

(五)近三成半孩子希望自己达到博士学历,高于家长对孩子的教育期望;随着孩子年龄的增长,家长和孩子的教育期望越来越趋于务实

1. 教育期望:近三成半孩子希望自己达到博士学历,该比例显著高于家长

调查显示,孩子对自己的教育期望要高于家长对孩子的教育期望。孩子希望

自己未来的最高学历是博士、硕士和本科的比例分别为34.9%、23.3%和32.8%,家长希望孩子未来的最高学历是博士、硕士和本科的比例分别为16.3%、27.7%和49.4%。可见,孩子希望自己未来达到博士的比例要远远高于家长。

2. 随着孩子年龄的增长,家长和孩子的教育期望越来越趋于务实

家长对孩子高学历的追求随着孩子年龄的增长越来越趋于务实。孩子高中时,家长希望孩子读到博士的比例为最低即10.7%,低于孩子读小学1—3年级、小学4—6年级和初中时16.6%、18.2%和19.7%的教育期望;孩子高中时,家长希望孩子读到硕士的比例也是最低为22.9%,低于孩子读小学1—3年级、小学4—6年级和初中时36.4%、31.5%和28.2%的教育期望。相比之下,家长对孩子的教育期望越来越集中于本科,其中孩子高中时,家长希望孩子读到本科的比例为最高即61.0%,高于孩子读小学1—3年级、小学4—6年级和初中时41.9%、43.4%和44.8%的期望比例。

孩子对自己的教育期望也会随着年级的增长越来越趋于务实,但与家长的变化趋势略有不同。孩子希望自己读博士的比例随着年龄的增长不断下降,希望读硕士和本科的比例随着年龄的增长不断上升。有50.6%的孩子在上小学时期望自己读博士,上初中时期望读博士的比例下降为32.7%,上高中时期望读博士的比例下降为21.6%;孩子读小学、初中和高中时期望读硕士的比例分别为19.8%、24.5%和25.7%,比例不断上升;孩子读小学、初中和高中时期望读本科的比例分别为19.4%、31.8%和46.7%,比例也是不断上升。

(六) 不同阶段家长眼中亲子矛盾的频率比较均衡,孩子眼中的亲子矛盾频率随年龄的变化发生波动;亲子间的矛盾主要集中在"学业问题"和"生活习惯"上;亲子矛盾以寻求妥协和接受家长意见为主要解决方法

1. 不同阶段家长眼中亲子矛盾的频率比较均衡,孩子眼中的亲子矛盾频率随年龄的变化发生波动

调查显示,家长和孩子感受到的亲子之间矛盾的频率比较接近。家长认为亲子之间发生矛盾的频率经常、较多、有时、较少和几乎没有的比例分别为2.3%、4%、33.8%、38.6%和21.3%,孩子认为亲子之间发生矛盾的频率经常、较多、有时、较少和几乎没有的比例分别为2.8%、4.9%、32.1%、33%和27.2%。

不同阶段孩子家长感受到的亲子矛盾比例差别不大,但不同阶段的孩子所感受到的亲子矛盾却有较大差异。孩子年龄小时感受到的亲子矛盾频率较少,随着年龄的增长,亲子矛盾越来越多,初中生感受到亲子矛盾经常和较多发生的比例最

高,高中生感受到亲子矛盾有时发生的比例最高,小学生感受到亲子之间几乎没有矛盾的比例最高(见表4)。

表4　亲子矛盾的频率　　　　　　　　　　　　　　　　单位：%

	经常	较多	有时	较少	几乎没有
家长(1—3年级)	2.7	3.9	37.1	36.4	19.9
家长(4—6年级)	2.0	3.6	31.8	39.0	23.5
家长(初中)	2.4	4.1	34.5	39.3	19.7
家长(高中)	2.5	4.4	35.4	37.5	20.2
孩子(4—6年级)	1.8	3.0	19.0	29.5	46.6
孩子(初中)	4.1	6.5	34.0	35.2	20.2
孩子(高中)	2.6	5.2	42.8	34.2	15.2

资料来源:作者编制。

2. 亲子矛盾主要集中在"学业问题"和"生活习惯"上

家长和孩子都认为亲子之间的矛盾主要集中在学业问题和生活习惯上,其中家长选择学业问题和生活习惯的比例分别为48%和30.6%,孩子选择学业问题和生活习惯的比例分别为42.5%和25.4%。

家长对学业问题矛盾的感受度随孩子年级的增长而增长,小学1—3年级、小学4—6年级、初中的比例分别为44.3%、46.3%、50.1%,到高中时略有下降为47.8%。家长对生活习惯矛盾的感受度随孩子年级的增长而下降,小学1—3年级、小学4—6年级、初中、高中的比例分别为37.9%、33.8%、29.9%和27.7%。

3. 亲子矛盾以寻求妥协和接受家长意见为主要解决方法

当亲子发生矛盾时,家长(占38.1%)和孩子(占37.4%)都认为寻求妥协和接受家长意见为主要的解决方法。不同之处在于,家长和孩子选择接受家长意见的比例分别为20.3%和29.5%,家长认为是按照家长意见解决问题的比例低于孩子的选择比例,相应地,家长和孩子选择接受孩子意见的比例分别为5.9%和1.6%,孩子认为是按照孩子意见解决问题的比例低于家长的选择比例。

家长和孩子以寻求妥协的方式解决亲子矛盾的比例随着孩子年龄的增长而逐步上升,接受家长意见的方式则随着孩子年龄的增长而逐步下降。值得关注的是,家长和孩子各执己见的比例随着孩子年龄的增长也在逐步上升,但是以接受孩子意见为解决方式的比例并未上升。这说明孩子的意见在家庭中并未得到充分的尊重(见表5)。

表 5　亲子矛盾的主要解决方法　　　　　　　单位：%

	寻求妥协	接受家长意见	各执己见	接受孩子意见	其他
家长(1—3年级)	30.8	30.6	8.7	4.5	25.4
家长(4—6年级)	31.8	27.7	8.6	5.7	26.1
家长(初中)	37.9	19.8	12.8	6.4	23.1
家长(高中)	45.0	12.7	15.2	5.7	21.3
孩子(4—6年级)	26.1	50.5	6.9	2.5	14.1
孩子(初中)	38.9	27.4	14.0	1.2	18.4
孩子(高中)	42.9	18.4	17.2	1.4	20.1

资料来源：作者编制。

（七）家长往往高估了自己对孩子的了解程度；家长对孩子的了解程度随着孩子年龄的增长而不断下降；经济状况好的家庭中父母对孩子的了解程度要显著高于经济差的家庭

1. 家长经常高估了自己对孩子情绪的了解程度

对于孩子的长处、孩子的兴趣爱好、孩子最近的心情和孩子最近的苦恼，家长认为自己对孩子的了解程度往往高于孩子认为家长对自己的了解程度，说明家长往往高估了自己对孩子的了解程度，两代人之间的认识存在差异。

多元回归分析的结果表明，对于孩子的长处、孩子最近的心情、孩子最近的苦恼，家长自认为的了解程度要显著高于孩子认为的家长对自己的了解程度。在控制变量上，家庭类型和家庭经济状况对家长了解孩子的程度有非常显著的影响。主干家庭中父母对孩子的了解程度显著高于核心家庭中的父母，再婚家庭的父母对孩子的了解程度显著低于核心家庭的父母，单亲家庭的父亲或母亲对孩子的了解程度虽然比核心家庭低，但在大多数内容上未达到显著程度。经济状况好的家庭中父母对孩子的了解程度要显著高于经济差的家庭（见表6）。

表 6　家长对孩子了解程度的多元回归分析

	孩子的长处	孩子的短处	孩子的理想	孩子的兴趣爱好	孩子最近的心情	孩子最近的苦恼
家长	0.092***	0.008	−0.074*	0.053	0.161***	0.136***
男	−0.055*	−0.088***	−0.035	0.028	−0.043	−0.051

续 表

	孩子的长处	孩子的短处	孩子的理想	孩子的兴趣爱好	孩子最近的心情	孩子最近的苦恼
本地户籍	0.203***	0.171***	0.165***	0.215***	0.199***	0.205***
独生子女	0.040	0.039	0.076**	0.072**	0.076**	0.078**
家庭类型						
主干家庭	0.056*	0.056*	0.101***	0.088**	0.064*	0.036
再婚家庭	−0.266***	−0.240***	−0.225***	−0.237**	−0.370***	−0.374***
单亲家庭	−0.083	−0.043	−0.054	−0.049	−0.163*	−0.116
家庭经济状况						
好	0.377***	0.331***	0.227***	0.326***	0.322***	0.259***
一般	0.022	0.092*	−0.106*	−0.024	−0.003	−0.067
常数项	3.689***	3.858***	3.403***	3.362***	3.352***	3.246***
F	50.86***	35.46***	28.10***	36.62***	38.94***	31.78***
R^2	0.056 0	0.039 7	0.031 8	0.041 0	0.043 4	0.035 8

注：表中报告的是非标准化回归系数。家长以孩子为参照,男性以女性为参照,本地户籍以外地户籍为参照,独生子女以非独生子女为参照,家庭类型以核心家庭为参照,家庭经济状况以差为参照。＊＊＊$P<0.001$，＊＊$P<0.01$，＊$P<0.05$（双尾检验）。

资料来源：作者编制。

2. 家长对孩子的了解程度随着孩子年龄的增长而不断下降

不论是家长还是孩子认同的家长对孩子的了解程度都会随着孩子年龄的增长而不断下降。例如对于孩子的长处,小学1—3年级学生家长、小学4—6年级学生家长、初中生家长和高中生家长的打分分别为4.28分、4.29分、4.09分和3.97分,基本呈现不断下降的趋势;4—6年级学生、初中生和高中生的打分分别为4.45分、3.97分和3.77分,也呈现不断下降的趋势。家长和孩子对其他各项内容的打分也呈现相同的趋势（见表7）。

表7 家长对孩子的了解程度　　　　　　　　单位：分

	孩子的长处	孩子的短处	孩子的理想	孩子的兴趣爱好	孩子最近的心情	孩子最近的苦恼
家长(1—3年级)	4.28±.795	4.34±.767	3.64±1.027	3.95±.917	4.14±.844	3.91±.965
家长(4—6年级)	4.29±.817	4.34±.796	3.66±1.088	3.97±.963	4.05±.934	3.82±1.041
家长(初中)	4.09±.930	4.14±.897	3.51±1.107	3.76±1.041	3.76±1.034	3.58±1.099

续表

	孩子的长处	孩子的短处	孩子的理想	孩子的兴趣爱好	孩子最近的心情	孩子最近的苦恼
家长(高中)	3.97±.933	4.00±.922	3.58±1.068	3.63±1.050	3.67±1.030	3.52±1.078
孩子(4—6年级)	4.45±.951	4.50±.910	4.05±1.208	4.18±1.190	4.12±1.216	3.88±1.329
孩子(初中)	3.97±1.084	4.21±.984	3.52±1.290	3.62±1.299	3.55±1.288	3.37±1.332
孩子(高中)	3.77±1.055	3.90±1.011	3.44±1.156	3.52±1.161	3.44±1.134	3.32±1.172
F值	92.007***	77.414***	42.460***	67.161***	110.617***	69.765***
显著性(P)	.000	.000	.000	.000	.000	.000

资料来源：作者编制。

（八）孩子认为家长对自己的惩罚频率高于家长认为对孩子的惩罚频率；与此同时，孩子认为家长对自己的奖励频率也略高于家长认为对孩子的奖励频率。伴随孩子年龄的增长，家长和孩子选择家长奖励孩子的频率开始减少，而家长和孩子选择"从不奖励"的比例在不断上升

1. 孩子认为家长对自己的惩罚频率高于家长认为对孩子的惩罚频率

调查显示，孩子认为家长惩罚自己的频率为几乎每天、每周几次、每月几次的比例分别为2%、5.8%和18.6%，高于家长相对应的1.3%、3.3%和12.6%的选择比例。随着孩子年龄的增长，家长和孩子选择家长惩罚孩子的频率呈现不断下降的趋势，家长和孩子表示从不惩罚的比例呈现不断上升的趋势。

在最常用的惩罚方式上，则是以反省式惩罚如口头或书面检讨以及情感性惩罚如生气等为主，其他还包括补偿性惩罚、间接性惩罚、侵犯式惩罚、代币式惩罚和预期式惩罚等（见表8）。

表8 家长惩罚孩子的方式　　　　　　　　　　　　　　单位：%

	反省式惩罚（如口头或书面检讨等）	情感性惩罚（如不理孩子,生气等）	补偿性惩罚（如做家务、多做题等）	间接性惩罚（如奖励减少、撤销奖励等）	侵犯式惩罚（如打骂、面壁、关黑屋等）	代币式惩罚（如错误记分、奖励扣分等）	预期式惩罚（如告知老师、告知伙伴等）	其他惩罚方式
家长(1—3年级)	22.6	20.4	15.1	18.0	10.8	5.9	1.3	5.9
家长(4—6年级)	30.3	18.2	14.9	11.1	11.2	3.7	0.6	10.2

续 表

	反省式惩罚(如口头或书面检讨等)	情感性惩罚(如不理孩子,生气等)	补偿性惩罚(如做家务、多做题等)	间接性惩罚(如奖励减少、撤销奖励等)	侵犯式惩罚(如打骂、面壁、关黑屋等)	代币式惩罚(如错误记分、奖励扣分等)	预期式惩罚(如告知老师、告知伙伴等)	其他惩罚方式
家长（初中）	27.9	25.1	12.4	10.4	8.3	2.0	0.3	13.6
家长（高中）	23.0	35.7	7.1	9.3	5.7	1.2	0.7	17.3
孩子(4—6年级)	23.8	17.8	11.2	6.2	9.6	5.0	1.0	25.3
孩子（初中）	17.2	24.4	10.2	7.4	11.7	1.7	1.4	26.1
孩子（高中）	16.7	35.7	6.6	8.6	6.8	1.3	0.4	23.8

资料来源：作者编制。

2. 孩子认为家长对自己的奖励频率略高于家长认为对孩子的奖励频率

调查显示,孩子认为家长奖励自己的频率为几乎每天、每周几次的比例分别为7.7%和24.4%,高于家长相对应的5.6%和19.3%的选择比例。随着孩子年龄的增长,家长和孩子选择家长奖励孩子的频率不断减少,家长和孩子表示从不奖励的比例不断上升。

在最常用的奖励方式上,则是以情感式奖励如表扬、拥抱以及物质式奖励如送玩具、给奖金等为主,其他还包括游玩式奖励、间接式奖励、兴趣式奖励、累积式奖励和公益式奖励等(见表9)。

表 9　家长奖励孩子的方式　　　　　　　　　　单位：%

	情感式奖励（如表扬、拥抱等）	物质式奖励(如送孩子喜欢的玩具、奖金等)	游玩式奖励(去孩子喜欢的地方,如游乐园等)	间接式奖励(如给予选择晚餐的权利等)	兴趣式奖励(如给予参加兴趣爱好的机会等)	累积式奖励（如记分、记小红花等）	公益式奖励(如照顾小动物、照顾花草等)	其他奖励方式
家长(1—3年级)	33.7	17.0	22.5	5.5	6.5	11.2	0.6	3.0
家长(4—6年级)	31.4	19.0	20.5	8.9	6.4	6.5	1.3	6.0

续 表

	情感式奖励（如表扬、拥抱等）	物质式奖励（如送孩子喜欢的玩具、奖金等）	游玩式奖励（去孩子喜欢的地方，如游乐园等）	间接式奖励（如给予选择晚餐的权利等）	兴趣式奖励（如给予参加兴趣爱好的机会等）	累积式奖励（如记分、记小红花等）	公益式奖励（如照顾小动物、照顾花草等）	其他奖励方式
家长（初中）	30.5	21.7	13.8	10.9	6.8	3.2	0.6	12.6
家长（高中）	25.4	30.4	8.0	9.8	5.5	1.7	0.6	18.6
孩子（4—6年级）	23.7	16.3	19.1	5.8	6.9	7.9	4.4	15.9
孩子（初中）	19.9	22.0	13.2	11.1	7.5	2.9	1.0	22.3
孩子（高中）	18.8	32.1	7.9	9.3	5.2	1.3	0.3	25.0

资料来源：作者编制。

三、思考与建议

调查结果显示，亲子之间既不像"父母皆祸害"中所描述的矛盾如此激烈，父母和孩子之间仍然有许多共通之处，但亲子之间的差异也客观存在。同时，应试教育仍然主导着当前的家庭教育。因此，应立足家庭教育现状，寻求更好的解决之道。

（一）在家庭教育内容、观念等方面，当代城市家长与孩子之间共同性在增多、差异性在缩小，这是中国家庭教育得到普及与重视的一个重要结果

家长和孩子共享许多家庭教育的理念，如家庭教育中最应该注重培养的品质、对孩子各项素养的评价、日常生活中交流的主要内容等，这说明，在长期共同生活和家长潜移默化的影响下，家长和孩子已经共享了一些基本的价值观，这构成两代人相互理解和交流的基础，家长与孩子之间具有一定的共同性。当然家长和孩子之间也存在差异性，如家长自认为对孩子的教育频率要显著高于孩子认同的家长

对自己的教育频率;家长往往高估了自己对孩子情绪的了解程度;孩子感受到家长对自己奖励和惩罚的频率往往高于家长的感受等,这些差异又随着孩子年龄的变化而发生变化。因此,家长和孩子之间的关系应建立在共享共同性和尊重差异性的基础上。共享的价值观为家长和孩子奠定了共同的底色,有利于代际的理解沟通和良好关系的形成;而由于生活环境和时代的不同,家长和孩子之间常常会出现价值观的代际分化,两代人应在充分了解和尊重客观存在的代际差异的基础上努力建构良好的亲子关系。

(二)随着家庭教育在学校、社会和家长中的普及,家庭教育科学理念、方法及内容开始受到重视,但是当前的家庭教育仍然受到应试教育的主导

科学的家庭教育理念和方法越来越受到家长的重视,许多家长乐于接受专业的家庭教育指导并注重从生活习惯、学习习惯、安全、遵守规范和责任感等多方面对孩子进行教育,体现了家长对孩子多元发展和个性发展的重视。但与此相悖的是,家庭教育仍然深受应试教育的影响,"应试教育绑架了家庭教育""家长沦为应试教育的帮凶",在现实生活中,家长的科学理念和具体行动之间有所背离。如果说十年前的调查显示应试教育理念较深地影响着中国父母,本次调查结果仍然表明,当前的家庭教育受到应试教育的主导,家庭教育的内容、家长和孩子的日常交流、家长对孩子的教育期望、家长对孩子学习素养的满意程度以及家长和孩子的矛盾冲突都主要集中在学习和考试问题上,而且这种关注往往在孩子初中和高中阶段达到最高峰。如果说在小学阶段家长还能兼顾到孩子的多方面发展,那么到了初中和高中阶段,家长往往会将更多的注意力放在孩子的学习上。"不要让孩子输在起跑线上"的教育流行语对家长影响深远,以智育为主的家庭教育单一模式仍然误导着许多家庭的教育实践。

(三)促进亲子共同成长的关键在于,努力营造民主和谐的家庭氛围,加强亲子间的交流与沟通

父母对孩子的教育应"顺其成长,适性教育",应把孩子当成有独立人格的个体来对待,尊重孩子,给予必要的指导。要减少亲子矛盾冲突,促进亲子相互理解,根本的解决方法在于加强亲子间的交流沟通,营造健康温暖的家庭氛围。父母不要把自己的意愿强加在孩子身上,更不能对孩子进行强制性的控制,父母应尊重孩子

的独立人格,在尊重孩子的基础上与孩子进行对话交流,在充分了解孩子个性、情绪、情境的基础上加以引导,而且这种引导应建立在双向互动的基础上而非父母对孩子单向的命令和指示。父母应尽可能采取权威—民主型的家庭教养方式,鼓励并创造机会让孩子参与到家庭事务的决策中,努力为孩子营造民主和谐的家庭氛围。

(四)应对家庭教育中存在的问题与困惑应从加强专业指导入手,充分发挥学校在家庭教育中的独特优势,以专业系统的家庭教育知识指导家长,改变目前"碎片化"的家庭教育现状

当前家长在教育孩子的过程中面临的最大问题是缺乏专业的知识、方法和能力,本次调查中,有近2/3的家长表示最希望接受由学校提供的家庭教育辅导,家长最希望获得的家庭教育指导内容排在前三位的是培养孩子良好的行为习惯、了解孩子身心发展的规律和年龄特点、掌握与孩子沟通的知识和方法,家长选择的家庭教育指导方式中排在前三位的是现场讲座、发放家教书籍和网络课堂。但是,目前家长获得家庭教育知识的主渠道中,排在首位的是网络和微信,这种方式虽然便捷,但存在较大弊端,如系统性和科学性不足等。因此,应进一步重视家庭教育基础理论的研究,充分发挥学校在家庭教育中的独特优势,通过学校推进家庭教育课程,以专业系统的家庭教育知识指导家长,从整个家庭教育功能角度提出解决家庭教育问题的对策,以此改变当前碎片化的家庭教育现状,促进家庭教育科学化、规范化发展,切实提升家长科学育儿的能力。

(杨雄、魏莉莉,原文载于《青年探索》2017年第4期,本书收录时有修改和补充)

城市"二孩"家庭的养育：
资源稀释与教养方式

一、引　　言

　　2016年1月1日，我国正式全面放开二孩生育，这是我国继2013年底启动实施"单独二孩"政策后的又一次重大生育政策调整。至此，已实施30余年的"独生子女"政策转为"全面二孩"政策。

　　就该政策颁布后的国内相关研究看，主要侧重于二孩生育问题：其一，从政策层面强调二孩生育的意义。包括探讨该政策的战略意义、社会影响力（如对人口规模、劳动力资源、教育资源、养老等）、演进过程，推行该政策的影响因素以及公共服务配套等。其二，从家庭层面探讨二孩生育的可能性及其对家庭发展的影响。诸如生育意愿和行为以及有关"全面二孩"对家庭发展的影响探讨（如家庭规模、家庭结构等）。

　　除了"要不要生二孩"这个问题，"怎么养""养两个到底好不好"等问题也被高度关注，而且成为家庭生育选择的重要权衡因素。特别是我国的二孩政策是一个逐步推进的过程，从1980年全面推行"独生子女"政策后，依次经历20世纪80年代中期的农村家庭可生育"一孩半"政策、90年代后的"双独二孩"政策以及2013年的"单独二孩"政策，再至当前的"全面二孩"政策，"二孩"始终与"一孩"并存。由"生"及"养"，是生育政策发展与完善的必需。厘清"二孩"家庭养育的研究成果，有助于相关养育政策的制定与调整。

　　就"二孩"家庭养育研究而言，基本夹杂于我国近30年的独生子女研究中，隐含于"非独生子女"这一称谓，通常作为参照群体出现。这类研究尤以20世纪80年代和90年代最多，2000年之后随着第一代独生子女长大成人，学术界开始关注独生子女的婚姻家庭和社会适应问题；相应地，有关家庭养育的研究也就渐行渐远。

综观已有文献,主要集中于三大主题的探讨:一是独生子女和非独生子女的家庭养育资源比较,包括经济资源、教育资源等;二是独生子女和非独生子女的养育方式比较,诸如父母参与、亲子互动、亲子关系等;三是独生子女和非独生子女的身心发展状况比较,也即家庭养育成效比较。

上述问题的主要研究结论可以概括为几点。第一,独生子女的家庭资源相对更好。研究显示,不论城市,还是农村,独生子女的家庭社会经济地位更高,更可能多地支持到子女,直至成年期。第二,独生子女家庭的养育方式利弊兼而有之。一方面是期望和关注的提升,另一方面是过度保护和溺爱的不当。第三,独生子女与非独生子女的身心发展随年龄增长而渐趋一致。风笑天等研究发现,年龄是确定独生子女和非独生子女是否具有差异的关键变量。在学龄前期和学龄初期,两类子女存在较大差异,而在学龄中期,特别是青年前期,两者之间则不存在明显差异。

不过,以上研究均非专门的"二孩"养育研究。首先,以独生子女为主体的研究,其重点在于探讨独生子女而非"二孩"及其养育。其次,"非独生子女"并不等同于"二孩",只是相对独生子女的一个群体,其中也包含子女数量多于两个的情况,其相关结论是否适用于"二孩"养育值得探究。再次,"二孩"家庭亦有多种组合和结构,孩子的性别、排序、年龄乃至两个孩子之间的年龄差都可能影响到家庭养育,"非独生子女"研究缺乏对其内部异质性的探讨。

就国外相关研究来说,早在20世纪五六十年代就有关于子女数量和家庭养育方面的研究。近几十年来尤以探讨家庭资源分配和养育方式为多,前者多见于家庭经济学和社会学领域,重在探讨子女数量与家庭资源分配之间的关系。诸如以布莱克和唐尼等为代表的"资源稀释理论"(Resource Dilution Theory),认为孩子数量越多,家庭内部各种资源可分配给每个孩子的就越少。后者多见于心理学和教育学领域,重在探讨子女数量与养育方式之间的相互作用。比如,有学者发现在二孩家庭中,较大男孩受到的父母拒绝更多,女孩(男孩的姐姐或女孩的妹妹)得到的关爱和温情更多;也有学者发现父母对后出生的孩子(Later-born Children)更少惩罚,也不那么严厉。

综上所述,尽管不同的研究在结论上有所差异,但在以下观点上基本一致:其一,子女数量及其相关变量(如性别、出生次序)对家庭资源分配有影响;其二,子女数量及其相关变量(如性别、出生次序)与父母的养育方式之间存在交互作用,父母对不同出生次序、不同性别孩子的养育方式有所差异。由于生育政策的差异,国外研究中的子女数量也存在多种可能性,并非专门的"二孩"养育研究,但其研究方法和研究内容为本文提供了很好的借鉴。

本研究以现有"二孩"家庭为研究对象,聚焦其养育资源和养育方式,力图回应当前"二孩养育"中公众的核心焦虑——"养不起"抑或"养不好",着重探讨三个问题:一是"二孩"养育对于家庭资源的影响,是否存在"资源稀释效应";二是"二孩"家庭在养育方式上具有哪些特征;三是影响"二孩"家庭养育的因素主要有哪些。

二、数据与方法

(一) 数据来源

本研究于2015年10—11月在上海市浦东新区抽取两所小学,以集体填写方式完成一年级至五年级家长的问卷调查。本次调查共发放1 167份问卷,100%回收,1 156份有效。鉴于本研究的家庭养育主要是指亲代(即父母)对子代(即子女)的养育,故剔除祖辈或其他人填答问卷。此外,本研究以"二孩"家庭为焦点,以"一孩"家庭为对照组,故剔除其他类型的家庭。最终用于本研究分析的问卷数为1 061份,占发放问卷的90.9%。其中,父亲填答占39.4%,母亲填答占60.6%;"一孩"家庭679份,占64.0%;"二孩"家庭382份,占36.4%,其中1男1女的占22.2%,2个男孩的占6.9%,2个女孩的占7.3%。

两所小学地处近郊,人口分布与上海市总体人口结构有所差异。比如,2015年《上海市统计年鉴》显示,户籍人口与非户籍人口比为1.48,本研究中该相应比为0.50。但本研究重点考察"一孩"与"二孩"家庭的养育差异,不涉及"二孩"家庭总体分布,取样着重考虑"二孩"家庭的比例及其结构丰富性。此外,同质性的地理空间及学校环境也在一定程度上控制了区域文化所带来的养育影响。因此,尽管取样不具备代表性,但在探讨"二孩"家庭的养育问题上符合研究需要。此外,在研究中我们将通过统计方法控制取样所带来的偏差。

(二) 变量定义

本文中的"二孩"家庭,指已育有两个孩子的家庭(不含"二孩"待产家庭),且其中一个处在小学阶段。根据所关注的养育资源投入、养育方式及影响因素等三大

问题,同时基于相关文献及数据基础,本研究的主要变量包括如下几个方面:

1. 养育资源

主要包括两方面:其一,经济投入,主要以"有无独立的房间"和"有无独立的书桌"等两个变量测查。其二,教育投入,主要从父母对子女的教育期望和养育参与来测查,前者主要以父母对子女受教育程度的期望为准;后者包括每日陪伴时间和日常养育行为(包括"给孩子做早餐""陪孩子做功课""给孩子的作业或试卷签名""接送孩子上下学""参加家长会""为孩子准备生日或节日礼物"等6种行为)。

2. 养育方式

主要包括三方面:一是教养方式,包括温情(Warm/Support)和严苛(Control/Power)两个变量。其中,温情指父母评价自己对孩子是"很爱的""信任的"和"尊重的";严苛则指父母评价自己对孩子是"严厉的""苛求的"甚至"粗暴的""缺乏耐心的"。二是养育体验,包括亲子关系满意度和育儿感受等两个变量。三是养育成效,以父母对子女的了解程度和发展评价为参考。其中,了解程度分别从学习情况、朋辈关系、兴趣爱好、优点缺点和脾气性格等方面来进行测查;发展评价分别从个性、价值、品行和人际互动等方面来进行测查。

3. 影响养育的因素

主要包括四方面:一是家庭和父母特征(包括父母文化程度、家庭月平均收入、父母户籍等)。二是家庭生育情况,以生育子女的数量和性别交叉分类,在"一孩"家庭和"二孩"家庭两大类基础上,再分出五小类(1个男孩、1个女孩;1男1女、2个男孩和2个女孩)。在"二孩"家庭类型中,虚拟变量处理时,每一类为1,则其他为0。三是子女特征,包括受访儿童的性别、年级、排行、与父母共同生活的时间等。四是负性生活事件(包括工作压力超大、失业、亲友患重病或死亡、家庭经济困难、受人歧视冷遇、与他人关系紧张及居住问题等七方面)的影响。影响程度分为"未发生过""发生但影响几乎没有""轻度""中度""重度"和"极重"等六等级,以总分平均值作为描述性统计。

(三)数据处理与分析

数据处理与分析采用SPSS 19.0进行。采用描述性统计(如频次分析、均值和标准差分析等)、多元线性回归分析及多变量方差分析等方法,逐步揭示变量的关系与特点。

三、结果与分析

(一) 城市"二孩"家庭养育的资源稀释

1. 经济资源分配存在稀释效应

城市"二孩"家庭的经济资源呈"U"形分布,即"二孩"家庭多见于低收入或高收入家庭。本研究以家庭月平均收入作为经济资源变量进行测量。均值差异性检验发现,"二孩"家庭和"一孩"家庭在父母文化程度、家庭月平均收入、父母年龄、户籍、负性生活事件影响等方面均存在显著差异性($P<0.01$),前者相对后者显弱。在控制父母受教育程度、父母是否独生子女和户籍等三个重要变量后,GLM分析显示:不同收入家庭的生育子女数之间存在显著性差异($F=4.305$,$P<0.05$),且两者之间呈"U"形关联趋势,即低收入和高收入家庭平均生育子女数相对中等收入家庭要高。

分析子女数量和经济资源分配的关系显示,在中等收入和低收入的"二孩"家庭中,经济资源分配存在显著稀释效应。控制父母受教育程度、户籍、家庭月平均收入、子女特征(如年级、性别、排行等)变量后,二孩家庭与一孩家庭在独立房间的享有上存在显著性差异($F=4.074$,$P<0.05$);同等条件下,二孩家庭中,孩子拥有独立房间的可能性显著低于后者;但两者在独立书桌的拥有情况上不存在显著性差异。进一步将家庭经济资源分层后,结果显示:高收入家庭中,二孩养育不存在资源稀释效应,即同等条件下,二孩与一孩所享受到的房间、书桌等经济资源之间无显著性差异;但在中等收入或低收入家庭中,二孩养育存在显著资源稀释效应。其中,就拥有的独立房间而言,中等收入家庭尤为明显($x^2=10.021$,$P<0.01$);拥有独立书桌中,二孩家庭与一孩家庭的差异性仅存在于低收入家庭中($x^2=4.017$,$P<0.05$)(见表1)。

表1 "二孩"和"一孩"的家庭经济资源分配比较　　　　单位:%

	拥有独立房间的比例			拥有独立书桌的比例		
	二孩	一孩	x^2	二孩	一孩	x^2
低收入家庭	40.2	52.7	4.752*	83.2	90.8	4.017*
中等收入家庭	52.3	66.7	10.021**	94.3	93.2	0.221
高收入家庭	77.6	83.8	1.069	94.0	96.6	0.688

**$P<0.01$,*$P<0.05$。以下同。
资料来源:作者编制。

从表1可以看出,"二孩"养育确实在一定程度上稀释了家庭经济资源分配,但这种稀释效应主要见于中等收入或低收入家庭;换言之,在家庭经济资源有限的情况下,养育"二孩"确实存在资源稀释,证实了资源稀释理论的合理性。但另一方面,随着家庭收入的增加,资源稀释效应会逐渐消减,高收入家庭有足够的资源养育更多的孩子,受经济资源的约束更少,因此在经济资源上的稀释效应不再显著。沈素曼的研究也证实了这一结果。她发现,富裕家庭中80%会养育2个或更多子女,他们有足够的经济资源分配给子女,每个子女所获得的经济资源足以支持其生活、教育与社会参与等。

2. 教育资源分配不存在稀释效应

"二孩"家庭与"一孩"家庭在教育资源投入上无显著差异性,包括对子女的教育期望、养育参与及陪伴时间(见表2)。"二孩"家庭与"一孩"家庭在社会经济地位(包括家庭收入、父母受教育程度、户籍等)上差异显著,前者显著弱于后者。尽管如此,即使不控制这些变量,"二孩"家庭与"一孩"家庭在教育资源的投入上依然无显著差异性。这表明,教育资源并没有因为子女数量增加至"二孩"而有所减少。

表2 "二孩"和"一孩"的家庭养育资源比较(平均数±标准差)

变 量	二孩家庭	一孩家庭	F 值
教育期望	4.34±0.58	4.34±0.0.55	0.010
养育参与	3.53±0.44	3.48±0.45	0.104
工作日陪伴时间	3.83±1.82	3.65±1.64	0.378
休息日陪伴时间	5.34±2.48	5.90±2.57	0.792

注:表中数据均为控制家庭社会经济状况后的结果,包括家庭月均收入、父母受教育程度、户籍等。
资料来源:作者编制。

这一点与吴琼对中国家庭养育资源的研究结果一致。她发现,尽管子女数量对父母的教育期望及日常管教等有显著影响,存在因子女数量而教育资源稀释的现象,但这种影响直到子女数量大于3,也即有两个或以上兄弟姐妹时才显著。在只有两个孩子的家庭中,不存在教育资源分配的显著差异性。

这一结果可能与本研究所选样本密切关联。由于本次所选样本均居住在上海同一地区,且子女年龄以小学与幼儿园为主,家长的文化观念、教育理念更可能接近,因此一定程度上减少了因子女数量、子女性别和家庭社会地位等对子女教育期望带来的影响。例如,在对同受儒家文化影响的台湾地区的研究中,周裕饮、廖品兰也发现家庭对子女的教育期望较少受到背景因素的影响,背景不佳的家庭对子女仍具有较高的教育期望。

很多研究证实了教育资源分配中的"资源稀释效应",指出随着子女数量的增多,父母对子女的教育期望会降低。特别是对农村地区的相关研究发现,农村家庭在对子女教育的直接投入上受子女数量和性别的影响显著,子女较多的家庭对子女的教育投入相对较少,且存在比较严重的性别偏向,以男孩为重。不过,也有学者发现,随着社会的进步,社会保障制度不断完善,义务教育政策的推进,农民的思想意识在不知不觉中也发生了微妙的变化,特别是农民收入的提高,大多数家庭有能力负担2—3个子女的教育费用,因此子女数量及子女性别对家庭教育投入的影响不再显著。父母普遍重视教育,子女数量和性别对于父母教育期望的影响已不再显著。

本研究样本限于城市"二孩"家庭,未包含长期生活于农村的"二孩"家庭。尽管如此,从以上研究可以发现,家庭社会经济状况、子女数量、子女性别等对农村家庭教育资源分配的制约性也在逐步减少,农村"二孩"家庭的教育资源分配可能也不会因养育两个孩子而稀释。

(二) 城市"二孩"家庭养育的显著特征

1. "二孩"父母对亲子关系的满意度更高,对孩子个性的评价更积极

"二孩"家庭和"一孩"家庭在父母文化程度、家庭月平均收入、户籍、负性生活事件影响等方面均存在显著差异性($P<0.01$),前者相对后者显弱。在比较"一孩"和"二孩"家庭的养育方式时,需要控制以上变量,以尽可能确保养育差异主要源于子女数量的不同。

控制相关变量后,"二孩"家庭的养育状况与"一孩"家庭诸多相似,仅在"亲子关系满意度"和"对孩子个性的评价"上呈现显著性差异。相对"一孩"家庭,"二孩"父母对亲子关系的满意度更高($F=6.710$,$P<0.01$);对孩子的个性评价更积极,更确信孩子是坚强的($F=6.761$,$P<0.01$)(见表3)。

表3 "二孩"和"一孩"的家庭养育状况比较(平均数±标准差)

变　量	二孩家庭	一孩家庭	F值
教养方式			
温情	3.52±0.03	3.54±0.02	0.159
严苛	2.54±0.04	2.58±0.03	0.769

续 表

变　　量	二孩家庭	一孩家庭	F 值
养育体验			
亲子关系满意度	3.45±0.04	3.32±0.03	6.710**
育儿感受	5.90±0.07	5.80±0.05	1.095
养育成效			
对子女的了解程度	3.25±0.45	3.33±0.46	0.008
对子女的发展总评	3.49±0.03	3.44±0.02	2.232
个性	2.93±0.06	2.74±0.04	6.761**
价值	3.86±0.03	3.84±0.02	0.594
品行	3.52±0.05	3.49±0.04	0.172
人际	3.66±0.03	3.69±0.02	0.330

$**P<0.01, *P<0.05$。以下同。
资料来源：作者编制。

2. 养育2个男孩的父母对亲子满意度、育儿感受及对孩子的人际评价相对较低

养育2个男孩、1男1女、2个女孩等三类"二孩"家庭的父母在文化程度、家庭月平均收入、父母年龄等方面均无显著差异。单因素方差分析结果显示，不同类型的"二孩"家庭在亲子关系满意度、育儿感受和对孩子的人际评价等三方面均存在显著差异性（$P<0.01$）（见表4）。

表4　不同"二孩"家庭的养育状况比较（平均数±标准差）

变　　量	2个男孩家庭	1男1女家庭	2个女孩家庭	F 值
教养方式				
温情	3.39±0.07	3.55±0.04	3.52±0.06	2.362
严苛	2.66±0.08	2.55±0.04	2.47±0.07	1.623
养育体验				
亲子关系满意度	3.20±0.09	3.52±0.05	3.51±0.08	5.212**
育儿感受	5.47±0.16	5.89±0.08	6.11±0.14	4.816**
养育成效				
对子女的了解程度	3.19±0.07	3.29±0.04	3.57±0.06	2.042
对子女的发展总评	3.38±0.07	3.51±0.04	3.51±0.06	1.532
个性	2.91±0.13	2.91±0.07	2.91±0.12	0.001
价值	3.80±0.06	3.88±0.03	3.89±0.05	0.814
品行	3.38±0.12	3.54±0.07	3.51±0.11	0.657
人际	3.42±0.08	3.70±0.04	3.72±0.08	5.139**

资料来源：作者编制。

从表4可以看出,在2个男孩的"二孩"家庭,父母对亲子关系满意度、育儿感受和对孩子的人际评价都显著低于1男1女或2个女孩的"二孩"家庭($p<0.05$);而后两类"二孩"家庭之间不存在显著性差异。就亲子关系满意度上,三类家庭的父母表示"满意"的比例分别为86.4%、92.8%和98.5%,其中表示"非常满意"的依次是36.4%、54.9%和54.4%。在育儿感受上,表示"开心满足"的依次是81.5%、90.3%和94.8%,养育2个女孩的家庭感受最为积极。最后,对孩子的人际评价上,认为孩子是"受欢迎的、讨人喜欢的"比例依次是88.3%、96.9%和98.7%,其中认为是"非常受欢迎和讨人喜欢的"比例依次为51.5%、70.4%和79.2%。除以上三项外,三类"二孩"家庭在教育投入、教养方式和对子女的整体评价等方面均不存在显著性差异。

(三)影响城市"二孩"家庭养育的主要因素

在本研究中,我们选出有"二孩"的家庭作为分析样本。将本研究中有可能影响子女养育的家庭和父母特征、"二孩"家庭类型、子女特征及负性生活事件影响等各因素放入回归模型,分别对经济投入、教育投入、养育方式、养育体验及养育成效等进行分析,结果显示:父母的文化程度、养育角色、"二孩"家庭类型、子女排行和负性生活事件等是影响"二孩"家庭养育的重要变量(见表5)。

表5 "二孩"家庭养育状况的多元回归结果

	养育资源			教养方式		养育体验		养育成效	
	独立房间	教育期望	养育参与	温情	严苛	亲子关系满意度	育儿感受	了解程度	总体评价
家庭和父母特征									
父母文化程度	-0.160**	0.084	-0.008	0.059	0.069	-0.109	0.098	0.174**	-0.053
家庭月均收入	-0.156*	0.065	-0.053	-0.065	0.031	-0.101	-0.021	0.071	0.023
父母户籍1(城镇=1)	-0.095	-0.012	-0.055	0.002	0.011	0.067	0.043	0.074	-0.031
父母户籍2(上海=1)	-0.019	-0.019	-0.092	-0.044	-0.034	-0.100	-0.117*	-0.016	-0.074

续 表

	养育资源			教养方式		养育体验		养育成效	
	独立房间	教育期望	养育参与	温情	严苛	亲子关系满意度	育儿感受	了解程度	总体评价
父母角色(父亲=1)	−0.038	−0.160**	−0.246**	−0.041	−0.067	0.075	0.059	−0.242**	0.008
二孩家庭类型									
1男1女(其他=0)	0.051	0.072	−0.015	−0.069	−0.033	−0.064	−0.103	−0.066	−0.015
2个男孩(其他=0)	−0.019	−0.017	−0.052	−0.123*	0.050	−0.151*	−0.170**	−0.028	−0.128*
2个女孩(其他=0)	−0.042	−0.069	0.067	0.059	0.006	0.055	0.088	0.105	0.013
子女特征									
性别(男孩=1)	−0.023	0.031	−0.004	−0.036	0.164**	−0.047	0.062	−0.024	−0.005
年级	−0.041	−0.010	−0.046	−0.077	0.040	−0.138	−0.030	−0.052	0.015
排行	−0.086	0.029	0.144*	0.116*	−0.221**	0.144*	0.049	0.122*	0.081
亲子同住时间	−0.216**	0.023	0.066	0.038	0.034	0.152*	0.045	0.015	0.050
负性生活事件									
遭遇的负性事件(半年内)	−0.001	−0.152*	−0.145*	−0.135*	0.015	−0.052	−0.221**	−0.249**	−0.223**
常数(C)	2.245	1.702	3.648	3.555	2.800	2.814	6.696	3.420	3.844
R^2修正值	0.105	0.045	0.100	0.036	0.054	0.055	0.078	0.170	0.059
个案数(N)	289	259	279	283	276	263	286	285	282

资料来源：作者编制。

1. 父母文化程度越高，对子女的经济投入越多、对子女越了解

如表5所示，父母文化程度与对子女的经济投入和了解程度之间具有显著关联性。父母文化程度越高，子女拥有独立房间的比例越高（$x^2=15.814$，$P<0.01$），父母学历是高中或以下、大专或高职、本科或以上等三组"二孩"家庭中，子女拥有独立房间的比例依次是48.1%、70.5%和75.7%。

如前文所述,家庭经济条件是影响对子女经济投入的显著变量,而父母的学历与家庭月均收入呈显著相关性($r=0.362$,$P<0.01$),即父母学历越高、收入越高,子女可拥有独立房间的可能性越大。

多元回归显示,父母文化程度越高,对子女越了解。本次调查中,选取了子女的学习情况、朋辈交往、兴趣爱好、优缺点和脾气性格等五个方面来测查父母对子女的了解情况。ANOVA分析显示,不同文化程度的父母对孩子的学习情况($F=4.851$,$P<0.01$)、朋友或同学($F=8.540$,$P<0.001$)、孩子的优缺点($F=3.361$,$P<0.05$)及孩子整体的了解程度($F=6.846$,$P<0.01$)均有显著性差异。

2. 父亲参与显著少于母亲,对于孩子的教育期望和了解相对更低

"二孩"家庭中,父亲参与显著低于母亲,不论是日常生活照料($t=4.801$,$P<0.001$),还是对孩子的了解($t=4.024$,$P<0.001$)。这与国内众多研究相近,表明养育的传统分工依旧,母亲依然在家庭中承担着更多照料儿童的责任,"二孩"家庭也不例外。

此外,本研究发现,"二孩"家庭的父亲对于子女的教育期望显著低于母亲($t=2.434$,$P<0.05$)。43.3%的母亲希望子女获得研究生学历;而在父亲当中,相应比例只有28.5%。

3. 养育2个男孩的家庭更少温情,养育体验和养育成效相对更消极

在"二孩"家庭中,2个男孩的类型对于父母养育的挑战相对较大。父母的养育温情较少,对亲子关系满意度、育儿感受及养育成效的评价都相对较低。

不过,城乡户籍家庭之间在"温情"($F=4.331$,$P<0.05$)、"对儿童发展的评价"($F=4.129$,$P<0.05$)和"育儿感受"($F=3.286$,$P<0.05$)等方面略有差异。尽管两者在"2个男孩"的养育上均表现出更少温情、育儿感受相对消极,且对孩子发展的满意度更低;但城镇户籍家庭对于"1男1女"的组合表现出更多温情、发展评价更好、育儿感受更积极;而农村户籍家庭在相应方面则对"2个女孩"的评价更高。

4. 对"老二"的关注更多、更少严苛、亲子关系更和谐

子女排行对于父母养育参与、养育方式及养育体验等都具显著性影响,父母对"老二"的日常照料和了解都更多,更多温情、更少严苛,对亲子关系的满意度更高($P<0.05$)。

控制子女的年龄和性别后,分析结果依然显示:父母的养育参与($F=9.164$,$P<0.01$)、严苛($F=6.193$,$P<0.05$)和对子女的人际评价($F=5.918$,$P<0.05$)等方面,"老大"和"老二"之间存在显著性差异,即对于同一年龄、同一性别的子女

而言,父母对排行"老二"的日常照料更多、更少严苛,并评价"老二"更讨人喜欢。

就"个性"方面,控制了户籍、父母文化程度、孩子年级等变量后,结果显示性别和排行之间存在交互作用($F=3.286$, $P<0.05$):女孩中,父母认为"老二"的个性更为坚强;而男孩中,父母认为"老大"更为坚强。值得注意的是,在父母的养育参与中,控制相关变量后,子女排行和本地外地户籍之间存在交互作用($F=5.533$, $P<0.05$):非上海户籍的家庭中,父母对"老二"的养育投入更多;上海家庭中,父母对"老大"的养育投入更多。

5. 负性生活事件影响父母参与、养育方式、养育体验和养育成效感

作为重要的应激源,生活事件广泛影响个体情感反应和行为选择。负性生活事件的发生对于"二孩"家庭的养育具有广泛影响。负性生活事件发生越多,"二孩"父母对子女的养育参与越少、更少温情、育儿感受越消极、对养育成效的评价越低($P<0.05$)。本研究显示,"工作压力超大"是父母面临的主要负性生活事件。"二孩"家庭中,79.0%的父母表示近半年中,有"工作压力超大"的经历,其中19.6%表示工作压力对生活产生了"中度"影响,另有4.5%的表示影响严重。因此,如何协助父母平衡家庭和工作是相关家庭政策需关注的重要方面。

四、结论与启发

通过对上海某区小学阶段的1 061个家庭数据分析,本研究依次探讨了城市"二孩"家庭的资源分配、养育方式及其影响因素。我们从中可以得出以下结论。

第一,中等收入或低收入的"二孩"家庭,在经济资源分配中存在稀释效应。同等条件下,"二孩"家庭中的子女所享受到的独立房间、独立书桌等物质资源显著弱于独生子女。这一点证实了布莱克等提出的"资源稀释理论",也与之前众多的独生子女研究结论一致。但另一方面,高收入家庭中,"二孩"养育不存在资源稀释效应,即随着家庭收入的增加,子女数量对经济资源分配的影响不再显著,二孩与一孩所享受到的经济资源之间无显著性差异。这表明,"二孩"养育中,经济资源稀释与否主要取决于家庭经济条件。

第二,"二孩"家庭的教育资源分配不存在稀释效应。父母对两个子女的教育投入(包括教育期望、养育参与、陪伴时间等)均与"一孩"家庭父母相当,且不受家庭经济条件、子女性别或排行等影响。甚至当母亲学历是高职或大专时,"二孩"家

庭中的母亲对子女的学历期望显著高于一孩母亲。尽管之前有很多研究显示,子女数量对教育资源分配具有稀释效应;但本研究结果表明,在子女数量等于2的情况下,教育资源分配尚不存在稀释效应。

第三,"二孩"家庭中,父母的养育体验相对一孩父母更为积极,他们对亲子关系的满意度和对子女个性的评价均更高。这一点对于害怕"养不好"二孩的父母而言,应该是一个很好的鼓励。就不同的"二孩"家庭类型而言,"2个男孩"的父母面临的养育挑战相对更大,他们对亲子关系满意度、育儿感受及对子女的人际评价相对较低;而生育"2个女孩"的家庭,其父母感受最为积极。另外,父母文化程度、父母角色、子女排行、负性生活事件等均对"二孩"家庭的养育具有显著影响。

因此,在实施"全面二孩"政策基础上,相应的家庭支持政策应充分考虑"二孩"家庭所面临的经济、养育及社会适应等风险,考虑制定或完善现有家庭政策,诸如给予中低收入家庭一定的经济支持,减少因二孩生育而带来的资源稀释效应;对于不同类型的"二孩"家庭,给予适切的教养支持,特别是针对"2个男孩"的家庭,积极探讨内在机制、提供可操作的家庭教育指导;同时,注重负性生活事件对"二孩"家庭养育的广泛性影响,提高二孩父母的抗风险能力及应对压力的抗逆力。

由于本研究的数据来源具有一定的局限性,其结论的适用性有待进一步研究验证。首先,本研究所选取的"二孩"家庭主要是生活在城市中的家庭,虽然包括了部分非上海本地的家庭(其中外来农村"二孩"家庭占64.9%,外来城镇"二孩"家庭占22.4%),但不涉及长期生活于农村的"二孩"家庭,所得结论是否适用于当前的农村"二孩"家庭尚有待验证;而且,参与调查的父母相对年轻(平均年龄仅35.6±5.4岁),其子女所处的年龄段主要集中在小学或更早阶段,所面临的资源压力和教养困难尚比较有限。其次,本研究所选取的研究变量有限,子女的日常花费、课外补习等相关养育资源变量以及不同次序子女之间的生育间隔等变量有待补充。最后,由于缺乏对同一家庭内部不同次序子女的追踪研究,所得结论更多反映了"二孩"家庭整体的资源分配和养育方式,尽管也部分探讨了家庭中不同次序子女的资源获得和养育状况,但主要是基于横断比较得出的结果,对于呈现同一家庭内部的养育状况显然不足。

因此,未来研究需要进一步补充相关变量,继续研究处于不同生活背景(包括生活于农村的"二孩"家庭)、不同生命阶段等"二孩"家庭的养育状况,特别要聚焦于"二孩"家庭内部不同次序子女的养育历程,以期进一步完善、验证本研究所得出的结论。

(徐浙宁,原文载于《青年研究》2017年第6期)

中国城市家庭教养方式的阶层差异

一、阶层与家庭教养：社会学的理论命题

家庭教养是教育学、心理学与社会学的交叉研究议题，但各个学科的侧重点有所不同：教育学主要研究家庭教养的方式及其实施，心理学主要研究家庭教养对儿童人格发展和社会化过程的影响，社会学主要研究家庭教养的阶级或阶层差异。更准确地说，社会学在理论上关心的是家庭教养作为阶级或阶层再生产的一种微观或过程机制，因而关注不同阶级或阶层的父母在教养子女的理念、方式、行为等方面是否存在系统化的区别。

较早的文献一般追溯至20世纪60年代前后美国学者科恩的系列研究。科恩的调查显示，不同阶级由于所面对的工作环境与工作条件不同，导致在子女教养上的价值观与行为方式也不同。具体来说，中产阶层从事工作的复杂性和工作要求的多样性使他们将工作中形成的自我引导与自我约束人格传递给孩子，从而使儿童倾向于独立自主的价值观；劳工阶层的父母因从事重复单一的工作会形成服从外在权威的人格，从而使劳动家庭的孩子也倾向于服从性人格。无独有偶，差不多在同一时期，英国学者伯恩斯坦对不同家庭背景儿童语言模式的研究也耐人寻味：在与孩子沟通的过程中，工人家庭的父母多使用"限制性"的语言编码，以命令式语句为主，语言少而简单，倾向于直接采取奖惩行为而非语言解释；而中产家庭儿童所接受的语言是"精致型"编码，以抽象而有逻辑、沟通解释的语句为主，句式多、词汇量大，从而培养出更适应学校环境的学生，造成不同阶层儿童在校起点的明显差别。

这些教养方式研究具有浓厚的微观、定性和文化取向色彩。正因为如此，20世纪70年代后，随着社会分层研究领域中结构学派的兴起，它们逐步淡出社会学视野。使其复兴的是法国社会学家布迪厄，尤其是他的文化资本理论。布迪厄提

出,现代社会是由不同场域交叉渗透而成的社会空间,个体运用各种资本争夺自己在社会空间中的有利位置,相同的位置带来相似的(外在)生存条件、形塑相似的(内在)惯习,而具有这些相似性的一群个体就成为阶层。他进一步提出经济、社会、文化、符号四种资本,其中文化资本又包括制度化(institutionalized)、实物化(objectified)与身体化(embodied)三种形态。制度化形态如学历、资格等,是文化资本的基本属性;实物化形态如书籍、服饰等,是必须用经济资本获得、可累积的文化产品;身体化形态如谈吐、仪态等,以思想和行为内化统一的持久形式存在。他认为,文化资本的阶层传递更为困难和隐秘,而一旦获得,发挥阶层壁垒的作用也更加牢固。显然,这些论述非常契合早期家庭教养研究的理论旨趣和研究特质,虽然其应用场景远不限于家庭教养。

正是受到布迪厄的启发,拉鲁开始使用文化资本、惯习等概念或理论,重新对美国社会在家庭教养上的阶级差异进行定性研究。她首先考察了家庭—学校关系中的社会阶级差异,发现中产阶级父母比工人阶级父母在管理子女的行为方式上更能反映出学校的要求,从而使他们的孩子拥有更多的教育优势。此后,经过多年的积淀,她出版了《不平等的童年》,在美国乃至国际社会学界产生了广泛影响。在该书中,通过参与式观察里士满地区的12个家庭,拉鲁总结出两个阶级所采取的两种截然不同的教养方式:中产阶层家庭是"协作培养"(concerted cultivation),即尊重、倾听、支持与鼓励,理性沟通,积极参与学校事务,且严格安排孩子的时间,直接参与孩子的自我认知和社会化;工人阶级家庭则是"自然成长"(accomplishment of natural growth),在亲子沟通中多采取命令语气,较少参与亲子活动和家校互动活动,不干预儿童生活,让孩子自由发展。拉鲁进一步认为,协作培养对儿童发展有积极影响,进而巩固了阶层地位的代际再生产。

拉鲁之后,学者们又在美国之外的社会情境下开展定性研究,继续探讨家庭教养的阶级或阶层区别。例如,惠勒在英国西北部一个小城市开展的案例研究就将中产家庭的教育模式描述为协同培养(concerted cultivation),而将下层阶层的教育模式描述为基本帮助(essential assistance),即只保持家庭的基本参与。对利兹市34个家庭的访谈研究也发现了阶层分化,尽管都承认教育的重要性,但中产家庭对孩子的教育和未来有更清晰的战略定位和发展规划,而工薪家庭只保持了有限的效能感。许殷宏、朱俐寰研究了中国台湾的家庭个案,发现中产家庭倾向于协作培养模式,劳动阶级家庭则为自由成长模式。吴莹、张艳宁研究了中国大陆中产阶层和农民工阶层的家庭教育观念,观察到了"玩耍"中的阶层区隔。所有这些后续研究,都仍然是在"拉鲁框架"下展开的。

二、教养行为与教养方式:
社会科学的定量检验

然而,定性研究或根据定性研究发展出的理论,在方法论上不可避免地带有小样本和外部性的问题。人们总是会质疑,基于特定地区和特定案例所得出的研究结论,究竟是否具有普遍性?

对于这个问题,拉鲁本人都不回避。在专著《不平等的童年》出版后,她就与一些定量研究者合作,对具有全国代表性的调查数据进行分析,并于专著再版时将这些结果收录其中以证实其民族志发现。其实在她之前,就有学者对科恩的理论命题进行定量检验。当教养方式研究淡出社会学转而在其他学科发展的时候,西方的教育学或心理学研究者也开始定量分析父母的教育、职业或社会经济地位对他们教养子女方式的影响。

这些跨学科的定量研究数目繁多、不胜枚举,综合来看都验证或支持了教养方式存在阶层差异这个理论命题。但长期以来,它们都没有很好地回应一个关键问题:如何测量教养方式?要深入探讨这个问题,需要回到早在20世纪三四十年代就开始相关实证研究的发展心理学。

西方心理学家在研究家庭教养方式对儿童社会化的影响时,采取了两种不同的研究取向:一种取向注重具体的教养行为,探讨父母某一行为维度的影响;另一种取向则将家庭教养方式类型化,探讨父母整个行为模式的影响。最早的研究是第一种取向,例如西蒙兹分别用接受(拒绝)和支配(服从)两个维度来区分教养行为,由于这两个维度分别指向情感和控制,众多心理学家继而研究情感和控制对儿童心理行为的影响。20世纪60年代中期,鲍姆林德通过总结前人的研究提出教养方式的三种类型:权威型(authoritative)、专制型(authoritarian)、宽容型(permissive),从而开启了第二种取向的研究。迈克比和马丁认为鲍姆林德提出的教养方式包括回应和要求两个维度,将这两个维度交叉得到四种类型:权威型(高回应、高要求)、专制型(低回应、高要求)、民主型(高回应、低要求)、放任型(低回应、低要求),并得到了鲍姆林德的认可。这个教养方式四分法一经诞生便在心理学界得到广泛关注和应用,后续大量研究表明,权威型教养方式最有利于儿童的心理社会发展和学业成绩表现,它的好处不受种族、文化、家庭结构、社会经济地位的影响,因而是一种最佳的教养方式。再后来,一些研究者又不满足于这个笼统的结论,想弄清究竟是高回应还是高要求使得权威型教养方式在发挥作用,于是转而考察教养方式每个维度的效应,这便又回到了第一种取向。

心理学对教养方式的研究貌似出现了一个轮回,但其实表明,两种取向都有其合理性。达林和斯坦伯格将这两种取向分别称为教养行为(parenting practice)和教养方式(parenting style),认为它们共同影响了儿童发展。他们认为,两者的区别可见于四点:首先,教养行为是由具体目标导向或定义的(goal directed/defined),例如,如果家长的目标是追求学业成就,那么相应的教养行为就包括督促孩子做作业、参加家校活动、关心孩子成绩等,而教养方式则是跨领域或情境的(across domains/situations),是对待孩子态度或行为的一种整体模式。其次,尽管教养方式可以部分地通过教养行为表达出来(因为孩子可以从家长的行为中感受到家长的态度),但教养方式并非教养行为的简单延伸,而是一个完全不同的概念;再次,同一种教养方式可能有不同的教养行为,例如,一位权威型家长可能要求孩子在从事其他活动之前必须先完成作业,而另一位权威型家长可能要求孩子在完成作业之前必须先进行户外运动;最后,教养行为对儿童发展的影响是直接的,而教养方式对儿童发展的影响是间接的,它可能会调节或改变某种具体教养行为对儿童的影响效果,也可能会影响儿童对教养或社会化过程的接受程度。因此,教养行为更为具体(particular),而教养方式更为全局(global),后者的间接和复杂影响应该被理解为家庭教养的一种氛围或情境(context)。

遗憾的是,纵观从心理学到社会学的定量研究,大多测量的是教养行为而非教养方式。然而,从上文介绍的社会学理论旨趣尤其是"拉鲁框架"来看,我们关心的阶级或阶层差异,并非只是某个或某些具体的教养行为,而是整体性的教养方式。拉鲁在书中用一个表格概括了两种教养方式的系统化区别,包括亲子互动、家校互动和课外生活组织三个维度。她强调的是,这些维度下的各种教养行为在逻辑上聚合成两种截然不同的教养方式。但她与合作者的定量检验,其实只分析了阶级与儿童时间使用(尤其是有组织的活动)之间的关系,而并未直接考察阶级与教养方式类型之间的关系。近10年来,有学者试图直接测量并定量检验拉鲁的教养方式理论,但仔细看他们的测量,却都是用因子分析得出"协作培养"的连续得分,而并非构建一个"协作培养 vs 自然成长"的二元分类。例如,钱德尔和阿玛托就承认,"协作培养"其实很难测量,他们的方法也没有测量与"协作培养"相对的"自然成长",而只是假定在"协作培养"因子上得分较低就会倾向于"自然成长",但显然这只是一个假定而已。

这个问题在国内社会学者关于教养方式的定量研究中被延续了下来,甚至带来结论性的争议。洪岩璧、赵延东从布迪厄出发,探讨中国城市家庭教育模式的阶层分化,发现中产阶层与底层阶层在教养理念上并无差异。在概念上,他们使用了权威型、专制型、放任型的类型化表述,但在测量上,却分别用三道题目来测量这三种倾向的得分。田丰、静永超从拉鲁出发,测量了亲子关系和能力培养这两个教养维度的得分,发现上海的中产阶层和工人阶层存在显著差异。孰是孰非?正如田丰所说,测量差异是关键,因为他们测量的是教养行为的不同侧面,只选取其中一个至两个维度,即使在某一个维度上测量也不一致。仔细审视还会发现,洪岩璧、赵延东并未按鲍姆林德的方式测量回应和要求两个维度,田丰、静永超的三个维度(养育观、亲子关系、能力培养)也偏离了拉鲁的三个维度(亲子互动方式、家校互动方式、课外生活组织方式),在测量工具上都显得过于随意。另外,田丰、静永超虽然就养育观提出中产阶层比工人阶层更可能是权威型家长的假设,但由于"资料所限"并没有检验,从而缺乏关于教养方式阶层差异的直接证据。

其他一些学者在研究家庭地位如何影响子女表现时,也考察了家庭教养所扮演的中介作用,但像上述两项研究一样,也"各取所需"地使用某个或某几个维度的连续测量,例如教育期望和亲子交流、教育参与等。黄超的研究是个例外,他基于沟通和要求两个维度量表,识别出教养方式的四个类别,得出教养方式存在阶层差异的结论。但囿于二手数据,他的维度定义和量表题器与鲍姆林德所代表的心理学范式传统仍然有所出入。朱美静、刘精明虽然基于父母关爱和订立规矩两个维度量表,根据得分相对高低划分出鲍姆林德式的四类教养方式,但只研究了教养方式对儿童学业能力的影响。类似地,国内教育心理学的定量研究也大多关注的是家庭教养的影响后果而非阶层差异,并且也大多使用的是教养行为而非教养方式测量。

三、研究设计、数据与测量

如上所述,已有研究过多测量的是具体的教养行为而非全局的教养方式,不利于考察阶层在家庭教养上的整体差异。因此,本研究旨在重新回答:中国城市家庭的教养方式是否存在阶层区别?将研究对象限定为城市家庭,既是由于城乡之间可能存在较大差异,也是为了与之前的两项争议性研究展开对话。

由于拉鲁的"协作培养 vs 自然成长"两分法测量涉及维度复杂、尚未达成一致,鲍姆林德的权威型、专制型、民主型、放任型四分法在心理学中已有长期研究基础,所以本研究选择用后者来测量教养方式。但需指出的是,心理学对教养方式的定义比较明确,是指父母在抚养、教育子女的活动中所具有的相对稳定的行为方式,大致对应拉鲁定义教养方式时所使用的三个维度中的亲子互动方式。因此,使用心理学家鲍姆林德的四分法测量也能在某种程度上反映社会学家拉鲁的两分法。更重要的是,心理学和社会学的研究已分别表明,权威型和协作培养这两种教养方式都比它们所对应的其他教养方式更有利于儿童的心理社会发展和学业成绩表现,说明这两种分类法就反映教养方式的效果而言也大致可以"互换"。

具体来说,我们使用王红宇根据前人研究和她自己对北京、珠海两地家长的深入访谈所开发的量表工具。2015 年,上海社会科学院社会学研究所开展的"上海家庭教育调查"(简称 SASS)使用了这个量表。该调查访问了上海市 4 个行政区 24 所学校(每个区随机抽取 2 所幼儿园、2 所小学和 2 所初中),每所学校随机抽取 100 名学生家长填答问卷。出于研究考虑,将样本限定为小学和初中学生,在实际回收的 1 361 份问卷中,有效样本为 1 176 人,剔除本研究所使用的变量缺失值后,最终有效样本为 1 105 人。[①] 表 1 的探索性因子分析表明,该量表的 16 个题项确实分别测量了教养方式的两个维度:回应和要求,两个公因子的特征根都大于 1,累计的方差解释百分比达到 52%。遵循传统,根据这两个维度的得分相对高低(以平均值为界),就得到鲍姆林德式的四分类教养方式测量。

表 1　SASS 上海教养方式量表的因子分析结果

	因子 1(回应维度)	因子 2(要求维度)
特征根	5.23	3.03
方差解释百分比	32.69	18.95
因子载荷		
1. 告诉孩子您的决定是不容置疑的	−0.019	0.652
2. 总体来说,对孩子很严格	0.088	0.666

---

① 我们比较了 1 176 份有效样本和 1 105 份最终有效样本在家长职业、教育、收入三个关键变量上的分布,差异极小,因此可以认为变量缺失是随机的。

续 表

	因子1(回应维度)	因子2(要求维度)
3. 当孩子有过失时,会惩罚他(她)	−0.013	0.654
4. 会给孩子定规矩	0.256	0.603
5. 在未经孩子同意的情况下,会翻他(她)的东西	−0.186	0.543
6. 通常都是由您决定什么孩子可以做,什么孩子不可以做	0.013	0.689
7. 会强制孩子做一些事	−0.085	0.731
8. 在孩子与您讨论事情时,会尊重孩子的看法	0.726	−0.160
9. 孩子能通过您的言谈、表情感受到您很喜欢他(她)	0.717	−0.001
10. 如果给孩子定规矩,会向孩子解释您的出发点及目的	0.711	0.137
11. 当孩子做得好的时候,会表扬他(她)	0.726	0.055
12. 对孩子在学校里发生的事或参加的活动很感兴趣	0.720	0.073
13. 鼓励孩子对您诚实坦白,说出内心的感受	0.805	0.052
14. 孩子遇到困难时,会对其做出分析并提供一定的帮助	0.801	0.018
15. 认为定规矩的过程中,孩子有发言权	0.745	−0.115
16. 鼓励孩子有自己的观点和想法	0.823	−0.018

资料来源:作者编制。

但是,上述测量对回应和要求得分高低的划分在某种程度上其实是主观的。因此,我们又根据受访者在16个题项上的得分,直接采用聚类分析来对受访者进行类型划分。使用K均值聚类法,依次指定1—10个聚类,计算相应的组内平方和、η^2和PRE等指标并画出碎石图,在曲线中通过转折点或扭结点来判断最优聚类数,得知将受访者分为三类是最优的。这三类人群在16个题项上的得分均值见图1,其中,1类人群在要求

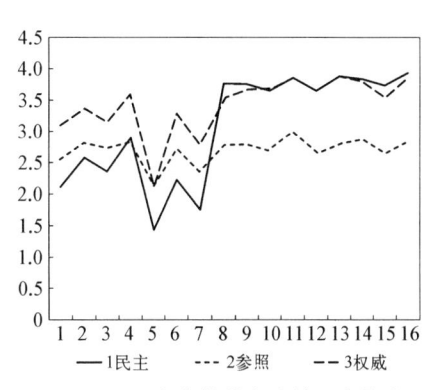

图1 SASS上海教养方式的三个聚类
资料来源:作者编制。

维度题项上的得分较低,但在回应维度题项上的得分较高,属于民主型;3类人群在要求和回应维度题项上的得分都较高,属于权威型;2类人群在两个维度题项上的得分相差不大(均在2—3分),作为参照组。这样,就得到一个三分类的教养方式测量。

笔者在调查中还沿用了洪岩璧、赵延东的测量以作比较。同意"孩子上完课做完作业后,再想干什么是他自己的事,家长不用管"的程度视为放任型倾向;同意"和孩子有关的事情,无论大小都要先和孩子商量一下"的程度视为民主型倾向,同意"孩子顶撞老师绝对不能容忍"的程度视为专制型倾向,从而生成三个定序变量,每个变量的编码为1—4,依次表示不同意、不太同意、比较同意、完全同意。

本研究还将使用中国人民大学中国调查与数据中心收集的"中国教育追踪调查"2015年数据(下文简称CEPS),以得到对全国城市具有代表意义的结论。CEPS调查在全国范围内随机抽取了28个县级单位(县、区、市)、112所学校(初中)、438个班级,抽到的班级全部入样。2015年对所抽到的样本进行追踪调查,对重要变量进行限定后,最终获得有效的全国城市样本3922人,其中上海子样本644人。CEPS有一道题目:"当家长和孩子意见不一致时,通常都是如何解决的?"选项分为(1)大多顺着孩子,(2)说服孩子接受您的意见,(3)强迫孩子接受您的意见,(4)讨论后看谁有道理就听谁的意见,(5)不了了之。我们将(1)和(5)视为放任型,将(2)视为权威型,将(3)视为专制型,将(4)视为民主型,得到一个鲍姆林德式的四分类教养方式测量。CEPS虽然在测量上过于简单,但可以将它尤其是它的上海子样本与SASS比对。我们预期,虽然这两个数据在教养方式的测量上有所不同,但如果教养方式的阶层差异确实存在的话,不论是全国数据还是上海数据,分析结果应该是相似的。

国内相关研究的另一个缺点,是对阶层变量的操作化没有统一和细致的讨论。洪岩璧、赵延东在控制收入和教育后,将职业作为阶层分类的依据纳入教养方式模型,数据分析的结果显示职业并没有显著意义,由此得出教养方式并不存在阶层差异的结论。但问题是,模型中教育的显著影响被忽视了,而教育和收入也是阶层划分的常用指标。更重要的是,职业、教育、经济水平对家庭教养方式所带来的影响具有各自独立的逻辑:不同职业的父母在工作中所接触的职业规范会使他们不自觉地传递给孩子,工作类型、工作压力和工作自主程度同样会影响父母的精力和热情进而影响他们的育儿策略;高教育水平的父母更注重亲子陪伴与沟通,关心互动技巧和孩子的学业成就;高经济水平家庭可以为孩子提供足够的经济资源、适当的照顾和充分的教育机会。但黄超的研究,又直接把职业、教育和党员身份、自评家庭经济地位合并成一个阶层变量。鉴于此,本研究将分别使用三个测量指标来反映阶层地位,以检验结果的稳健性。(1)职业阶层,综合借鉴洪岩璧、赵延东和田丰、静永超的分类,直接比较工人阶层和中产阶层,但把不工作人群单列一类(因为他们的内部异质性较大,有被动失业者,也有"全职妈妈"等主动不就业者)。在SASS数据中,工人阶层包括农民、工人、进城务工人员、商业或服务业员工、个体工商户,中产阶层包括办事人员、专业技术人员、管理人员和私营企业主。在CEPS数据中,工人阶层包括初级劳动者、农民/牧民/渔民、普通工人、技术工人、个体工商户、商业与服务业人员,中产阶层包括一般职工/办事人员、专业技术人员、管理人员和私营企业主。[①] (2) 大学教育,为二分变量。(3) 综合地位,用职业阶层、教育年限和个人收入三个变量的因子分析预测得分并转换为 0—100 的数值来反映。

本研究的控制变量包括儿童性别、儿童户口、儿童独生情况、家长性别、家长户口、家庭类型等。其中,儿童性别、儿童户口、儿童独生情况、家长性别、家庭类型均为二分变量,1 分别代表男孩、城镇户口、独生子女、男性、父母加子女的核心家庭。家长户口在 SASS 数据中为分类变量,包括外地人、上海人、新上海人,将后两者合并为上海户口;在 CEPS 数据中为二分变量,1 表示城镇户口。另外,对 SASS 数据还控制了儿童的学龄段。

四、分析结果

表 2 比较了各数据使用不同测量方法得到的教养方式分布的异同。CEPS 使用的是简单的分类测量,全国样本和上海样本的分布基本相同,都是放任型和专制型占比最低,民主型占比最高(60%左右),权威型占比居中(接近 30%);区别仅在于,上海的民主型和权威型占比略高于全国,说明上海家长教养方式的现代化程度要高于全国平均水平。[②] SASS 上海数据使用了不同的测量方法,得到的结果不太相同。基于量表的鲍姆林德式四分类测量与 CEPS 上海的结果十分接近,民主型

---

① 洪岩璧和赵延东将职业阶层分为底层(包括无业失业下岗家务人员)、中下中产和中上中产三类,田丰、静永超将职业阶层分为工人阶层、中产阶层两类(没提及无业失业人员)。这两项研究对大多数具体职业的归类比较一致,但对技术工人、个体户等少数具体职业的归类不太一致。本文综合借鉴,尽量与这两项研究保持一致,形成目前的归类。
② 卡方检验显示,上海和非上海样本在教养方式上的分布差异具有统计显著性。这可能是因为上海家长的阶层结构与全国有所不同,上海样本与非上海样本在职业、教育、综合地位上的差别也具有统计显著性。

占比 63.53%，权威型占比 28.24%，放任型和专制型占比最低，说明 CEPS 的简单分类测量具有一定的合理性。但是，同样基于量表工具，聚类测量的结果则是，民主型占 37.83%，权威型占 42.08%，其他类型占 20.09%。沿用洪岩璧、赵延东的定序测量，根据"完全同意"的比例，得到权威型倾向占 53.39%，专制型倾向占 53.85%，放任型倾向占 11.76%，这与他们的全国数据结果相当接近，但与本表中的其他数据结果不具有可比性。

表 2 教养方式在不同数据和不同测量方法下的分布

	放任	专制	民主	权威	其他	合计百分比
CEPS 全国（简单分类测量）	7.96	6.12	58.77	27.15		100
CEPS 上海（简单分类测量）	5.90	3.57	62.27	28.26		100
SASS 上海						
量表分类测量	6.24	1.99	63.53	28.24		100
量表聚类测量			37.83	42.08	20.09	100
定序测量	11.76	53.85	—	53.39		—

注：与其他测量不同，定序测量报告的是每个定序变量中"完全同意"的比例。
资料来源：作者编制。

表 3 是对 CEPS 数据的多元逻辑斯蒂回归分析，上栏是全国样本，下栏是上海样本。就全国样本而言，模型 1 显示，与工人阶层相比，中产阶层采用民主型而非放任型教养方式的概率显著更高，为 1.38 倍（$e^{0.322}=1.38$）；模型 2 控制了大学教育变量后，职业阶层变量的显著性消失，但大学教育变量却是显著的，上过大学的父母采用民主型而非放任型教养方式的概率是没上过大学父母的 1.77 倍（$e^{0.572}=1.77$），他们采用权威型而非放任型教养方式的概率也达到了 1.69 倍（$e^{0.524}=1.69$）；模型 3 使用综合地位变量仍然发现，社会经济地位更高的家庭采用民主型或权威型而非放任型的概率显著更高。就上海样本而言，模型 1 的结果基本相似，职业阶层之间甚至在"权威型 vs 放任型"和"专制型 vs 放任型"的对比中都具有边缘显著性；模型 2 的结果有所不同，同时放入职业阶层和大学教育后，两个变量都不显著；但模型 3 使用综合地位变量的结果又恢复一致，社会经济地位越高的家庭越可能采用民主型或权威型（甚至专制型）而非放任型的教养方式。总之，CEPS 数据的全国和上海样本都显示，阶层之间在教养方式上存在差异。

表3 CEPS全国与上海的多元逻辑斯蒂回归结果(简单分类测量)

	模型1 专制型vs放任型	模型1 民主型vs放任型	模型1 权威型vs放任型	模型2 专制型vs放任型	模型2 民主型vs放任型	模型2 权威型vs放任型	模型3 专制型vs放任型	模型3 民主型vs放任型	模型3 权威型vs放任型
全国样本									
职业阶层									
中产	0.186 (0.212)	0.322* (0.152)	0.219 (0.161)	0.094 (0.227)	0.160 (0.160)	0.074 (0.171)			
不工作	−0.350 (0.334)	−0.212 (0.216)	−0.195 (0.232)	−0.364 (0.334)	−0.243 (0.216)	−0.222 (0.232)			
大学教育				0.360 (0.303)	0.572* (0.223)	0.524* (0.234)			
综合地位							0.046 (0.034)	0.081*** (0.024)	0.061* (0.026)
控制变量	是	是	是	是	是	是	是	是	是
N	3 922	3 922	3 922	3 922	3 922	3 922	3 922	3 922	3 922
上海样本									
职业阶层									
中产	1.063+ (0.612)	0.858* (0.406)	0.716+ (0.423)	0.982 (0.635)	0.666 (0.416)	0.461 (0.437)			
不工作	−0.507 (0.969)	−0.142 (0.550)	−0.393 (0.598)	−0.581 (0.971)	−0.239 (0.554)	−0.512 (0.602)			
大学教育				0.532 (0.872)	0.932 (0.641)	1.138+ (0.655)			
综合地位							0.206* (0.098)	0.187** (0.072)	0.185* (0.074)
控制变量	是	是	是	是	是	是	是	是	是
N	644	644	644	644	644	644	644	644	644

注：控制变量包括儿童性别、儿童户口、儿童独生情况、家长性别、家长户口、家庭类型等。表中报告的是非标准化回归系数，括号中的数字是标准误。***$P<0.001$，**$P<0.01$，*$P<0.05$，+$P<0.1$。

资料来源：作者编制。

表4—表6是对SASS数据的回归分析结果，根据教养方式不同的测量方法估计了不同的模型。表4报告了基于定序测量的定序逻辑斯蒂回归模型结果。在放任型倾向上，阶层之间不存在差异，不管是职业阶层、大学教育还是综合地位变量，

都不具有统计显著性;在专制型倾向上,阶层之间存在与理论预期一致的差异(如果将专制型教养方式视为一种"不好"的教养方式),不管是职业阶层、大学教育还是综合地位变量,都呈现出阶层越高专制型倾向越低的模式(三个变量的系数均为负向显著);在权威型倾向上,阶层之间的差异却与理论预期相反(如果将权威型教养方式视为一种"好"的教养方式),不管是职业阶层、大学教育还是综合地位变量,大多呈现出阶层越高权威型倾向越低的迹象(三个变量的系数均为负,但不显著)。阶层差异在三个因变量上出现三种不同的模式,说明洪岩璧、赵延东的定序测量方法确实存在问题。

表4 SASS上海的定序逻辑斯蒂回归结果(定序测量)

	放任			专制			权威		
	模型1	模型2	模型3	模型1	模型2	模型3	模型1	模型2	模型3
职业阶层									
中产	0.087 (0.135)	0.107 (0.145)		−0.520*** (0.137)	−0.356* (0.148)		−0.076 (0.137)	0.008 (0.148)	
不工作	0.036 (0.169)	0.039 (0.169)		−0.146 (0.173)	−0.118 (0.173)		−0.019 (0.173)	−0.008 (0.173)	
大学教育		−0.056 (0.153)			−0.449** (0.149)			−0.243 (0.156)	
综合地位			0.000 (0.020)			−0.113*** (0.020)			−0.028 (0.021)
控制变量	是	是	是	是	是	是	是	是	是
N	1 105	1 105	1 105	1 105	1 105	1 105	1 105	1 105	1 105

注:控制变量包括儿童性别、儿童户口、儿童独生情况、儿童学龄段、家长性别、家长户口、家庭类型等。表中报告的是非标准化回归系数,括号中的数字是标准误。***$P<0.001$,**$P<0.01$,*$P<0.05$,+$P<0.1$。
资料来源:作者编制。

表5 SASS上海的多元逻辑斯蒂回归结果(量表分类测量)

	模型1		模型2		模型3	
	民主型 vs 其他	权威型 vs 其他	民主型 vs 其他	权威型 vs 其他	民主型 vs 其他	权威型 vs 其他
职业阶层						
中产	0.491+ (0.262)	0.664* (0.284)	0.174 (0.270)	0.342 (0.294)		

续 表

	模型1		模型2		模型3	
	民主型 vs 其他	权威型 vs 其他	民主型 vs 其他	权威型 vs 其他	民主型 vs 其他	权威型 vs 其他
不工作	0.191 (0.311)	0.286 (0.337)	0.159 (0.312)	0.253 (0.338)		
大学教育			1.474** (0.489)	1.493** (0.504)		
综合地位					0.233*** (0.056)	0.243*** (0.058)
控制变量	是	是	是	是	是	是
N	1 105	1 105	1 105	1 105	1 105	1 105

注：因变量为四分类，但由于放任型和专制型的比例小、样本少，将它们合并为"其他"作为参照组。控制变量包括儿童性别、儿童户口、儿童独生情况、儿童学龄段、家长性别、家长户口、家庭类型等。表中报告的是非标准化回归系数，括号中的数字是标准误。$***P<0.001, **P<0.01, *P<0.05, +P<0.1$。

资料来源：作者编制。

表6 SASS 上海的多元逻辑斯蒂回归结果（量表聚类测量）

	模型1		模型2		模型3	
	民主型 vs 其他	权威型 vs 其他	民主型 vs 其他	权威型 vs 其他	民主型 vs 其他	权威型 vs 其他
职业阶层						
中产	0.450* (0.192)	0.651*** (0.194)	0.191 (0.204)	0.354+ (0.205)		
不工作	0.452+ (0.237)	0.283 (0.244)	0.423+ (0.238)	0.248 (0.245)		
大学教育			0.942*** (0.268)	1.047*** (0.268)		
综合地位					0.166*** (0.035)	0.206*** (0.035)
控制变量	是	是	是	是	是	是
N	1 105	1 105	1 105	1 105	1 105	1 105

注：因变量为三分类。控制变量包括儿童性别、儿童户口、儿童独生情况、儿童学龄段、家长性别、家长户口、家庭类型等。表中报告的是非标准化回归系数，括号中的数字是标准误。$***P<0.001, **P<0.01, *P<0.05, +P<0.1$。

资料来源：作者编制。

表 5 报告了基于四分类测量的多元逻辑斯蒂回归模型结果。由于放任型和专制型的比例小、样本少,将它们合并为一类作为参照组。模型 1 显示,中产阶层比工人阶层采用民主型或权威型而非其他类型教养方式的概率更高(系数 0.491 边缘显著,系数 0.664 显著);模型 2 同时控制职业阶层和大学教育变量后,前者的差异消失,但后者的差异存在(系数 1.474 和 1.493 统计显著);在模型 3 中,家庭综合地位越高,越有可能采用民主型或权威型而非其他类型的教养方式(系数 0.233 和 0.243 统计显著)。表 5 对 SASS 数据与表 3 对 CEPS 数据的分析结果基本一致,阶层之间在教养方式上存在差异。

表 6 报告了基于三分类测量的多元逻辑斯蒂回归模型结果,与表 4 和表 2 相比,它呈现出的教养方式的阶层差异更为稳健。在模型 1 中,中产阶层比工人阶层采用民主型或权威型而非其他类型教养方式的概率均显著更高(系数 0.450 和 0.651 统计显著);在模型 2 中,测量阶层的两个指标同时具有一定的独立作用,中产阶层采用权威型而非其他类型教养方式的概率更高(系数 0.354 边缘显著),高教育阶层采用民主型或权威型而非其他类型教养方式的概率也更高(系数 0.942 和 1.047 统计显著);在模型 3 中,家庭综合地位越高,也越有可能采用民主型或权威型而非其他类型的教养方式(系数 0.166 和 0.206 统计显著)。

其实,我们还比较了阶层之间在"权威型 vs 民主型"教养方式上的差异,但发现并不显著,所以没有在表 5 和表 6 中展示。这说明,中国城市不同阶层家庭在教养方式上的主要区别在于"权威型/民主型 vs 专制型/放任型"。权威型和民主型的共同特点是高回应,专制型和放任型的共同特点是低回应,因此,教养方式的阶层差异或许主要在于回应维度而非要求维度。以这两个维度得分为因变量的补充分析显示(见表 7),阶层之间的显著差异确实在回应维度上更稳健,职业、教育和综合地位分层变量均显示出阶层越高的父母对子女回应得更多。在要求维度上,阶层之间的差异取决于具体的分层指标,虽然职业、教育变量不显著,但综合地位变量却显著。

表 7　SASS 上海的回应—要求维度回归结果

	回应			要求		
	模型 1	模型 2	模型 3	模型 1	模型 2	模型 3
职业阶层						
中产	0.089** (0.033)	0.031 (0.035)		0.038 (0.037)	0.024 (0.040)	

续 表

	回 应			要 求		
	模型1	模型2	模型3	模型1	模型2	模型3
不工作	0.049 (0.041)	0.041 (0.041)		−0.034 (0.046)	−0.036 (0.046)	
大学教育		0.166*** (0.038)			0.043 (0.042)	
综合地位			0.032*** (0.005)			0.012* (0.006)
控制变量	是	是	是	是	是	是
N	1 105	1 105	1 105	1 105	1 105	1 105

注：因变量为因子得分。控制变量包括儿童性别、儿童户口、儿童独生情况、儿童学龄段、家长性别、家长户口、家庭类型等。表中报告的是非标准化回归系数，括号中的数字是标准误。 ***$P<0.001$，**$P<0.01$，*$P<0.05$，+$P<0.1$。

资料来源：作者编制。

五、结论与讨论

近年来，随着家庭教养话题的逐渐升温，中国社会学者开始回答西方社会学长期关注的一个经典理论问题：家庭教养是否存在阶层区别？但是，由于测量具体教养行为时的随意和差异，定量研究出现了结论性的争议。鉴于此，本研究按照心理学中已有长期研究基础的鲍姆林德式分类法，转向测量整体的教养方式。同时，使用职业、教育和综合地位作为三重指标，重新检验阶层之间在教养方式上究竟是否存在显著区别。在研究设计上，我们还刻意使用了上海和全国两项数据，并对比了不同的测量方式。

本文发现，不论是全国样本还是上海样本，尽管对教养方式的测量不尽相同，但教养方式确实存在阶层之间的差异，社会地位越高的家庭越可能采取权威型或民主型教养方式，而非专制型或放任型教养方式。虽然总体结论尤其是以综合地位为分层指标的结论如此，但我们也注意到，当控制教育分层变量时，职业分层变量有时会变得不显著。类似地，钱德尔和阿玛托对美国的研究也发现教育的影响效应远大于职业。他们的解释是，教育反映的是文化资源，职业反映的是经济资源，因此这印证了拉鲁对文化作用大于经济作用的判断。但是，科恩和伯恩斯坦在率先提出职业阶级差异这个命题时，论述的其实是价值观、人格类型、语言方式等文化涵义，而并非经济涵义。因此，对职业作用为何较弱还需要有更深入的解释。

或许，对中国城市家庭而言，一个可能的解释是，由于社会结构变化太快、代内职业流动剧烈，各个职业阶层尚未形成如科恩和伯恩斯坦所说的那种稳定文化差异，从而导致职业变量的效应在引入文化涵义更强的教育变量后式微。

由于权威型和民主型的共同特点是高回应，而专制型和放任型的共同特点是低回应，因此，阶层之间在教养方式上的主要区别在于父母回应子女心理或社会需求的高低。补充分析发现，阶层之间的显著差异确实在回应维度上更稳健，高职业阶层、高教育阶层、高综合地位家庭都倾向于高回应的沟通方式，但在要求维度上也有所表现，即高综合地位家庭也对子女有更高的要求。这一发现和结论与黄超的研究大体一致，但也有所出入，他发现阶层差异主要表现为沟通频率的差异而非要求程度的差异。这或许是由于他研究全国城乡而本文只研究城市的原因。另外，值得指出的是，心理学家鲍姆林德式分类法能够在某种程度上反映或替代社会学家拉鲁式分类法，因此本文也在一定意义上验证了"拉鲁框架"。

与洪岩璧、赵延东的开创性研究相比，虽然本文有证据显示他们的测量确实存在问题（在同一套数据中表现相互矛盾），但却并不能证明他们当时的结论一定有误。因为，他们分析的是 2009 年数据，而本文分析的是 2015 年数据。正如田丰所说，中国的社会变迁太过急剧，使得教养方式既可能与西方存在差异也可能因时代而不同。在这一点上，本文关于中国城市家长教养方式的分布发现，值得做更多的讨论。

早期英文文献中，有华人或亚裔家长更偏向于专制型教养方式而非"以孩子为中心"的结论，解释往往是，儒家文化强调尊卑、孝道，因而注重家长对孩子的约束、管教和指导。但是，中国朝向市场经济和现代社会的快速变迁，可能会重塑父母教养子女的理念、目标、方式和实践。再加上独生子女政策的实施，中国的父母很可能会向"以孩子为中心"转变，而对应的教养方式就是具有高回应特点的权威型或民主型。对上海市不同年份调查结果的比较也初步发现，教养方式正在从家长说了算的专制型向尊重、倾听子女意见的民主型转变。本研究发现，不管是上海还是全国其他城市，也不管是用哪种测量方法，在家长教养方式的分布上，都是"权威型＋民主型"的比例远高于"专制型＋放任型"的比例。但是，在黄超和朱美静、刘精明对全国城乡数据的混合研究中，却反而是"权威型＋民主型"低于"专制型＋放任型"。这说明，中国的城市和农村在教养方式上有很大的不同。总之，家庭教养方式的阶层区别、城乡差异、时代变迁以及其他一些重要相关议题，都值得学界继续研究和关注。

（李骏、张陈陈，原文载于《学术月刊》2021 年第 2 期）

新高考下家长参与"大学准备"的影响因素

家庭社会经济地位不仅对高等教育获得产生直接影响,还通过诸如家长参与、教育期望、教养方式等中介变量产生间接效应。国外的相关研究显示,家长参与是影响获得大学教育机会的重要资源。家长参与不但与大学教育期望和大学入学有正相关,还与考大学之前的升学准备有正相关。近年来国内学术界围绕家长参与的探究也逐渐增加。但是以往的研究,无论是以家长参与为自变量、因变量抑或中介变量,大多数针对的是家长参与和学生学业成绩、学业动机之间的影响和关系,诠释的是家长参与对学业促进的普遍现象。很少有研究以高中生家长为对象,在特定的政策框架下,探讨高中生家长如何通过具体的行动参与到孩子大学升学准备的过程中。随着新高考的实行,个体的高考选择权扩大。这一方面为考生带来了更多的选择机会,另一方面也对考生和家长的选择能力提出了挑战。家长积极参与大学准备过程,获得有关大学升学的信息和资源,对大学选择和大学录取将产生重要影响。本研究的内容包括探究不同社会经济文化背景的家长,在大学准备过程中的参与状况和差异,提出新高考背景下家长参与的路径、效用和策略。

一、高考改革、大学准备和家长参与

传统的一考定终身高考模式下,大多数考生对高考志愿的实质性选择是从高考前的几个月才开始的。所谓的大学准备(college preparation),大致等于以提高分数为唯一指向的学业准备。新高考下个体选择权的加大,意味着大学准备不能再局限于过去的"以分备考",必须提前启动课程选择和志愿规划,经过信息收集,形成目标定位。在一定程度上,新高考的改革内容超越了传统的高考经验,从规则的了解、熟悉到选择和决定,需要学生和家长一起投入更多的时间和精力。以新高考下上海考生的志愿填报为例，本科普通批志愿填报数量由往年的最多可以填报10个"院校"志愿改为最多可以填报24个"院校专业组"志愿。面对如此多的选择机会，要想把志愿填得更合理、更有效，离不开对各个大学、专业、毕业生竞争力等信息资源的掌握。2017年高考录取中，一则"646分的考生竟去了三本学院"的新闻引发关注，其原因很可能是考生将大学的独立学院和分校、分校区混淆，根据名字选大学所导致。这一现象也反映出，填报志愿前，学生和家长对大学相关信息的了解举足轻重。研究显示，更加了解大学院校及专业的多样性，大学信息更加丰富的学生，最终对于他们自己大学选择的满意度更高。那些对大学了解较少，信息单一的学生则对大学选择的满意度更低。一所匹配学生社会期望、学术期望以及自身兴趣的大学，可能会对他们今后在大学的成功以及完成大学学业有重要影响。

除了对志愿选择的充分了解外，家长参与"大学准备"的内容十分广泛，包括教育期望激励、财政资助获得、大学选择范围、高中课程选择、大学申请操作以及职业规划和教育规划等方面。父母可以通过与孩子交流教育价值观，传递大学教育期望，并通过陪伴孩子参观大学、进行大学咨询和相关信息检索，来帮助孩子做好大学准备。

二、影响家长参与大学准备的相关因素

（一）个体层面的影响因素

在个体层面，影响家长参与大学准备的因素有教育、经济、心理因素和社会网络（social network）。家长参与通常受到家庭社会经济地位的影响，具有更高社会经济地位的父母会更多地涉入孩子的教育实践中。高社会经济地位的父母运用他们自己的大学经历和知识来推动孩子的大学录取过程。拥有大学学历的父母，由于对大学教育熟悉，因此更懂得解释大学教育系统是如何构建和运转的，对孩子的院校和专业选择，以及专业和未来职业的匹配性上能够提供更加具有针对性的建议。经济因素的影响还表现在，高收入家长往往提早为孩子准备好了学费。不仅如此，社会经济地位低的家长还容易对参与大学准备产生心理障碍。

此外，社会网络的影响也受到越来越多的关注。J. S.科尔曼（J. S. Coleman）认为，当父母与子女之间、父母与社区其他成年人之间的社会交流充分、社会网络封闭性低时，子女就会得到较丰富的社会资本，从而更有机会获得学业成功。研究发现低社会阶层和高社会阶层的父母运用不同社会网络来获取大学信息，工人阶

级的父母通常依赖于当地的大家庭来获取信息,而中产阶级的家长倾向于通过同一所学校的其他家长来获取信息。家长与家庭成员以外的教师和其他学生家长之间建立社会网络,保持联系和进行信息交流,在一定程度上有利于促进家长在大学准备中的参与行动。因此,如果中下阶层的家长善于运用社会网络,便可以获得正确的教育信息,从而采取适切的教育行动,提升子女的学习表现,进而脱离经济资本不足的结构化限制。

(二)学校层面的因素

学校作为制度化机构,对家长参与的影响不可忽视。国外的研究指出,学生是进入两年制大学还是四年制大学,不仅与个体层面的父母参与程度有关,还与学校整体的家长参与水平有关。如果学校的家长总体上都倾向于主动与学校联系、常常与老师交流孩子的学业状况,那么学生进入四年制大学的机会更高。

学校提供的升学服务对于低收入家庭的学生特别重要。由于低收入家庭的学校参与积极性不够,因此学校需要主动鼓励父母去投入孩子的教育中。例如美国的一项研究结果显示,如果学校不但拥有丰富的大学准备相关资源,而且主动为学生和家庭提供升学服务,学生更有可能进入四年制大学。这表明,除了通常探讨的社会经济地位(SES)这一影响学生高等教育获得的因素外,不同类型的高中在助推学生进入大学过程中采用的不同策略,也会成为重要的教育分层因素。

总之,从个体层面来看,低社会阶层家长在社会经济地位上的不利境遇限制了其参与孩子的大学准备过程。但另一方面,由于社会网络具备传播信息的作用,当中下社会阶层家长拥有一定的社会网络时,他们可借此获取正确的教育方法,脱离经济资本不足的钳制。具体到大学准备的参与行动上,可以通过与其他学生家长和教师之间建立并保持联系,从而获得信息和资源,以弥补参与行动的不足。从学校层面来看,学校作为一种结构化限制,也会对低阶层家长参与大学准备形成障碍。但学校如果能提高升学指导服务的主动性,对于推动家长参与大学准备的作用将变得积极。

因此本研究提出假设1:新高考下,家长参与大学准备受到家庭背景因素的影响,家庭经济文化占优势的家长,参与孩子大学准备的可能性更高。

假设2:新高考下,社会网络对家长参与大学准备的影响更加显著。

新高考改革在制度和政策上具有显著的革新性。一方面,家长面对新的高考制度,即便有大学教育经历的家长,其大学经历和知识也未必能直接在大学准备过程中产生优势。另一方面,高考改革对家长参与大学准备提出了新的要求,这些新的要求更需要家长们切实地参与实践,而不是依赖过去的已有经验。新经验的建立和新信息的获取,更加依赖于社会网络渠道,尤其是家长与学校教师还有学生家长之间的交流互动。因此,本研究认为,在新的高考背景下,社会网络在信息资源获取中的重要性,使得它对家长参与的影响更加显著。

假设3:学校提供的升学指导服务对家长参与大学准备有正向支持作用。

三、数据、变量和方法

(一) 数据

本研究数据来源于上海社会科学院青少年研究所社会调查中心实施的"新高考下个体教育选择与教育机会获得"调查。该调查根据分层整群抽样,于2016年在上海12所高中的高一、高二年级各随机抽取50名学生作为调查对象,共发放问卷1 200份,回收问卷共1 193份。根据2015年公布的上海具有招生资质的高中名单,市级示范高中、区级示范高中、普通高中数量分别为61所、82所、100所,调查等比例抽取市级示范高中3所、区级示范高中4所、普通高中5所。

(二) 变量

1. 因变量

本研究的因变量是大学准备中具体的家长参与行为,这是一个家长个体层次上的变量。本研究使用三个因变量来测量家长参与。一是和孩子讨论高考升学;二是参加有关高考升学的咨询/讲座;三是和孩子一起参观大学。回答为"是"或"否",三个自变量皆为二分变量。

2. 自变量

本研究的自变量包含两组:一组是家庭的特征变量,另一组是学校特征变量。家庭背景变量包括家庭文化、经济和社会网络。家庭文化,操作化为父母之中最高的学历水平,划分"初中以及以下""高中""专科""本科及以上"4个层次。家庭经济操作化为家庭经济水平,通过被调查者自评的方式(1=非常困难,2=比较困难,3=中等,4=比较富裕,5=很富裕)来测量家庭的经济状况。社会网络指家长间的交往以及家长和教师之间的联系。操作化为主动与老师联系的频率、与同学家长交流频率的测量,取值范围1—3,分别表示"从不""偶尔""经常"。这2题之间的alpha系数为0.66,经过加总处理,得到取值范围为2—6的"社会网络"变量,将其作为连续变量加入模型。

学校特征变量包括学校类型(市级示范高中＝1,区级示范高中＝2,普通高中＝3)、学校提供高考志愿指导(是＝1,否＝0)和学校提供课程选择指导(是＝1,否＝0)。

3. 控制变量

控制变量为学生个体特征。个体层面的变量包括年级(高二＝1,高一＝0)、性别(女性＝1,男性＝0)、户籍(沪籍＝0,非沪籍＝1)、学习成绩。学习成绩的操作化指标采用学生自评的语数外三科学习成绩在班级的排名。选项设置为前几名、中上、中等、中下、后几名,分别赋值为5—1,将三科成绩排名加总,得到取值为3—15的连续变量。分值越高成绩越好。

表1　分析中用的主要变量

变量分类	变 量	分 布 概 况
个体层次变量(N＝1 109)		
家长参与	讨论升学	是＝80.86%,否＝19.14%
	参加讲座咨询	是＝40.24%,否＝59.76%
	参观大学	是＝28.66%,否＝71.34%
学生个体变量	性别	男性＝46.81%,女性＝53.19%
	户籍	上海户籍＝89.97%,非上海户籍＝10.21%
	年级	高一＝54.37%,高二＝45.63%
	语数外成绩等级	均值＝9.8,标准差＝2.46
家庭背景变量	家长教育程度	初中及以下＝12.17%,高中＝27.38%,专科＝20.02%,本科及以上＝40.43%
	家庭经济水平	均值＝3.19,标准差＝0.77
	家庭社会网络	均值＝3.70,标准差＝1.17
学校层次变量(N＝12)		
学校类别		市级示范高中＝26.59%,区级示范高中＝31.89%,一般高中＝41.51%
学校升学指导服务	课程选择指导	是＝64.38%,否＝35.62%
	高考志愿指导	是＝49.85%,否＝50.15%

资料来源:作者编制。

(三) 方法

数据分析使用多元回归分析估计家庭背景和学校支持对家长参与大学准备的影响。由于使用的数据是多层次的，个体学生嵌套于学校层次，而且核心自变量之一的学校升学指导服务是学校层次的，因变量为二分，因此使用多层二元 logistic 回归模型（multilevel binary logistic regression model）进行统计估计。

第一层：
$$\text{logit}[\pi(X_{ij})] = \beta_{0j} + \sum_{k=1}^{n} \beta_{kj} x_{kij} + \varepsilon_{ij} \tag{1}$$

第二层：
$$\beta_{0j} = \gamma_0 + \sum_{a=1}^{m} \gamma_{0a} W_{aj} + u_{0j} \tag{2}$$

$$\beta_{kj} = \gamma_k, (k=1,2,\cdots,n) \tag{3}$$

方程（1）呈现的是个体层面解释变量对家长参与大学准备的直接效应，$\text{logit}[\pi(X_{ij})]$ 和 X_{kij} 分别表示第 j 所学校第 i 个学生的家长参与发生比和个体层次 n 个解释变量取值，ε_{ij} 为个体层次的随机误差项，β_{0j} 是随机变量，表示第 j 所学校在所有解释变量为 0 时家长参与的发生比。

方程（2）是截距模型，W_{aj} 表示第 j 所学校的 m 个学校层次变量（包括学校类型、学校升学志愿指导、学校课程选择指导）的取值，u_{0j} 为学校层次的随机误差项，表示第 j 所学校家长参与发生比与所有家长参与发生比的离差，γ_0 表示在所有学校层次解释变量为 0 时家长参与的发生比。

四、数据分析结果

通过回归模型考察家庭背景和学校支持对家长参与大学准备的影响。让学生个体层次模型的截距随不同学校而发生变化（即随机截距），使用多层二元 logistic 回归模型（multilevel binary logistic regression model）进行估计。在具体建模策略上，采用嵌套模型的方式，通过逐步在模型中加入变量的方式考察家庭因素和学校因素对家长参与大学准备的影响。表 2 报告了模型估计的结果。

表 2 回归模型

	多层 logistic 回归模型				logistic 回归模型
	模型 1_1	模型 1_2	模型 2_1	模型 2_2	模型 3
性别					
参照类：男性		1.301(1.47)		0.959(−0.29)	0.777(−1.67)
成绩		1.076*(2.00)		0.114***(3.71)	1.097**(2.91)
户籍		1.315			
参照类：非沪籍		(1.00)		(−0.54)	0.639(−1.88)
年级					
参照类：高一		1.595*(2.55)		0.682***(4.59)	0.903(−0.66)
家庭经济		1.186(1.42)		0.969(−0.32)	1.173(1.62)
家庭文化					
参照类：本科及以上					
初中及以下		0.695(−1.33)		0.497**(−2.81)	0.405***(−3.38)
高中		1.084(0.36)		0.730(−1.76)	0.363***(−5.18)
大专		1.391(1.29)		0.782(−1.27)	0.611*(−2.49)
家庭社会网络		1.564***(5.34)		1.482***(6.24)	1.363***(4.85)
学校升学志愿指导		1.696*(2.42)		1.657**(3.09)	1.430*(2.03)
学校课程选择指导		3.166***(5.60)		1.751**(3.16)	1.486*(2.09)
学校类型					
参照类：一般高中					
市级示范高中		−0.009(−0.03)		1.847*(2.35)	0.968(−0.17)
区级示范高中		−0.238(−0.90)		1.296(0.98)	0.988(−0.07)
常数项	4.398***(12.11)	−2.702***(−4.11)	0.675***(−3.58)	0.023***(−6.61)	0.0512***(−5.33)
样本量	1 019	1 019	1 019	1 019	1 019

注：括号内为标准误，*P<0.05，**P<0.01，***P<0.001。
资料来源：作者编制。

首先，以"与孩子讨论高考升学"为因变量，报告家长与孩子讨论高考升学的发生比(odds ratio)。模型 1_1 是没有任何自变量的空模型，LR 检验的 p 值＝0.002 5，表明多层次模型是比简单 logistic 回归模型更合理的估计方法。模型 1_2 加入了个体层面控制变量、家庭经济、文化水平变量、社会网络变量、学校层面变量，统计结果显示，家庭经济水平和家长文化程度的影响不显著。社会网络的影响显著，家长与老师以及其他家长交流的频度每上升一个等级，家长和孩子讨论高考升学的发生比增长56%。学校提供的升学指导服务对家长参与有显著影响。其中，以不提供课程选择指导的学校为参照组，提供课程选择指导的学校中，家长与孩子讨论高考升学的发生比为参照组的3.16倍。以不提供升学志愿选择指导的学校为参照组，提供升学志愿选择指导的学校中，家长与孩子讨论高考升学的发生比为参照组的1.69倍。但是学校类型对家长参与的影响不显著。

其次，以"参加高考咨询和讲座"为因变量。模型2_1是没有任何自变量的空模型，LR检验的P值=0.001，表明多层次模型是比简单logistic回归模型更合理的估计方法。模型2_2个体层面控制变量、家庭经济、文化水平变量、社会网络变量、学校层面变量，显示家庭经济水平对家长参加咨询和讲座没有显著影响，家长的教育程度对家长参与咨询讲座有显著影响。家长教育程度为初中的，参加咨询讲座的发生比只有大学本科学历家长的49%。家长与老师以及其他家长交流的频度每上升一个等级，家长和孩子讨论高考升学的发生比增长48%，影响具有极其显著性。学校提供的升学指导服务对家长参与有显著影响。其中，以不提供课程选择指导的学校为参照组，提供课程选择指导的学校中家长参加升学咨询/讲座的发生比为参照组的1.75倍。以不提供志愿选择指导的学校为参照组，提供志愿选择指导的学校中家长参加升学咨询/讲座的发生比为参照组的1.65倍。学校类型对家长参与的影响部分显著，市级示范高中的家长，参加讲座/咨询的发生比是一般高中家长的1.84倍。

以"和孩子一起参观大学"为因变量时，尽管加入控制变量的模型与空模型之间的LR检验P值=0.03，但进一步的模型检验表明不适用多层模型，因此使用logistic模型对其进行回归。家长文化程度有显著影响，以大学本科学历家长为参照组，家长学历为初中、高中、大专的，和孩子一起参观大学校园的发生比分别为前者的40%、36%和61%。家长与老师以及其他家长交流的频度每上升一个等级，家长和孩子一起参观大学校园的发生比提高36%。学校升学服务具有正向影响。以不提供课程选择指导的学校为参照组，提供课程选择指导的学校中家长参加升学咨询/讲座的发生比为前者的1.43倍。以不提供志愿选择指导的学校为参照组，孩子所在学校提供志愿选择指导的，家长参加升学咨询/讲座的发生比为参照组的1.48倍。

五、分析与讨论

综上所述,假设 1 得到部分验证,假设 2 和假设 3 在模型中得到了验证。

第一,经济水平对家长参与大学准备影响不显著。在以"和孩子讨论高考升学""参加有关高考升学的咨询/讲座""和孩子一起参观大学"为因变量的模型中,家庭经济水平的影响均没有显著意义。其原因可能是上海家庭的整体经济水平较高,被调查学生的家庭经济水平之间差异性较小所致。

第二,文化水平对家长参与大学准备有部分显著影响。在以"参加有关高考升学的咨询/讲座""和孩子一起参观大学"为因变量的模型中,家庭文化水平的影响有显著性,但在以"和孩子讨论高考升学"为因变量的模型中,没有显著性。与孩子讨论升学事宜、参加升学咨询/讲座、和孩子一起参观大学校园,这三种具体的家长参与行为,在升学信息获取的开放性、参与大学准备的行动性、家长投入三方面,均呈现由弱到强的特征。相对于和孩子讨论升学事宜,参加升学讲座/咨询和大学校园参观这两项参与行为需要家长更主动的投入。文化程度较高的家长,其从事的工作往往涉及复杂的信息搜集、分析与判断等,因此也强化了他们在参与大学准备中积极主动接触信息的需求与动机。相应地,文化程度低并且从事劳动工作的家长,工作的简易性往往削弱他们搜集新知的需求与动机,因此对需要高投入和高主动性的大学准备行动参与不足。

第三,社会网络和学校升学服务在三个模型中都具有正向的显著影响。这反映了在传统的社会经济文化影响因素外,社会网络以及社会网络中蕴含的信息对于家长参与大学准备的影响更加稳定。学校的升学服务成为促进家长参与大学准备的重要推手。

根据数据分析结果,还有以下三点值得进一步关注和思考。

一是对家长参与、大学准备和高等教育机会获得的研究应当植根于新的高考政策背景。新的高考政策框架为探讨家庭社会经济地位对获得高等教育机会的影响,提供了新的视角。面对新的高考模式,家长群体需要通过各种渠道获取充分的信息和资源,了解新政策,适应新规则。高学历家长仅仅凭借已有的高考经历和知识结构助推孩子的高等教育获得,其效用可能有所折扣。因此,在传统的家庭经济和文化因素之外,应当特别关注家长与学校教师和其他家长之间建立的社会网络,通过信息的交流和分享,对家长参与大学准备产生影响。新高考政策背景下,与学校教师和家长之间的积极沟通和密切联系,对于无论哪种社会经济地位的家长都有重要意义。

二是"家长参与"研究的外延亟待丰富和拓展,家长参与对大学教育机会的影响具有综合性。传统高考模式下,家长主要通过助力学生学业成绩来获得大学入学机会。新高考模式下,家长参与大学准备将远远超越为提高成绩所做的努力,而拓展到课程选择、志愿匹配、生涯规划等各个方面。伴随而来的家长参与行动则包含了信息检索、讨论沟通、讲座咨询、参观校园等方面,其目的是进一步深入了解升学的有关信息和资源,从而帮助孩子做出更加优化的大学选择。在国外的相关研究中,家长参与大学准备已被视为促进学生高等教育机会获得的重要路径。在美国,为了提升非裔、西班牙裔和其他高等教育获得中处于不利境地的群体有更多的大学教育机会,从政府到大学都设置了各种各样的大学准备项目(college preparation programs),已经成为越来越普遍的做法。研究者和政策分析家们通常认为,对于一个"成功"的大学准备项目而言,"家长参与"是其中必要的组成部分。而我国由于传统高考下学生和家长的选择权有限,在一定程度上制约了家长参与大学准备的主动性和广泛性。在新高考下这一领域的研究亟待更多的关注。

三是充分发挥学校升学指导对于家长参与大学准备的正向激励作用。本研究显示,学校提供的升学指导,对于家长的参与行动具有正向激励作用。对家长参与的影响因素中,已有研究显示,除了家庭经济文化因素导致家长参与子女教育的不足外,教育机构作为一种制度化结构,对来自低下阶层的父母有时会形成歧视或排斥,而来自低下阶层的父母在与教师交往时又往往缺乏自信,导致他们被排除在教育系统之外,在获取学校提供的升学资源服务时面临种种限制。但另一方面,社会经济地位不利的群体愈加要暴露在不同的社会资源中,进行异质性互动,才能获得更多的信息。换言之,越是来自低下阶层的学生家长,在信息和资源获取上,可能越依赖于学校的升学指导和服务。由于数据的局限,本研究没能在回归统计中呈现学校升学服务和家庭背景对家长参与大学准备的交互作用。学校升学指导服务在影响不同社会经济地位的家长群体参与大学准备行动中是否存在差异性,是本研究将要持续关注的方向。

研究还发现,对于"和孩子一起参观大学校园"这类家长参与行为,并不适用于多层回归模型。这一方面可能是由于数据限制所造成的,例如本研究中学校数量仅有12所,数量偏低。另一方面也反映出"和孩子一起参观大学校园"这一行为本身,更多受家庭因素而非高中学校的影响。

在当前高考改革的背景下,大学教育机会获得的方式不再是"一考定终身"。有关大学升学的规划、选择、决策,对获得高等教育机会的影响权重逐渐增大。在这样的现实背景下,家长必然将以参与者身份更多地融入大学准备的过程中。除了经济和文化水平对家长参与的影响之外,家长还通过与教师和其他家长建立密切的联系,促进大学准备的参与行动。同时,处于高考改革政策影响中心的高中学校,可以通过提供各种升学指导服务,助力家长的参与行为。家庭背景加上学校支持,共同促进家长和学生进一步了解高考新政,获得更加全面、深入的升学信息和资源,从而做出更加合理和优化的高考选择,提升高等教育获得。在具体的政策行动上,政府教育部门可以从以下几方面着手:其一,加强升学信息的家校互通,在中学建立相应的制度和规范来为学生提供升学支持。其二,整合体制内外的信息资源服务,形成多层级、综合性的升学信息资源公共服务网络和机制。其三,培养专业的大学升学指导人才队伍。建议高中配备专兼职的大学升学指导师,以专业和全面的大学招考信息为基础,针对学生的学习成绩、个性特点、发展特长,提供升学指导和职业生涯规划。同时鼓励高中与大学建立长期的交流渠道,例如大学招办和系所负责人进高中开展升学指导讲座,组织高中生参观大学校园和参与大学社团活动,形成高中—大学阶段的有效连接。其四,开展大学准备项目试点,尤其为家庭社会经济地位较弱的学生提供包括知识和信息在内的综合服务,帮助其做出大学选择和决定。

(华桦,原文载于《教育发展研究》2019 年第 12 期)

"鸡娃"时代的主体性发展困境

近期收官的育儿剧《小舍得》聚焦当下教育热潮,讲述了夏欢欢、颜子悠、米桃三个来自不同家庭孩子的成长故事。① 作为《小别离》和《小欢喜》的终篇之作,《小舍得》主要对"小升初"阶段家长的养育方式进行了深入的对比和剖析。夏欢欢的母亲南俪希望孩子快乐成长,开始属于顺其自然的养育方式,而后不得不加入"鸡娃"大军。颜子悠的妈妈田雨岚则从一开始就疯狂"鸡娃",直至孩子产生心理问题。作为外来务工人员的米桃妈妈因经济所迫采取放养模式,家境贫寒而成绩优异的米桃经历的则是另一种生活的压力。三个不同家庭、三种不同养育方式,电视剧紧贴当下城市家庭养育中各种"鸡娃"现象,唤起了诸多家长的认同,也引起了社会广泛的讨论,将"鸡娃"话题再一次推上了高潮。"鸡娃"意为"给孩子打鸡血",不停地让孩子去学习拼搏。"鸡娃"教育模式的背后反映出整个社会家长的集体教育焦虑,《小舍得》集中道出了当下城市家庭密集养育模式下有关儿童成长的利弊得失。

密集养育(intensive parenting)指父母持续不懈地教养和监督儿童。具体表现为父母时常插手并强烈干预孩子生活,一方面制定出许多规则和禁令,另一方面也投入大量时间来激励和支持孩子的学习活动。它结合了权威型与专断型教养的方式特点,几乎成了当下父母的普遍选择。然而密集养育模式下儿童的发展状况并不尽如人意,正如《小舍得》里所展现的,出现了父母越用力,儿童发展反而越偏离教育目的的现象。按说当下儿童生活在物质和文化生活日益丰裕的社会之中,理应拥有更幸福和快乐的童年。然而近年来儿童意外坠亡事件却持续上升,青少年抑郁等心理问题成为新时代儿童发展面临的巨大困扰。据不完全统计,我国青少年中有心理疾患比例大于20%,其中17岁以下的儿童中有3 000万左右的人有情绪障碍。诸多学者认为来自社会的外部压力使家长焦虑和儿童成长陷入困境:杨

---

① 根据鲁引弓的同名小说改编,张晓波导演,2021起在中国大陆上映。

东平认为中国家长的焦虑有相当多的焦虑来自同伴群体和社会舆论。谢爱磊认为是文凭主义的泛滥和不断固化的社会分层现象，以及商业机构不断渗透进学校教育系统贩卖"焦虑"。丁小浩认为育儿焦虑本质的原因在于社会的评价机制以及劳动市场和收入分配差距过大。也有学者从教育系统内部分析原因，例如，黄晓磊认为教育焦虑直接反映出了社会优质教育资源供需不平衡。顾严认为教育结构性失衡的客观问题不容忽视。还有学者从个体与社会发展关系的角度探讨育儿困境：例如，高洁认为教育焦虑是以家庭为单位对抗社会风险；蒋广宇则认为中产阶层家长的教育焦虑是中产阶层家长们自身焦虑的投影。张品等以"工作—家庭"分析框架考察现代城市青年父母的家庭生活、工作压力与育儿焦虑之间的关联。

笔者认为，密集养育模式下的家庭养育困境除了与当下儿童成长的社会及教育背景相关，还与人的全面发展尤其是儿童与家长的主体性发展不充分不可分割。既有研究多从个体发展的外部视角分析"鸡娃"现象，对家长和儿童的主体性发展以及两者关系方面解释力度不够。解释家庭养育困境也需聚焦在人的全面发展方面，关注人的主体性发展尤其是儿童主体性的发展问题。程福财曾以个体生命历程中"成人"与"儿童"权力关系的视角阐释当代儿童的生活状态是被高度"结构化"的童年，但同时认为"儿童不是被动的服务接受者，而是有自身能动性的社会行动者。他们总是会以自己的方式去感受、认知、理解和阐释世界，并和成年人一起实现对社会生活以及童年自身的再生产"。分析家庭养育不能回避人的主体性尤其是儿童的主体性这一抽象问题。本文以《小舍得》为例，以人的主体性发展理论为分析框架，从儿童与成人主体性关系的视角，分析"鸡娃"时代家庭养育中家长和儿童的主体性发展困境，并探讨亲子不对等地位下儿童主体性发展的可能。

一、家庭养育的主体性特点分析

人的主体性发展是关乎人的全面发展的重大问题。在马克思主义哲学看来，人的主体性是在与客体产生相互作用的过程当中凸显的，其本源内容是人的实践本领和创造力。沿用马克思主义哲学中人的主体性思想，教育实践活动中人的主体性是指人的价值是教育的最高价值；培育和完善人的主体性，使之成为时代需要的社会历史活动的主体，是教育的根本目的。教育的过程必须把受教育者当作主体，唤起受教育者的主体意识，发展受教育者的能动性、自主性、创造性，使教育成为主体自主建构的实践活动。

（一）家庭养育中主体性的含义

家庭养育既包含着抚育养成，又包含着教育引导，是一种广义的教育活动。在家庭养育活动中，家长处于教育者的角色，儿童处于受教育者的地位。按照教育中人的主体性的相关观点，要发展受教育者的主体性，就必须在家庭养育活动中把儿童当作教育主体，将儿童视为真正能动的和独立的个体，强调儿童的能动性、自主性和创造性。由此引申出家庭养育中主体性的基本含义：在家庭养育中儿童处于主体地位，并且作为一种活动主体的本质属性，具有能动性、自主性和创造性。然而从理论中得出儿童在家庭养育活动中应处于主体地位的推论，并不意味着在现实家庭养育实践中儿童必然处于主体性地位。作为全民参与的最重要的教育活动，笔者以为当下家庭养育中最主要的问题是亲子不对等地位下的主体性发展困境，如能在抽象意义上对家庭养育主体性问题有所深入，或有助于解释当下普遍存在的育儿焦虑社会现实问题。

（二）家庭养育中存在着双主体

家庭养育作为一种广义的教育实践活动，遵循着一般教育活动的基本规律。根据一般教育活动中主客体关系的概念，家庭养育中的主体应该包含两个：一个是教育者，一般指家长；一个是受教育者，一般是指儿童。两者是家庭养育活动中同时存在着的具有主体性的个体，只要两者进入家庭养育活动领域构成实质性的互动关系，两者所结成的对象性关系也就具有了主客体关系的性质。因而在家庭养育活动中的主客体关系问题上，作为受教育者的儿童，既是教育的客体也是教育的主体。作为教育者的家长，既是教育的主体也是教育的客体。这种双主体性呈现出了家庭养育中主体性的第一个主要特点，即它超越了一般教育活动中的主客体关系，把关注重点转向发挥双方的主体性当作根本目标。具体到家庭养育场景中，就是要关注家长和儿童双方的主体性，关注双方在实践活动中所具有的能动性、自主性创造性等主体性特征。

（三）主体之间具有亲缘关系

家庭养育中的双主体特点或许不算特别，因为在学校教育中也存在着教师和学生的双主体。家庭养育中主体性问题的特别之处在于主体之间具有因家庭而生的亲缘关系。这种产生于家庭的亲缘关系,使家庭养育活动中的主体之间具有天然的不可替代性和不可分割性,这势必产生在其他任何场域不具备的两者之间在亲情上的亲密连结,使家长与儿童之间存在天然的和特殊的情感依恋。这种基于亲情的依恋(attachment)对个体的发展效用巨大。依恋一般被定义为幼儿和其照顾者(一般为父母亲)之间存在的一种特殊的感情关系,在个体发展领域极其重要。有安全依恋的个体有很强的自我效能感和对事件的控制感,能够在需要的时候寻求外部帮助。而不安全依恋会降低个体在遭遇压力时的心理弹性,是导致个体适应障碍以及较差的处理压力事件能力的内在因素。主体之间具有的亲缘关系为儿童拥有安全型依恋提供可能,这是儿童主体性发展的基础。

(四) 主体之间处于不对等的法律地位

存在于家庭场域中的亲缘关系使家长与儿童之间形成特殊的情感依恋,为家庭养育中主体性的发展提供了可能。然而也恰是由于主体之间的亲缘关系同时引发了家庭养育中主体之间(家长与儿童)在法律上的不对等地位。家庭的存在从法律上确立了父母对未成年子女的抚养关系,明确规定了父母对未成年子女拥有抚养教育的义务。从个体发展的生命历程看,在家庭养育中由于儿童心智不成熟,其在物质及精神生活的需求方面对成人有很大的依赖性,这也决定了父母对子女有较大的制约作用,家长在实施对儿童的抚养和监护时无形中会对儿童的生活产生主宰作用。可以说主体之间在法律上的不对等地位又为儿童主体性的发展带来天然的法律约束。

(五) 主体之间具有不平等的社会关系

在中国的家庭养育实践中,除了主体之间在法律上的不对等地位,受中国特有的社会结构和社会文化影响,主体之间在社会生活中的不平等关系也表现得十分明显。中国人重视孝道的价值观念和社会文化影响到了家长和儿童的社会关系。按照费孝通有关中国社会结构的"差序格局"观点,血缘是最容易判断人与人之间关系亲疏的稳定元素。费孝通认为西方的养育模式是接力模式,即一代人只养自己的下一代,不用赡养上一代;而中国的养育模式则是反哺模式。因此在中国传统文化中教育的目的是为家庭乃至家族的群体利益服务,个人的成长服从于家族稳定发展的需求。同时因为传统儒家文化认为"孝"是"忠"的基础,所以传统家庭教育的核心是以孝悌为本的家庭伦理培养,以巩固家庭成员之间的伦理关系和家庭等级制度,并外延到社会人际关系之中。因此传统家庭教育强调三纲五常和以孝治家,儿童被视为家庭和家族的隶属品。这种以"孝"为核心的人伦思想,使家长与儿童在家庭伦理和社会等级中难以形成平等的社会关系。这种社会结构和文化场景下家庭教育中儿童主体性的发展必然会困难重重。

二、"鸡娃"时代的主体性发展困境及危害

家庭养育需要家长与儿童双方主体性的充分发展,而其吊诡之处在于,在家长主体性发展的同时,极有可能产生由于家长主体性过度发展导致的家长主体性泛滥,最终引起儿童主体性的缺失。笔者认为这是当前家庭养育中主体性发展的最大困境,也是育儿焦虑产生的根本内在原因。亲缘关系导致的情感依恋有助于儿童主体性的发展,然而基于家庭的亲密连结和特别的文化背景,在当下中国的家庭养育中,一方面,形成了家长对儿童的密集养育,极易引发家长主体性的迷失;另一方面,父母与子女之间事实上的不对等地位和不平等关系,又引发了儿童主体性的匮乏与消解。在此以引起广泛关注的育儿剧《小舍得》为例,具体分析家庭养育中主体性发展的困境及危害,以便对当前家庭养育中的全民"鸡娃"问题有所反思。

(一)密集养育模式下家长主体性的迷失

密集养育始自20世纪90年代美国中上阶层父母,随着儿童早期发展重要性的理论出现以及科学育儿知识的普及,关于密集养育的建议层出不穷,引导家长们花费更多时间和金钱抚育儿女,并将密集养育模式推向社会各个阶层。父母陪伴使得儿童在支持性的养育方式中获益,研究表明当低收入家长投入更多时间参与孩子教学和阅读时,能缩小富裕和贫困家庭学童在幼儿园的差距;随着父母增加监督,针对儿童的犯罪也显著下降。然而密集养育模式下能否带来家长和儿童主体性的发展似乎并不确定。父母的积极参与固然有正面影响,然而也出现了家长过度参与带来的负面作用。比如研究发现,当前我国城市中产家庭父母大都在经济和社会文化资本中占据优势地位,在家庭养育上理应更得心应手,然而这类群体却更容易产生育儿焦虑,育儿焦虑指数最高的是居住在上海并且受过高等教育的母亲。这些接受过高等教育的80后和90后的知识女性认可密集养育,可是随之而来的是她们也极易成为直升机父母(Helicopter Parents),像直升机一样无时无刻

不在监管孩子,不给予孩子选择的权利;或者是随时守候在子女身边过度保护,帮他们解决问题。

在电视剧《小舍得》里,田雨岚就是典型的"直升机妈妈"。除了工作以外,田雨岚将所有精力都用在了孩子身上。在剧中有一个细节,儿子颜子悠每次写作业都是坐在一间单独用玻璃隔出来的书房里,这样的设计其实藏着田雨岚的心机:可以随时随地"监督"孩子的学习。为了能让颜子悠"挤"入翰林学校,田雨岚不让自己懈怠,更不让孩子放松,用颜子悠的话来说:"每次看见我没有读书写作业你就难受,每看到我闲一小会儿就想让我多背几个单词、多写一张卷子。"

另一个主角夏欢欢的父母本来采取的是自然长成的养育模式,可是随着欢欢的成绩从 B 掉到 C,父母也不得不加入"鸡娃"阵营。他们千辛万苦托关系让欢欢进了补习班,结果孩子成绩不升反降。于是爸爸夏君山决定自己亲自上阵。他白天忙完工作后急匆匆赶到补习班听课,回家后再辅导孩子功课。结果一到要做作业时,孩子反而状况频出,还不到 10 分钟欢欢就想喝水、上厕所,整出各种幺蛾子。夏君山不由得气急败坏地呵斥:"你磨什么呢?快点!先做完作业,不许上厕所,憋着!"

可见,密集养育模式下由于家长对孩子过度关注,难免入侵到孩子的主体性成长空间,使儿童缺乏自主性和自我意识,导致儿童主动性的匮乏和独立性的缺失。欢欢的作业磨蹭何尝不是一种无声的反抗!虽说密集养育模式下家长抢占了各种资源上的先机,但是这种所谓科学化、专业化的养育方式,挤压了儿童自我成长的空间,儿童被迫从生活的主角变为配角和服从者,很大程度上被剥夺了认识自己和认识世界的实践场景。家长盲从各种教养秘籍或专家意见,把孩子交给保姆或培训机构,何尝不是一种家长主体性的丧失。家长在密集养育中虽可能会获得暂时的竞争优势,但也许不得不面对某些事实:孩子由作业磨蹭转而逐渐丧失主见,甚至缺乏独立意志和自由品格,密集养育中所取得的暂时优势最终付出的是孩子自我成长的代价。所以伴随亲缘关系而生的亲密连结虽然为主体性发展创造了条件,然而在现实实践中的密集养育反而造成了主体性发展的困境,使家长与儿童均处于焦虑之中,甚至出现了家长越用心,孩子越失败的怪圈,电视剧里子悠和欢欢就是很典型的示例。因为密集养育模式下家长投入巨大时间、情感及经济成本,当孩子的表现达不到预期时,家长自然产生求而不得的焦虑。父母的焦虑心态在密集养育中又投射到儿童身上,在孩子身上起到放大作用。密集养育模式下家长主体性的迷失和儿童主体性的缺乏恐怕不会随着社会发展而减缓,随着社会竞争以及生活压力的增大,通过密集养育获得阶段性的内卷优势恐怕是在主体性迷失中,家长确保子女在社会中保持优势地位的一种无奈选择。

(二)不对等法律地位下家长对儿童主体性的漠视

由于家庭亲缘关系导致的主体性发展的第二种困境,源于家长与儿童之间法律上的不对等地位,造成家长对儿童主体性的漠视。一般而言,儿童相对于成年人来说都处于弱势地位,所以儿童权利极容易受到侵害,这是《儿童权利公约》[①]制定的原因和目的,以赋予儿童特别的权利。公约指出:"儿童应当受到特别保护,并应通过法律和其他方法获得各种机会与便利,使其在健康而正常的状态和自由与尊严的条件下,得到身体、心智、道德、精神和社会等方面的发展,在此目的而制定法律时,应以儿童的最大利益为首要考虑。"公约阐明了儿童拥有生存权、保护权、发展权和参与权四大最基本权利,强调儿童是一个完整的人,是独立的个体,享有与其年龄及发育阶段相适应的权利,家长要尊重儿童应有的基本权利。然而在具体的家庭养育过程中儿童权利常常被家长有心或者无意地漠视。日常生活中由于父母有体力和心智的双重优势打骂时常发生,但是这些对自己孩子责骂的父母很少去责骂其他成人。面对成年人家长能约束自己的言行,面对自己的孩子却很难做到,正是因为家长对儿童权利和儿童主体性地位的漠视。

在《小舍得》里,当爸爸夏君山没守在身边时,夏欢欢就偷偷看漫画书。等爸爸回房时,才发现女儿花了一个下午,只做了一套题目。夏君山顿时情绪崩溃,勃然大怒:"这一下午,就做了半张卷子,还错误百出!合着我周一到周四,每天一遍给你讲的题,全白讲了是不是?"爸爸突如其来的呵斥让欢欢承受不住,哭得过猛最后还呕吐了。

事后夏君山也后悔不已,更是自责不知不觉活成自己小时候最讨厌的样子。他对女儿保证:"宝贝,这是第一次,也是最后一次,爸爸以后绝不再骂你。"结果刚下决心还没过两天,转眼间又被孩子的磨蹭打败了。他去检查女儿作业,却发现她一个晚上才做了一道题,心生不满的他一把夺过试卷,边甩掉课本边怒骂:"让你写作业,一个晚上才做了一道题?然后把橡皮掰了玩五子棋是不是?"再度崩溃的夏君山失控地捶着桌子,愤怒道:"我求求你,能不能认真一点学习!"面对爸爸责怪的眼神,欢欢再次泪流满面。

---

① 《儿童权利公约》将"儿童"界定为"18 岁以下的任何人"。

在颜子悠家,因为不满儿媳的"鸡娃"导致孙子心理出现问题,子悠的爷爷忍不住爆发,要求儿子"离婚!马上离婚!"直升机妈妈田雨岚可不吃这一套,在她看来就算离婚,儿子也得跟自己走!可她没想到,颜子悠会激烈地反抗,无论如何也不跟妈妈。子悠说:"我再也不上钟老师的课了,我也不要妈妈了,我不要你了,你走,我不想看到你。"儿子的话让田雨岚快要崩溃了,自己所做的一切都是为了儿子,但是她跟儿子的关系怎么变成了这样?

子悠和欢欢的遭遇,展示出来的正是由于家长与儿童之间法律上的不对等地位造成的家长对儿童主体性的漠视。漠视之下儿童的基本权利并未得到实现,儿童并没有得到平等的对待。类似子悠和欢欢等很多儿童看似生活幸福,实则经常遭受情感虐待。儿童健康成长最需要的是家长所能提供的情感支持,有情感支持才能形成最基本的安全感,这种安全感是儿童发展中最基础的心理屏障。现代社会中由于一些父母忙于工作,在家的时间已然减少,已经导致与儿童进行有效陪伴时间减少;在有限的共处时间内家长往往又当起课程学习的监督,使得亲子关系变得紧张,以至于亲子冲突日益成为家庭生活的常态,连夏君山这样的高知爸爸都难免落入亲子冲突的窠臼。漠视儿童权利和儿童的主体性发展给儿童心理发展带来诸多伤害。特别是当父母对孩子的爱是有条件时:比如当孩子取得好成绩,父母才会给予关注和表扬;反之就得不到他们的关爱。这些得不到父母真正尊重和关爱的孩子会缺乏自我价值感,并逐渐养成心理的低自尊,极易出现心理问题,剧中的子悠就是在考场中心理崩溃。当前青少年意外死亡事件发生,很多是由于亲子冲突造成的。或者是父母本身给孩子带来莫大的精神压力,或者是遭遇挫折后父母提供不了基本的情感支持。不对等地位下家长对儿童主体性的漠视和亲子冲突的加剧,使父母和家庭不仅不能作为儿童成长的安全港湾,反而成为一种伤害,令人扼腕。

(三) 不平等社会关系中儿童主体性的消解

如果说密集养育和漠视儿童权利是天下父母的通病,那么家长与儿童在社会关系中的不平等在当下我国是个特别的问题。中国社会历经变迁,但其差序格局下的社会结构并未改变,人与人的关系仍然不能打破基于家庭的亲缘关系的约束。虽说《儿童权利公约》强调儿童是独立的个体;各种育儿指南都提倡民主式教养方式的益处;很多受过高等教育的家长对民主平等的亲子关系也有执念。可是对于浸染在几千年"孝"文化中的中国家庭,父母与子女之间的平等更多是种美好的愿望。很多人甚至认为现在的孩子难以管教并变得叛逆，正是由于失去了传统的孝道，过多的讲究平等使得孩子失去了对父母的尊敬和顺从。如此，由于亲缘关系导致了家庭养育中主体性发展的第三种困境：从人的主体性发展最终目标来看，儿童必须具备个体的主体性；但是儿童主体性的不断增强，也意味着家长权威的不断消解和家长主体性的不断削弱，而这通常是家长尤其是中国家长所不愿意放弃的阵地。

在这种"孝"文化下大多数孩子也习惯听命于父母的安排，即使长大成人仍愿意按照父母的意愿选择工作乃至人生伴侣。研究表明"孝"仍然对现代中国人的代际关系起到明显的黏合作用，转型社会下代际关系呈现紧密化趋势，且越年轻的人越认同孝道观念。不过传统的孝道是一种文化规范和道德规范的强制性力量，而今天在哺育—交换—反哺的过程中，情感的作用越来越大。而笔者却认为，这些"情感"力量反而更容易演变成养育中的"情感绑架"，将儿童的主体性发展彻底埋葬，家长与儿童之间根深蒂固的社会不平等关系在当下制约着儿童的主体性发展。同时传统文化中"学而优则仕"的价值取向，也使诸多家长更重视孩子的学习成绩而漠视孩子个体的发展兴趣。在这种文化背景以及现实升学压力下，为了实现父母的期望，孩子的学习成长以及职业发展以父母要求和家庭利益等外在因素为优先考虑，特别是在当下中国大中型城市中，高度竞争的社会环境使儿童从小陷入以分数为导向的学业泥淖而被动发展。

在《小舍得》里，田雨岚的儿子颜子悠的辅导班就从未断过：一至三年级攻剑桥英语，四五年级攻小学奥数。儿子也颇为争气，班级成绩永远是前三名：各种相关证书奖杯放满一柜子。在田雨岚心里，儿子的成绩就是她的门面，是她炫耀攀比的谈资。比如在家庭聚餐时，可以让孩子表演背诵圆周率后100位。连吃个西瓜都要孩子展示背英语单词。为了让孩子进金牌班，她不惜拉下脸贿赂老师、请公婆出面、找继父托关系。她时刻对孩子耳提面命："你学习好，就是对妈妈最大的回报。"最后儿子颜子悠患上重度抑郁症和狂躁症，厌倦学习，情绪不受控制，在考试时疯狂撕试卷！田雨岚的本意是希望孩子越来越好的，无意中却让这种病态的攀比教育毁了孩子。

"鸡娃"的后果是，由于儿童习惯于被动地接受生活，极易陷入"我是谁"的灵魂拷问中。这是由于儿童的身心发展过早地承受了生命发展之重和家庭期望之重，让儿童失去了个体创造性地建构自我发展的可能性并进而产生自我意识危机。耶鲁大学教授威廉·德雷谢维奇（William Deresiewicz）这样描述主体性匮乏带来的成人后迷茫:"他们焦虑、忧郁和迷茫;他们满足于所受的教育为他们划定的界限,几乎没有智力上的好奇心。"对于这种儿童主体性的消解带来的个体灵性的丧失,北京大学危机干预中心的徐凯文则提出"空心病"的概念,即缺乏价值观,不知道自己要什么,不知道自己为什么活。他发现北大有30%的学生有"空心病",他认为如果孩子从小被外在功利的目标推着走,长大后就会变成没有内心尺度的"空心人"。统计资料也显示名校学生的抑郁症和自杀率更高,因为他们就像从标准化流程里精心打磨出来的完美产品,不知道自己喜欢什么,也不敢脱离这个优秀的壳,就像没有自我意识只知竞争的机器人。这种"空心病"正是个体主体性缺失的具体表现。

三、家庭养育中主体性的建构

亲缘关系中家长主体性的迷失以及儿童主体性的匮乏与消解表明,当下家庭养育中的诸多育儿活动与人的全面发展相差甚远,很多情况下家庭养育活动非但没有促进主体性的建构,反而成为个体主体性发展的包袱,因而人(家长和儿童双方)的发展在一定程度上也成了被动发展,急需要家庭养育模式的转向来实现个体的主体性尤其是儿童的主体性发展。

(一) 由单向说教转向双向互动

家庭的价值在于其独特的社会化价值,正是在日复一日的家庭日常生活中,父母通过言传身教潜移默化地把社会规范、生活技能和传统习俗等价值体系传递给儿童。家庭作为儿童发展的第一个社会实践场所,亲缘关系为主体的共同发展提供了便利条件。由于家长和儿童所构成的对象性关系的两极均是具有主体性的人,家长主体性与儿童主体性是同时存在且相互依附的。但是主体性建构不是自然发生的,在不对等地位下和不平等关系中,家庭养育中极易形成家长单向度说教的模式,因此家庭养育中主体性的重构最需要的是父母与子女之间的互动。双向互动是从家长和儿童这两类具有主体性的个体在同一活动范畴中的协调和统一上提出的,着眼于双方的主体性特征,强调家长主体性与儿童主体性的协调发展。只有互动才能使儿童的声音得到更大的保护与释放,改变家长单向度的说教模式,使儿童主体性得到更大程度的发挥。

家庭养育中主体性的重构更多意味着将儿童作为主体放在中心位置,通过主体间的互动,形成儿童的能动性、自主性和创造性。家长需要在激发儿童自主发展的基础上,与儿童进行主体与主体之间的互动。家长必须树立正确的儿童观,具有儿童权利的意识,在家长和孩子的顺利互动的基础上赋予儿童自主选择的权利,让儿童成为成长的主角。

(二) 由密集养育模式转向自然生长

儿童时代被丰子恺称为人生的黄金时代,儿童需要更长的时间去成熟,应该得到按照自己的发展节奏自然成长的权利,这是个体主体性发展的基础。然而在"鸡娃"时代随着密集养育模式的流行,大多数儿童的成长节奏按照成人的意愿进行,使儿童的生活内容愈来愈成年化乃至童年消失。可以说对儿童的过早和过度开发,是对儿童正常成长进程的时间和空间挤压,是以成人的某些观念和行为模式取代儿童成长过程的自然性,是对儿童发展权利的剥夺,亟须家长由密集养育模式转向让孩子自然生长。

心理学上著名的"双生子爬梯"[①]实验早就说明,超前或者提速似乎对儿童的身心发展并无益处。人类的童年期之所以漫长和松散,为的是使儿童拥有更多的自由玩耍时间。自由玩耍是儿童认识世界和征服世界的基本手段,也是心智(mental)健康的主要标准之一。而当前父母对于儿童期玩耍缺失所带来的危害似乎知之甚少。《大西洋月刊》在一篇封面专题"父母们,让孩子们自在一会——被过度保护的孩子"中作者指出,以安全之名的过度保护,已经将独立、冒险和探索精神从孩子们的童年中剥离,然而孩子们实际上并没有变得更安全,尤其是在心理层面。随着孩子们自由玩耍时间下降,儿童的心理障碍问题逐年上升,现在美国儿童焦虑症和抑郁症的发病率是20世纪50年代的5—6倍,15—24岁年轻人的自杀率翻了一番,而15岁以下孩子的自杀率翻了两番。中国的情况也不容乐观。基本的心理健康都得不到保证,儿童主体性发展更无从谈起。

(三) 由聚焦儿童发展转向父母成长

父母作为家庭养育中重要的实践者,若缺乏必要的教育知识准备,就不可避免

---

① 美国心理学家格塞尔做过的著名实验:被试者是一对出生46周的同卵双生子A和B。格赛尔先让A每天进行10分钟的爬梯实验,B则不进行此种训练。6周后,A爬5级梯只需26秒,而B却需45秒。从第七周开始,格赛尔对B连续进行两周爬梯训练,结果B反而超过了A,只要10秒就爬上了5级梯。

地会导致主体意识缺失,因此家庭养育中主体性建构的重点也应放在家长的成长上,即要关注父母意识的完善。父母意识主要是父亲和母亲对于妊娠、分娩、育儿及亲子关系的态度,对为人父母的自信心与责任感,以及成为父母对自身及配偶的评价及情感体验等。父母意识体现了父母的价值趋向,进而影响他们的教养模式及对孩子的态度。父母意识概念的提出,超越了以往家庭养育中只关注父母教养方式等外显性因素影响的局限,开始探究父母本身的发展对孩子形成内在本质的影响。研究表明,父母的职业类别往往预示着不同的工作条件、社会地位和家庭的物质生活等,这些都与他们的自尊、抱负、价值观密切相关,转而影响他们对子女的期望和行为方式,从而潜移默化地影响孩子的发展,这正是父母意识对孩子发展起到的促进作用。

家庭养育的关键之处是通过家长不断地完善自我带动孩子发展,这是一个漫长的家长成长的过程,更是对孩子起到身教的作用。信息时代家长更要注意使养育主体性不被淹没在技术之中:科技发展本身是人的主体性发挥的有力证明,同时技术的工具性又容易使主体异化为工具,比如人们对网络的依赖就可能导致思维能力和实践能力的退化,增加了主体性培养的难度。所以在网络世界中培养家长和儿童的主体性挑战更大,重点更要放在提升家长的主体意识和父母成长上。

在电视剧结尾,我们欣喜地看到了家庭养育方式的转变和家长的成长,即使像田雨岚这样极端的"鸡娃"母亲也开始让孩子选择自己喜欢的足球,南俪更是在欢欢离家出走之后摒弃了自己的"鸡娃"策略,回归初心。最让人担心的反而是处于经济弱势地位的米桃了。看着收入微薄的父母为自己费尽心思,米桃很懂事,她的表情永远紧绷,时刻谨记着父母嘱咐的话,丝毫不敢松懈。

可当她第一次踏进夏欢欢的家,满柜子昂贵的手办、玩具都是她闻所未闻。转身却看见妈妈忙碌的身影,她内心受到强烈的冲击。跟着欢欢去游乐场玩,单门票就要398元,相当于父母一天的收入。等她回到家,听着父母的念叨,看到自己生活的环境,米桃的内心更加压抑。每次父母抱怨开销大,满怀愧疚感的她不停逼迫自己用功读书。但是欢欢无意间的炫耀,妈妈"强加"让她听话懂事,让她受尽委屈。最后,被击溃心理防线的米桃大哭着质问父母:"为什么我要永远懂事?为什么你们就欠人家那么多人情?为什么你们那么没用?"

《小舍得》中令人深思的不仅是个体家庭养育中的得失问题,更应引起警惕的还有不同社会群体之间的养育不平等问题。处于社会经济和文化资本优势地位的父母更有可能采用利于孩子在社会上立足或提升阶层的方式,而弱势地位家庭中的父母在养育上面临着更多局限与阻力，而且这些差距未来会增加处于弱势群体儿童的发展困难。可以说社会不平等加剧养育差距，而养育差距又将孕育更多的社会不平等，这是另一种意义上的需要社会支持来解决的"养育困境"。

"儿童并不是任由成人摆布的玩偶，他们始终有属于自己的主体性、利益诉求与情感需要。""鸡娃"时代，家长、学校和社会应达成共识，尊重儿童独特的生命体验，家庭养育应该回归初心，也即儿童发展本身。马克思认为，"一个种的全部特性，种的类特性，就在于生命活动性质。而人的类特性恰恰是自由自觉地活动"。这种自由自觉的活动，应该在家庭养育中得到充分的体现，也即家庭养育中主体性的发展。家庭养育中的主体性不能仅仅被理解为家长和儿童主体，而是人之为人应有的本质属性，这是家庭养育主体性的根本含义。

（王芳，原文载于《学术月刊》2021年第11期）

家庭政策与儿童发展

家庭、国家与儿童福利供给

　　自丹麦、瑞典等北欧国家在一个世纪前相继建立完善的儿童社会福利制度后,在西方社会,家庭在抚育照顾儿童的过程中就不再孤单。一系列旨在协助家庭育儿的资金保障与服务支持的儿童福利服务,给抚育孩童的父母以制度化的国家支持。同时,父母与家庭源于传统合法性亲权的实践,也受到国家监督。一般认为,国家对于儿童抚育事务的介入,可以为儿童发展提供非正式保障之外的正式的国家保障,有利于确保并提高儿童福利水平。然而,发达国家儿童社会福利制度的实践同时显示,儿童社会福利制度的建设,一方面遭遇了强调父母亲权、家庭事务不容国家干涉的自由主义与家庭主义的抵制,另一方面也给不少国家带来严重的财政负担。如何界定好家庭与国家在儿童福利供给过程中的关系模式,成为西方儿童社会福利研究与实践的重要议题。

　　在我国,儿童抚育事务长期以来主要是由家庭承担。但伴随着经济社会发展而起的家庭结构与功能的变化,导致为数不少的孩童无法从自己的家庭获得必要养育。这一状况引起了国家的高度重视。2011年4月26日,胡锦涛在主持中共中央政治局第二十八次集体学习时强调指出,要"建立健全家庭发展政策,切实促进家庭和谐幸福,加大对孤儿监护人家庭、老年人家庭、残疾人家庭、留守人口家庭、流动人口家庭、受灾家庭以及其他特殊困难家庭的扶助力度"。这一讲话是对我国社会出现的部分家庭难以承担起抚育儿童等社会问题的政治与政策回应。由此可以预期,我国家庭政策与儿童社会福利制度的建设,将迎来良好时机。本文拟从国家与家庭在儿童福利供给中的关系模式出发,分析我国儿童社会福利发展面临的社会结构特征,进而探索国家在儿童福利供给过程中的角色定位。

一、家庭与国家在儿童福利供给中的关系

　　个体福利的总和,系由家庭、社会、市场与国家可能提供的福利净值所决定。

因为不能参加到劳动力市场中而只能依赖成人社会的扶助,作为未成年的儿童没有足够的能力依靠自己从竞争性市场中获取福利。因此,儿童福利体系与模式的改革与完善,实际上是要调整好家庭、社会与国家三者在儿童福利供给过程中的关系模式与角色定位。而建构什么样的关系模式,确立什么样的角色定位,则涉及我们怎么看待儿童、儿童抚育的责任归属,以及国家在社会经济发展中的作用。

现代国家建立之前,儿童抚育之责概由家庭承担,特别是由母亲、祖母等女性家庭成员承担。父母被社会文化赋予以养育孩子的权利和责任。只有在父母与家庭无力养育时,邻里、社区等市民社会的力量才会通过血缘与地缘的连接展现其互帮互助的力量,而制度化的国家支持则付诸阙如。其时家庭之外的儿童养育充其量只是社区性的,而不是国家性的。对于父母亲职权威(Parental authority)的长期普遍存在,研究者有两种不同解释:一则认为孩童是父母的私有财产,父母有权力选择怎样养育他们的孩子;另一则认为社会将养育孩子的责任托付给父母是出于对父母的信任。在信任理论看来,因为血缘与基因遗传等原因,父母是最适合照料孩子的人。不过,在巴顿(Barton)与道格拉斯(Douglas)看来,我们需要将私有财产论与信任论结合起来,才能更好地理解不同社会文化背景中父母普遍长期拥有的亲职权威。因为在一些国家和地区,社区的力量并不允许父母随意处置他们的孩子,并严禁忽视、虐待孩子,换言之,人们不能像处理其私有财产那样任意处置他们的孩子;而对于信任论而言,实际上,有很多个体与机构实际上比很多孩子的父母更适合扮演养育者的角色。这就告诉我们,养育孩子的责任归属于家庭与父母之安排,并非一种本质性的要素,而是一种典型的社会建构物。

工业革命之后,现代民族国家开始系统地关注儿童的福利,通过积极或消极、公开或隐蔽地发展家庭与儿童政策介入儿童抚育事务之中,积极关注贫穷儿童、孤残儿童、被遗弃儿童,关注儿童的基本医疗保健,关注他们的受教育问题,关注儿童忽视与虐待,进而关注到家庭无力照顾的孩子和越轨儿童。这之间,最值得关注的是,英国1889年颁布实施的儿童法案赋予了法庭以剥夺忽视、虐待儿童的父母的监护权的权力,在人类历史上第一次从法律上粉碎了孩子是父母私有财产的神话,为国家干预儿童抚育事务提供了充分的法律基础,成为现代儿童保护与儿童福利制度的重要基础。

由于经济社会文化的历史与现实脉络的不同,国家对于家庭育儿之事的干预、支持与服务的方式、内容及隐藏在其后的理念在各国之间存有较大差异。根据国家介入儿童抚育的方式,福克斯·哈丁(Fox Harding)曾经在理论层面区分出四种不同的儿童社会福利类型：自由放任主义模型(Laissez-faire)、国家家长主义模型(State paternalism)、父母权利中心模型与儿童权利中心模型。以不干预、小政府、市场主导为主要内容的自由放任主义坚持最大限度地限制国家介入，强调维系"不受干扰的家庭生活"的重要性。这一模型支持既存的家庭内部成人之间权利关系模式(如男主外女主内)，亦支持传统的亲子关系模式。因为家庭生活是一个独立的整体，国家应该尊重其固有的边界，不可轻易将触角延伸至其内。自由放任主义模型只愿意对边缘儿童提供必要援助。与此不同，国家家长主义高度强调儿童的脆弱性与依赖性，认为国家应该通过有组织地保护儿童的行动去捍卫并提高儿童福利。在它看来，国家主导的儿童社会福利不仅应该关注得不到家庭充分照顾的孩童，也应该设法增强一般正常家庭的育儿能力，因为现代国家培育的专业儿童工作者(如医生、教师、法官与社工等)往往比家长更能准确判断什么才是儿童的最佳利益，以及怎么做有利于维护其最佳利益。和国家家长主义有所区别的是，尽管父母权利中心模型强调国家介入儿童抚育事务的合理性，但是，它并不主张强制的、逼迫性的(Coercive)国家干预服务。在这个模型中，父母是一个需要国家支持的儿童照顾者，但是国家绝不可轻易剥夺父母的监护权，不可轻易将儿童放置到儿童之家、儿童中心等替代性的社会儿童照顾机构之中；即使是那些真的需要离开父母接受国家照顾的孩子，替代性照顾方案也应该协助孩童与他们的家长进行必要沟通与联络。在这个模型中，家长的权利与需要和儿童的权利与需要并重。这与儿童权利中心主义模型显著不同。在儿童权利中心主义中，儿童的感受、理解、希望、自由、选择与行动至关重要，所有关于儿童的安排都应该让儿童参与。和前面三个模型有所不同，该模型强调儿童的参与权利，突出儿童的能力与主体性。

福克斯·哈丁四分法的主要中轴是家庭与国家在儿童福利供给中的关系。在强调家庭作用的政策体系中，国家只有在家庭功能失灵时才发挥其作用、起身协助困难家庭抚育孩童。这是一种残余福利模式(Residual model)，注重对问题儿童、困难儿童及其家庭的帮助。在英美等奉行右翼自由主义福利体制国家和东亚国家普遍注重家庭的责任，强调家庭、市场与社会在儿童抚育中的作用，政府一般只为孩童进行人力资本的投资和对困境儿童的保护，较少有实物的保护性投资。在这种自由主义的儿童福利体制下，儿童抚育被看作主要是家庭之事，国家的过度介入会影响到个体的自由、侵犯家庭的隐私、破坏家庭的责任。而国家为本的制度性儿童福利政策模型则注意通过公共政策去预防儿童问题，促进儿童的正面成长，其福利的对象通常是所有孩童，而不仅仅是边缘弱势孩童。社会民主主义福利体制国家(如丹麦、挪威等)和保守主义福利体制国家(如法国和德国)一般强调国家在儿童抚育过程中的积极责任,注重为所有儿童提供福利服务。尽管"国家—家庭"二分模型为我们理解儿童福利模型提供了极大的便利,但是,各国福利体系都是经济、政治、文化等多种因素共同作用的结果,很难说哪一个国家的福利体系纯粹是左的或是右的。因此,在"家庭—国家"轴心外,有研究者开始注重亲属网络、社区伙伴、志愿者等非正式、第三部门在儿童福利服务过程中的作用,由此提出了社区为本的儿童公共政策模型。这与福利多元主义理论对于国家、市场、家庭与社会的共同强调异曲同工。

无论是在理论上、还是在实践中,无论是强调家庭的主导作用,还是强调国家介入的意义,抑或是福利多元主义对多个主体作用的同时强调,既有的理论与实践模型都强调,当家庭无力承担起抚育孩童的责任时,作为儿童终极监护人的国家都有介入所谓"私领域"的儿童抚育事务的国家责任。因为儿童并非家长的私有财产,他们更是社会的公共产品。当"私领域"的力量无法确保儿童拥有良好的成长环境时,作为公共部门的国家——儿童的终极监护人——需要提供及时有效的援助,以充分保障儿童的各项正当权益。这种国家干预,不仅是出于对作为公民的儿童权利保护的需要,也是国家维护社会公平正义,进而维护社会秩序的需要。在马歇尔的公民权理论中,由市场发育引发的社会不平等可能给市场社会的发展带来严峻挑战与威胁,而消除这种不平等的国家力量的呈现,则有利于市场力量阔步前行。可见,在福利理论的争论之中,不管是自由主义还是保守主义,不管是左派还是右派,都突出了国家在养育处境困难儿童中的责任。所不同的是,自由主义的倡导者主张的是剩余式福利,保守主义则倡导普惠型福利。

二、以家庭为主的非正式抚育模式及其失灵

作为家本位的社会,中国的基层社区、家族之中存在着守望相助的传统。当儿童的亲生父母不愿意或没有能力养育他们时,儿童所在的扩大家庭、家族的其他成员将会自然地承担起抚育他们的责任;如果这个儿童没有近亲(家)属,他/她所赖以成长的邻里社区(如村落等)也将会集体性地出谋划策,安排好抚育该儿童的相关事务。由于家族与邻里社区这种互助功能的发挥,一般地,即使自己的出生家庭

无法抚育他们,幼童通常仍然能够在自己出生、成长的当地获得必要照顾。依赖于这种传统路径,在遭遇困难时,人们习惯于从非正式的社会关系网络中寻求有关育儿的非正式支持,而非求助于正式的国家力量,而政府乐见此种社会传统的延续、实践。除了个别朝代颁布实施了慈幼恤孤的政策,我国历朝历代的统治者大多只是反复敦促为人父母者担起教养孩子的责任,而很少切实伸出援助之手帮助家庭抚育幼童。

1949年后就建立了强大的国家机器,国家垄断了主要的社会、经济、政治资源。然而,令人瞩目的是,新中国成立后,我国儿童福利的供给(特别是儿童照顾服务)主要系由作为非正式保障力量的家庭与民间社会提供。市场存在的空间被计划经济的体制隔离了,而掌控大量资源的国家则在事实上将儿童抚育的责任加诸家庭与社会。毋庸置疑,改革开放以来,我国的儿童教育、儿童健康及预防未成年人犯罪等方面都取得了十分重大的进展,儿童的受教育水平、健康水平等儿童发展的重要指标都取得了引人注目的增长。但是,在这个过程中,育儿的成本大多由家庭、社会或企业承担。在儿童健康方面,儿童医疗保障的范围与水平都有待提高,部分地区儿童的健康成本亦完全由家庭承担;已经开始实施的免费义务教育虽然展示了政府进行发展性社会投资的决心,但是,对于九年制义务教育之外的学前教育及之后的高中阶段教育的成本,家庭负担依然沉重;特别地,对既有的政策文本分析发现,除去教育成本之外,国家至今尚未出台系统、可操作的政策措施去协助家庭照顾0—6岁学龄前儿童,年幼儿童的照顾工作,主要仍由家庭承担。

在独生子女政策实施之前,乃至实施之后的一长段时间里,中国的家庭规模较大,扩大家庭与大家庭的比例较高,邻里互助的传统尚存,家庭内部成员之间、邻里之间会通过互助的方式帮助那些暂时或长期得不到亲生父母照顾的孩子。在更宏观的层面,尽管政府倡导妇女走出家门进入劳动力市场,但是,农村社会实践的人民公社制度与城市社会践行的单位体制,都在一定程度上缓解了劳动妇女可能面临的母职与工作间的紧张。因此,那时候,即使国家没有发展出系统的儿童社会政策与儿童福利服务,儿童仍然能够从家庭、社会,乃至企业之中获得必要的照顾与养育。现实中,尽管我国儿童福利的对象与范围长期都只限定在无法定抚养人、无劳动能力、无固定生活来源的"三无"儿童(实际工作中主要是福利机构中的孤儿、弃婴和农村纳入"五保"供养的孤儿),绝大多数的儿童仍然能够得到基本的抚育。在这个过程中,以家庭为主的非正式儿童照顾体系发挥了至关重要的作用。

改革开放后,我国社会经历了快速的转型过程:市场经济体制逐步成形,社会的工业化水平与城市化水平显著提高,社会两极分化的趋势日益显著,个体行为的传统的集体主义取向面临现代社会的个体主义取向挑战,甚至部分替代。这种社会变迁深刻影响了传统的非正式儿童抚育模式的实践,以致日显失灵,难以有效承载抚育儿童的重责。

首先,家庭、扩大家庭与邻里社区在儿童抚育方面的互助功能逐渐减弱。随着市场经济的发展及其引发的个体意识的张扬,过去一直高度稳定的中国家庭、婚姻开始出现松动,离婚率显著提升。据统计,1979—2009 年的 30 年间,我国离婚人数持续增长,近 5 年来,该指标的年均增幅更是高达 7.65%。2009 年,我国共有 246.8 万对夫妇登记离婚。因为父母的离婚,很多孩子都不再能如传统社会里的孩童那样能够同时得到父母的照顾,单亲家庭儿童的数量呈现持续增长的趋势,有些孩子甚至被自己离婚的父母遗弃,成为事实上的孤儿。如上文所言,在传统中国,这类孩童通常都可以从他们的扩大家庭、家族或其赖以成长的邻里社区中获得某种形式的补偿性照顾。然而,现在扩大家庭与家族在儿童照顾方面的互助功能已经明显衰微。由于城市化、工业化和以降低生育率为主要内容的生育政策的长期实施,过去 30 年来,我国家庭的主要形式不再是传统的大家庭,而是核心家庭。另一方面,部分"幸存"的扩大家庭已经不再愿意如传统社会那样积极地帮助扩大家庭内部其他家庭面临困境的儿童,邻里社区之间在儿童抚育方面的传统也在衰落。过去一直盛行的传统美德"幼吾幼以及人之幼"在现代社会中已经不再如从前那样为人传唱践行,人们更多地关心自己的利益。当邻居的孩子无法从他们的父母那里获得足够养育时,愿意主动伸出援助之手的人变得越来越少。笔者在有关我国流浪儿童问题的研究中更发现,不少儿童因为家庭功能失调,无法从家庭与社区邻里中获得必要的照顾,不得不浪迹街头,独自在城市街头谋生度日,引发一系列人道主义悲剧。这充分表明,在当前的社会情境之中,结构小型化、脆弱化之后的不少家庭已经难以承担抚育孩童的责任。

其次,随着育儿成本的不断增加,不少年轻的家长面临沉重的育儿经济压力与照顾负担。在对上海市徐汇区 746 户家庭的随机抽样调查中,徐安琪研究员为了全面准确估算育儿费用,系统调查了因育儿发生的租房、买房、结婚储备,以及近年日增的信息、通信、保险乃至婴儿满月酒和子女过生日等直接育儿费用,结果发现,0—16 岁孩子的总直接成本达 25 万元左右。如果加上孕产期的支出以及从孩子孕育到成长过程中父母因孩子误工、减少流动、升迁等自身发展损失的间接经济成本,育儿的经济成本相当惊人。与此同时,伴随着家庭结构的小型化、妇女普遍进入劳动力市场,家庭日常照顾儿童的负担日渐沉重。在单位体制解体之后的今天,双职工家庭子女的照顾完全得不到"单位"的制度支持。按照现有的政策框架,除了母亲具有三个月的产假之外,在政策上,双职工家庭一般没有亲职假(Parenting leave),很难照顾家中婴幼儿。不仅如此,因为追逐利润的需要,部分用人单位对于带养幼童的员工的要求变得更加严厉,大量加入劳动力市场中的年轻父母要在工作和育儿之间寻找到平衡变得越来越困难,婴幼儿的照顾成为许多双职工家庭面临的严峻现实问题。在城市,普遍出现了家庭需要人临时或长期照顾婴幼儿却无法获得帮助的问题,出现了双职工家庭入读幼儿园与小学的学生下午三点半放学后无人接送照顾的问题。经济与照顾负担一起,让许多家庭不堪重负。近几年来,大众媒体甚至将许多为育儿所累的年轻父母形容为"孩奴",年轻一代的生育意愿也显著降低。从这个意义上说,传统上只关照孤残儿童的儿童福利政策已经难以适应社会发展的需要,儿童社会政策的边界需要拓展,国家在抚育儿童过程中的角色需要适当调整。

再次,市场经济的快速发展,社会变迁的不断进行,产生了一大批在事实上无法得到自己亲生父母养育、照顾的儿童,他们的家庭没有能力或者没有意愿抚育好他们。这些弱势儿童的存在急需国家力量的帮助。据不完全统计,由于城乡社会流动,目前,中国出现了5 800万的留守儿童,其中,14周岁以下留守儿童约4 000万人,这些孩子不能经常与父母居住在一起,无法如普通孩子那样得到父母的即时照料与教养;根据2005年全国1‰人口抽样调查样本数据,全国14周岁及以下流动儿童规模达到1 834万人,这些儿童离开了自己的家乡,和自己的父母一起来到陌生的城市居住,但是父母因为都要去工作无法很好地照顾他们;全国有817万需要特殊照顾、康复服务与特殊教育的残疾儿童,有近60万服刑人员子女和至少20万受艾滋病影响的儿童。这些在新的变化了的社会环境中产生的处境困难儿童,无法从家庭、社会与市场获得充分的照顾与养育,急需国家力量的介入,急需儿童社会政策的荫蔽。

上述变化和挑战表明,国家需要采取有效的措施去积极应对育儿这个过往被认定为私领域的事务。然而,我国政府迄今仍然没有出台系统地帮助家庭抚育儿童的社会政策,自然亦没有系统的社会服务去帮助那些在家庭中得不到适当照顾的孩子。政府一如既往地强调儿童应该留在家庭内接受父母的监护,却没有考虑到社会的转型业已造成家庭在儿童照顾方面的功能失调。显然,不管是从维护儿童权利的角度看,还是从促进家庭稳定与和谐的角度看,国家介入儿童抚育事务都有其必要性。从这个意义上说,儿童福利供给过程中的国家角色,急需要重新定位。国家如何建构适合新时代的儿童抚育模式并有效确保儿童福利,成为我国儿童社会福利发展的重要议题。

三、在"左""右"之间:我国儿童福利制度建设的路径选择

1990年,我国政府签署《联合国儿童权利公约》,承诺要采取一切必要之手段保护少年儿童的权益。在这个背景之中,我们需要思考如何借鉴国际儿童福利发展的一般经验,来回应我国社会快速发展过程中出现的儿童福利问题,以有效应对社会转型与家庭失能给儿童发展与儿童福利带来的负面影响。

改革开放40年来,我国经济实力显著提高。至2010年底,我国GDP总量已经一跃超过日本,成为世界第二大经济体。在这样的经济发展形势下,如果儿童社会福利的对象仍然只是局限于很小一部分的孤残儿童,儿童福利的内涵与水平仍然在低位徘徊,政府的社会合法性会遭致削弱,社会秩序的维持也将面临更多的挑战。或许正是基于这样的考虑,20世纪90年代中期以来,中央与地方政府都开始关注流浪儿童、受艾滋病影响的儿童、服刑人员子女、单亲家庭子女等困境儿童的福利问题;2000年之后,流动儿童的受教育权利与留守儿童的生活照顾与监护问题都开始得到越来越多的关注;2011年中央更提出要建立健全家庭发展政策。

可见,在宣示性提出要保障儿童的生活过后,随着儿童问题的突出与国家干预能力的增强,政府开始尝试在公共政策层面系统回应儿童福利问题。但这样的尝试,仍处于起始阶段,并且在一开始就显得犹豫踌躇:向"左"走还是向"右"走,抑或是停步不走?发展面向处境困难儿童的剩余型儿童福利,还是发展面向所有儿童的普遍性福利?这成为建设现代儿童社会福利体系过程中一个充满争议的论题。由于规范性儿童抚育模式的影响,一部分政策制定者仍然希望家庭能够尽可能地担当起养育孩童的责任。他们担心政府主导的社会福利体系可能会对传统的一些宝贵价值观念造成冲击,影响到民众育儿的责任意识,削弱家庭内部的互助传统。尽管主张在经济与社会层面实施全面的国家干预,但是,无论是改革开放前还是市场化改革之后,我们都习惯于将家庭看作是私人领域,公共政策较少对家庭进行讨论和干预。即使是在广泛动员妇女参与劳动力市场之后,即使是在世界女性

主义运动蓬勃发展并持续控诉将妇女与家务、儿童抚育捆绑时,国家仍然坚持儿童照顾是私人之事务,并未出台系统的政策服务去支持原来承担照顾儿童的妇女更好地平衡家庭与工作的关系;认为国家的介入,可能会破坏家庭内部的互惠行为,会有损爱幼慈幼的传统家庭美德,甚至会鼓励人们抛弃育儿责任等不负责任的行为;更担心过多地发展儿童福利会增加国家的财政负担,甚至重蹈福利国家危机的覆辙。因此,在国家尚未起步协助家庭抚育儿童时,政府一再强调家庭的责任,在社会福利社会化的理念下强调发展由政府、家庭、第三部门等多重力量共同供给的社会化儿童福利。

但是,如上文所述,继续在国家不作为的道路上走,面临着多重风险。在意识形态层面,女性主义批评国家不作为、继续将女性与育儿捆绑,限制了妇女的发展;新保守主义者尽管反对福利国家并主张最小的国家干预和最大的个人自由,但坚持主张国家应该在不妨碍市场机制发挥作用的前提下,通过协助家庭、规范市场等方式,为有需要的儿童与家庭提供最低限度的生活保障;福利国家的积极倡导者(例如公民权利论者)则认为,通过儿童福利服务的供给,可以在一定程度上消除市场经济发展引发的社会不平等的消极负面作用。在社会实践层面,大量得不到家庭及时照顾的孩童的出现,直接引发了人道主义危机与社会秩序危机。创新儿童抚育模式,发展儿童社会福利,成为理论与实践的双重紧迫需要。

向"左"走而发展更积极更普惠的儿童福利,还是向"右"走而建设一个最低限度的儿童福利体系,是一个需要联系实际思考的理论与政策议题。考虑现时儿童抚育的现实、我国儿童抚育的传统,以及我国经济社会发展的需要,笔者以为,发展一套面向困境儿童——得不到家庭充分照顾与教养的儿童(如孤残儿童、贫困儿童、流浪儿童、受艾滋病影响的儿童等)——的社会福利服务体系具有现实的必要性与可行性。这种选择性的儿童社会福利,既可有效回应困境儿童与家庭的需要,亦可避免让国家在儿童社会福利发展之初就背上沉重的财政负担。

建设选择性福利政策模式,意味着要继续强调家庭在儿童抚育过程中的作用,意味着儿童社会政策只是回应那些无法从家庭获得必要照顾与教养服务的孩童,意味着国家干预的最小化。为此,儿童福利服务的供给要建立在资格审查的基础之上。选择性儿童社会福利的供给主要包括资金支持与照顾服务两个方面。一是为缺乏必要育儿经济能力的家庭提供必要的经济补助,为困难家庭孕育孩子、养育孩子、教育孩子提供最低限度的资金支持。最低限度的经济补助,有利于困境家庭儿童尊严的维持与福利的确保,有利于困境家庭儿童获得必要的发展机会,进而阻断贫困的代际传递。二是政府需要为临时或长期不能照顾孩子的家庭提供儿童照顾服务。家庭结构的小型化和妇女对劳动力市场的参与使得城市家庭对儿童照顾服务的需求普遍而强烈,部分特殊儿童因为父母服刑、疾病等而长期不能从家庭获得照顾。社会化的儿童照顾服务与支持父母照顾儿童的亲职假制度的实践,都能在一定程度上确保、提高儿童的福利水平。

(程福财,原文载于《青年研究》2012年第1期)

美国家庭支持服务育儿模式之审视

家庭育儿功能的弱化是现代社会面临的共同问题。在许多发达国家，支持家庭的良性运转、提高家庭抚育儿童的能力，进而增进家庭福利、促进儿童发展，已经成为一项国家发展战略。在中国传统社会文化规范中，养育孩子一直是家庭的责任。然而随着经济社会的快速发展和转型，传统的以家庭为主的育儿模式逐渐难以适应现实，一些家庭无法有效地承担育儿责任。随迁子女、隔代抚养、单亲家庭等各种新的育儿形态渐趋普遍，由此引发了不少社会问题。面对家庭育儿功能的弱化，如何拓展政府与社会在家庭领域的支持和服务功能，分担家庭的育儿责任，已经成为不容回避的重要议题。

美国在20世纪70年代也经历了社会经济与家庭生活模式的剧变。当时，迫于巨大的生活压力，许多抚育孩子的女性不得不进入职场；离婚率和青少年怀孕率的急剧上升，导致单亲家庭大量出现；家庭的流动日趋频繁，逐渐丧失了与亲属、社区邻里的社会联系。种种变化都为抚育孩子的家庭带来严峻的挑战。对此，美国社会自下而上地出现了一种名为"家庭支持"的服务，以每个家庭所在的社区为基础，通过各种形式为家庭提供帮助。到20世纪90年代，家庭支持服务遍布全美，且已从民间自发组织的志愿服务演变为由联邦、州与地方政府共同推动的国家福利。由于家庭支持服务强调家庭的能力和优势，而非家庭的弱势与缺陷，因此它有别于美国儿童福利制度长期以来的"残补"模式（即只有身处危机中的家庭或儿童才能获得帮助），转而采用一种注重早期预防的模式。本文以审视美国的家庭支持服务育儿模式为核心，希望归纳出一些具有应用价值的启示，为我国建立和发展家庭支持政策与服务提供参考。

一、美国家庭支持服务的发展历程

（一）社会背景

家庭支持服务萌芽于20世纪70年代，当时美国遭遇了极大的社会动荡和变革,对儿童和家庭产生了诸多负面影响。首先是经济的衰退使儿童的生活条件恶化。儿童贫困率在70年代显著增加,达到全美贫困人口的25%。另一方面,家庭结构和形态也出现了不利于儿童发展的特征。随着离婚率的上升和非婚生育数量的增加,单亲家庭的数量急剧增长。1970—1979年,与离婚家长生活的儿童数量增加了两倍,与未婚家长生活的儿童数量则增加了6倍。1960—1979年,青少年的婚外生育率增加了3倍。与此同时,家庭的流动性愈发明显。在整个70年代,41%的家庭有过搬家到另一个地区的经历。此外,儿童受虐待的报案数量显著增加。1974年,虐待儿童报案数为6万件,1980年的报案数已超过了100万件。

面对社会经济的衰退与家庭生活的变革,人们普遍感到养育孩子成为一件艰难的事,希望得到更多的社会支持,而传统的社会服务却难以满足他们的需求。全美儿童委员会(National Commission on Children)的一项调查发现,88%的美国人认为养育孩子比以往任何时候都更艰难,86%的父母承认自己不懂得什么是正确的育儿方法。并且,绝大多数的父母认为自己的生活充满了各种各样的压力:家庭与工作的不平衡、与社会的隔离、经济压力、不安全的社区环境,等等。传统的社会服务一般只针对个体而非家庭,只提供单个问题的干预而非整体状况的改善。这种碎片化的服务在面对承受多元压力的家庭时显得力有不逮,人们迫切需要一个针对家庭整体的、综合性的社会服务。

(二)发展进程

20世纪70年代末,全美各地陆续出现了一些"家庭资源项目"(family resource program),它们是家庭支持服务的雏形。这些项目通常以社区为基础,由与儿童身心发展相关的专业人士、社工、教师等共同参与,为社区内的所有家庭提供育儿知识、社会支持、服务转介等帮助。例如,新奥尔良的"家庭教育中心"(Parenting Center),由当地儿童医院提供场地,开展家庭教育课程、咨询、保姆培训等服务;旧金山的"父母天地"(Parents Place),不仅面向所有0—6岁孩子的家庭,还为单亲母亲、离异父母、养父母和双胞胎的父母提供特别服务;芝加哥的"家庭聚焦"(Family Focus),根据不同社区的文化设计个性化的项目,尤其关注怀孕和养育孩子的青少年,等等。

家庭支持服务在20世纪80年代开始向组织化、专业化发展。1981年,在联邦儿童与家庭署(Administration on Children and Families)的资助下,由芝加哥的

"家庭聚焦"项目牵头，全美200多个家庭资源项目首次齐聚，成立了家庭资源联盟（Family Resource Coalition，后更名为Family Support America）。此后几十年中，家庭资源联盟逐渐成为家庭支持服务的理念、研究、信息和技术的交流中心。它的活动内容包括召开全国性会议，提供技术协助和培训，与政策制定者进行问题与信息的交流，出版理论和实践成果，建立合作网络等。一些相关专业领域的知识分子也参与到家庭资源项目的咨询和设计中，他们收集整理各个项目中得出的独特经验，并将其编辑出版。1983年，耶鲁大学儿童发展研究中心与家庭资源联盟联合出版了第一份家庭资源项目名单。1987年，耶鲁大学的几位学者又共同编撰了《美国的家庭支持项目》（America's Family Support Programs）一书，其内容涵盖家庭的文化多样性、家庭支持的新理念、家庭支持与学校、早期教育、儿童保护、社会组织的关系等，是第一部系统阐述家庭支持的著作，对家庭支持服务的后续发展起到了指导作用。

20世纪90年代以来，家庭支持服务的经费来源渠道日益拓展，促使项目的规模与影响力不断扩大。1990年，联邦政府出资成立了全国家庭支持项目资源中心（National Resource Center on Family Support Programs），由家庭资源联盟负责运行。三年后，国会又通过了《家庭维系和家庭支持服务计划》（Family Preservation and Family Support Services Program），其中规定划拨10亿美元，用于扩张家庭维系服务和以社区为基础的家庭支持项目。这是联邦政府首次对全国的家庭支持服务提供公共经费资助，在它的鼓励下，一批新的家庭支持项目成长起来。与此同时，越来越多的州、县以经费资助、技术协助和人员培训等方式扶持家庭支持项目的发展。西雅图率先建立了全市的家庭资源项目网络，明尼苏达、密苏里、肯塔基等州紧随其后，建立了覆盖全州的家庭支持服务。家庭支持项目的遍地开花也吸引了知名企业和慈善基金会的资助。著名的安妮·凯西基金会与威斯康星州合作，围绕儿童与家庭支持事务投入了大笔经费；包括埃克森石油、宝洁等跨国公司在内的数百家企业也联合做出承诺，要以家庭支持项目、家庭访视、亲子中心等形式来帮助处于教育不利地位的儿童。

到20世纪末，家庭支持服务已经遍布全美各州，人们认可其在育儿指导、亲子关系、儿童保护等方面的作用后，又开始探索将家庭支持的理念应用于父母领导力发展、机构改革、社区规划、学校教育等领域的可能性。一些州尝试将儿童与家庭服务的管理权下移到社区层面，鼓励父母们参与决策过程。1997年出版的《留出一席之地》（Making Room at the Table），就是一部关于如何促进父母参与儿童和家庭服务决策的指导读物,至今还在全美各地广泛使用。家庭支持服务中使用的工具也被应用到其他领域,最常见的是1995年出版的《认识你的社区》(*Know Your Community*),它用以评估社区需求和资源的工具被美国的早期教育项目"领先计划"(Head Start)所采用。在学校教育领域,通过学校与家庭支持服务的联结来缩小学生成绩的种族差异,是美国20世纪90年代教育改革关注的重点。到21世纪初,家庭支持的理念已为服务于儿童和家庭的大多数领域所吸收,家庭支持项目不仅成为社区为儿童和家庭提供的重要资源,也成为儿童保护、育儿指导、早期教育、学校教育等相关领域的重要支撑。

二、美国家庭支持服务的模式评析

美国的家庭支持服务采取了一种以早期预防为重点的模式,即在问题发生之前就为家庭提供支持,通过提高家长的育儿能力来确保儿童的健康成长。在这个意义上,家庭支持与其说是一种"服务",不如说是一种帮助家庭的方法,它试图从根本上提升家庭处理问题、应对风险的能力,而不仅仅是一个可供家庭依赖的系统。

(一) 家庭支持服务的基本理念

在传统的社会服务中,服务的对象一般是儿童或成人个体,作为一个整体存在的家庭往往被遗忘了。家庭支持则认为,家庭对于儿童来说是最重要、最有效的资源,是改善儿童福利的基石。家庭支持的目的,就是要通过培养家庭的自足感(self-sufficiency)和赋能感(empowerment),促使家庭更有效地发挥其养育儿童的功能。要实现这一目标,还必须让儿童生活中的其他资源如学校、社会机构等与家庭相互合作。家庭资源联盟发表的《家庭支持实践指导方针》(*Guidelines for Family Support Practice*)对这一理念作了具体的阐述,它指出家庭支持服务项目应该遵循以下九条原则:(1)与家庭在平等和尊重的基础上合作;(2)以提升所有家庭成员成长和发展的能力为目标;(3)将家庭视为其成员、其他家庭、服务项目及社区的资源;(4)尊重家庭的种族、语言等文化身份;(5)融入社区之中并对社区建设做出贡献;(6)服务系统公平、有效、可问责;(7)努力吸纳一切能支持家庭发展的资源;(8)灵活地回应家庭和社区中出现的不同问题;(9)项目的设计、管理、实施等每个环节都应体现上述原则。

家庭支持秉持如下基本观点：(1) 家庭支持的目标是所有儿童的最优发展。由于现代社会中的风险因素太多，每个家庭都有可能在某一时刻陷入困境，因此预防服务必须面向所有家庭和所有儿童，即不论儿童的身体是健康或有障碍，也不论他们属于什么种族和社会阶层，都能拥有一个良好的人生起点。(2) 家庭支持的对象是儿童发展的生态系统。生态系统理论强调个体与其所处的生态系统之间的相互作用，这一理论对家庭支持服务的影响有两方面：一是强调儿童所处的生态系统对于服务的重要性，例如，儿童养育模式受到家庭、社会习俗与传统的制约，故家庭支持服务必须对家庭文化和社会传统保持敏感。二是强调家庭支持服务也会对儿童所处的生态系统产生作用。例如，社区中人们通过参加服务项目加强了彼此之间的联系，最终使得社区关系变得更为融洽。(3) 家庭支持的核心是父母的自我成长。在养育孩子的过程中，父母们既从自己的童年经历中汲取经验，又在现实生活中寻求知识，育儿能力不断提高。从这个角度而言，父母与孩子同步成长。家庭支持正是建立在父母具有自我成长潜力的基础之上，其服务的核心就是父母能力的发展和提升。

(二) 家庭支持服务与传统社会服务的区别

与传统的社会服务相比，家庭支持服务在理念、内容、形式、过程等方面都有所不同。它强调家庭的能力而非缺陷，提供综合服务而非单一服务，鼓励家庭参与决策，致力于发展平等合作的关系。

1. 家庭支持服务是能力取向而非缺陷取向

传统的社会服务中普遍存在一种迷思，即只有"问题"家庭才需要寻求帮助，"健康"家庭是不需要帮助的。家庭支持服务认为，寻求帮助并不等同于家庭有缺陷或无能，相反，面对困惑时主动寻求帮助正是家庭有能力的表现。家庭支持服务的作用不是简单地解决问题，而是提升家庭解决问题的能力。

2. 家庭支持服务具有综合性而非单一性

传统的社会服务项目通常局限于某一特定领域，当家庭有多种需求时，只能到不同的机构去寻求帮助。家庭支持服务的内容涵盖多个领域，人们只要到同一机构就可以获得一系列的服务，这不但省去了一些重复的程序，避免了不必要的时间浪费，还使得服务接受者与提供者的接触更加频繁，有助于建立更为紧密的关系。

3. 家庭支持服务具有灵活性而非结构性

传统的社会服务有其固定的内容和形式,而家庭支持服务则鼓励寻求帮助的人们参与项目内容、形式乃至周期的设计,以满足不同家庭和个体的需求。

4. 家庭支持服务强调合作关系而非授受关系

在传统社会服务的输送过程中,服务提供者占主导地位,他们与服务接受者的关系像是教师与学生、医生与患者的关系;而家庭支持服务则提倡在服务过程中建立起一种平等、尊重、共享的合作关系,人们的需求通过双方知识和信息的共享来得到满足。

(三) 家庭支持服务的运作实践

家庭支持服务在社区中的运作依靠家庭资源中心(Family Resources Center)进行。家庭资源中心是一个供父母和孩子游戏玩耍的地方,也是父母们相互交流的场所。在这里他们可以学到育儿技能,可以从照顾孩子的繁杂事务中得到临时的解脱,可以得到如何解决问题的帮助,还可以分享物品和服务。对很多没有亲戚网络的家庭来说,家庭资源中心承担起社会支持网络的角色。最初,各个社区中的家庭资源中心是相互独立的,如今,一些地区已经建立起这些中心的联系网,尝试把它们整合进更广泛的社会服务系统中。

大多数家庭资源中心的服务包括十大要素:(1) 教育培训,内容包括读写能力教育、职业培训、个人生活技能指导等;(2) 信息课程和支持小组,开设关于儿童发展、养育和家庭生活的课程,也是父母们分享经验和烦恼的平台;(3) 亲子活动,让父母与孩子共度时光;(4) 家庭访视,由项目工作人员对家庭进行定期或不定期的探访;(5) 儿童看护,在父母参与项目活动时代为照顾儿童;(6) 转介服务,为有需要的家庭联系相应的社区机构;(7) 代理服务,代表一个家庭或一组家庭向相关部门表达意愿;(8) 简报,刊印育儿知识以及当地活动和资源的信息;(9) 咨询与危机干预,针对家庭问题提供专业咨询和干预;(10) 其他辅助服务,如应急的衣物、食品、交通工具等。

家庭资源中心通常由民间创办,但政府会给予一定经费补助。例如,为推动各项以强化家庭功能及增进社区联系的服务措施,让社区内所有家庭都有机会通过多元、便捷的渠道获得服务,旧金山市政府自 2000 年起设置"儿童基金",每年投入约 7 亿美元,用以补助民间团体开展家庭支持服务。旧金山市中国城的"聚乐"家庭资源中心就是在这项基金的补助下建立起来的。该中心租用中国城社区内一幢大楼的地下室，占地约1 000平方米，设有图书室、托育室、游乐室及上课教室数间。中心提供社区居民家庭支持服务方案、育儿指导、家庭教育、临时托育、亲子游戏班、父母支持团体、玩具和书籍出租、儿童福利工作人员教育培训等服务。为了培育家庭资源中心，旧金山市政府还资助成立"家庭支持网络协会"（San Francisco Family Support Network），由各地家庭资源中心及家庭支持服务机构以会员制方式组成，致力于建立资源协调及合作网络，以提升家庭服务质量。

（四）家庭支持服务的成效评估

作为一项新兴的育儿服务模式，家庭支持服务的实际效果如何，是政策制定者、儿童福利倡导者、服务的提供者与接受者等各利益相关方都非常关注的问题。从目前对家庭支持服务项目的评估来看，这种模式在促进儿童发展和提升父母育儿能力两个方面都取得了积极的效果。

对一些学前教育项目的纵向追踪发现，参与家庭支持服务项目有助于儿童的认知发展、学业成就乃至社会经济地位的提升，表现为参与者的识字率、就业率和高等教育入学率上升，而辍学率、犯罪率和福利依赖率下降。另一项对旨在帮助家长参与子女教育的项目评估发现，接受服务的家长更多地参与了孩子的教育活动，与没有接受服务的孩子相比，他们的孩子在阅读和数学的标准化测试中获得了更高的分数。许多证据表明，接受家庭支持服务的家长在育儿态度、知识和行为方面都有了明显进步。家长认识到父母是孩子的老师这一角色，他们学会了在照料孩子时采用较为积极的控制和训练技巧，能够为孩子营造正面的、鼓励性的生活环境；他们的自尊、责任感和问题解决能力都通过家庭支持服务得到了增强。家庭支持服务对家长育儿能力的改进，又进一步改善了亲子关系，使父母对子女的照料参与度更高，儿童虐待和忽视的情况大为减少。

联邦政府的儿童、青少年及家庭管理局（Administration on Children, Youth and Families）对全美家庭支持服务的总体评估也基本支持上述结果。这项评估以针对260个家庭支持项目的665项研究报告为对象，通过元分析（meta-analysis），得出的结论是，家庭支持项目在如下七个领域产生了积极作用：（1）儿童认知发展；（2）儿童的社会性发展；（3）儿童的身体健康与发展；（4）儿童安全；（5）父母的育儿态度、知识、行为和家庭育儿功能的发挥；（6）父母的精神健康或风险行为的降低；（7）家庭经济自足能力的提升。

虽然家庭支持服务在实践中已经取得可喜的成效，但它也存在一些不足，有待于进一步的探索和完善。例如,全美有成百上千个家庭服务项目,它们所取得的成效并不均衡,许多服务没能达到预期的目标。又如,家庭支持服务的本地化特征决定了它只对特定社区及其居民发挥作用,因此很难对某项服务的成功经验进行复制和推广。不过,鉴于联邦政府的资助仍在持续,家庭支持服务的覆盖范围也在不断扩张,可见这一服务模式的发展前景相当乐观。

三、美国家庭支持服务对我国的启示

综上所述,家庭支持不仅是美国社会广泛参与的一项志愿服务,也是美国政府用以增强家庭能力、解决社会问题的一种政策工具。不只美国如此,伴随着现代化的进程,以前被视为私领域范畴的家庭问题,在许多国家,尤其是西方发达国家早已成为公共议题。一些发达国家意识到家庭政策具有广泛的社会效应,率先实行了家庭政策,旨在弥补家庭的功能缺失,解决社会问题和改善公民福利。政府不仅出台家庭政策保障家庭福利,还要根据家庭结构功能的变迁不断对其做出调整。2014年联合国"纪念国际家庭年20周年"会议就指出,世界家庭政策的价值取向发生了三个重要变化:一是由家庭的自我保障转变为由社会与政府共同支持;二是家庭政策从支持型转为发展型的导向,即从满足家庭最基本的生存需求转向建构家庭的功能,进而提升家庭的能力;三是家庭政策向普惠型转变,即政策对象开始从一部分贫困家庭扩大到一般家庭。

中国目前尚未建立以家庭为基本对象的长期家庭政策和制度安排。随着家庭规模的缩小、老龄化程度的提高、人口的持续流动,家庭的自我保障能力被严重削弱,面临着比以往更加严峻的问题和挑战,对政府和社会支持的需求也更为迫切。有学者指出,当前我国的社会政策正处于两难境地:一方面是计划经济体制下的福利供给和保障体系瓦解,新的体系尚在建构,人们对家庭的保障功能寄予厚望;但另一方面,人口和家庭变迁又使家庭保障的基础遭受破坏,家庭保障能力自生性不断减弱。为应对家庭结构和功能变化带来的挑战,国家不断加大对家庭的政策支持和经济援助,迄今已颁布了57项涉及家庭的社会政策,覆盖包括低收入家庭的财政支持、就业扶助、儿童支持、计划生育家庭奖励扶助和其他方面等5个领域。不过,这些政策大多散见于各项法律规范中,既缺乏专门以家庭为基本单位的家庭政策,也缺乏操作性较强的政策内容和社会行动项目。留守儿童、隔代抚养等现象的普遍存在,正说明目前我国城乡家庭在育儿方面仍以自身保障为主,来自政府和社会的支持依旧匮乏。

借鉴美国经验,我国发展家庭支持政策与服务可从以下两个方面入手:

(一) 设计以家庭为单位的家庭政策

第一,家庭政策要以家庭整体为福利对象。政府出台家庭政策的目的不是简单地给予家庭经济和物质援助,也不是只针对家庭的某个或某些成员,而是要以家庭整体作为政策实施对象,旨在帮助家庭提升保护儿童成长、承担家庭责任、抵御家庭风险、获得积极发展等方面的能力。因此,在设计家庭政策时,要充分考虑家庭需求,从家庭整体利益出发,以家庭为单位来进行设计。

第二,家庭政策要面向全体家庭。除对弱势家庭的救助以外,未来家庭政策的设计要向覆盖全体家庭的方向迈进,即由"补缺型"向"普惠型"转变。这是经济社会发展到一定程度后福利政策设计的必然趋势,也是我国全面建成小康社会的重要标志。

第三,家庭政策要回应家庭生活的多种需求。前已述及,目前我国家庭福利的各项供给分散在不同的福利供给制度中,既容易造成多头管理和政策真空的现象,也不便于家庭寻求帮助。今后在制定家庭政策时,应当根据家庭的多元需求,设计出行政主体、政策对象及政策内容清楚明晰的综合性的家庭政策体系。

(二) 推动社会力量参与家庭支持服务

第一,要营造关心支持家庭的社会氛围和社区环境。充分发挥广播电视、报纸杂志、网络及新媒体的作用,力求"支持家庭是社会责任"的观念深入人心;以社区文化活动和公益活动的形式,营造"邻里一家亲"和睦氛围。

第二,鼓励和扶持社会组织开展家庭支持服务。在城乡街道(镇)设立家庭支持中心,具体负责家庭支持服务项目的管理和评估,通过购买服务的形式,鼓励和帮助一批社会组织开展与家庭支持相关的服务。

第三,倡导全社会各个部门以各种形式支持家庭。通过政策激励、税收减免、国家补贴等形式,倡导学校、医院、文化机构、企业等各个社会部门制定有利于家庭发展、提升家庭能力的办法措施,让支持家庭成为全社会共同参与的事业。

自2016年起,我国全面实施一对夫妇可生育两个孩子的政策,更加凸显出发展家庭支持的相关政策和服务的紧迫性与必要性。对一部分有生育二孩意愿的家庭而言，这不仅意味着经济压力的加大和养育责任的加重，还牵涉孩子入园、入学、妇女就业等一连串的问题。这些问题如果不能得到重视，可能会成为新的社会不稳定因素。因此，政府应尽快出台强有力的家庭支持政策，并会同社会力量，让国家、社会与家庭共同分担育儿责任和成本，这既能保障家庭与儿童的福利，又能避免社会问题的滋生，不仅正逢其时，也刻不容缓。

(何芳，原文载于《比较教育研究》2016年第7期)

美国无家可归儿童：定义、现状及救助措施

随着我国社会转型的加剧和城市人口流动的加速，流浪儿童的数量日益增多，逐步成为特殊的社会弱势群体，其负面效应已经引起政府、传媒和社会大众的高度关注。然而，在"解救流浪儿童"的强大社会舆论背后，关于流浪儿童救助的一些基本问题仍然有待厘清。例如，什么样的儿童是流浪儿童？各级政府和社会应该在流浪儿童救助中扮演何种角色？如何建立和完善流浪儿童救助体系和保护网络？要回答这些疑问，除了充分把握我国的具体国情，还需要在了解掌握世界各国尤其是西方福利国家先进经验的基础上，重新思考我国的流浪儿童救助问题。本文选取在流浪儿童救助方面有丰富经验的美国作为研究对象，通过对统计数据和研究文献的梳理，简要探讨美国流浪儿童的身份认定、生活现状和主要的救助措施，为我国流浪儿童问题的研究与应对提供参考。

一、无家可归儿童：美国社会的流浪儿童及其定义

在美国，流浪儿童实际上被称为"homeless children"，即无家可归儿童。而我国学界通常根据联合国儿童基金会（简称"儿基会"）的定义，将"流浪儿童"与英语中的"street children"相对应。出现这种不一致是因为，"流浪儿童"这一概念在不同社会背景下有着不同的含义。儿童基金会使用"street children"这一概念，最初是出于对拉美、非洲和亚洲许多发展中国家的大量街头流浪儿童的关注，故在其定义中特别强调"在街头生活和工作"是辨识流浪儿童的重要标准。而对于美国和其他许多发达国家而言，由于设置了相关儿童保护法规和福利救助制度，完全脱离监护在街头流浪的儿童并不多见。不过，这并不代表美国不存在流浪儿童，相反，美

国流浪儿童是一个构成复杂的群体。一些儿童并未脱离监护人的照料,而是随父母一起流浪;一些儿童未必在街头流浪,而是在收容所、亲友家、汽车旅馆等处临时度日。但他们和那些在街头流浪的儿童一样,都过着无家可归的流浪生活。

关于什么样的儿童是无家可归儿童,并无一个标准的定义。美国政府、福利机构和学术界基于不同的操作目的,对无家可归儿童的界定有所不同。其中,以两部联邦法案中对无家可归儿童所做出的定义最具代表性。一是《离家出走与无家可归青少年法案》(The Runaway and Homeless Youth Act)根据儿童与家庭之间的关系所做出的定义,其将无家可归儿童界定为"21岁以下,不能与亲人居住在安全的环境之中,并且没有其他替代性的生活安排的儿童",具体可分为四类:(1)未经父母许可自行离家的儿童;(2)被父母抛弃的儿童;(3)街头流浪儿童;(4)离开福利机构或司法机构后无家可归的儿童。二是《麦克基尼—文托无家可归者援助法案》(The McKinney-Vento Homeless Assistance Act)根据儿童的居住状况所做出的定义,它将无家可归儿童界定为"在夜间没有固定、正常和适当住所的儿童",他们有的被安置在临时收容所,有的住在汽车旅馆,有的每晚在不同朋友或亲属家中借宿,还有的露宿在废弃建筑物、火车站或公园等公共场所。这两个定义的主要差别在于:《离家出走与无家可归儿童法案》的定义范围较为狭窄,仅将没有父母或监护人照管的儿童视为无家可归儿童,而《麦克基尼—文托无家可归者援助法案》的定义则更为宽泛,不仅包括无人照管的儿童,也包括那些与父母或监护人一起流浪的儿童。

美国一些政府部门与福利机构对无家可归儿童的定义尽管在表述上不尽相同,但内容大致与上述两种定义类似。例如,加利福尼亚州教育部将无家可归儿童界定为"没有固定、正常的和适当的夜间居所的儿童";而全国无家可归联合会(National Coalition for the Homeless)对无家可归儿童给出的定义是"18岁以下,没有父母、寄养家庭或机构照料的个体,也可称为无人照管儿童"。此外,学术界对无家可归儿童的定义多为狭义,只针对无人照管、独自生活的儿童,不将那些与家人一起流浪,或接受机构救助的儿童纳入研究范围。

二、无家可归儿童生存现状:数量、构成与风险

由于无家可归儿童居无定所难以登记,加之对这一群体的定义各不相同,导致

美国无家可归儿童的数量一直缺乏公认的、准确的统计。2002年，美国联邦政府预防及裁定青少年犯罪办公室（Federal Office of Juvenile Justice and Delinquency Prevention）在研究报告中推算出全美约有165万儿童无家可归。2006年，美国国会的一项研究报告对无家可归儿童的数量作了粗略估计，认为全美共有50万—280万无家可归儿童。2007年，又一项呈交国会的研究报告认为无家可归儿童人数在100万—170万。2009年，美国无家可归家庭中心（National Center for Family Homelessness）发布的数据显示，无家可归儿童总数约为150万人。2010年，全美州议会会议（National Conference of State Legislatures）公布的无家可归儿童人数为130万。尽管研究者未能就精确的数目达成一致，但无家可归儿童数量庞大已经成为共识，甚至许多研究者认为，这些数据都低估了无家可归儿童的实际数目。①

无家可归儿童群体不仅数量众多，其构成也极为复杂多样。在2009年美国无家可归家庭中心所统计的150万无家可归儿童中，6岁以下的儿童占42%，远超其在美国总人口中所占比例；无家可归儿童中以黑人儿童数量最多，为47%，其次是白人儿童(38%)，西班牙裔儿童(13%)和印第安儿童(2%)；约半数无家可归儿童选择在亲戚或朋友家借宿(56%)，每晚到收容所过夜的儿童占24%，住在旅馆中的儿童占7%，有10%的儿童的住宿方式不确定，还有3%的儿童在公共场所露宿。又如，在2010年全美州议会会议所发布的130万无家可归儿童中，75%的儿童都已辍学或即将辍学；多达22%的无家可归女童已经怀孕；有46%的无家可归儿童曾遭到身体虐待，38%的儿童曾受精神虐待，17%的儿童在家庭成员的强迫下发生性行为。全国无家可归联合会2006年的一项研究则发现，有20%—40%的无家可归儿童人承认自己是同性恋、双性恋或变性人。

从上述无家可归儿童群体构成的复杂性和多样性中，可以窥见他们面临着身体、精神、教育、健康等各方面问题。2010年全美州议会会议认为美国无家可归儿童遭遇的风险主要有：(1)发生不安全性行为、有多个性伴侣、注射毒品等高风险行为的可能性增加。并且，发生这些高风险行为的儿童更有可能保持无家可归的状况且不愿意改变现状。(2)产生严重焦虑、沮丧情绪和低自尊水平的风险增加。

---

① 据联邦政府预防及裁定青少年犯罪办公室在1988年发布的第一份NISMART报告中称，只有约21%的失踪儿童被其监护人报告；《纽约时报》2009年的一则报道则认为有高达75%的家庭没有报告自己的孩子离家出走，其原因是父母太生气或他们不希望这个孩子再回家。

(3)自杀风险增加。(4)恶劣的健康状况和营养状况。(5)由于缺乏入学必需的个人记录(如免疫和医疗记录、居住证明)和缺乏往返学校的交通条件而导致辍学。(6)同性恋儿童、双性恋儿童和变性儿童遭受虐待、暴力以及被迫从事性交易的风险。

当然,无家可归的经历给儿童带来的也不全是负面影响。有研究发现,无家可归儿童在自我认识、自我保护、人际交往、利用有限资源求得生存、解决自己的健康问题等方面都有较强能力。研究者也据此呼吁,社会不应只看到无家可归儿童的缺陷和不足,还应认识到他们所具有的能动性和优势。

三、救助无家可归儿童:联邦政府的主要措施

无家可归经历为儿童带来的影响已经引起美国社会的广泛关注,为应对儿童无家可归问题,联邦政府不仅在教育、住房、少年司法和医疗保健等方面的法案中设置了惠及无家可归儿童的条款,[①]还制定了专门或重点针对无家可归儿童的法律法规和救助措施,其中最为重要的便是《离家出走和无家可归青少年法案》《麦克基尼—文托无家可归者援助法案》和《寄养照料独立法案》(The Foster Care Independence Act)三部法案中的救助计划。

(一)《离家出走和无家可归青少年法案》的救助计划

美国国会于1977年通过了《离家出走和无家可归青少年法案》,首次将无家可归儿童纳入了政府救助范围。该法案经过多次修正,成为目前美国联邦政府对无家可归儿童最重要的救助政策之一。《离家出走和无家可归青少年法案》主要包括三项救助计划,分别是《基本中心计划》(Basic Centers Program)、《生活过渡计划》(Transitional Living Program)和《街头拓展计划》(Street Outreach Program),目前均由美国卫生与公众服务部下属的儿童和家庭管理署进行经费管理和绩效评估。这三项计划为州和地方两级政府相关部门、社区的公立和非营利的福利机构、

---

① 例如,美国教育部在2002年修正了1965年《初等和中等教育法案》的第一条第一部分的条款,要求美国各州在学业评估报告和问责体系中包括对无家可归学生的评估;又如《公共住房计划》第八条要求为有孩子的低收入家庭提供住房补贴等。

宗教非政府组织和印第安部落提供资助,支持其为无家可归儿童及其家庭提供服务。

1.《基本中心计划》

《基本中心计划》旨在通过设立或加强以社区为基础的救助计划,为18岁以下的无家可归儿童和他们的家庭提供满足他们基本需要的服务。服务内容包括:(1)提供最多长达14天的临时住所,临时住所必须至少容纳4名无家可归儿童,最多则不能超过20名,住所形式可以是寄宿家庭、团体之家或监管公寓;(2)提供食物和衣物;(3)针对个体、团体和家庭的心理咨询;(4)医疗转诊;(5)帮助无家可归儿童与家庭团聚;(6)在必要的情况下为无家可归儿童提供替代性生活安置;(7)在无家可归儿童离开收容所后提供跟踪服务。

《基本中心计划》提供的短期服务,作为临时性、应急性的救助措施是有效的。但是,由于它的基本思路是通过促进儿童回归家庭来减少无家可归的现象,使得其在儿童安置手段方面缺乏灵活性和选择性。按要求,福利机构工作人员必须首先和受助儿童的家庭取得联系,并尽量为其提供咨询、辅导等服务。如果受助儿童被判定为不适合在原有家庭中生活,那么不论他们愿意与否,都只好接受寄养安置,没有别的替代性办法。显然,这种做法对于某些不愿被寄养的儿童来说是不恰当的,很有可能造成他们逃离寄养家庭,再次陷入无家可归的境地。

2.《生活过渡计划》

无家可归儿童在年满16岁或18岁后,往往会由于年龄限制无法继续获得福利机构的资助,而其自身又缺乏生活技能和社会资源,只能再次流浪甚至走上犯罪道路。为应对这一问题,《生活过渡计划》将受资助年龄上限延长至21岁,帮助大龄青少年向成人角色过渡。

《生活过渡计划》提供长达5年的经费资助,受资助的机构须为无家可归儿童和青少年提供如下服务:(1)安全、稳定的食宿;(2)基本的生活技能培训,如消费和理财教育、信贷运用、家务、膳食制作和育儿技巧等;(3)人际交往技能培训,如与人建立积极人际关系的能力、决策能力和抗压能力;(4)教育机会,如为普通教育水平考试(GED)做准备、提供职业教育培训等;(5)就业培训和服务,如进行职业生涯辅导、推荐就业等;(6)针对青少年药物滥用的教育、信息宣传和咨询服务;(7)心理健康保健,包括个体和团体咨询;(8)身体健康保健,包括常规体检、健康状况评估和急症治疗等。

《生活过渡计划》是一项长期服务,为许多将面临独立生活的无家可归儿童提供了向成人成功过渡的机会。但是,由于它的经费资助有限,福利机构往往选择救助问题行为较少的儿童(因为这些儿童成功过渡的概率高),而许多问题行为严重的儿童却难以获得救助。

3.《街头拓展计划》

《街头拓展计划》的适用对象是遭受剥削、性虐待或有潜在上述危险的街头流浪儿童,目的是帮助他们离开街头,接受适当的生活安置。《街头拓展计划》的资助期限为3年,在资助期间,受资助的机构须为街头流浪儿童提供如下服务:(1)以街道为基础的教育和宣传;(2)应急收容所;(3)满足基本生存需要的援助;(4)治疗和咨询服务;(5)预防和教育活动;(6)提供救助信息;(7)危机干预;(8)跟踪支持和服务。近年来,儿童和家庭管理署还要求受资助机构在服务中体现"青少年能动发展"的策略,即为儿童和青少年提供锻炼领导能力和融入社区的机会,让他们发挥自身的最大潜能。这种重视无家可归儿童能动性的救助策略被认为是预防儿童和青少年风险行为的最佳途径。

此外,除上述三项主要的救助计划外,《离家出走和无家可归青少年法案》还设置了《怀孕与育儿青少年之家计划》(Maternity Group Homes for Pregnant and Parenting Youth Programs),为16—21岁的怀孕与育儿的无家可归儿童提供长期的居住服务。

(二)《麦克基尼—文托无家可归者援助法案》的教育计划

1987年,美国国会通过了针对无家可归者的综合性法案——《斯图尔特—麦克基尼无家可归者援助法案》。2000年,该法案更名为《麦克基尼—文托无家可归者援助法案》,下设包括应急收容所、过渡性住房、职业培训、教育、基本医疗保健、精神健康、有限的永久性住房等多项救助计划,其中第六条的教育计划专门针对无家可归儿童,旨在提升无家可归儿童的就学机会。该计划的经费主要来自联邦政府的拨款,由美国教育部统筹划拨给各州,各州再根据下属学区的无家可归儿童人数进行分配。

教育计划的主要目标有三方面:一是辨别和发现无家可归儿童,二是减少无家可归儿童的入学障碍,三是促进无家可归儿童的学业成功。其主要政策内容包括:(1)学校必须聘用并培训一名无家可归儿童情况联系人来协调无家可归儿童的服务事宜,并对学校是否按联邦政府和州政府的规定接纳无家可归儿童进行监督;(2)即使无家可归儿童已经迁离原学区,但他们仍有权选择留在他们本来所在的学校;(3)无人照管的无家可归儿童可以在没有家长或监护人的情况下报名入学;(4)即使无家可归儿童没有必要的档案文件和免疫接种证明,也能立即报名入学;(5)学校要为无家可归儿童提供制服、书包等上学必备物品;(6)学区有义务为那些因住所不稳定而迁离学区,但学籍仍在原学校的学生提供交通便利;(7)学校不能以任何方式将无家可归儿童与其他儿童进行隔离;(8)学区必须检讨和改变那些阻碍无家可归儿童就学的政策和做法。

自《麦克基尼—文托无家可归者援助法案》颁布后,无家可归儿童的入学比例稳步上升。不过,这一法案也遭到一些质疑。美国无家可归者联盟的一份报告就指出,这项法案存在经费资助不充足和不均衡的缺陷,限制了教育计划的成功实施。并且,这项法案是在儿童失学后采取的应对手段,并不能从源头消除无家可归儿童失去教育机会的风险。

(三)《寄养照料独立法案》的救助计划

1999年,美国国会通过了《寄养照料独立法案》,其中设置了《约翰·查菲寄养照料独立计划》(John H. Chafee Foster Care Independence Program),主要针对因为超龄或其他原因而不再有资格继续接受寄养和相关福利服务的儿童,为其提供经济、住房、就业、教育等方面的支持和服务,帮助他们养成独立生活的责任感与技能,避免无家可归现象的产生。《约翰·查菲寄养照料独立计划》的资助对象是美国各州和印第安部落,联邦政府承担全部经费的80%,剩余20%则由各州自筹。卫生与公众服务部根据各州接受寄养的儿童数占全国接受寄养儿童数的比例确定对各州的拨款数额。

《约翰·查菲寄养照料独立计划》要求各州达到以下六项要求:(1)按照计划的救助目标设计并实施相应的救助项目;(2)确保救助项目覆盖该州的所有地区;(3)保证救助项目涵盖各年龄段的儿童和处于不同自立阶段的儿童;(4)救助项目的实施者必须包括公立机构和私立的非营利组织;(5)建立评定受助人资格的客观标准,确保受助人获得公正公平的待遇;(6)积极配合联邦政府对计划进行的评估。除此之外,各州应提供教育、就业、财务管理、住房、情感支持等方面的服务,但可以根据具体情况设计救助项目的服务内容、服务方式等,有较大的自主性。

按照规定,州政府可以自行决定如何使用《约翰·查菲寄养照料独立计划》的联邦政府拨款,这就使得各州之间甚至州内各地区之间的差异极大:A州的儿童所获得的支持和服务很可能与B州的儿童所获得的支持和服务完全不同,甚至在同一个州内,各地区的资助计划也有差别。这种灵活性自然有利于州政府根据具体情况因地制宜,有利于促进制度和实践的创新,不过也易破坏该计划的公平性。

四、结语:美国经验对我国流浪儿童救助的启示

流浪儿童现象通常被认为是发展中国家特有的"社会病"。然而,上述对美国无家可归儿童现状的描述表明,流浪儿童在美国也普遍存在。基于对无家可归儿童问题负面影响的认识,目前美国政府的救助措施主要遵循了一种"补缺"的理念,即将无家可归儿童视为有缺陷的个体,政府通过相关的服务来帮助他们弥补缺陷。美国无家可归儿童的救助经验对我国有诸多启示,概括来说主要有如下三点:

(一) 正确认识流浪儿童身份认定的复杂性,拓宽救助范围

流浪儿童离家的原因多种多样,流浪儿童的生活处境也各不相同,这就造成了流浪儿童身份认定的复杂性。基于这点认识,美国对于无家可归儿童的身份界定非常宽泛,不仅仅局限于无人照管的街头流浪儿童,而是将那些和家人一同流浪的儿童,以及借宿在亲属、朋友家中的儿童(尽管并非严格意义上的"无家可归"),也一并纳入了救助范围。这种做法不但从较大范围上满足了困境儿童的需求,同时有助于提高父母或亲友承担照顾责任的能力和积极性,从而弥补机构救助的不足。在我国,对于流浪儿童的身份认定还较为狭窄,民政部社会福利和社会事务司在2007年颁布的《流浪未成年人救助保护机构基本规范》中,将流浪未成年人界定为"18周岁以下,脱离监护人有效监护,在街头依靠乞讨、捡拾等方式维持生活的未成年人"。然而,除了那些独自在街头游荡乞讨的儿童,还有大量儿童以其他方式过着居无定所、朝不保夕的流浪生活。因此,政府有关部门、社会福利机构及学术界应该深入细致地研究分析我国流浪儿童的生活境遇,了解流浪儿童可能存在的多种类型,放宽对于流浪儿童的身份认定标准,争取在最大范围内救助流浪儿童。

(二) 在立法的基础上制订救助计划,确保政策落实到位

救助流浪儿童是一项系统工程,需要各级政府和全社会的共同努力,并为其提

供强大的司法支持、指导和监督。美国联邦政府出台的无家可归儿童救助计划,几乎都是以立法为基础的。救助计划就包含在法律之中,并明确规定受助标准、救助服务内容、经费管理、成效评估以及具体实施方法。这种制定操作性法律条款的做法不但有助于明晰各级政府和福利机构的角色权责,也更能确保救助政策能够真正落实到位。目前我国尚无一部专门旨在救助和保护流浪儿童的法律,虽然在《刑法》《未成年人保护法》《义务教育法》等法律中都有涉及流浪儿童救助和保护的条款,但这些条款大多是原则性方针,缺少操作性方案。为此,有必要制定出台针对流浪儿童救助和保护的专门法,并在该法的框架下设置操作性的救助计划。这样一来,救助流浪儿童的举措就有了法律支撑,各级政府和全社会救助流浪儿童的责任感才会越来越强。

(三) 制定多样化的救助措施,进行有针对性的救助

正是由于流浪儿童经历的多样性和复杂性,对他们实行整齐划一的救助往往难以真正解决流浪儿童的生活困难。目前,美国政府在无家可归儿童救助方面制定的措施具有多样化的特点,并且业已形成各有专攻、相互补充的结构。在众多的救助计划中,既有长期性的,也有短期性的;既有针对18岁以下儿童的,也有针对18岁以上青少年的;既有基本服务(如衣、食、住、医疗等),也有提升服务(如教育培训、能力拓展等)。这种多样化的设计有利于根据无家可归儿童的不同境遇进行有针对性的救助,大大提升资源的有效利用率。与之相比,我国目前对流浪儿童的救助措施较为单一,其主要方式是在临时救助的基础上将流浪儿童送返回家。对于那些与父母、家庭的情感关系微弱甚至断绝的流浪儿童来说,这种救助措施不但不能达到良好效果,反而可能适得其反。因此,政策制定者可以借鉴美国经验,研究和设计综合性的救助措施,对不同需求的流浪儿童进行有针对性的救助。

(何芳,原文载于《中国青年研究》2012年第1期)

法国儿童自闭症患者的政策演进及对我国的启示

法国是目前自闭症社会保障较为完善的国家之一。法国的统计数据表明,自闭症患儿家庭平均每年在教育、医疗等方面需支出高达1.5万欧元。为了给自闭症患儿家庭提供切实的保障,法国政府通过四个阶段的自闭症国家战略计划,历经25年不断修正并完善对自闭症患儿及其家庭的保障政策。2018年开始的《第四阶段自闭症国家战略计划》继续保持以人为本的价值导向、多元协同的方式完善自闭症的早期诊断与干预,明确界定自闭症患儿的教育安置条件,加大对自闭症患儿家庭的补助。四个阶段的国家战略计划使得自闭症患儿从被发现患有自闭症谱系障碍到其成年的生活、学习、医疗等各个方面都予以全方位的保障。

一、自闭症患儿的发展现状

自闭症,又称孤独症,是一种复杂的神经发育性障碍,其成因学界至今未达成共识。根据 DSM－V 的定义,自闭症与其他较轻微的类型(例如,亚斯伯格症候群)合并称为自闭症谱系障碍。其主要特征为情绪、言语以及非言语的表达能力存在异常,同时伴随有不同程度的社会交往障碍,容易对一些限制性的或者是重复性的动作表现出明显的兴趣。大部分的自闭症患儿通常会在2—3岁被注意到有自闭症行为;而小部分的自闭症患儿在其整个婴幼儿阶段与普通小儿并无任何区别,自闭症行为也不明显,但是到了学龄阶段便会因为在学校表现出各种行为"异常",以及一些其他的学习障碍(例如,注意力缺陷、无法遵守课题纪律以及阅读障碍等)而遭到医生误诊(被误诊为学习障碍或是多动症),从而延误病情耽误了最佳治疗时机。根据2019年发布的《中国自闭症教育康复行业发展状况报告Ⅲ》发布的数据,中国目前有超过1300万自闭症者,其中18岁以下的自闭症谱系障碍儿童的人数可能就超 400 万。从"上海第二届自闭症康复论坛"上公布的数据获悉,上海地区目前自闭症患儿以每年 10% 的比率增长,保守估计可见情势严重,触目惊心。

二、法国国家对未成年自闭症患者的社会保障政策发展趋势

法国自闭症社会保障政策的发展过程是一个不断加强国家责任的过程。自闭症群体在法国也不是一直都那么受到关注的。自闭症患者的社会保障措施一度在法国也十分缺乏。法国曾经就因为自闭症患者社会融入的程度不够而受到欧盟理事会的谴责。因此自从 2005 年起,法国为了提高社会对自闭症病症的认识以及对自闭症患者的救助,发起了自闭症国家计划。自闭症计划是由社会团结事务与卫生部牵头并且资助的一系列针对自闭症患者的"国家战略",旨在改善对自闭症患者的状态及为其家庭提供支持,也包括了对城市无障碍设施的改造、自闭症患者接收机构的扩建等一系列关于自闭症患者的社会保障措施。2005—2018 年这 13 年来,法国的自闭症计划已经成功完成了三个阶段:第一阶段:2005—2007 年;第二阶段:2008—2010 年;第三阶段:2013—2017 年。2018 年马克龙政府履行了竞选时的承诺,上任后立即由时任法国总理 E. 菲利普(E. Philippe)主持推进了第四阶段的自闭症国家战略,其中包括五个承诺与二十项施政措施,并承诺在这第四阶段的五年计划中,国家拿出 3.44 亿欧元资金作为实施这项国家战略的资金保障。这次计划中的四项针对自闭症早期阶段的施政措施值得我国借鉴,它们分别是:(1) 自闭症的早期诊断;(2) 自闭症的早期干预;(3) 自闭症的教育融入;(4) 自闭症的家庭教育。

三、法国自闭症国家计划的政策特点

(一) 自闭症儿童的早期筛查

针对婴幼儿的自闭症早期筛查,可以说是第四阶段法国自闭症国家战略的重中之重。早期筛查对自闭症患儿来说极为重要,根据研究,自闭症的早期迹象可以在幼儿 1—2 岁时被发现。虽然目前尚未研制出治愈自闭症的特效药,但也有研究

表明,自闭症患儿越早接受专业治疗,其成年后的自闭症症状越轻,生活质量也会更高,一些及时治疗的自闭症轻症幼儿更是有痊愈的可能。相反,自闭症患儿如果被延误或是不接受治疗,其成年后致残率以及伴随其他精神类疾病的概率都会大幅增长。

由于此前法国在自闭症诊断方面的规则不合理。只有特定的几所自闭症资源中心才能做出自闭症的诊断,其初衷是为了确保诊断的可靠性,但由于自闭症患儿人数逐年增长,这样的制度导致可以做出诊断的专业医生"一诊难求",据统计,自闭症医院中心的预约最长被排在446天以后。这样使得许多患儿延误了最佳诊疗时间或是一些家长病急乱投医反而导致了过度残障。由于被延误或是被误诊,患儿失去了宝贵的几个月。由于得不到正确的治疗或是盲目选择了不正确的治疗,患儿的症状可能会加重,甚至会致残。社会也会付出相对应的经济代价,对医疗资源和社会资源而言也是一种浪费。

自闭症患儿"一诊难求"的困境在我国也同样存在。以上海为例,上海可以提供自闭症诊断工作的只有复旦大学附属儿科医院、市红十字会儿科医院、交通大学附属新华医院以及上海市精神卫生中心这四所医院,其中只有上海市精神卫生中心的少儿门诊能提供准确分辨自闭症、多动症以及学习障碍的诊断。有限的诊断医疗机构面对整个上海市以及长三角地区的求诊儿童,显然不能满足需求。除此之外,我国的自闭症诊断还存在另外一个困境是没有统一的诊断标准和分级,各个医院都采用不同量表和评估标准,也不对患儿的程度进行评估。这使得对自闭症患儿的患病程度没有统一的标准,也使得患儿家长无从为患儿选择合适的治疗方案和就学方案。

为了解决这个问题,法国政府首先采取的措施是以DSM-V与OCD-11为基础制定了统一的评估体系并规范化了对自闭症的分级,同时还规定了自闭症的早期诊断不应该只由儿科医院来承担,而应该是多学科的(医学、心理学、神经学,精神动力学等),并要求在确诊后必须同时给出一项个性化的干预治疗方案,指导患儿家长选择合适的治疗方案。另外,法国采取的措施除了增加可以提供自闭症诊断的医疗资源以外,法国卫生健康高级权力机关新建了一个独立的自闭症咨询中心,统筹所有关于自闭症儿童的事务,并在各大区建立大区一级的自闭症中心,汇集属地自闭症患儿的动态信息,负责整合大区范围内的医疗资源与社会资源,统筹各种自治组织和公益人士等按照制定的统一评估和分级体系共同参与自闭症患儿的早期诊断,并承担评估督导的工作。

另外一个值得借鉴的便是法国的"dès 18 mois"计划。"Dès 18 mois"计划指的是完成在18个月的婴幼儿的第一次早期自闭症谱系障碍筛查工作。根据统计,法国80%自闭症患儿是在4周岁之后被确诊的。对于阻止这类由于延误而导致的过度残疾,法国政府把免费的自闭症筛查列入每个新生儿都需完成的《儿童健康手册》检查项目中,其中强制要求新生儿父母不早于18个月、不晚于24个月之内带孩子接受自闭症谱系障碍的第一次筛查。

然而自闭症早期筛查,尤其是18—24个月内的自闭症早期筛查仍然无法筛选出全部的自闭症患儿。一些高功能或是谱系障碍的患儿症状很可能出现在1周岁以后。考虑到法国卫生健康高级权力机关(HAS)主张只要婴幼儿出现类似于自闭症谱系障碍的怀疑,哪怕没有被确诊也应该尽快采取特殊护理干预。为此法国卫生健康高级权力机关(HAS)在2018年发布了《与自闭症婴幼儿相关的职业准则》。准则将作为法国自闭症国家战略依据,目前是自闭症婴幼儿治疗照护的参照框架。准则呼吁加大对一线医生(全科医生、儿科医生、PMI医生)以及托育机构与幼儿园老师进行神经发育障碍相关知识的辨识能力的培训,并在这些专业人士的大学课程以及继续教育培训中都单列出自闭症谱系障碍的章节,力求提高所有相关人士对早期自闭症患儿的识别能力。要求所有相关人士一旦识别到幼儿有疑似自闭症倾向,需要立即向幼儿家长提供建议并帮助他们迅速联系各大区自闭症咨询中心的专业人士(儿童精神科医生、正音师、心理学家等),进行进一步的治疗。

(二)自闭症患儿的早期干预

从2005年的第一阶段国家计划起,法国政府便致力于发展自闭症早期干预。自闭症患儿需要终身接受干预治疗,这对普通家庭而言是一个很大经济负担。这样的问题在我国也同样存在。

据统计,在2005年之前平均每个18岁以下的自闭症患儿家庭每年在患儿的治疗上至少需要花费3 000欧元;高昂的治疗费用使得至少一半的自闭症患儿的干预治疗不得不中断。为了减少自闭症患儿家庭的资金负担。第四阶段的自闭症国家行动中列出了9 000万欧元的预算用于支付那些没有被列入全民免费医疗保险的自闭症专业治疗机构(音乐治疗、运动治疗、游戏治疗、精神动力治疗等)。

除了可以借鉴法国为自闭症患儿家庭提供资金上的补助外,法国政府提高自闭症早期干预医疗能力的措施也值得我们借鉴。虽然从2005年起的法国第一阶段国家计划就开始致力于扩大对公立医疗机构内的自闭症早期干预服务能力,但依然无法完全承担全法自闭症患儿的治疗工作。上海地区自闭症儿童治疗干预也面临着同样的问题,被上海残疾人联合会认证的专业自闭症干预机构仅有16家,根本无法承担起整个上海市自闭症患儿的干预治疗。

为了解决自闭症干预机构不足的问题,法国卫生健康高级权力机关(HAS)在第四阶段的自闭症国家计划中首先是继续增加自闭症资源中心和自闭症早期医疗中心的工作人员。其次是由各大区的自闭症资源中心整合评估各大区内已有的干预机构,列出短板项目和目前不具备,但自闭症患儿最需要、最缺乏的干预项目,然后再由卫生健康高级权力机关(HAS)统一负责向社会寻求购买服务,以此来保障不同程度、不同病症、不同年龄段的自闭症患儿都能在被确诊或是被专业人士认为有自闭症倾向后立即按照个性化的干预方案进行治疗。

四、法国自闭症患儿的教育安置政策特点

(一) 自闭症患儿的教育融入

学校是儿童离开家庭面向独立走进社会的第一步。自闭症患儿的入学问题一直以来都是世界各国家长最关心的问题。进一步改善自闭症患儿的就学现状也是第四阶段法国自闭症国家计划的重要承诺。

在自闭症患儿入学的问题上,上海一直以来都走在全国前列。《上海市特殊教育三年行动计划(2018—2020年)》明确提出支持各级各类普通学校接纳残疾儿童,并强调普通学校在融入教育中的主体责任,需要为随班就读的残障儿童提供有针对性的教学相关保障。在2000年就开始将自闭症患儿的教育正式纳入特殊教育领域,为自闭症患儿提供了学前教育与义务教育。然而通过调研得知上海市自闭症确诊患儿并申请了随班就读,且获得相应有效教育支持服务的患儿比例相对较低。绝大多数高功能的、具有一定学习能力的自闭症患儿家长更愿意选择了不公开孩子的病症,也不去申请阳光宝宝卡,彻底从教育部的随班就读政策体系中"隐身"。究其原因当然有一部分家长是害怕孩子被歧视(与脑瘫属于肢体残疾不同,自闭症在我国的残疾标准内,仍然被归为精神残疾),也担心纳入随班就读体系后会影响孩子未来继续求学以及求职之路,也有一部分是目前上海市的随班就读政策规定,小学五年级以上除非获得残疾证不然不能申请随班就读,这一点完全没

有考虑自闭症谱系障碍中的一种：亚斯伯格症。许多亚斯伯格症患儿就是在小学高年级甚至是初中阶段才被确诊的（之前很有可能被误诊为学习障碍或是多动症），这样使得很多亚斯伯格症患儿"隐身"在随班就读的政策中。但更重要的是目前的随班就读政策只覆盖到了幼儿园以及中小学阶段的普通学校。非义务教育阶段的幼托、普通高中、中职学校和高等学校的随班就读支持出现了断崖式的缺失。

"随班就读"和"医教结合"一直以来都是法国自闭症教育的准则。在学前阶段政府通过社会购买专业的医疗团队进园配合自闭症患儿的教学任务；并为病症较重、低功能的自闭症患儿开设自闭症儿童专门教育托育机构。为了在2022年实现全面的自闭症患儿融入教育，第四阶段法国自闭症国家计划的这五年间预计扩大现有的自闭症儿童幼儿园至原有数量的三倍；其次，需要完成全法范围内小学至高中阶段的，由原先的有限期聘用制的学习生活助理到无限期合同制的残障学生陪伴员的转变，以此来保障自闭症学生在求学过程中有更稳定更专业的陪伴照料。第三部分是新增100位熟悉自闭症患儿的专业教师到各个学校进行现场教学，为接收自闭症患儿的班级老师和教学团队提供协助。最后一个部分则是增加大学校园里的自闭症陪护人员，并简化了原有的残障学生入学程序，为有能力进入高等学校继续深造的自闭症学生扫除障碍。

（二）自闭症患儿的家庭教育指导

对于自闭症患儿的家庭而言，我国的部分城市也有对自闭症患者家庭的援助补助。以上海为例，每个0—7岁的自闭症患儿家庭都能获得每年3 000元的补助。除此之外，上海还对自闭症患儿家庭的治疗干预费用进行部分补助。而法国的第四阶段自闭症国家计划中除了延续前三阶段的步骤，通过减税以及补助等方式进一步加大了对自闭症患儿家庭的资助以外，还利用网络与媒体加大向有意愿生育的夫妇、孕产妇以及婴幼儿家庭宣传自闭症等广泛发育性障碍的相关知识，并在网上免费发布《幼儿早期发育障碍的最初警示信号手册》，还要求婴幼儿保育人员向孕妇以及新生儿家庭传授一些可以被家长观察到的几个简单的危险信号。例如，18个月以上的婴儿仍然不会发出重复的无意音节、没有交际性的手势或动作，24个月以上的婴儿仍然不会词语或是组合字等。政府鼓励综合医院、产科医院诊所、托育机构、幼儿园和小学在家长课堂中教授如何辨识低龄幼儿的发育异常，以及教授如何护理这些发育异常的幼儿，并为幼儿家属与相关专业机构取得联系。另一方面加大自闭症家庭喘息服务的政府购买，让更多的自闭症患儿家属有一个得以喘息的机会。

五、自闭症政策的未来趋势

纵观我国自闭症政策的发展过程。在 2006 年出台的《中国残疾人事业"十一五"发展纲要》中就第一次明确将自闭症列入精神残疾范围。2007 年中国残疾人联合会也将自闭症康复纳入精神病康复范围。2008 年发布的《关于促进残疾人事业发展的意见》更是明确指出自闭症等残障儿童与青少年的教育问题需逐步妥善解决。在 2014 年与 2016 年先后出台《特殊教育提升计划(2014—2016 年)》与《第二期特殊教育提升计划(2017—2020 年)》,要求提高残障儿童与青少年义务教育普及水平,在有条件的地区,全面增强特殊教育学校、普通学校随班就读和送教上门的运行保障能力,要求到 2020 年残障儿童与青少年义务教育入学率达到 95% 以上。可以看出我国开始聚焦自闭症群体的时间并不久,但国家和社会对自闭症群体的关注度还是日渐提升的。

上海对标国际最高标准,早于全国的 2012 年就发布了《上海市人民政府办公厅转发市教委等四部门关于加强特殊教育师资和经费配备意见的通知》(沪府办〔2012〕20 号),提到有随班就读学生的普通学校需配备一名专职特教教师。同年上海市教育与卫生部门联合印发了《上海市医教结合特殊儿童健康评估实施方案》,共同探索特殊教育"医教结合"模式,成立"上海市特殊教育医学专家委员会",设立五个专家组(视力障碍组、听力障碍组、肢体障碍组、智力障碍组、综合障碍组),对上海市报名特教学校和学前教育机构的残障儿童开展入学(园)前的健康评估,根据每个特殊学生的障碍类型为其提供更科学合理的入学入园安置建议,并为其入学后进行个别化教育、康复和保健提供依据。2018 年上海市政府发布《上海市特殊教育三年行动计划(2018—2020 年)》,更是将"推进融入教育"作为四大发展目标之一,支持各级各类普通学校积极创设融合环境接纳残疾学生。2020 年上海市教委又出台《上海市教育委员会关于成立上海市自闭症儿童教育指导中心》。

在法国,自闭症计划则是被提升到了"国家事业"的高度,强调了国家责任在保护自闭症群体中的重要性。如何更好地保护自闭症群体的利益也是每一位总统候选人在选举中必须要向选民阐述的施政方案。从 2005 年至今四个阶段的自闭症国家计划中一些做法值得我们借鉴与思考。

首先在自闭症患儿的早期筛查治疗与看护问题上,我们可以在几个有条件的地区尝试着开始为自愿接受筛查的家庭提供 0—6 周岁儿童的自闭症早期筛查项目。其次,鼓励各地的妇幼保健机构、婚姻登记中心、幼儿园等各类家庭教育指导服务站点开展面向孕产妇以及低龄幼儿家庭提供儿童早期家庭教育服务以及自闭症等广泛发育性障碍相关知识的指导,普及自闭症的相关知识和针对自闭症患儿的护理知识,通过传授一些可以被家长观察到的、简单明显的危险信号,引导父母关注幼儿的健康成长,创设有利于自闭症患儿健康成长的家庭环境。在看护问题上,除了家庭以外,也能借鉴法国的经验,增设有能力看护自闭症患儿的托幼机构,同时构建专业儿童社工,帮助自闭症患儿家庭。

在自闭症患儿就学的问题上,借鉴法国"终身关注"的理念,为自闭症患者建立一个从幼托、幼儿园、小学、中学一直到大学的一整套"随班就读"体系,而不是让他们的学习生涯终止于义务教育阶段。尝试在已有试点的特殊中职班的中职学校内进一步推进随班就读政策;对于那些有能力考入普通高中的自闭症学生,也尝试着继续为他们提供随班就读的支持,促进高中教育从分层发展转向分类与分层相结合发展,帮助那些有基本学习能力的自闭症学生顺利完成高中阶段(包括中职)教育,找到一份能自食其力的工作。

除此之外,法国政府还引导社会力量和国际力量(欧盟各国)参与到自闭症群体的保障体系中来,旨在推动国家、社会、家庭的三方合作,为自闭症群体创建一个由政府主导、家庭尽责、社会参与的综合保障体系。

(徐一叶,原文载于《当代青年研究》2021 年第 6 期)

欧洲就业性别平等政策的
新路径及对中国的启示

　　20世纪60年代兴起的第二次妇女运动推动了欧洲国家在社会政策领域的重大改革,发展出一系列政策措施来促进公共领域与私人领域的性别平等。就业性别平等就是其中受到重点干预的领域之一。欧洲妇女的劳动力市场参与水平持续上升,平均就业率从1960年的不足50%上升至2010年的65%以上,有的国家甚至超过了70%。在推进男女就业平等的过程中,除了形成性别平等的劳动力市场政策之外,消除家庭内再生产活动,特别是儿童照顾工作对妇女劳动力参与的阻碍也是重要的干预内容。过去几十年间,欧洲国家对儿童照顾工作发展出两种不同的干预路径:一种是发展公共照顾服务,平衡照顾工作的公共责任与私人责任,帮助就业父母协调工作和家庭责任;另一种是挑战和改变照顾责任的传统性别安排,促进父亲分担家庭照顾工作,从而提高男女平等参与劳动力市场的可能性。对于前一种路径,国内学者已做出了不少评述,但对于后一种路径,国内学界则甚少关注和讨论。本文将重点考察欧洲国家"为何"和"如何"运用社会政策来改变男性的行为,以及这些政策在多大程度上达到了既定的政策目标以及面临的困局,并探讨对中国推进就业性别平等的启示。

一、改变家庭劳动的性别分工:
新的就业性别平等路径

　　第二次世界大战后欧洲国家的福利体系是以一系列社会人口设想为前提的,其中对家庭的设想是"男性养家/女性持家"的家庭模式。在这种家庭模式中,"男性被设想为有专职的、长期的、不间断的职业,女性被设想为在年轻时短时期就业,然后在结婚和有了家庭时,或多或少长期退出工作,以保证妇女能够对子女以及而后对老年家庭成员承担全天的照顾"。因此，在第二次妇女运动兴起的第一个10年里，争取女性的平等工作权利是首要目标，主要的性别平等方案是鼓励女性进入劳动力市场，特别是支持母亲们进入劳动力市场。然而，女权主义者很快发现，女性日渐上升的就业率实际上导致了她们有酬和无酬工作的双重负担，进入劳动力市场的女性依然"保留了家务事和照顾儿童的全面义务"。这种双重负担一方面让女性疲惫不堪，产生更多的时间压力感；另一方面也影响到工作领域的性别平等。为了便于照顾家庭，女性更多地选择时间灵活、离家近的工作，也降低了她们在工作上的努力程度，这些都会减少女性的工资，影响女性的职业晋升，使她们在劳动力市场处于边缘化地位。更为严重的是，女性的家庭照顾责任使雇主产生了女性容易为了家庭而中断就业的观念，从而影响到雇主对女性的雇用。

因此，进入20世纪70年代，欧洲妇女运动把批判的矛头指向了战后福利体制对家庭构成、关系、功能的基本假设——男性养家、女性照顾家庭的家庭规范。女权主义者认识到，家庭领域的不平等建构着公共领域的不平等。如果平等政策止步于家庭的门前，在劳动力市场以及社会中获得更大性别平等的可能性将严重降低。基于这种认识，妇女运动者把推动政策改变家庭劳动的性别分工作为实现就业性别平等的新路径。而要改变家庭劳动的性别分工，就要挑战男性在私人领域的角色，使家庭外有酬工作和家庭内无酬家务劳动责任在男女之间平等分担。

北欧国家的妇女运动者首先挑起了对性别角色的激烈争论，在意识形态上推动着家庭的性别化劳动分工向一种新的分工转变。如瑞典在20世纪70年代初的一份关于性别平等的政府文件就声明："为'妇女权利'的长远计划的目标应该是每一个人，不分性别，不仅在教育和就业上都有同样的机会，而且在抚养孩子和照料家庭上有相同的责任。"北欧国家对劳动分工与男女机会平等之间关系的新的认识，逐渐获得欧盟的认同。在1974年的社会行动计划中，欧洲委员会首次提出了"协调工作与家庭"的观点，但当时协调主要被视为与妇女需求相关的问题，认为社会政策要设计行动方案帮助妇女调适，并未触及家庭领域的性别分工的问题。到了20世纪80年代，随着欧洲妇女劳动力市场参与的快速上升，欧洲委员会也开始注意到劳动力市场的性别歧视与家庭劳动的性别分工之间的联系，重新考虑男性角色成为男女就业机会平等话语中新增的讨论内容，并逐渐形成"男性不断地参与家庭照料是妇女在劳动力市场平等的前提条件"的基本共识。与此同时，欧盟开始讨论欧洲层面的行动，努力扩展社会政策来改变男性的行为。

二、推动男性家庭角色变化的政策发展

欧洲国家对男性在家庭领域角色的干预体现在政策上，就是由支持高度性别分工的"丈夫养家、妻子照顾家庭"的传统家庭模式向"夫妻共同养家、共同照顾家庭"模式转变，普遍采用的策略是支持男性"把时间从劳动力市场运用到家庭照顾中去"的权利。丈夫与妻子一样，同是"就业者"和"照顾者"。

北欧国家在推动男性角色改变上走在了前列。自20世纪70年代中期以来，北欧诸国以扩大父亲假和父母假权利的形式，把父亲纳入家庭照顾者角色之中。瑞典于1974年最先实行父母保险法(parental insurance)，该法案规定就业父母有权根据他们认为合适的方式相互分享6个月的父母假(parental leave)来照顾孩子。在随后的1977年和1979年，法国和挪威相继实行父母假，芬兰和丹麦也在20世纪80年早期设立了父母假。对父母共同育儿和对男性参与的关注是父母假的一个重大突破，因为"它确立了工作父亲照顾自己孩子的权利，标志着一种新的关于父亲身份和性别平等的政策路径：国家通过与就业相关法律来提升父亲的照顾者身份，体现了影响家庭内劳动分工和改变照顾责任性别平衡的一种努力"。

北欧国家的政策行动得到了欧盟委员会的认可，欧盟委员会开始推动父母假在欧洲其他国家的实施。早在20世纪80年代初期，欧共体就确认父母假是促进就业性别平等的一种重要制度支持，1986年，欧洲委员会机会平等部门创建了儿童照顾网络委员会，把有幼儿的就业者的照顾假列为四大优先目标之一。在1992年的一个建议报告中，部长理事会呼吁所有成员国都设立父母假。最终，欧盟在1996年通过了一项父母假指令(A Directive on Parental Leave)，其规定：到1999年，所有雇员，不分性别，都有权获得至少3个月的不带薪父母假。欧盟的父母假指令使得实施父母假的欧洲国家在20世纪90年代明显增加。英国是欧盟成员国中最后一个实施父母假指令的国家，1999年规定该国新生儿的父母能休13个星期的不带薪父母假。

在20世纪70年代末，北欧国家还出现了另外一种支持父亲照顾者身份的假期——父亲假(paternity leave)。父亲假是孩子出生时就业父亲可休的假，让父亲可以在孩子生命的头几个星期陪伴婴儿和母亲，目的在于减轻母亲的负担并使父亲加入幼儿照料工作。芬兰在1978年最先设立父亲假，丹麦和瑞典随后

在 1980 年也设立了父亲假,其他国家相继在 20 世纪 90 年代和 21 世纪初设立了父亲假。

然而,照顾假权利扩展到父亲并没有很快就获得男性的认可。以父母假为例,由于父母假是由夫妻双方彼此协商由谁来使用假期和申请收入补助,在具体的实践中,出于经济因素的考虑和传统的性别角色观念,往往是由母亲而不是父亲来使用休假权利。因此,父母假推行之初,各国父亲休假的比例都不高。瑞典在实施父母假的第一年只有 3% 符合请假资格的父亲请假,而后逐年上升,但父亲请假天数仍显著少于母亲。

观察到在自愿基础上分享父母假的权利并没有足够的诱惑力使男性休假来照顾孩子后,欧洲各国在 20 世纪 90 年代又开始考虑提供激励措施鼓励男性去运用这种权利。一些国家采取的是"父亲配额"(father's quota)措施,规定父母假中一部分假期专属于父亲,父亲不使用就失效,不能由母亲代替使用。挪威(1993 年)和瑞典(1995 年)是最先设定"父亲配额"的国家,到 20 世纪 90 年代末,丹麦、比利时和法国也相继采用。还有一些国家采取延长假期的奖励措施,给予使用部分父母假假期的那些父亲家庭额外假期奖励或津贴。如在葡萄牙,如果父亲休 30 天父母假,将获得另外 30 天假期的奖励。

表 1　欧洲 16 国男性亲职假权利状况(2012/2013)

国家	父亲假（周）	父母假长度（月）	父亲配额（月）	额 外 奖 励
				父母假
奥地利	N	24,+		如果父母双方都休假,将获得额外的假期津贴
比利时	2,++	8,+	4	
丹 麦	2,++	8.4,++		
芬 兰	3.5,++	6,++		如果父亲休了不少于 2 周的父母假,将获得额外 2 周父母假的奖励
法 国	2,++	36,+		
德 国	N	36,++		如果父亲休了不少于 2 个月的父母假,将获得额外 2 个月父母假的奖励
希 腊	2天,++	8,×	4	
匈牙利	1,++	36,++		

续表

国　家	父亲假（周）	父母假			
^	^	父母假长度（月）	父亲配额（月）	额外奖励	
冰　岛	N	9,++	3	
意大利	1天,++	10[1],+	6	如果父亲休了不少于3个月的父母假,将获得额外1个月父母假的奖励
荷　兰	2天,++	12,×	6	
挪　威	2,×	12.6,++	2.8	
葡萄牙	1,++	12,++	3	如果父亲休了不少于1个月的父母假,将获得额外1个月父母假的奖励
西班牙	3,++	36,×		
瑞　典	2,++	16,++	2	如果父母双方都休假,将获得额外的假期津贴
英　国	2,+	8.4,×		

注释：N：无法定父亲假；×：不带薪；+：带薪但津贴为较低的定额给付(1 000欧元/月以下)或是低于休假前工资水平的66%；++：带薪且津贴是较高的定额给付(1 000欧元/月以上)或是在休假前工资水平的66%以上。意大利的每位父母有权获得不可转让的6个月父母假,但一个家庭享有的父母假假期总长度不超过10个月。

资料来源：OECD (2014), OECD Family Database, www.oecd.org/social/family/database; Moss, P. 2013. International Review of Leave Policies and Research 2013. http://www.leavenetwork.org/lp_and_r_reports/。

表1显示,父亲假假期相当短,大多在2周以内,只有芬兰和西班牙的父亲假在3周及以上。但父亲假的津贴水平相当高,除挪威是不带薪和英国只提供相当低的定额给付之外,其余国家的津贴水平均在休假前工资水平的66%以上,匈牙利、荷兰、葡萄牙和西班牙的父亲更是能获得100%的工资津贴。如前所述,父母假是父母双方都能享受的假期,但为鼓励父亲更多地使用父母假,不少国家还采取了激励措施。在表1列出的16个国家中,只有5个国家没有提供任何刺激来鼓励父亲至少休部分假期。在其余国家中,有7个国家设定了"父亲配额",长度最短的是瑞典,为2个月,最长的是荷兰的6个月。另有4个国家采取的是额外奖励的激励措施。而瑞典和葡萄牙两国则是同时采用了两种激励措施。相比之下,父母假的津贴水平比父亲假要低,希腊、荷兰、西班牙和英国的父母假是不带薪的,还有4个国家只提供较低的工资津贴,另外8个国家虽然提供较高的津贴水平,但没有一个是全额的。

三、社会政策改变男性行为取得的成效与困局

20世纪70年代以来,在推进就业性别平等的过程中,欧洲国家努力改变男性在家庭领域的行为,设立父亲假和父母共同分享的父母假,促进父亲和母亲平等地分担家庭照顾工作,以提高男女平等参与劳动力市场的可能性。那么,这些政策上的努力取得了怎样的成效呢?

总体而言,男女共同分担家庭照顾责任的局面开始出现,尽管进展比较缓慢。2005年欧洲工作状况调查(EWCS)的结果显示,32%的有3岁以下子女的在职男性休了亲职假(父亲假或父母假)。不过,各国之间存在很大差异,北欧男性休假比例最高,达63%,其次是西欧,为38%,南欧和东欧男性休假的比例要低于平均水平,分别只有17%和10%。从休假类型来看,由于父亲假假期比父母假要短,且工资津贴水平高,因此男性休父亲假的比例远高于父母假,北欧男性休父亲假的比例高达70%—90%,西欧和南欧也达40%—60%。相比之下,男性休父母假的比例要低很多,即使是在北欧,也只有不到三成的男性休了父母假,其他欧洲国家则更低,大多不足一成。那么,哪些男性更有可能使用亲职假呢?经合组织(OECD)一项对北欧国家的研究总结了使用亲职假的男性的社会经济特征:他们都受过良好教育,有长期就业的岗位,并有高收入。对欧洲其他国家的研究也得出了类似的结论。

然而,需要承认的是,欧洲国家促进男性分担家庭照顾责任的干预行为,即使是在被称为"对妇女友好"的北欧国家,也仅仅取得有限的成功,其他国家更是只有缓慢的变化。男性不仅在使用亲职假比例上远低于女性,他们的休假长度也远少于女性。导致男性行为缓慢改变的因素来自多方面。

首先,政策设计本身存在的缺陷阻碍了男性对家庭内照顾工作的参与。露丝·里斯特(Ruth Lister)批评指出,如果把男性的照顾者身份仅作为一种权利来加以理解的话,它留给男性的是选择的自由而不是履行的自由。也就是说,男性照顾家庭的权利还需要得到相关措施的支撑,这些措施要鼓励男性去运用这种权利。很显然,大多数欧洲国家尚未提供充足的激励措施来支持男性履行照顾权利的自由。一是较低的假期工资补贴对父亲使用父母假起着重要的阻碍作用,因为从家

庭的角度来考虑的话,由母亲享受大部分假期是对家庭经济利益最佳的选择,尤其是对中低收入家庭而言。二是如果没有"使用或失去"(use it or lost it)的配额规定,男性休父母假的积极性也不会太高。在瑞典和挪威,"父亲配额"规定引入之后,两国父亲的休假比例明显上升。德国自2007年改革休假方法后,父亲休父母假的积极性大增,在2006年最后一个季度,父亲休假的比例仅占3.5%,而在2008年第一季度,该比例已达14.3%。需要指出的是,"使用或失去"的规定要与较高的工资补贴同时并存才会发挥其效用。如意大利也实行了"使用或失去"的规定,但父母假的补偿标准低(仅相当于平均工资水平的30%),结果父亲的休假比例还是很低。英国新工党政府引入了不带薪的父母假,结果只有一小部分父亲们利用了这一假期。

其次,社会文化规范尤其是性别文化观念对改变男性在私人领域角色的影响也非常大。男性休假与否不仅仅是出于经济上的考虑,对照顾工作的性别分工的社会态度阻碍了男性更多地使用亲职假。一是男性所在工作场所的性别文化规范并没有发生重大的变化,工作场所文化仍然假定男性不用像女性那样因抚育而离开劳动力市场一段时间,这种传统的、具有性别歧视的文化规范给男性休假设置了障碍。来自不同国家的研究都表明,在雇主眼中,男性运用亲职假是不符合规范的,男性的休假申请因而可能经常遭遇拒绝。二是男性(也包括女性)对家庭内性别分工的态度没有发生重大转变,为孩子和家庭提供经济支持仍被视作男性最主要的家庭责任。"好父亲"形象和男子气概规范发生的变化虽影响了男性(以及女性)对父亲照顾孩子的态度,为孩子提供照顾开始被当作一种男性的责任,但在照顾工作与家庭外有酬工作相冲突的情况下,男性的工作责任往往摆在优先考虑的位置,而照顾责任则被忽略不计。研究者发现,在失业率高涨时期,或是在休假会导致失业风险增大、阻碍职业晋升的情况下,父亲休假的积极性都会降低。

国家和政党政治也是导致父亲的照顾行为只发生缓慢改变的重要影响因素。促进父母平等地分担照顾家庭的目标在大多数国家并未得到一致赞同,一些保守党派认为家庭内照顾工作的分工属于私人事务,极力反对实施"父亲配额",认为应由父母自己来决定如何安排休假,反对国家进行干预。在丹麦,1998年实行的两个星期"父亲配额"父母假就在2002年被中右翼政府废除,原因在于它干涉了家庭的私人事务。然而,在女权主义者看来,更大的挑战来自改变性别分工的目标近年来在国家话语中逐渐消失。在西方国家普遍经历的福利体制改革过程中,社会投资理论成为新福利主义的主要理论依据,明确的社会性别意识是其有别于传统的社会保护视角的特点之一。初看起来,社会投资理论中明确包含的社会性别意识似乎表明了几十年来女权主义者动员和行动取得了成功,然而,进一步的观察显示,在社会投资的话语中,促进妇女就业和提高妇女平衡工作和家庭的能力完全是从拯救福利国家的财政基础、解决人口危机、获得有竞争力的未来人力资本等工具性角度提出的,至于工作场所的性别不平等、家庭照顾分工的性别不平等或长期后果等问题,并不在社会投资理论关注的范围。这导致的结果是,改变男性的行为以促进就业性别平等目标的重要性逐渐降低。

四、对中国就业性别平等的启示

1949年以来,通过自上而下的行政动员,大量妇女外出工作,中国妇女的就业水平在相当长一段时期处于世界最高水平。然而,随着就业率的上升,中国妇女面临着与欧洲妇女同样的境况,即有酬工作和无酬家庭照顾工作的双重负担。尽管为消除家庭照顾工作,尤其是年幼子女照料对妇女外出就业的阻碍,国家大力发展公共托幼服务,在一定程度上减轻了妇女的照顾负担。然而,对这一时期的研究显示,外出就业的妇女依然承担着繁重的照料工作。原因在于,公共托幼服务解决的仅是工作时间内的照顾问题,儿童在工作时间之外还需要有人照顾,这个任务仍然要由家庭来完成。"妇女参与社会化大生产"的妇女解放道路触及的仅是公共领域的性别分工问题,至于家庭领域的性别分工,则从未出现在男女平等的政治话语之中,家庭内的无酬家务劳动依然被认为是"女人的事"。工作时间之外的儿童照顾任务从而被合法化地留给了妇女(母亲)。

男女都外出就业但妇女同时保留了照顾家庭的责任,不仅导致妇女的双重负担,而且一旦公共服务萎缩,还将动摇妇女的平等就业权利,这一点在向市场经济转型过程中得到充分印证。随着市场化改革的推进,国家和工作单位作为公共服务提供者的角色大为弱化,公共托幼服务体系严重萎缩,幼儿母亲的工作和照料矛盾凸显,并已经影响到妇女的就业水平。

近年来,随着妇女就业状况的恶化,国内学者在关注劳动力市场因素影响的同时,少数人开始注意到了家庭照顾角色的影响,指出国家在改变性别角色分工上是不彻底的,对家庭内的传统性别分工予以直接肯定,从而使妇女因家庭照顾责任而在就业领域遭遇排斥、歧视并处于不利境遇。然而,一些研究提出的社会政策建议,隐含的前提假设仍是家庭照顾是妇女的责任这一意识形态,只是努力减少家庭照顾责任对妇女就业的不利影响,而不是试图改变问题产生的根源——家庭照顾责任的性别化分工。他们认为普遍的公共托幼服务是促进男女就业平等的主要途径。当然,他们也建议要鼓励男性分担子女照料工作,但较少主张运用政策工具来推动男性行为的改变。

欧洲国家努力改变男性在家庭领域的行为以实现就业性别平等的新政策路径对中国有着重大的启示意义。欧洲的经验表明,发展公共托幼服务,平衡家庭照顾工作的公共责任与私人责任,仅是妇女平等就业的前提条件之一。改变家庭内照顾劳动的性别分工,使无酬家庭照顾工作在男女之间平等分配,是就业性别平等的另一重要前提。因此,今后在政策上的努力必须要对家庭内劳动的性别分工进行干预,应以男女都是"工作者"和"照顾者"为前提假设,把男性列为时间政策的对象,设立父亲假,是减少劳动力市场性别歧视的重要手段。正如 A.莱拉(A. Leira)所言,这是影响家庭内劳动分工和改变照顾责任性别平衡的一种努力,是一种新的就业性别平等的政策路径。

(张亮,原文载于《妇女研究论丛》2014 年第 5 期)

小学入学年龄对儿童义务教育
阶段学校表现的影响

《中华人民共和国义务教育法》(简称《教育法》)规定:"凡年满六周岁的儿童,其父母或者其他法定监护人应当送其入学接受并完成义务教育;条件不具备的地区的儿童,可以推迟到七周岁。"《中华人民共和国义务教育法实施细则》进一步规定:"适龄儿童的入学年龄以新学年始业前达到的实足年龄为准。"通常每年的9月1日为全国新学年开始日期,也就是说,8月31日为每年适龄儿童进入义务教育的入学截止日期,即前一年9月1日至当年8月31日满六周岁的儿童可以开始九年制义务教育。由于这一入学年龄截止日期的设定,就必然造成同年入学的儿童,因其出生时间不同,而实际入学年龄存在差异。特别是距离截止日期最近的当年8月31日出生的儿童,与距离截止日期最远的前一年9月1日出生的儿童,两者实际入学年龄差接近1周岁。因此,本研究关注的重点是:这样的相对年龄差异,会对儿童的学习成绩、同伴交往、师生相处等学校表现造成怎样的影响?

一、文献回顾与问题提出

自20世纪三四十年代起,国外已有相关研究对不同入学年龄儿童的学业表现、社会性发展及健康等问题进行了分析与探讨,反思"入学年龄限制"这一制度性设计的合理性与适切性。这些研究有以下几个方面的发现:第一,年龄越小的儿童,其学业、社会性发展等受"入学年龄"或"出生月""出生日期"的影响越大,呈现出显著的"相对年龄效应"(The relative-age effect)。那些离入学截止日期越近的、同年入学的小年龄儿童,在幼儿园、小学中表现出更多的学习、情绪、社交和自我认知等问题;相反,那些入学年龄较大的儿童,则学业成绩更好、更少被诊断为学习困难,也更可能成为班级领袖。第二,随着儿童年龄增长,入学年龄对于学习成绩、社会性发展及健康等影响逐渐减弱,甚至消失。比如,埃尔德等发现,相对年龄效应仅出现在儿童初入学前班的头几个月里,随后入学年龄对于儿童学业表现的影响很快就消失了。德布勒等对北爱尔兰儿童的10年追踪研究发现,10年后,靠近"入学截止日期"出生的儿童,其教育获得和健康状况均不存在相对不利。第三,入学年龄对于儿童发展的影响与儿童的家庭社会经济地位、性别等存在关联性。比如,弗雷德里克森和奥克特的研究发现,若父母受教育水平较低,则个体的入学年龄与成年期收入之间的相关性更高。还比如,小年龄男孩的学习成绩等更可能受到入学年龄的影响。另外,在日本,入学年龄对于男性的收入薪资有着更显著的影响。然而,国外众多研究对以下两个问题的回答差异较大:第一,"相对年龄效应"的持续时间,即因入学年龄所导致的发展差异会持续到何时,或者何时会消失。比如,有的研究发现这一效应在小学三年级消失,而有的则发现"消失点"在四年级、八年级或十一年级;而有的研究则指出这一效应将持续影响整个义务教育阶段,还会一直延续到高中,乃至进入高等教育和就业领域。比如,英国学者发现,夏季生儿童(入学年龄相对小)进入高等学府求学的比例比秋季生儿童(入学年龄较大者)低。这一研究结果得到美国、瑞典、智利等研究数据的支持。另外,有学者发现,在高端就业中(比如决策层),出生月靠近"截止日期"的人比例更低。第二个有争议的问题主要集中在"入学年龄"对于儿童发展的影响力上,即相对家庭社会经济地位、儿童的性别、智商等因素而言,"入学年龄"所带来的学业差异等是否具有解释力。比如,有研究发现,母亲的受教育水平和初育年龄对儿童学习成绩的影响更为显著;高智商的资优儿童并不因入学年龄差异而呈现学业差异。甚至有研究显示,晚入学者存在更多的发展风险。比如,晚入学的男孩在18岁时有更多的健康问题以及更可能发生不安全性行为而导致青春期怀孕问题。尽管国外的相关研究结论之间尚存在不一致性,但在该领域的研究已历时90多年,成果极为丰富。特别是新近的研究更加注重长时性,具有精细化特征。比如,有研究发现,入学年龄对于不同学科的学习具有不同的影响。

  相较之下,国内相关研究非常有限,在20世纪80年代末,朱静宇探讨过儿童入学年龄的性别差异,他认为,由于女生相对同龄男生有更高的心理成熟度,因此女生可以比男生早上学1—2年。之后鲜有研究涉及这一领域。直到近几年,有学者开始从社会学视角探讨"入学年龄限制"这一制度性设计或微观政策对于个体发展的影响,分析由此是否导致教育不平等现象。例如,刘德寰、李雪莲认为,这一制度性设计对部分个体发展显著不利,因为出生于"七八月"的孩子们"存在明显的相对年龄劣势与适应性危机";且这种"相对年龄效应"强势到家庭经济社会地位都无法产生有效的抑制作用,他们将其称为"七八月陷阱"。但张春泥和谢宇则认为"入学年龄限制"不足以解释儿童的发展差异,不应该过分放大入学年龄劣势的长远影响。他们对不同出生月成人的教育成就(平均受教育年数)和收入(平均月收入)进行研究,发现"七八月"陷阱并不存在,因为教育成就和收入最低点者均不是7月生或8月生人。尽管两项研究在结论上不一致,但它们都集中在对"入学年龄限制"进行了探讨,但研究样本年龄段偏大,前者为13—18岁,后者为35岁以上成年人。因此,其研究结论是否适用于从小学到初中的义务教育阶段青少年(即6—15岁儿童)尚存疑问。事实上,他们的研究讨论与反思中均提到样本年龄选择的重要性。刘德寰和李雪莲表示,"我们在调查过程中没有将小学阶段的学生群体纳入抽样范围,因此对适应危机最为强烈的学龄阶段缺乏足够的考察"。张春泥、谢宇也提到,"理论上,随着儿童成长,早期由于年龄差别而造成的表现差异会不断缩小,相对劣势会消失,相对优势也会减弱"。上述这些讨论表明,需要更多的研究来充实对相对年龄效应的研究,特别是应补充义务教育阶段儿童的相关研究,因为这是入学年龄制度最直接的作用群体。此外,以上研究在入学年龄所影响的因变量以及可能的调节变量选择上也值得探讨。比如,刘德寰和李雪莲引入"家庭社会经济地位"这一变量,经检验其对于7、8月孩子的"相对年龄劣势"缺乏抑制作用,从而得出"七八月陷阱"的理论模型。但在家庭资源研究中,家庭社会经济地位并不是影响青少年发展的唯一或关键变量,因为家庭教育投入和教养方式是更为凸显的家庭资源变量。因此,有必要进一步引入更多的家庭因素来检验"七八月陷阱"的存在。

  本研究重点关注义务教育阶段青少年的生活世界,集中讨论以下四个问题:其一,"相对年龄效应"在我国义务教育阶段是否存在?那些出生月接近入学截止日期的夏季生儿童在学校的发展是否处于相对劣势?其二,入学年龄对于不同性别儿童学校表现的影响是否具有异质性?入学年龄是否对男孩学校表现的影响更为显著?其三,"相对年龄效应"是否贯穿整个义务教育阶段,即从小学到初中均表现出持续效应?还是随着学段升高,初中生的学校表现比小学生更少受到入学年龄的影响?其四,家庭资源对"相对年龄效应"是否具有调节作用?

二、数据、变量与方法

(一) 数据来源

本研究数据来源于国家社科基金一般项目"基于家庭的青少年流动人口心理健康发展及干预对策研究"(13BRK009)的上海学生问卷调查。该次调查时间为2016年9—12月,调查采用多阶段抽样,先后按照PPS抽样、整群抽样等方法,依次确定不同城区(中心城区、郊区)、不同学段(小学、初中)及不同学校等样本量。同时,考虑到青少年自陈问卷的填答有效性,并兼顾调研经费、时间及可操作性,本研究确定小学三年级、小学四年级、初中预备年级和初一学生为调查对象。最终,在上海市4个区的14所学校(8所小学、6所中学)共发放2 598份青少年问卷,有效回收2 562份。经检验,调查样本在城区、学段上的分布与全上海市一致,可以作为推定总体的有效样本。根据本文分析需要,剔除"出生年""出生月"有缺失值以及不符合入学法定年龄的样本,即"未满6周岁"提前入学儿童或"7周岁后"推迟入学儿童。经整理,最终得到的有效样本量为2 381人。其中,小学生1 515人,约占63.6%;初中生866人,约占36.4%。本文结果均基于这一样本分析所得。

(二) 变量及其定义

1. 自变量:入学年龄

即"实际入学年龄",指某儿童实际入读小学一年级时距离当年8月31日的年龄,精确到月。由于本文数据来源为2016年调查,故"入学年龄"的计算公式为:

$$Ai = 2016 - YBi + \frac{8 - MOBi}{12} - (Gi - 1)$$

式中 Ai 表示儿童 i 入学的实际年龄(岁), YBi 表示儿童 i 的出生年份, $MOBi$ 表示儿童 i 的出生月份, Gi 表示儿童 i 目前就读的年级。小学三年级、四年级、初中预备年级和初中一年级分别对应的 G 数值为3,4,6,7。经计算,符合入学条件的8月生儿童入学时年龄最小,为6周岁;9月生儿童则入学年龄最大,为6.92岁,两者相差0.92岁(见图1)。样本儿童入学平均年龄为6.45±0.30岁。这一结果与张春泥和谢宇所计算出的不同出生月儿童的"期望入学年龄"一致。因本文样本均为遵循入学年龄规定的儿童,故"实际入学年龄"与"期望入学年龄"相一致。同时,根据出生月份,将儿童分为四组,按入学年龄从大到小依次为:秋季生组(出生月份为9、10、11月)、冬季生组(出生月份为12、1、2月)、春季生组(出生月份为3、4、5月)和夏季生组(出生月份为6、7、8月),对应实际入学平均年龄分别是6.83岁、6.58岁、6.34岁和6.07岁,四组样本比例依次为27.0%、22.4%、24.3%和26.3%。另外,为了便于同国内文献的比较讨论,本研究也会关注七八月生儿童与九十月生儿童之间的发展差异。

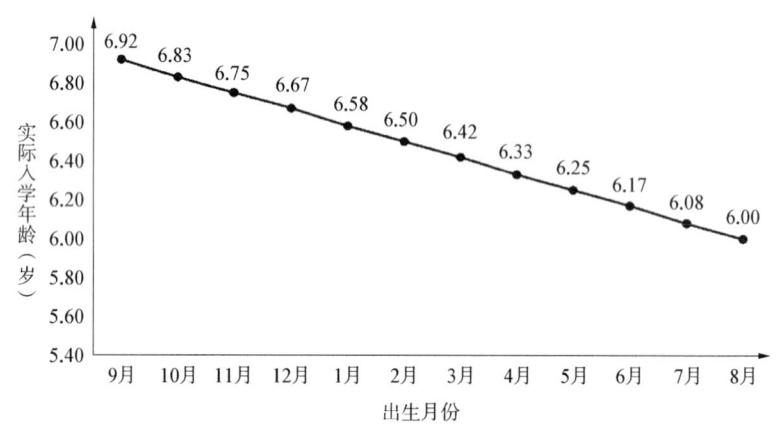

图1 不同出生月份儿童的实际入学年龄比较

资料来源:作者编制。

2. 因变量:学校表现

学校表现主要包括学习成绩、同伴关系和师生关系等三个变量。其中,"学习成绩"通过"班级排名"和"学习困难"来测量,前者是儿童对班级排名的自我估计,后者分别对语、数、外等三科目存在的学习困难程度进行测量;"同伴关系"通过朋友/玩伴数量、消极交往经历(被同学取笑、被同学忽视)等测量;"师生关系"以师生互动的积极和消极体验来测量。

3. 其他变量

其他变量包括儿童个人情况及家庭中可能影响学校表现的重要变量。具体包括:儿童性别、学段和身体健康状况、家庭社会经济地位、教育投入、教养方式等。其中,"家庭社会经济地位"主要通过家庭收入、父亲学历、母亲学历等三项确定;"教育投入"通过课外补习时间、父母对子女的知识性教育(诸如经常带孩子去图书馆、博物馆;经常带孩子去听讲座、看电影等;经常交流科技、文化及社会知识或信息等)来测量;"教养方式"则基于经典教养方式研究,设定四个维度,即温情(warmness)、控制(control)、独立性(independence)和顺从性。

本研究选择的变量及其描述统计见表1。

表1 变量及其描述统计

变量	定义/赋值	平均值	标准差
1. 入学年龄	根据文中公式计算所得的小学一年级入学时的年龄。	6.46	0.30
秋季生组	出生于9、10、11月的儿童。	6.83	0.07
冬季生组	出生于12、1、2月的儿童。	6.58	0.07
春季生组	出生于3、4、5月的儿童。	6.34	0.07
夏季生组	出生于6、7、8月的儿童。	6.07	0.07
2. 学校表现			
学习成绩			
班级排名	1=最后5名;2=中下;3=中等;4=中上;5=前5名	3.49	0.96
学习困难	语、数、外等三门功课学习困难的均值。	2.32	0.68
语文学习困难	1=从不;2=很少;3=有时;4=经常	2.44	0.86
英语学习困难	1=从不;2=很少;3=有时;4=经常	2.24	0.95
数学学习困难	1=从不;2=很少;3=有时;4=经常	2.29	0.94
同伴关系			
朋友/玩伴数量	1=1个也没有;2=1个;3=几个;4=十个以上	3.50	0.63
同伴交往消极经历	被同学取笑和忽视的程度。	1.71	0.79
被同学取笑	1=从不;2=很少;3=有时;4=经常	1.78	0.90
被同学忽视	1=从不;2=很少;3=有时;4=经常	1.64	0.88
师生关系			
积极体验	被老师喜欢的程度。1=没有;……6=非常喜欢	3.86	1.68
消极体验	被老师羞辱的程度。1=没有;……6=极重	1.48	0.89
3. 个人特征			
性别	0=女;1=男	0.47	0.50
学段	0=小学;1=初中	0.36	0.48
健康状况	最近半年有无生病。1=没有;……6=极重	1.72	1.13
4. 家庭资源			
家庭社经地位	家庭收入、父亲学历和母亲学历等三项综合评定。	2.01	0.82

续　表

变　　量	定义/赋值	平均值	标准差
家庭收入	1=低收入(5 000元及以下);2=中下收入(5 001—8 000元);3=中等收入(8 001—1.5万元);4=中上收入(15 001—2万元);5=高收入(超过2万元)	2.74	1.25
父亲学历	1=没有受过正式教育;2=小学;3=初中;4=高中或同等学历;5=大专或高职;6=本科;7=硕士;8=博士	4.69	1.37
母亲学历	1=没有受过正式教育;2=小学;3=初中;4=高中或同等学历;5=大专或高职;6=本科;7=硕士;8=博士	4.59	1.39
教育投入			
校外补习情况	一周中的校外补习时间(小时)	2.11	2.84
父母的知识性教育	父母与子女互动中的知识性传递。1=否;2=是	1.50	0.19
教养方式			
温情	父母对于子女的情感支持及亲子之间的情感沟通	1.55	0.28
控制	父母对子女行为规范的要求与管教	1.53	0.33
独立性	父母对子女独立性的鼓励与培育	1.81	0.24
顺从性	父母对子女听从和遵循长辈的要求	1.67	0.29

资料来源：作者编制。

（三）数据处理与分析

数据采用SPSS 22.0进行管理和分析，以描述性统计（如频次分析、均值和标准差分析等）、多元线性回归分析及多变量方差分析等方法，逐步揭示变量之间的关系与特点。

三、数据结果与分析

（一）入学年龄对儿童学校表现的影响

在控制家庭社会经济地位、儿童性别、年级、校外补习时间等相关变量（为了行文简洁，后文中的分析结果均为控制变量后所得）后，本研究以入学年龄和出生组为固定因子，以学习成绩、同伴关系、师生关系等为因变量，采用多变量方差分析（MANOVA），结果显示：不同入学年龄或出生组的儿童，在成绩排名、同伴交往、师生关系等方面均存在显著差异性。具体表现为：入学年龄越小的儿童,则班级排名越靠后($F=3.129$, $P<0.001$),数学学习越困难($F=2.099$, $P<0.05$);朋友玩伴越少($F=1.962$, $P<0.05$),越感觉不被老师喜欢($F=1.967$, $P<0.05$)。经多重比较分析结果显示：出生于 6—8 月的夏季生儿童,其在班级成绩排名、语文学习、数学学习、同伴数量、被老师喜欢等方面均呈现显著弱势,尤其弱于出生于 9—11 月的秋季生儿童(见表 2)。相类似地,对出生于 7—8 月和 9—10 月的两组儿童进行比较,即比较实际入学平均年龄最小和最大的两组儿童,结果与前述分析一致。这证实了刘德寰和李雪莲的文章中所提到的"七八月陷阱",即临近入学截止日期的儿童面临更多学校处境不利,即出现显著的"相对年龄弱势",这也与国外相关研究的结果一致。

表 2 不同出生组儿童学校表现的多变量方差分析结果(平均数±标准差)

变量	夏季生	春季生	冬季生	秋季生	F 值
学习成绩					
班级排名	3.40±0.99	3.49±0.92	3.60±0.93	3.63±0.92	7.208***
学习困难	2.31±0.68	2.25±0.70	2.22±0.71	2.25±0.65	1.669
语文困难	2.42±0.83	2.33±0.88	2.33±0.91	2.36±0.82	1.459
英语困难	2.20±0.94	2.18±0.90	2.19±1.00	2.16±0.91	0.185
数学困难	2.32±0.96	2.23±0.93	2.15±0.92	2.23±0.91	1.925
同伴关系					
朋友/玩伴数量	3.42±0.68	3.53±0.58	3.50±0.61	3.55±0.62	2.856*
消极交往经历	1.70±0.79	1.66±0.75	1.71±0.82	1.64±0.77	0.970
被取笑	1.76±0.89	1.73±0.87	1.78±0.93	1.73±0.88	0.481
被忽视	1.63±0.89	1.58±0.82	1.64±0.88	1.56±0.84	1.176
师生关系					
被老师喜欢	3.80±1.64	3.92±1.65	4.12±1.72	4.13±1.64	5.220**
被老师羞辱	1.43±0.88	1.41±0.79	1.42±0.86	1.41±0.83	0.438

注：***$P<0.001$,**$P<0.01$,*$P<0.05$。以下同。
资料来源：作者编制。

(二) 入学年龄对不同性别儿童学校表现的影响

在前文 MANOVA 分析基础上,本研究将"性别"从协变量改为固定因子,探讨入学年龄与性别之间是否存在交互效应。结果显示,入学年龄与性别均对儿童的学校表现有显著影响,但入学年龄与性别之间不存在交互效应。这说明,男孩、女孩之间的学校表现存在差异,但这一差异不受入学年龄的影响。而且,各个出生组内均存在显著的性别差异,广泛存在于学习成绩、同伴交往和师生关系等方面,特别是在"语文学习困难""数学学习困难""被同学取笑""被老师喜欢"等方面具有高度一致性。也就是说,出生组相同的女孩较男孩的语文学习更轻松、更少被同学取笑、更感到被老师喜欢;但值得注意的是,同一出生组男孩的数学学习则较女孩更轻松(见表3)。七八月生儿童的性别差异分析结果与夏季生儿童高度一致。

表3 不同出生组儿童学校表现的性别差异分析结果(F值)

变 量	夏季生	春季生	冬季生	秋季生
学习成绩				
班级排名	1.890	3.141	0.274	4.153*
学习困难	0.162	0.532	0.309	1.737
语文困难	5.346*	8.637**	1.803	14.325***
英语困难	3.484	2.772	0.039	6.105*
数学困难	21.025***	7.164**	8.210**	9.415**
同伴关系				
朋友/玩伴数量	0.556	1.272	0.353	0.230
消极交往经历	3.702	2.355	5.449*	13.333***
被取笑	7.021**	6.422*	10.978**	15.388***
被忽视	0.622	0.016	0.726	6.303*
师生关系				
被老师喜欢	6.494*	5.111*	2.648	27.340***
被老师羞辱	1.241	0.000	3.965*	1.901

注:表中"数学困难"为男孩显著少于女孩;其他各项均为女孩优于男孩。
资料来源:作者编制。

本研究分别选择男孩和女孩的数据分析入学年龄对学校表现的影响,MANOVA结果显示:就男孩而言,入学年龄显著影响男孩的班级排名($F=3.461, P<0.05$);夏季生男孩在班级排名上显著低于秋季生($P<0.01$)和冬季生男孩($P<0.01$)。对于女孩而言,不同出生组在班级排名、朋友数量、被老师喜欢等

三方面存在显著差异($F_{班级排名}=3.948$,$P_{班级排名}<0.01$;$F_{朋友数量}=2.704$,$P_{朋友数量}<0.05$;$F_{被老师喜欢}=5.413$,$P_{被老师喜欢}<0.01$)。夏季生女孩存在更多的学校处境不利：她们的班级排名显著低于秋季生($P<0.01$)和冬季生女孩($P<0.05$),学习困难显著多于秋季生女孩($P<0.05$),朋友数量显著少于秋季生女孩($P<0.05$),对"被老师喜欢"的评价也显著低于秋季生($P<0.01$)和冬季生女孩($P<0.05$)。以上结果与已有研究有所不同,一方面证实了"相对年龄效应"普遍存在于男孩和女孩之中,但另一方面却并未发现这一效应在男孩身上更为显著,而是发现这一效应具有性别异质性：对男孩的影响集中在学习成绩上,对女孩的影响则是在学习成绩和人际关系方面。不过可以肯定的是,入学年龄较小的男、女孩,在学习成绩上均更可能处于班级劣势情形中。

(三) 入学年龄对儿童从小学到初中学校表现的持续性影响

表4报告了不同出生组儿童在小学和初中的学校表现,比较结果显示：在小学阶段,不同出生组儿童在学习成绩、同伴关系和师生关系等方面均存在显著差异,且入学年龄越小的儿童越不利,而入学年龄越大的儿童越显示出优势;但至初中阶段,不同出生组之间在学校表现的各个方面均无显著性差异。这似乎表明,小学阶段存在的因入学年龄差异导致的学校表现差异,随着儿童升入初中后逐渐消失,即相对年龄效应并未从小学持续到初中。

表4　不同学段儿童学校表现的出生组差异分析结果(F值)

变　　量	小 学 生	初 中 生
学习成绩		
班级排名	6.797***	1.587
学习困难	2.174	0.859
语文困难	3.497*	0.733
英语困难	0.412	0.905
数学困难	1.418	0.944
同伴关系		
朋友/玩伴数量	2.952*	1.529
消极交往经历	0.881	1.006
被取笑	0.749	0.185

续　表

变　　量	小 学 生	初 中 生
被忽视	0.804	2.090
师生关系		
被老师喜欢	2.844*	2.108
被老师羞辱	0.052	0.728

资料来源：作者编制。

进一步分析发现,入学年龄对夏季生儿童的影响具有持续效应。在小学阶段,不同出生组之间的差异主要表现为：入学年龄较小的夏季生儿童,其班级排名显著低于秋季生儿童($P<0.001$)和冬季生儿童($P<0.001$),语文学习困难显著多于其他出生组儿童($P<0.01$);夏季生儿童的朋友数量显著少于秋季生儿童($P<0.01$),且相对秋季生儿童($P<0.05$)和冬季生儿童($P<0.05$)更少感到被老师喜欢。初中阶段,总体上不同出生组之间在学校表现诸方面均无显著性差异,但夏季生儿童依然在学习成绩和师生关系上相对弱势：夏季生儿童的班级排名显著低于秋季生儿童($P<0.05$),对于"被老师喜欢"的评价也显著低于秋季生($P<0.05$)和冬季生($P<0.05$)两组。若以每两个月分组进行比较,则结果与分四组相似,即初中阶段主要表现为7、8月生儿童较9、10月生儿童的学校表现显弱,比如班级排名较低($P<0.05$)且有更多的数学学习困难($P<0.05$)。以上结果一方面证实了国外相关研究的发现,即"相对年龄效应"在低学段或低年龄儿童中更为显著,但不一定会持续影响高学段或高学龄儿童;另一方面,也显示出入学年龄较小的儿童受这一效应的影响可能会更持久。值得注意的是,不论入学年龄大小,初中生均相对小学生有更多的学习困难和同伴交往不利。多变量方差分析(MANOVA)显示：相对小学生而言,初中生所遇到的学习困难更大($F=14.331, P<0.001$),主要在英语($F=26.955, P<0.001$)和数学($F=25.005, P<0.001$)这两方面;初中生的朋友数量显著小于小学生($F=14.642, P<0.001$),也更可能感到"被同伴忽视"($F=8.537, P<0.01$)。

(四) 家庭资源对相对年龄效应的调节作用

表5报告了多因素对儿童学校表现的回归分析结果：入学年龄是影响儿童学校表现的重要因素。但同时,家庭的社会经济地位、教育投入及教养方式等资源以及儿童的性别、学段和健康状况等个体性因素也与儿童的学校表现有显著关联,即儿童的学校表

现是众多因素共同作用的结果。而且,从标准回归系数 Beta 值看,入学年龄对于儿童的学习困难、同伴关系和师生关系等解释程度有限,而父母对于子女的知识性教育及独立性培养等对于儿童的学校表现影响更显著。这与贝克尔等研究发现相类似。

表5　学校表现各维度与多因素之间的回归分析结果(标准回归系数)

	班级排名	学习困难 语文困难	学习困难 英语困难	学习困难 数学困难	学习困难 总体困难	同伴关系 朋友数量	同伴关系 消极经历	师生关系 被喜欢	师生关系 被羞辱
1. 入学年龄	0.132***	−0.033	−0.019	−0.057*	−0.051*	0.061*	−0.018	0.078**	−0.003
2. 家庭资源									
社经地位	−0.032	−0.075**	−0.047	0.015	−0.160***	−0.021	−0.032	0.143***	−0.042
家庭收入	0.107***	−0.011	−0.061*	−0.096**	−0.048	0.005	−0.051	0.018	−0.043
父亲学历	0.113***	0.013	−0.027	−0.068*	−0.022	−0.017	−0.006	0.069	0.075*
母亲学历	0.004	−0.012	−0.162***	−0.006	−0.051	−0.025	−0.002	0.044	−0.123***
教育投入									
校外补习	0.039	0.003	−0.088**	−0.058*	−0.075**	0.055*	−0.007	0.053*	−0.012
知识教育	0.085**	−0.121***	−0.087**	−0.077**	−0.128***	0.028	−0.034	0.077**	0.025
教养方式									
温情	−0.050	0.003	−0.014	−0.025	−0.017	0.099***	−0.066*	0.073*	−0.059*
控制	−0.083**	0.042	0.088**	0.042	0.082**	−0.039	0.067*	−0.020	0.037
独立性	0.118***	−.069*	−.069*	−0.039	−0.089**	0.067*	−0.129***	0.174***	−0.101**
顺从性	−0.066*	0.021	0.036	−0.004	0.081	0.017	0.033	−0.061*	0.069**
3. 个体特征									
性别	−0.058*	0.131***	0.062*	−0.176***	0.000	0.001	0.103***	−0.124***	0.047
学段	−0.004	−0.070**	0.120***	0.125***	0.081**	−0.094***	0.053*	−0.005	−0.019
健康状况	−0.099***	0.055*	0.059*	0.067**	0.077**	0.017	0.118***	−0.073**	0.293***
常数(C)	−0.475	3.721	3.448	4.394	4.126	1.994	2.307	−2.577	1.793
R^2修正值	0.106	0.058	0.106	0.081	0.093	0.031	0.059	0.133	0.128
自由度(df)	1 323	1 406	1 402	1 404	1 399	1 408	1 400	1 405	1 414

资料来源:作者编制。

笔者采用分层回归法,在控制性别、学段、健康状况等个体特征变量下,以学习成绩、同伴关系和师生关系等学校表现为因变量,依次检验家庭社会经济地位、教育投入和教养方式等各家庭资源变量在入学年龄和儿童学校表现中的调节作用,探讨家庭资源是否可以起到调节作用,即是否可以缓解或削弱入学年龄所产生的"相对年龄效应"?首先,将自变量、调节变量和控制变量进行标准化处理;然后,依次检验各家庭资源变量的调节效应。表6报告了具有调节作用的家庭因素,其中各模型的第一步和第二步分别对应了在控制相关变量的条件下,调节变量加入前、后的回归分析结果。可以看到:第一,家庭社会经济地位在儿童的入学年龄和学校表现之间不具有调节作用。也就是说,入学年龄所导致的儿童学校表现差异,不因家庭社会经济地位(包括家庭收入、父母学历)的不同而发生变化。家庭社会经济地位的高或低,不会改变入学年龄所造成的儿童学校表现差异。第二,家庭对儿童的教育投入在入学年龄和学校表现之间起到调节作用。分析显示,校外补习时间与入学年龄的交互项对总体学习困难、英语学习困难、数学学习困难、同伴交往消极经历和被老师喜欢等方面预测作用显著;父母对子女的知识性教育与入学年龄的交互项对朋友数量具有显著预测作用。比如,通过采用多元方差分析,将每周校外补习时间根据频次分布,依次分为"不补习""不超过2小时""超过2小时"等组进行对比,可以发现:在入学年龄等相近条件下,三组在英语学习困难和数学学习困难上存在显著性差异($F_{英语}=3.488$, $P_{英语}<0.05;F_{数学}=4.561,P_{数学}<0.05$),且主要表现于"超过2小时"组的英语学习困难显著少于"不补习"组($P<0.05$);"超过2小时"组的数学学习困难显著低于"不超过2小时"组($P<0.01$)。第三,父母教养方式在入学年龄和儿童的同伴关系和师生关系之间具有调节作用。父母对子女的温情与入学年龄的交互作用显著影响儿童的朋友数量,父母对子女独立性的培养与入学年龄的交互作用对儿童被老师羞辱的经历影响显著。值得注意的是,尽管家庭社会经济地位不直接调节入学年龄和学校表现之间的关系,但家庭社会经济地位对于教育投入和教养方式有着显著影响。在本研究中,低、中和高等三组不同社会经济地位的家庭,其子女的校外补习时间、亲子之间的知识性互动、父母对子女的温情和独立性培养等之间的差异均具有显著性,且高社会经济地位家庭显著高于中或低社会经济地位家庭,中社会经济地位家庭的又显著高于低社会经济地位家庭,即社会经济地位较高的家庭,其子女的校外补习时间更长($F=35.175,P<0.001$)、亲子之间的知识性互动更多($F=9.913,P<0.001$),父母对子女更温情($F=$

19.929，$P<0.001$），父母也更注重子女的独立性培养（$F=20.065$，$P<0.001$）。这与相关文献的研究结果相类似。另外，我们以不同出生组进行分析，检验家庭资源是否在出生组和学校表现之间充当调节变量，结果与前述一致。

表6 家庭资源在入学年龄和学校表现中的调节效应

	步骤	自变量	因变量	Beta	Adj.R^2	ΔR^2	F
模型1	第一步	入学年龄	学习困难	−0.029	0.036	0.013	17.362***
		校外补习时间		−0.112***			
	第二步	入学年龄		−0.029	0.038	0.002	15.123***
		校外补习时间		−0.116***			
		入学年龄×校外补习		−0.041*			
模型2	第一步	入学年龄	英语学习困难	0.006	0.051	0.018	24.230***
		校外补习时间		−0.134***			
	第二步	入学年龄		0.007	0.054	0.003	21.570***
		校外补习时间		−0.141***			
		入学年龄×校外补习		−0.059**			
模型3	第一步	入学年龄	数学学习困难	−0.032	0.065	0.007	31.065***
		校外补习时间		−0.080***			
	第二步	入学年龄		−0.031	0.067	0.002	26.910***
		校外补习时间		−0.086***			
		入学年龄×校外补习		−0.050*			
模型4	第一步	入学年龄	同伴交往消极经历	−0.023	0.029	0.001	14.156***
		校外补习时间		−0.006			
	第二步	入学年龄		−0.022	0.031	0.002	12.565***
		校外补习时间		−0.011			
		入学年龄×校外补习		−0.045*			
模型5	第一步	入学年龄	被老师喜欢	0.073**	0.048	0.002	22.717***
		校外补习时间		0.097***			
	第二步	入学年龄		0.072**	0.049	0.002	19.840***
		校外补习时间		0.102***			
		入学年龄×校外补习		0.048*			
模型6	第一步	入学年龄	朋友数量	0.076***	0.022	0.014	10.991***
		知识性教育		0.092***			

续 表

步骤		自变量	因变量	Beta	Adj.R^2	ΔR^2	F
模型6	第二步	入学年龄	朋友数量	0.076***	0.024	0.002	10.100***
		知识性教育		0.093***			
		入学年龄×知识性教育		−0.049*			
模型7	第一步	入学年龄	朋友数量	0.078***	0.031	0.023	15.317***
		温情		0.129***			
	第二步	入学年龄		0.078***	0.033	0.003	13.771***
		温情		0.128***			
		入学年龄×温情		−0.050*			
模型8	第一步	入学年龄	被老师羞辱	−0.015	0.139	0.013	74.193***
		独立性		−0.114***			
	第二步	入学年龄		−0.014	0.141	0.003	63.098***
		独立性		−0.116***			
		入学年龄×独立性		−0.050*			

资料来源：作者编制。

进一步采用简单斜率分析家庭资源的具体调节模式。在表6基础上，分别依据校外补习、知识性教育、温情和独立性等调节变量的得分将样本分为高分组（如校外补习得分高于均值一个标准差的组）与低分组（如校外补习得分低于均值一个标准差的组），然后分析高、低两组样本的入学年龄与学校表现之间的关系。结果表明：在校外补习高分组中，入学年龄对学习困难、数学学习困难和同伴交往消极经历等具有显著负向预测作用（$\beta<0$，$P<0.05$），对被老师喜欢具有显著正向预测作用（$\beta>0$，$P<0.05$）；在校外补习低分组中，入学年龄对英语学习困难具有显著正向预测作用（$\beta>0$，$P<0.05$）；在知识性教育低分组和温情低分组中，入学年龄对朋友数量具有正向预测作用（$\beta>0$，$P<0.05$）；在独立性高分组中，入学年龄对被老师羞辱具有显著负向预测作用（$\beta<0$，$P<0.05$）（见表7）。

表7 家庭资源在入学年龄和学校表现之间的调节模式分析结果

调节变量		因变量	β	t	P
1. 校外补习	低分组	学习困难	0.012	0.396	0.692
	高分组		−0.069*	−2.355	0.019

续 表

调节变量		因变量	β	t	P
2. 校外补习	低分组	英语学习困难	0.064*	2.180	0.029
	高分组		−0.051	−1.749	0.080
3. 校外补习	低分组	数学学习困难	0.018	0.624	0.533
	高分组		−0.080**	−2.767	0.006
4. 校外补习	低分组	同伴交往消极经历	0.022	0.721	0.471
	高分组		−0.066*	−2.259	0.024
5. 校外补习	低分组	被老师喜欢	0.025	0.853	0.394
	高分组		0.120***	4.088	0.000
6. 知识性教育	低分组	朋友数量	0.125***	4.228	0.000
	高分组		0.027	0.903	0.366
7. 温情	低分组	朋友数量	0.129***	4.378	0.000
	高分组		0.027	0.923	0.356
8. 独立性	低分组	被老师羞辱	0.038	1.352	0.177
	高分组		−0.065*	−2.358	0.018

资料来源：作者编制。

图2清晰呈现了表7中校外补习、知识性教育、温情和独立性等作为调节变量在入学年龄与儿童学校表现之间的作用模式。以下几点尤为值得注意：第一，校外补习并不能减弱或抑制相对年龄效应。高分组反而更增强了入学年龄高、低两组之间在学习困难、数学学习困难、同伴交往消极经历和被老师喜欢等方面的差异性；而且，校外补习时间对于入学年龄低组（低于均值一个标准差的组）的学习成绩、同伴关系和师生关系等均无显著影响；每周校外补习时间"超过2小时"的入学年龄高组（高于均值一个标准差的组）的学习困难、英语学习困难相对补习时间"不足2小时"的更少（$F_{\text{学习困难}} = 3.900$，$P_{\text{学习困难}} < 0.05$；$F_{\text{英语学习困难}} = 9.666$，$P_{\text{英语学习困难}} < 0.01$），也更容易被老师喜欢（$F=8.599$，$P<0.01$）。第二，父母对子女的知识性教育和温情可以缓冲入学年龄对同伴交往的影响。在知识性教育和温情的低分组中，入学年龄显著影响儿童的朋友数量，相对年龄效应显著；但在知识性教育和温情的高分组中，相对年龄效应不再显著，即随着知识性教育增加，或当父母对子女更温情时，入学年龄对于儿童朋友数量的影响会减小，甚至不再显著。一般线性模型的单变量分析也可看到：知识性教育和温情对于入学年龄低组的朋友

数量具有显著影响,知识性教育多或父母更温情的低龄入学儿童,其朋友数量更多($F_{知识性}=1.897$,$P_{知识性}<0.05$;$F_{温情}=2.835$,$P_{温情}<0.01$)。第三,父母对子女的独立性培养会减少儿童被老师羞辱的遭遇。尽管父母对子女的独立性培养不会抑制相对年龄效应,但会扩大入学年龄低组和高组在"被老师羞辱"中的差异。不论对入学年龄低组还是入学年龄高组而言,父母对子女的独立性培养都会减少儿童遭受被老师羞辱的可能性($F_{入学年龄低}=2.236$,$P_{入学年龄低}<0.05$;$F_{入学年龄高}=3.397$,$P_{入学年龄高}<0.01$)。

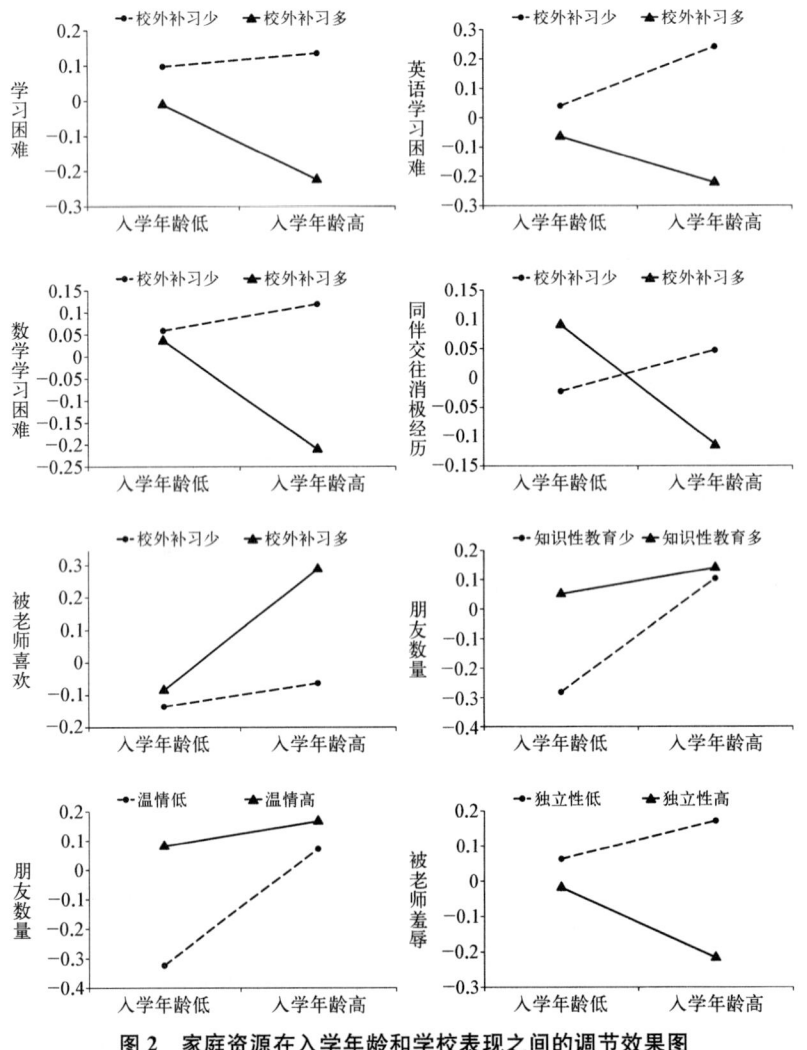

图 2 家庭资源在入学年龄和学校表现之间的调节效果图

资料来源:作者编制。

四、结论与思考

基于2 381名上海市小学生和初中生调查数据,分析了入学年龄对于义务教育阶段儿童学业表现的影响,并依次探讨了性别、学段、家庭资源等因素在其中的作用,得到了如下结论:

第一,相对年龄效应存在且有随学段升高而趋弱的发展特点。不同出生月的儿童,因实际入学年龄不同,其学习成绩、同伴交往和师生关系等学校表现之间确实存在差异,特别是小学阶段存在显著的"相对年龄效应"。夏季生儿童的入学年龄较小,他们有更多的学习困难、更少的同伴朋友、更容易感到不被老师喜欢等。另一方面,本研究也发现,随着儿童从小学升入初中,"相对年龄效应"总体不再显著。这与之前国外文献分析结果相近,表明随着年龄或年级升高,儿童的学校表现受出生月或入学年龄的制约逐步减少,甚至消失。同时,也证实了我国学者张春泥和谢宇的推断。

第二,相对年龄效应对于入学年龄较小儿童的影响更持久。通过比较不同出生月儿童的学校表现,我们发现:入学年龄对于夏季生(特别是七八月生)儿童具有更为显著而持久的影响。即使到了初中阶段,当样本总体的入学年龄效应不再显著时,夏季生儿童依然相较秋季生儿童的学校表现弱,诸如学习成绩较差、有更多的数学学习困难等,这证实了刘德寰和李雪莲所提出的"七八月陷阱"的理论模型。但同时也必须看到,随着年级的升高,初中阶段夏季生的孩子与其他出生月孩子之间的差异在逐步缩小。尽管本研究尚不能像国外一些研究明确指出相对年龄效应消失的"时间点",但从总体发展趋势看,"七八月陷阱"也有随年龄增长、年级或学段升高而逐渐削弱的趋势。

第三,相对年龄效应对于不同性别儿童的学校表现具有异质性影响。本研究证实了"相对年龄效应"普遍存在于男孩和女孩之间,一方面却并未发现这一相对年龄效应对于男孩更为显著,另一方面则发现男孩和女孩有着不同的作用方式。性别对于儿童的学校表现,具有独立而独特的作用,且与入学年龄之间不存在交互作用。但由于在不同出生组中,女孩的学校表现均好于男孩,夏季生(特别是七八月生)的男孩又是同性别中最弱的一组,所以很容易会将年龄效应混淆为性别效应,误以为小年龄的男孩更受到入学年龄的影响。事实上,无论男孩女孩,入学年龄较小者都面临更大的学习挑战,在学习成绩上均更可能处于班级劣势。

第四,家庭资源对于相对年龄效应有着显著的调节作用。尽管家庭社会经济地位(包括家庭收入、父母学历等)对于相对年龄效应不具有调节作用,支持了刘德寰和李雪莲的研究发现,即"家庭社会经济地位并不能对'七八月陷阱'产生抑制作用"。但家庭资源中的"软件",诸如教育投入、教养方式等在入学年龄与学校表现之间起到显著的调节作用。而且,家庭社会经济地位与这些调节变量之间存在显著的关联性。这些发现说明,入学年龄固然是影响儿童学校表现(特别是小学阶段)的重要变量,但这种"相对年龄效应"却可以通过家庭资源的投入给予调节,并非强势到不可补偿,更不像刘德寰和李雪莲的研究所言"难以逾越"。

第五,学段、学科等也是影响儿童学校表现及相对年龄效应的重要变量。其一,就学段而言,随着学段升高,相对年龄效应会减弱,但必须看到其前提是当家庭社会经济地位、课外补习、儿童健康状况等条件一定时。所以,如果这些控制变量并不对等时,相对年龄效应在同一学段中的作用应引起足够重视。同时,研究也发现,相对于小学生而言,初中阶段的儿童在课业学习和同伴交往等方面的困难均更多。也就是说,相对于入学年龄导致的同一学段内儿童的相对发展问题而言,儿童因学段升高而普遍存在的绝对发展问题也同样不容忽视。其二,就学科而言,相对年龄效应在语文、英语、数学等不同学科上的表现不同。表5显示,入学年龄主要对数学学习具有显著影响,入学年龄与数学学习困难之间呈显著负相关,入学年龄越大则数学学习困难相对越小。另外,如前文分析,入学年龄小的夏季生儿童,在小学阶段的学业不利主要表现在语文学习上,而到了初中则主要在数学学习上。这与近期以色列的研究结果部分接近,他们的研究发现,随着年级升高,入学年龄对于语言学习的影响逐渐减弱,而对于数学的影响反而扩大了;从五年级到八年级的学生,入学年龄较大者的希伯来语优势降低,但数学优势扩大为五年级时的两倍。

第六,需要指出的是,因研究取样限于上海地区,所以上述结论的适用性还有待其他地区的数据验证。相关结果也是基于横断研究,对于小学生和初中生的发展性分析,有待跟踪数据予以考量。但就以上结论而言,还有一个很重要的问题值得讨论:既然"相对年龄效应"会随着儿童年级(或年龄)的升高而渐趋减弱甚至消失,而且家庭资源也会对其起到调节作用,那么在义务教育阶段是否有必要重视这一问题?在教育实践中,是否应关注入学年龄较小的儿童并给予一定的教育支持?对我们来说,回答是肯定的。其理由至少有三个:其一,对于小学阶段的儿童而言,相对年龄效应确实存在。而且,这种效应对于年级越低、年龄越小的儿童越为显著。其二,家庭资源对于相对年龄效应可以起到调节作用,但这一调节作用的方向和大小不尽相同,如前所述,校外补习反而会强化相对年龄效应,在目前愈演愈烈的补习浪潮中,入学年龄较小者将更凸显学习困难或成绩劣势,从而可能面临更多的同伴或教师排斥。而且,家庭资源本身就存在内部异质性,那些父母低经济收入、父母低学历的低家庭社会经济地位的儿童,在校外补习、父母知识性传递及教养方式等方面均存在不利,如果入学年龄又偏低,那么相对年龄效应会更大。同时,也必须看到,对于入学年龄较小者,校外补习对于学习成绩的影响并不显著,即使每周"超过2小时"的校外补习也没有带来太多学习成绩的改变。而这样的补习强度本身给小年龄儿童带来沉重的学习负担,不利于儿童身心健康的发展。其三,入学年龄的持续性和系统性影响尚不清晰,即入学年龄导致的最初学业表现、情绪与社会性发展等差异对于后期发展,甚至成年期生活究竟有哪些影响,不仅目前国内研究回答不了,即使是持续了近一个世纪的国外研究,也不能取得一致的结论。新近研究指出,尽管随着年龄增长、年级升高,入学年龄所带来的儿童在学习、社交乃至成年期的教育获得和薪资收入等方面的差异均会缩小,甚至消失,但不能因此排除其对于个体内部心理世界的影响,比如班级中的小年龄儿童更可能形成低自尊,而且如果始终在班级中处于成绩不良位置,则会影响其学习动力以及会影响到其对自我掌控命运的信心,即对生活的"内控性"(locus of control)。总之,出生月带来的短期或长期影响远不止对于教育获得等影响。另外,还应看到,随着我国《教育法》和各地儿童发展规划的推行和落实,以及"求早、求快、求优"等家庭教育观念影响,"适龄儿童入学率"已达90%以上,导致家庭对于儿童入学年龄的弹性选择越来越少。比如,本研究中,上海市94.2%儿童为"正常入学",即当年达到6周岁即入学;仅有1.5%"提前入学"和4.3%"推迟入学"。这也与之前国内的研究有所不同。因此,在目前家庭越少机会选择入学时机的情况下,因"入学截止日期"而产生的入学年龄差异及其伴随而来的儿童发展问题,一方面不应被过分夸大,但另一方面也应引起家庭、学校、政策制定者及研究者的足够重视,应对相对弱势的入学年龄较小儿童(特别是小学生)给予必要而适切的教育支持与协助。比如,父母对子女的知识性教育、温情养育及独立性培养等是可能抑制相对年龄效应或协助低龄入学儿童发展的家庭介入手段。

(徐浙宁,原文载于《华东师范大学学报(教育科学版)》2021年第2期)

中小学校园欺凌行为及其影响因素

校园欺凌(school bullying)是普遍存在的社会现象。调查显示,我国中小学生遭受校园欺凌的比例是6%—39%。从2016年开始,国家有关部委相继发布《关于开展校园欺凌专项治理的通知》《关于防治中小学生欺凌和暴力的指导意见》等文件,为预防和治理校园欺凌提供政策指导。基于此,本研究着重分析了有关中小学生欺凌行为的调查数据,从受欺凌经历和欺凌他人的行为这两方面探讨中小学校园欺凌行为的类型及其影响因素。

一、相关文献回顾

(一) 校园欺凌及其影响

校园欺凌是在校园及其合理辐射范围内学生之间进行的故意和持续性侵犯,并造成生理和心理伤害或财产损失的行为。校园欺凌主要包括这样一些核心要素:主体(发生在学生与学生之间)、表现形式(持续和反复的生理、心理伤害或财产损失)、本质特征(故意加害,且行为过程的力量不平衡)。校园欺凌的类型主要包括身体欺凌、言语欺凌、关系欺凌、性欺凌、网络欺凌等。

校园欺凌对受欺凌者和欺凌者均会产生多重影响。一方面,校园欺凌有可能导致受欺凌者身体和精神上的创伤,并引发创伤后应激障碍(比如头疼、失眠)、内化问题行为(比如退缩、抑郁)、外化问题行为(比如逃学、报复行为)等。另一方面,欺凌他人对欺凌者也会产生负面影响。从短期来看,欺凌者出现抑郁和焦虑症状、学业退步和社交退缩行为的风险显著增加;从长期来看,如果儿童时期的欺凌行为未加控制,欺凌者在成年后还可能出现更多的反社会人格、行为失调乃至违法犯罪问题。

（二）校园欺凌的成因

校园欺凌是个体特征、家庭环境、学校环境、社会环境综合作用的结果。

从个体特征来看，男孩比女孩更容易卷入校园欺凌；男孩更有可能成为直接欺凌（比如身体欺凌）的受害者和施害者，女孩遭受间接欺凌（比如关系欺凌和言语欺凌）的风险更高。总体来看，年龄与校园欺凌发生率之间存在着"先升后降"的关系。但也有很多研究表明，校园欺凌存在着低龄化和向小学阶段蔓延的趋势；随着年龄的增长，欺凌行为也会由直接欺凌转变为间接欺凌主导的模式。超重和肥胖儿童、身材瘦弱矮小儿童、发育迟缓儿童、残疾儿童等更易成为校园欺凌的受害者；具有内向孤僻、抑郁、焦虑等性格特质者更易遭受欺凌，具有易怒、情绪敏感等性格特质者更易欺凌他人。

从家庭环境来看，社会经济地位较低的儿童（比如贫困儿童）更易遭受校园欺凌。此外，在家庭教养方面，相较于民主型的教养方式，专制型、溺爱型、忽视型等教养方式都不利于儿童的健康发展，会增加儿童卷入校园欺凌的风险。

从学校环境来看，不友善的校园环境（比如师生关系、同学关系等）更有可能导致欺凌事件的发生；学校管理的规范性、教师师德素养等都同校园欺凌的发生率密切相关。此外，学生对学校较低的联结感（sense of connectedness）也会增加校园欺凌的发生率。

从社会环境来看，居住在低收入和不安全社区的青少年更有可能卷入校园欺凌。同电视、视频游戏等媒体的暴力接触也会改变青少年对攻击行为的认知态度，进而增加不理性的学习模仿和欺凌风险。此外，随着互联网时代的到来，网络欺凌也正在波及越来越多的青少年。

（三）校园欺凌的理论解释

对校园欺凌的成因，人们力图从个体层次、微观环境、社会环境等方面进行理论解释。其中，从个体层次对校园欺凌形成机制的理论解释主要包括"生物决定论"和"成长中的自然现象"说；"社会学习理论""地位驱动理论""越轨情境理论"强调的则是个体直接接触的微观环境的影响；而"亚文化理论"和"社会失范理论"则将分析视角置于更为广阔的社会环境之中。

"生物决定论"可以追溯到犯罪研究的生物学流派。相关研究发现，人类的越轨行为具有特定的生物学基础，包括遗传、激素、体型、颅相等。因此，具有特定生物学特征的个体有可能先天就具有更为强烈的越轨或犯罪倾向。"成长中的自然现象"说则认为,欺凌行为是青少年成长过程中的自然现象。由于神经发育系统相对滞后,青少年需要不时地通过越轨行为(包括欺凌行为)去探寻行为边界、寻求存在感和成人意识。

"社会学习理论"认为,个体成长环境(比如家庭)中的暴力行为具有示范和传递效应。如果儿童和青少年长期目睹暴力行为,那么他们往往就会模仿并认同暴力行为;在特定外界条件的刺激下,就会自然地激发起欺凌行为。"地位驱动理论"则认为,欺凌行为本质上是欺凌者谋求地位、声望、"权力"或获得归属感的手段。校园欺凌是欺凌者谋求地位认同的一种策略选择。"越轨情境理论"进一步纳入了越轨(校园欺凌)的情境要素。这一理论认为,犯罪行为和被害经历取决于三个重要因素,即有犯罪动机的人、合适的犯罪目标以及有力保护的缺乏;当这三个要素同时存在时,犯罪和被害的概率便会大幅上升。

"亚文化理论"认为,欺凌行为是社会所建构的独特的"亚文化"。在某种意义上,校园欺凌也是"反抗文化"的体现。"社会失范理论"则认为,人的越轨行为具有深刻的社会结构根源。由此,这一理论把分析视野从个体层次拓展到了社会整体层面。

(四) 研究反思

既有研究探讨了校园欺凌的形成原因,并从多学科的角度进行了理论解释。这些都有助于我们深化对校园欺凌的形成过程和机制的认识。但是,相比于国外研究,我国的相关研究更侧重于思辨和道德立场,实证研究还相对比较缺乏。此外,已有的实证研究大多是从个体特征和微观环境分析校园欺凌的影响机制,缺乏对更为广泛的影响因素(比如社区、媒体、社会环境、时间推移等)的分析。这些研究大多强调欺凌者或受欺凌者的单一视角,缺乏融合校园欺凌主体和客体的系统分析(尤其是受欺凌经历与欺凌他人行为的逻辑关联)。

基于此,本研究拟在生态系统理论的框架下整合既有研究;同时,从受欺凌经历和欺凌行为这两个角度出发,进一步拓展有关校园欺凌生成和发生机制的研究。

二、研究思路与设计

(一) 研究思路与假设

既有研究表明,某些个体特征会诱发或强化卷入校园欺凌的风险,但现实生活中造成校园欺凌的原因却是多方面的。对此,生态系统理论(ecological systems theory)可以提供一定的启示。生态系统理论认为,个体总是嵌套于相互影响的一系列环境系统中,其间各个系统与个体相互作用并影响着个体发展;按照关系远近,可将其分为微观系统(microsystem)、中层系统(mesosystem)、外层系统(exosystem)、宏观系统(macrosystem)和历时系统(chronosystem)。在整合相关理论的基础上,生态系统理论形成了更为系统的解释框架。

从个体特征来看,由于在基因、激素、体型等方面的差异,男生卷入校园欺凌的风险显著高于女生;校园欺凌现象会随年龄增长而呈现出"先升后降"的趋势;身体健康欠佳、个人形象欠佳、具有心理或性格缺陷的学生更有可能成为校园欺凌的对象。此外,在谋求地位认同的过程中,成绩排名靠后的学生(地位认同感往往偏低)也更容易卷入校园欺凌中。

从微观系统来看,家庭成员关系紧张、教养方式简单粗暴会导致中小学生习得不合理的交往和沟通方式;校园环境不文明、教师体罚学生会增加中小学生习得欺凌行为的风险;同辈群体的接受可以为中小学生提供心理和情感支持、减少卷入校园欺凌的风险,而缺乏同伴的支持和保护则有可能增加相应风险。由此,可以提出假设1:家庭环境和学校环境不和谐、同伴支持较少会增加中小学生受欺凌和欺凌他人的风险。

从中层系统来看,家庭与学校的紧密联系可以减少学生卷入校园欺凌的风险;就学校管理而言,开展校园安全教育和反欺凌辅导可以降低校园欺凌的风险。此外,校园周边环境的好坏也会对校园欺凌产生影响。由此,可以提出假设2:家庭与学校联系不足、学校缺乏校园安全教育和反欺凌辅导、校园周边环境不好会增加中小学生受欺凌和欺凌他人的风险。

从外层系统来看,家庭社会经济地位较低者更容易成为受欺凌的对象;媒体(尤其是互联网)的负面影响也会增加中小学生卷入校园欺凌的风险。而参与社区各类活动不仅可以增进社区凝聚力、促进青少年的正面融合,还可以减少其卷入校园欺凌的风险。由此,可以提出假设3:家庭社会经济地位较低、具有网络成瘾倾向、未参加过社区活动者卷入校园欺凌的风险相对更高。

从宏观系统来看,经济发展滞后地区校园欺凌的发生率相对更高;社会治安和未成年人成长环境欠佳也会产生类似影响。由此,可提出假设4:所在地区的人均GDP越低、对社会治安状况和未成年人成长环境的评价越消极,则这一区域内发生受欺凌和欺凌行为的风险越高。

从历时系统来看,随着时间推移,个体所处的微观环境也会发生变化。一方面,家庭结构变化等重要生活事件的出现会对儿童的学习和生活产生重要影响;离异和重组家庭不能及时而有效地满足儿童发展的需求,这些家庭的儿童更有可能出现受欺凌和欺凌他人的问题。另一方面,受欺凌经历也会增加欺凌他人的风险。由此,可以提出假设5:非原生家庭子女卷入校园欺凌的风险更高;遭受过校园欺凌的学生欺凌他人的风险也更高。

(二) 数据与测量

本研究使用的数据来自2017年下半年至2018年上半年在上海市开展的"未成年人成长发展状况调查"。该调查采取分层整群抽样的方法。首先,根据各区的总体在校生数,配比出各类中小学生的比例;其次,确定每个区需要抽取的小学生、初中生和高中生人数;最后,根据各区办学特点,随机抽取符合条件的学校进行整群抽样。在剔除无效问卷和缺失值问卷之后,实际进入分析的有效问卷共计7 307份。男生占48.69%,女生占51.31%;受访学生的平均年龄为11.99岁。

根据生态系统理论的分析框架,个体特征变量主要包括人口学特征、身体健康状况、心理或精神健康状况、学习成绩排名等;微观系统变量主要包括家庭环境、学校环境、同辈群体等;中层系统变量主要包括学校安全教育和学校反欺凌辅导、学校周边文化环境、家校联系等;外层系统变量主要包括家庭经济条件、媒体接触、社区环境等;宏观系统变量主要包括所在区当年人均GDP的自然对数、社会治安状况等;历时系统变量主要包括家庭结构变化、是否遭受过校园欺凌等。被解释变量为校园欺凌,主要包括三方面内容:一是"过去一年内是否遭受过校园欺凌";二是校园欺凌的具体类型(包括身体欺凌、言语欺凌、关系欺凌、网络欺凌等);三是"过去一年内是否在学校欺凌过其他同学"。

三、研究结果

(一) 描述性分析

从微观系统来看,88.53%的受访学生表示家庭成员关系融洽;父母打骂教育的频率平均为1.08次;对校园环境文明评价的均值为18.17(取值范围为4—20);70.64%的学生表示所在学校没有"老师体罚学生"的现象;受访学生的朋友数平均为4.71人。① 从中层系统来看,表示学校过去一年内开展过安全教育的占89.22%、开展过反欺凌辅导的占72.98%;对学校周边文化环境表示满意的占86.63%;表示"父母关心我的学习和生活"的占89.24%。从外层系统来看,家庭经济条件较差者占15.33%,中等经济条件者占66.70%,经济条件较好者占17.97%;11.30%的受访学生具有一定的网络成瘾倾向;过去一年参加过社区组织的集体活动的学生占25.70%。从宏观系统来看,受访者所在区人均GDP的自然对数均值为10.19(取值范围为9.38—11.29);对社会治安持积极评价者占96.99%。从历时系统来看,生活在"原生家庭"的受访学生占87.81%,但也有12.19%的学生生活在"非原生家庭"。

从被解释变量来看,受访学生表示过去一年内遭受过校园欺凌的占36.32%。具体而言,遭受过身体欺凌、言语欺凌、关系欺凌和网络欺凌的受访学生分别占19.87%、24.25%、6.75%、6.38%。由此可见,言语欺凌和身体欺凌是校园欺凌的主要类型,但关系欺凌和网络欺凌也不容忽视。此外,校园欺凌的各种类型之间还具有较高的"共发性"——表示曾遭受过两种、三种、四种类型的校园欺凌的学生分别占10.24%、3.35%和1.85%。调查还显示,16.19%的受访学生表示"过去一年内曾在学校欺凌过其他同学";34.74%的受欺凌者表示有过欺凌他人的经历。

(二) 中小学校园欺凌行为的生态系统模型

在既有研究的基础上,本研究构建了中小学校园欺凌行为的生态系统模型。六个被解释变量(是否遭受过校园欺凌、是否遭受过身体欺凌、是否遭受过言语欺凌、是否遭受过关系欺凌、是否遭受过网络欺凌、是否欺凌过他人)均转化为虚拟变量,故采用二分类Logistic方法拟合模型。

1. 受欺凌经历的生态系统模型

从校园欺凌客体(受欺凌者)的角度构建六个嵌套模型(见表1)。其中,模型6(完全模型)中的Pseudo R^2 为0.14,AIC值为8 313.56。与之最接近的是模型1(微观系统模型),其次是模型4(宏观系统模型)。这说明,个体特征、微观环境(家庭、学校与同伴)和宏观系统是中小学生遭受校园欺凌风险的主要影响因素。

---

① 问卷中对这一问题的调查包括7个选项,分别为0个、1个、2个、3个、4个、5个、6个及以上。分析时把"6个及以上"统一视为"6人",因而作为连续性变量处理。不过,这在客观上会导致数据分布在这一选项上的高度集中(占57.27%)。

表1　中小学生被欺凌经历的生态系统模型

		模型1	模型2	模型3	模型4	模型5	模型6
个体特征	性别	0.23*** (0.05)	0.40*** (0.05)	0.40*** (0.05)	0.42*** (0.05)	0.40*** (0.05)	0.27*** (0.06)
	年龄	−0.0003 (0.11)	−0.01 (0.11)	0.01 (0.11)	−0.07 (0.11)	−0.04 (0.11)	0.07 (0.11)
	年龄*年龄	−0.01** (0.004)	−0.01* (0.004)	−0.01** (0.004)	−0.01 (0.004)	−0.01 (0.004)	−0.01*** (0.004)
	病假次数	0.16*** (0.02)	0.18*** (0.02)	0.19*** (0.02)	0.19*** (0.02)	0.19*** (0.02)	0.16*** (0.02)
	减肥意愿	0.18*** (0.06)	0.30*** (0.05)	0.28*** (0.05)	0.28*** (0.05)	0.28*** (0.05)	0.17*** (0.06)
	紧张焦虑情绪	0.70*** (0.10)	0.73*** (0.10)	0.74*** (0.10)	0.74*** (0.10)	0.73*** (0.10)	0.72*** (0.10)
	情绪自控能力	−0.27*** (0.07)	−0.50*** (0.07)	−0.56*** (0.07)	−0.53*** (0.07)	−0.60*** (0.07)	−0.26*** (0.07)
	学业成绩排名	0.01*** (0.003)	0.02*** (0.003)	0.02*** (0.003)	0.02*** (0.003)	0.02*** (0.003)	0.01*** (0.003)
微观系统	家庭成员关系	−0.26*** (0.09)					−0.21* (0.12)
	打骂教育频率	0.17*** (0.02)					0.16*** (0.02)
	校园文明评价	−0.09*** (0.01)					−0.08*** (0.01)
	老师体罚学生	0.60*** (0.06)					0.57*** (0.06)
	朋友数	−0.06*** (0.02)					−0.07*** (0.02)
中层系统	学校安全教育		−0.32*** (0.08)				−0.12 (0.09)
	反欺凌辅导		−0.20*** (0.06)				−0.21*** (0.06)
	学校周边环境		−0.26*** (0.09)				0.02 (0.09)
	父母关心孩子学习生活		−0.36*** (0.09)				0.07 (0.12)

续 表

		模型1	模型2	模型3	模型4	模型5	模型6
外层系统	经济条件(中)			−0.28*** (0.07)			−0.18** (0.08)
	经济条件(好)			−0.19** (0.09)			−0.10 (0.09)
	网络成瘾倾向			0.42*** (0.09)			0.23** (0.09)
	社区活动参与			0.03 (0.06)			−0.20*** (0.07)
宏观系统	人均GDP对数				−0.28*** (0.06)		−0.20*** (0.06)
	社会治安评价				−0.44*** (0.15)		−0.01 (0.16)
	成长环境评价				−0.57*** (0.07)		−0.28*** (0.08)
历时系统	原生家庭					−0.38*** (0.08)	−0.21*** (0.08)
常数项		1.48** (0.68)	0.66 (0.65)	−0.23 (0.64)	3.75*** (0.87)	0.21 (0.64)	3.58*** (0.92)
Pseudo R^2		0.13	0.09	0.09	0.10	0.09	0.14
AIC		8 359.27	8 713.26	8 757.04	8 685.23	8 767.91	8 313.56

注：***$P<0.01$，**$P<0.05$，*$P<0.1$。
资料来源：作者编制。

在模型6中，在控制其他变量的情况下，男生遭受过校园欺凌（相对于未遭受过，下同）的发生比要比女生高出31.00%[=exp(0.27)−1，下同]；年龄对受欺凌风险的影响呈现出"先升后降"的趋势；因病请假次数每增加一次，受欺凌的发生比会增加17.35%；有减肥意愿的学生遭受校园欺凌的发生比较之无此意愿者高出18.53%；表示有紧张焦虑情绪的学生受欺凌的发生比是参照组的2.05倍；与人冲突时自控能力较强者受欺凌的发生比较之参照组低22.89%。此外，自述班级成绩排名每靠后一名，受欺凌的发生比会增加1%。

从微观系统来看，家庭关系融洽者受欺凌的发生比较之参照组低18.94%；父母打骂教育频率每增加一个单位，中小学生遭受校园欺凌的发生比增加17.35%；校园文明程度每提高一个单位，学生受欺凌的发生比下降7.69%；学校老师有体罚学生现象者遭受校园欺凌的发生比较之无此现象者高出76.83%。此外,中小学生的朋友数每增加1个,则受人欺凌的发生比下降6.76%。从中层系统来看,学校安全教育具有不显著的抑制效应(但它在模型2中显著);所在学校开展反欺凌辅导的遭受校园欺凌的发生比较之参照组低18.94%。

从外层系统来看,相对于家庭经济条件较差者而言,中等经济条件者受欺凌的发生比要低16.47%;有网络成瘾倾向的学生受欺凌的发生比较之无此倾向者高出25.86%;过去一年参加过社区组织的集体活动者遭受校园欺凌的发生比较之参照组要低18.13%。从宏观系统来看,所在区的人均GDP自然对数每增加一个单位,中小学生受欺凌的发生比降低18.13%;认为社会治安变好的学生受欺凌的发生比较之参照组更低,但差异并不显著;对成长环境满意者遭受校园欺凌的发生比相对于不满意者要低24.42%。从历时系统来看,原生家庭子女遭受校园欺凌的发生比较之参照组(非原生家庭子女)要高出18.94%。

2. 四类校园欺凌经历的生态系统模型

从表2可以看出,遭受身体欺凌和网络欺凌风险的影响因素主要是个体特征、微观系统和宏观系统;而遭受言语欺凌和关系欺凌风险的影响因素主要是个体特征和微观系统(限于篇幅,此处不再列出各自嵌套模型)。

表2 四类校园欺凌经历的生态系统模型

		身体欺凌模型	言语欺凌模型	关系欺凌模型	网络欺凌模型
个体特征	性别	0.48***(0.07)	0.15**(0.06)	−0.12(0.10)	0.29***(0.11)
	年龄	0.10(0.14)	0.42***(0.13)	0.65***(0.20)	1.63***(0.21)
	年龄*年龄	−0.01**(0.01)	−0.02***(0.01)	−0.03***(0.01)	−0.06***(0.01)
	病假次数	0.11***(0.02)	0.11***(0.02)	0.08***(0.04)	0.08**(0.04)
	减肥意愿	0.06(0.07)	0.11*(0.06)	0.15(0.10)	0.30***(0.11)
	紧张焦虑情绪	0.42***(0.12)	0.67***(0.11)	0.16(0.18)	0.30(0.19)
	情绪自控能力	−0.21***(0.08)	−0.15*(0.08)	−0.14(0.12)	−0.41***(0.12)
	学业成绩排名	0.01**(0.003)	0.01***(0.003)	0.003(0.005)	0.002(0.005)
微观系统	家庭成员关系	−0.11(0.13)	−0.30**(0.12)	−0.20(0.18)	−0.56***(0.18)
	打骂教育频率	0.15***(0.02)	0.13***(0.02)	0.15***(0.02)	0.15***(0.02)
	校园文明评价	−0.07***(0.01)	−0.06***(0.01)	−0.09***(0.02)	−0.05***(0.02)
	老师体罚学生	0.52***(0.07)	0.44***(0.07)	0.27***(0.11)	0.52***(0.11)
	朋友数	−0.03*(0.02)	−0.05***(0.02)	−0.12***(0.03)	−0.005(0.03)

续 表

		身体欺凌模型	言语欺凌模型	关系欺凌模型	网络欺凌模型
中层系统	学校安全教育	−0.09(0.09)	0.20**(0.10)	0.26*(0.15)	0.05(0.15)
	反欺凌辅导	−0.12(0.07)	−0.15**(0.07)	−0.11(0.11)	−0.25**(0.12)
	学校周边环境	0.07(0.11)	−0.07(0.10)	0.04(0.16)	0.13(0.16)
	父母关心孩子学习生活	−0.001(0.14)	0.34***(0.13)	0.16(0.20)	0.31(0.20)
外层系统	家庭经济条件(中)	−0.23***(0.08)	−0.19**(0.08)	−0.16(0.13)	−0.07(0.14)
	家庭经济条件(好)	−0.16(0.10)	−0.06(0.10)	0.09(0.16)	0.09(0.17)
	网络成瘾倾向	0.18*(0.10)	0.01(0.10)	0.39***(0.14)	0.39***(0.14)
	社区活动参与	−0.23***(0.08)	−0.15**(0.07)	−0.22*(0.12)	−0.25**(0.12)
宏观系统	人均GDP对数	−0.18**(0.07)	−0.13**(0.06)	0.07(0.11)	−0.23**(0.11)
	社会治安评价	−0.14(0.17)	−0.15(0.16)	−0.21(0.22)	−0.50**(0.21)
	成长环境评价	−0.18**(0.09)	−0.25***(0.08)	−0.30**(0.12)	−0.21(0.13)
历时系统	原生家庭	−0.11(0.09)	−0.18**(0.08)	−0.15(0.13)	−0.10(0.14)
常数项		2.11*(1.10)	−0.45(1.01)	−4.52***(1.64)	−9.04***(1.73)
Pseudo R^2		0.12	0.09	0.08	0.11
AIC		6 480.79	7 385.22	3 381.67	3 139.21

注：$***P<0.01,**P<0.05,*P<0.1$。
资料来源：作者编制。

从个体特征来看,男生遭受身体欺凌、言语欺凌和网络欺凌的发生比分别是女性对应发生比的1.62倍、1.16倍和1.34倍,男生遭受关系欺凌的发生比较之女生低;年龄与遭受四类校园欺凌的风险呈现出"先升后降"的曲线关系;请病假次数每增加一次,遭受四类校园欺凌的发生比分别增加11.63%、11.63%、8.33%和8.33%;减肥意愿会增加遭受四类受欺凌经历的风险,但仅对言语欺凌和网络欺凌具有显著影响;紧张焦虑情绪会增加遭受身体欺凌和言语欺凌的发生比,但对遭受关系欺凌和网络欺凌的影响并不显著;良好的情绪自控能力可以降低遭受身体欺凌(18.94%)、言语欺凌(13.93%)和网络欺凌(33.63%)的发生比;成绩排名每靠后一名,遭受身体欺凌和言语欺凌的发生比都增加1%,但对遭受关系欺凌和网络欺凌的影响并不显著。

从微观系统来看,家庭关系融洽者遭受言语欺凌和网络欺凌的发生比较之参照组分别低25.92%和42.88%,但对身体欺凌和关系欺凌的影响并不显著;父母打骂教育频率每增加1个单位,遭受四类校园欺凌的发生比分别增加16.18%、13.88%、16.18%和16.18%;学校有老师体罚学生现象者的相应发生比较之参照组分别高出68.20%、55.27%、31.00%和68.20%;校园文明程度每增加一个单位,遭受四类校园欺凌经历的发生比分别降低6.76%、5.82%、8.61%和4.88%;朋友数每增加一个,遭受身体欺凌、言语欺凌、关系欺凌的发生比分别降低3.00%、4.88%和11.31%,但对网络欺凌的影响并不显著。

从中层系统来看,学校有反欺凌辅导的学生遭受四类校园欺凌的发生比较之参照组均更低,且对降低言语欺凌和网络欺凌风险的影响显著;中小学开展安全教育仅对遭受身体欺凌的发生比具有不显著的抑制效应;学校周边文化环境和父母关心孩子学习生活(家校联系)对是否遭受四类校园欺凌的影响并不一致,且大多不显著。

从外层系统来看,相对于家庭经济条件较差者而言,中等经济条件学生遭受身体欺凌和言语欺凌的发生比会低20.55%和17.30%,但对关系欺凌和网络欺凌的影响并不显著。具有网络成瘾倾向的学生遭受身体欺凌、关系欺凌和网络欺凌的发生比较之参照组分别高出19.72%、47.70%和47.70%,但对遭受言语欺凌的影响并不显著;在过去一年内参加过社区活动的学生遭受四类欺凌的发生比较之参照组分别低20.55%、13.93%、19.75%和22.12%。

从宏观系统来看,所在区的人均GDP自然对数每增加一个单位,中小学生遭受身体欺凌、言语欺凌和网络欺凌的发生比分别降低16.47%、12.19%和20.55%,但对关系欺凌的影响并不显著;对社会治安持积极评价者遭受四类校园欺凌的发生比较之参照组均更低,不过仅对网络欺凌的影响显著;对成长环境满意者遭受身体欺凌、言语欺凌和关系欺凌的发生比较之参照组分别低16.47%、22.12%和25.92%,但对网络欺凌的影响并不显著。

从历时系统来看,相较于非原生家庭子女,原生家庭子女遭受四类欺凌经历的发生比更低,但只对言语欺凌的影响显著(低16.47%)。

3. 欺凌他人行为的生态系统模型

我们进一步从校园欺凌的主体出发构建欺凌他人行为的嵌套模型(见表3)。模型6(完全模型)中的Pseudo R^2为0.20、AIC值为5232.93,与之最接近的是模型5(历时系统模型)和模型1(微观系统模型)。这表明,个体特征、微观环境和历时系统是中小学生是否欺凌他人的主要影响因素。

表 3　欺凌他人行为的生态系统模型

		模型 1	模型 2	模型 3	模型 4	模型 5	模型 6
个体特征	性别	0.39*** (0.07)	0.58*** (0.07)	0.58*** (0.07)	0.61*** (0.07)	0.46*** (0.07)	0.36*** (0.08)
	年龄	0.16 (0.14)	0.16 (0.14)	0.18 (0.14)	0.11 (0.14)	0.07 (0.15)	0.18 (0.15)
	年龄 * 年龄	−0.01** (0.01)	−0.01** (0.01)	−0.01** (0.01)	−0.01* (0.01)	−0.01 (0.01)	−0.01* (0.01)
	病假次数	0.16*** (0.02)	0.19*** (0.02)	0.19*** (0.02)	0.19*** (0.02)	0.15*** (0.03)	0.13*** (0.03)
	减肥意愿	0.24*** (0.07)	0.36*** (0.07)	0.33*** (0.07)	0.34*** (0.07)	0.30*** (0.07)	0.22*** (0.07)
	紧张焦虑情绪	0.29** (0.13)	0.30** (0.12)	0.31*** (0.12)	0.31** (0.12)	0.12 (0.13)	0.15 (0.13)
	情绪自控能力	−0.92*** (0.08)	−1.10*** (0.08)	−1.15*** (0.08)	−1.13*** (0.08)	−1.11*** (0.08)	−0.92*** (0.08)
	学业成绩排名	0.01*** (0.003)	0.01*** (0.003)	0.01*** (0.003)	0.01*** (0.003)	0.01*** (0.003)	0.01*** (0.003)
微观系统	家庭成员关系	−0.15 (0.11)					−0.04 (0.14)
	打骂教育频率	0.16*** (0.02)					0.11*** (0.02)
	校园文明评价	−0.09*** (0.01)					−0.06*** (0.01)
	老师体罚学生	0.59*** (0.07)					0.44*** (0.08)
	朋友数	0.02 (0.02)					0.03 (0.02)
中层系统	学校安全教育		−0.38*** (0.10)				−0.23** (0.10)
	反欺凌辅导		−0.14* (0.08)				−0.14* (0.08)
	学校周边环境		−0.19* (0.10)				0.12 (0.12)
	父母关心孩子学习生活		−0.30*** (0.11)				−0.03 (0.15)

续　表

		模型1	模型2	模型3	模型4	模型5	模型6
外层系统	经济条件(中)			−0.17* (0.09)			0.03 (0.10)
	经济条件(高)			−0.06 (0.11)			0.09 (0.12)
	网络成瘾倾向			0.43*** (0.10)			0.22** (0.11)
	社区活动参与			−0.02 (0.08)			−0.14* (0.08)
宏观系统	人均GDP对数				−0.38*** (0.07)		−0.26*** (0.08)
	社会治安评价				−0.46*** (0.16)		0.08 (0.19)
	成长环境评价				−0.55*** (0.08)		−0.24** (0.09)
历时系统	是否原生家庭					−0.33*** (0.10)	−0.21** (0.10)
	是否遭受身体欺凌					0.97*** (0.08)	0.85*** (0.08)
	是否遭受言语欺凌					0.90*** (0.08)	0.86*** (0.08)
	是否遭受关系欺凌					0.23* (0.12)	0.17 (0.13)
	是否遭受网络欺凌					0.27** (0.12)	0.12 (0.13)
	常数项	−0.83 (0.86)	−1.33 (0.83)	−2.20*** (0.83)	2.84** (1.12)	−2.01** (0.87)	0.94 (1.23)
	Pseudo R^2	0.14	0.10	0.09	0.10	0.17	0.20
	AIC	5 625.39	5 858.21	5 882.82	5 819.42	5 374.18	5 232.93

注：***$P<0.01$，**$P<0.05$，*$P<0.1$。
资料来源：作者编制。

男生在校欺凌他人的发生比是女生的1.43倍；年龄的影响呈现"先升后降"的曲线趋势；请病假次数每增加一次，欺凌他人的发生比下降1%；有减肥意愿的学生欺凌他人的发生比较之参照组高出24.61%；紧张焦虑情绪对实施校园欺凌的效应不显著；情绪自控能力较强者欺凌他人的发生比较之自控能力较弱者低

60.15%；成绩排名每靠后一名，欺凌他人的发生比提高1%。

从微观系统来看，良好的家庭成员关系能降低中小学生欺凌他人的发生比（但不显著）；父母打骂教育频率每增加一个单位，则欺凌他人的发生比增加11.63%；所在学校有老师体罚学生现象者欺凌他人的发生比较之参照组高出55.27%；校园文明程度每增加一个单位，中小学生欺凌他人的发生比降低5.82%。但是，朋友数并没有对欺凌他人的发生比产生显著影响。

从中层系统来看，学校开展有安全教育和反欺凌辅导的学生欺凌他人的发生比较之各自参照组分别低20.55%和13.06%；学校周边环境和父母关心孩子学习生活的影响在模型2中显著，但在模型6中不显著。

从外层系统来看，家庭经济条件对欺凌行为的影响并不显著。但是，有网络成瘾倾向的学生实施校园欺凌的发生比较之参照组高出24.61%；过去一年内参与过社区活动的学生欺凌他人的发生比较之参照组低13.06%。从宏观系统来看，所在区的人均GDP自然对数每增加一个单位，中小学生欺凌他人的发生比降低22.89%；社会治安的影响在模型4中显著，但在模型6中不显著；对成长环境满意者欺凌他人的发生比较之参照组要低21.34%。

从历时系统来看，原生家庭子女欺凌他人的发生比较之非原生家庭子女要低18.94%；遭受过身体欺凌和言语欺凌显著增加了中小学生欺凌他人的发生比（分别是各自参照组的2.34倍和2.36倍）；遭受过关系欺凌和网络欺凌对欺凌他人的发生比的影响不显著。

四、总结与讨论

本研究发现，从校园欺凌的客体出发，中小学生是否遭受欺凌主要受个体特征、微观系统（家庭、学校与同伴）和宏观系统的影响。但是，身体欺凌、言语欺凌、关系欺凌、网络欺凌的影响因素有所不同，是否遭受身体欺凌和网络欺凌的影响因素主要是个体特征、微观系统和宏观系统；而是否遭受言语欺凌与关系欺凌的影响因素主要是个体特征和微观系统。从微观系统来看，良好的家庭成员关系和校园文明环境、对家长打骂教育和老师体罚学生的规避可以有效抑制中小学生遭受身体欺凌、言语欺凌、关系欺凌和网络欺凌的风险。较大的朋友圈也可以有效减少中小学生遭受身体欺凌、言语欺凌和关系欺凌的风险。从宏观系统来看，随着经济发展水平的提高、社会治安和未成年人成长环境的改善，校园欺凌现象也有望得到某种程度的抑制。此外，中层系统的反欺凌辅导以及外层系统的社区活动参与、减少网络依赖也可以产生类似作用。

但是，从校园欺凌的主体出发，中小学生是否欺凌他人则主要受个体特征、微观系统和历时系统的影响。从历时系统来看，父母婚姻出现变故的非原生家庭子女以及有过受欺凌经历（尤其是身体欺凌和言语欺凌）后欺凌他人的风险更高。微观系统中的父母打骂教育、教师体罚学生也会显著增加这一风险；而文明的校园环境则会对此产生抑制效应。此外，中层系统的学校安全教育和反欺凌辅导，外层系统的社区活动参与、减少网络依赖，以及宏观系统的经济发展水平的提高和未成年人成长环境的改善也具有类似作用。

从实证研究的结果来看，前面所提到的"地位驱动理论""社会学习理论""越轨情境理论""亚文化理论"和"社会失范理论"等都从特定角度解释了校园欺凌的发生机制，但生态系统模型无疑是更加综合和有效的理论解释框架。

本研究仍存在一些不足。今后可在进一步改善变量测量和丰富相关解释变量的基础上优化相关研究。此外，欺凌他人与受人欺凌之间可能存在循环效应。今后可在调查设计中加入欺凌他人和受人欺凌的发生时间信息予以区分，以便更准确地阐释其间的理论逻辑。

（刘程，原文载于《青年研究》2020 年第 6 期）

时代发展中的家庭与青少年

"我一代"典型特征及其社会影响

一、"我一代"的概念及其含义

美国心理学家简·M.滕格(Jean M. Twenge)在从事女性社会角色变迁的研究中发现,时代对个人发展的影响超越了家庭,这在整代人的身上体现得更为明显。她根据12项建立在1 300万年轻美国人的数据,对20世纪70—90年代的年轻人的生活态度和社会行为进行研究,提出"我一代"的概念。"我一代"既是一种描述,也是一种称呼,一种捕捉我们最显著的特征,是我们视为理所当然的自由主义和个人主义的方式。滕格认为,尽管30年来的跨度有点长,但它精准地概括了这群成长于这个时代的人。在这个时代,关注自我不再只是可以容忍的事,而是实际得到鼓励的事。

"我一代":从我们到我。滕格在她的研究报告中这样描述"我一代"的群体特征:以自我为中心、藐视权威、缺乏责任感、展现出前所未有的自信与决断,可是却有前所未有的不快乐。"我们"的时代已经远去,而"我"的时代正在来临。滕格认为,20年前一个处处骄狂、时时任性、总以自我为中心的孩子,旁人只会指指点点:"这孩子家教不好。"而现在,一个时时谦虚、处处谨慎、老为他人着想的年轻人已经过时了。我们耳边充斥着太多这样简单有力的口号:做好自己就行;我了解我自己的需要;相信自己,没什么不可能;当然,要表达自己;你必须尊重你自己的内心感受;忠于自己;我就是喜欢;在你学会爱人之前,你首先要爱你自己;当然要站出来为自己。

腾格在研究中列举数据表明20世纪70年代以后出生的年轻美国人与之前婴儿潮一代在诸多方面的不同,并没有花很多笔墨放在"我一代"形成的原因上。但是从字里行间蕴含的信息中,不难看出"我一代"的出现可以追溯到美国20世纪60年代民权运动中的个人主义和惯性。婴儿潮一代是20世纪60年代青年反抗运动的始作俑者,到20世纪70年代末,反叛成为主流,蔑视权威成为一种普遍的社会价值观。

"我一代"在嬉皮士、雅皮士之后出生成长,将自我的放大上升到一个新高度。

二、"我一代"的典型特征及社会影响

(一) 社会认同需求的下降

社会需求的下降反映在马洛—克罗尼社会期许量表(Marlowe-Crowne Social Desirability Scale)变化中。按照量表作者的意图,在测试中获得高分的人会表现出礼貌,容易为别人所接受的举止,会遵循传统的甚至一成不变的社会规范。这个表测量的是一个人对社会认同的需求。腾格研究了这些测量结果发现,自20世纪50年代以来,青少年对社会认同的需求持续下降。2001年的大学生的平均分低于1958年大学生62%的分比率。对儿童的社会认同需求调查也显出同样的结果,在1999年"我一代"人中五六年级孩子的平均得分数于百分位的24位,低于20世纪60年代孩子的72%。

青少年对社会认同的需求持续下降的具体表现体现在"我一代"对传统社会规则的漠视。从"我一代"的衣着到言谈举止,无不显示着传统社会规则的衰落。对于"我一代"而言,服装已经成为表达自我的媒介。在当下的美国,除了最正式的场合,不再有人会穿西装上班。在整个20世纪70年代,媒体和书籍都在积极鼓励人们藐视社会规则,与众不同成为风尚,比如销售超过百万的韦恩代尔的书籍《你的盲区》,其中心思想是你无需得到别人的赞同。做好自己的事也成为当代为人父母者的主要观念,《自由的成为你和我》是20世纪七八十年代最受欢迎的儿童电影之一,这意味着"我一代"想当然地把别人的意见当成耳旁风。

"我一代"中的大多数人没有受过有关传统规则的教育,社会变得越来越冷漠和自我中心。调查发现,在纽约的一个郊区,1979年的时候,仅有29%的人没有按照要求停车,到1996年,不停车司机的数量达到97%。学校里的欺骗行为也在增加。1969年34%的高中学生承认有欺骗行为,1992年是61%,2002年是72%。所以,安然公司之类的商业骗局在美国发生也似乎是历史必然,因为考试中的欺骗行为很容易转化为资产负债表上的欺诈。

(二) 自尊及自我意识的强化

多年来有关自尊的调查数据变化反映出了"我一代"自尊意识的提高。根据对

65 965 份《罗森伯格自尊量表》(Rosenberg Self-Esteem Scale)测评结果的回溯分析,滕格和坎贝尔发现,20 世纪 90 年代中期,"我一代"普通男大学生的自尊要高于 1968 年男大学生的 86%,女大学生的自尊要高于婴儿潮一代女大学生的 71%。

美国 20 世纪 70 年代后是一个社会发展相对平静的时期,所以在 20 世纪 80 年代前后,在全社会范围出现了一种提高儿童自尊意识的努力。经过个性解放的婴儿潮一代已经为人父母,他们认为儿童应当始终对自己感觉良好。因此,以自尊为主题的心理学和教育学的研究充斥在 20 世纪八九十年代的学术界,各种社会媒体也都在高度强调自尊对儿童发展的重要性,学校开设了旨在提升儿童自尊的课程。教师的培训课程通常都在强调,儿童的自尊心必须得到第一位的保护,父母在家也会继续演习孩子在学校学习过的自尊课程。

在自尊意识大幅提高的基础上,"我一代"与婴儿潮一代相比具有截然不同自我意识。与婴儿潮一代相比,他们显得更加自信和乐观。

表 1 不同时代的自我

婴儿潮一代	"我一代"
自我实现	有趣
自我是一个追寻和发现潜能的旅程	已经存在
改变世界	追寻梦想
抗议活动和团体会议	看电视和网上冲浪
关注抽象	关注实用
注重精神	注重物质
寻找生活哲学	首先要自我感觉良好

资料来源:作者编制。

但是,过于夸大自尊的重要性也带来负面影响。研究发现,具有高度自尊的人在遭到批评时会变得不友好和不合作。也就是说,自尊意识提高的同时带来了无法承受批评的孩子,甚至会造成儿童的自恋。数据表明,自恋倾向在"我一代"人中变得越来越普遍。20 世纪 50 年代末,只有 12% 的 14—16 岁青少年赞成"我是一个重要的人的说法",到 20 世纪 80 年代末,80% 的人认为自己很重要。在被调查的大学生自恋条目上的得分也持续走高。许多年轻人还表现出了特权感。"假如我在泰坦尼克号上,我有资格登上第一艘救生船"在日常生活中则表现为,大学生甚至开口向老师要好分数,他们相信自己有资格得到尊重,好分数以及其他的一切,只要开口就行了。更糟糕的是,自恋者在遭到拒绝后,会发生侵略性的攻击行为。一些校园枪杀案的主角往往具有很强的自恋人格特征。

(三) 自我评价的偏高

与自尊一样,自我关注和个性发展在学校、家庭和社会得到广泛提倡,这导致"我一代"青少年的个人重要性与日俱增。滕格收集了81 384份测量年轻人意志力的问卷,发现从20世纪70年代到90年代,年轻男子和女子的意志力都有了显著增强,20世纪90年代大学生的得分高于婴儿潮大学生得分的75%。这说明越来越多的年轻人更加维护自己的个人权利,具有坚强的个性,并以表达自己的需要和想法为傲。这些社会倾向在青少年的野心测评中有所体现。20世纪60年代末,只有55%的高中生认为自己能上大学,1990年,这个比例是59%,到2002年,80%的高中学生认为自己能从一所四年制大学毕业。年轻人还认为自己能挣大钱。1999年,青少年们预言当他们30岁时,每年能挣到7.5万美元。而事实上,那一年30岁人的平均收入是2.7万美元。风靡一时的《美国偶像》等媒体将"我一代"的造梦能力发挥到极致。"我一代"的年轻人坚信,自己会成为各类明星,许多电视的真人秀节目就是依赖"我一代"对名声和名望的迷醉为生。自我评价高最直接的结果是拜金主义:你可以得到更多的东西,你有资格获得生活中最好的东西。因为这一代人从小就被告知:你可以成为你想成为的任何人;凡事皆有可能。

相信自己能成功当然是好事。假如对自我的评价建立在现实基础上,无疑会增加"我一代"的自信。而事实上,过高的目标和现实之间的矛盾使"我一代"的成长期在不断延长。"我一代"人的结婚年龄比之前的任何一代人都晚,男子27岁、女子25岁,婴儿潮时期这些数字是23岁和21岁。而26岁还没有获得经济独立的年轻人的数量,从1970年以来的11%的上升到20%。这些变化的背后当然有遭受经济周期影响的因素,但是年轻人推迟成人角色的理由首先是他们渴望将自己放在首位,他们享受自我,不想将其过早带入两性关系之中。

(四) 精神疾患数量的增多

虽然"我一代"生活在物质生活更加富足、精神生活更加自由的时代,可令人意外的是,这一代人的精神疾患却呈不断上升趋势。尽管这种上升趋势部分归因于对某些精神疾病的深入解说,但数据变化之大还是令人吃惊。在1915年前出生的美国人,仅有1%—2%的人一生经历严重的抑郁症,尽管他们经历了经济大萧条和两次世界大战。如今,一生中出现严重抑郁症的比例在 15%—20%。20 世纪 90 年代的一项研究表明,21% 的 15—17 岁青少年曾经历过严重的抑郁。1987—1996 年间,服用控制情绪药物的儿童增加了三倍。在堪萨斯州立大学中心,因抑郁症接受治疗的学生在 1988—2001 年之间翻了一倍,有自杀倾向的人数则翻了三倍。滕格收集到了被确认为焦虑患者的 40 192 名大学生和 12 056 名 9—17 岁学生的调查,发现 20 世纪 90 年代的学生比 20 世纪 50 年代和 70 年代的学生更为焦虑。儿童的情况更为严重,20 世纪 80 年代正常儿童的焦虑比 20 世纪 50 年代接受治疗的患儿的焦虑程度还高。自杀是美国 15—24 岁人群位居第三位的死亡原因。2003 年,16.9% 的高中生承认,在过去一年里他们认真考虑过自杀,这些自杀想法通常都是因抑郁引起。这可能是因为,"我一代"将自我放在首位的成长倾向带来了无比的自由,也因此导致了每个人独自面对压力的负荷增大。大学申请以及就业的压力则增加了迁徙和流动,"温暖的人际关系,容易相处的邻居,抱成一团的成员身份和坚固的家庭生活都极度匮乏,如同饥荒"。"我一代"在情感上处于孤独与孤立的状态,很多人即使在成年之后仍然过着形单影只的生活。当"我一代"将自己和自由放在首位时,这些选择会将他带离朋友和家人。与 1970 年相比,25—34 岁独居人数翻了三倍。孤独和孤立很容易导致抑郁和焦虑,何况世事艰难。1997—2002 年,年龄在 25—34 岁间美国人支付的抵押贷款利息增加了 24%,支付的财产税增加了 15%,支付的房屋保养和维修费增加了 24%。与此形成对比的是,1971—2002 年间,年龄在 25—34 岁全职工作的男性收入下降了 17%。在这个个人主义和消费主义盛行的世界中,"我一代"一直被教育可以期待更多,而当现实袭来,他们饱受打击,难怪这一代会充满焦虑。

(五) 玩世不恭和政治信仰的缺失

通过调查 97 项来自 18 310 名大学生自 1960—2002 年所填写的控制力问卷发现,"我一代"的大学生日益相信他们的生活由外在力量控制。从 20 世纪 60 年代到 21 世纪初,大学生对外在控制力的信仰增加了 50%。相信外在控制力意味着美国年轻人越来越赞成一些玩世不恭的言论,比如,世界为个别有权势的人所掌握,小人物对此无能为力,等等。即使在儿童身上,在对 6 554 个年龄在 9—14 岁孩子的控制力测评也显示,孩子们倾向于相信事情超出了他们的控制力。当事情变糟糕时,他们更倾向于责怪父母和老师。相信外在控制力会导致人们不再相信个人责任、勤奋工作能带来好生活,不再相信集体行动会对政治、社会变化等产生影响。所以"我一代"对政治不再感兴趣,25 岁以下的年轻人中只有大约 1/4 的人会参与投票。18—20 岁的年轻人中,参与投票的人数从 1972 年的 48% 锐减至 2000 年的 48%。婴儿潮一代的集体行动可能一去不复返,因为"我一代"认为在改变政府上无能为力,他们对政府和政客缺乏信任。因为相信外在的控制力,"我一代"对自己在生活中能够做出选择的能力不抱希望,表面看这似乎与他们超强的自尊心相矛盾。事实上正因为自我感觉良好,他们才会将过错归结于外在因素。所以他们信仰运气决定人生,当事情没有按照自己的方式进行时,就找借口责怪他人,形成一种普遍的受害人心理,要么干脆指责所有人,指责社会不公。这种结果对全社会而言都是令人担忧的。

(六) 性爱态度的开放和对婚姻的谨慎

绝大多数"我一代"不会等到结婚才拥有性行为。布鲁克韦尔斯收集了 269 649 份年轻人的报告,发现他们性行为和性态度会随着时间的变化而变化。在 20 世纪 60 年代后期,年轻女性失去童贞的平均年龄是 18 岁,到 20 世纪 90 年代后期,平均年龄是 15 岁。在性态度上,20 世纪 50 年代末,30% 的年轻人赞成婚前性行为,现在则是 75%。女性的性态度转变更加惊人,20 世纪 50 年代赞成婚前性行为的是 12%,现在是 80%。与此同时,"我一代"对婚姻的态度却越来越谨慎。在 2001 年的一项调查中,62% 的年轻人认为同居是延续两性关系的最好方式。1970—1990 年,婚姻外的同居率增加了 5 倍,1990—2000 年又增加了 72%,美国现在有 110 万未婚同居者。2003 年,34.4% 的婴儿为未婚妇女所生。可见,在这方面个人自由又一次战胜了社会规则。

总之,"我一代"出生于美国历史上一个独一无二的时代。随着婴儿潮一代为人父母,"我一代"享受了民权运动后带来的充分平等和自由的胜利果实,他们在成长过程中充满欢乐自信,并相信自己拥有乐观的前景。然而,20 世纪 90 年代以来,由于经济停顿,生活日益艰难,"我一代"经历着理想与现实之间的巨大落差,难免焦虑和沮丧。

三、中国"我一代"

(一) 中国"我一代"出现的社会契机

社会发展进程中,由于某一代人所处的时代背景具有特色,造就了某一代人具有明显的代际特征。比如,我国的知识青年、美国的婴儿潮一代,都是社会学家眼中研究代际特征中不可多得的样本。对比国外的代际差别研究资料可以发现,中国现在的青年一代所经历的代际断裂,与其他国家相比更为明显和独特。

一方面,由于"80后""90后""00后"的成长过程恰恰与改革开放相融合,国家经济地位迅速上升、社会全面开放,他们的生活环境和上一代人差异非常大。巨大的社会变革往往对一代人甚至几代人的发展刻下烙印。从这个理论前提出发,不难发现,改革开放这一历史事件将对20世纪80年代以后出生的人产生重大影响。这一代人出生成长在中国社会剧烈变迁、经济迅猛发展、信息高速发展的特殊时代,甚至可以说,时代对他们发展的影响超过了父母和教师。与西方发达国家相比,中国的社会转型是以历史浓缩的方式进行的,必然会产生更大的发展压力和精神压力,而转型过程中出现的诸多矛盾和问题也会对青少年产生潜移默化的影响。

另一方面,人口控制政策带来的家庭结构和家庭期待的变化。独生子女所受到的关注、关爱和上一代人完全不一样。自20世纪80年代开始实行的独生子女政策更是强化了中国"我一代"出现的历史契机。当前我国独生子女家庭已占主导地位。从积极方面看,独生子女由于充分的独享父母之爱,有强烈的安全感和归属感,有利于培养孩子活泼、健康、积极、主动进取的良好品格。优越的经济基础也保证了孩子的顺利发展,独生子女的智能与品德也往往能得到较早的开发和培养。同时,由于1980年以后出生的青少年父母大多是"60后""70后",他们的青年时期多是在改革开放的社会变革中度过的,对子女教育相对更加开明,客观上也为孩子的成长营造了较为宽松的空间。但是独生子女在家庭中的独特地位,容易形成强烈"自我中心"感。太强的自我中心倾向,意味着太多的自我关注,可能会导致自私和社会适应不良。

(二)中国"我一代"渐近

滕格在研究中也指出,虽然"我一代"这个概念聚焦于美国年轻人的变化,但是这种变化趋势可以推广到其他许多国家特别是西方国家。因为这些国家的文化已经经历了聚焦于自我需求的运动,也经历了其日渐沮丧和焦虑的黑暗面。发展中国家可能紧接着会面临同样的问题,就像麦当劳和可口可乐一样,美国的个人主义正在向全球各个角落传播。"中国的'我一代'果然紧随其后",这个提法首次出现在美国《时代》周刊的一篇驻北京记者的报道中。这篇《中国的"自我中心一代"》的文章认为,与20世纪80年代中国出现的"迷失的一代"相对应,目前处于20—29

岁的中国年轻人可以叫作"Me Generation",把中国当代的青年人定义为中国"我一代"。

与学界对此提法的忽略相比,社会舆论一直十分关注这批新生代。一方面,在反对奥运政治化、汶川地震等事件中,一部分年轻人积极参与,赢得了良好的口碑;另一方面,层出不穷的负面事件密集曝光,屡次引发公众的热议。可是当代年轻人并不认同这些负面标签。在2009年8月15日,8名美女身穿印有"我一代",不是"富二代"字样的T恤,在成都合江亭协助交警维护秩序,义务宣传文明交通。当被问及她们衣服上的"我一代"的含义时,参与者表示,他们眼中的"我一代"代表自信、自强、自我,只要具备了这些特点的人,就都是"我一代"。

那么,已进入当代历史舞台的中国当代年轻人,是不是美国学者眼中的"我一代",或是如某些媒体宣扬的自我、自负、自恋甚至自私,还是如年轻人所认为的自信、自强、自我价值实现?当前学界似乎对这个问题关注不多。在青少年研究领域,虽然有关独生子一代、"80后""90后"甚至"00后"的研究不时出现,但笔者以为这些研究成果尚不能为出生和成长于改革开放后的年轻人提供整体的描述,代际的描述也有诸多趋同的特征。而不论研究如何进行,"我一代"社会影响力不容忽视。按照近期美国哥伦比亚大学教授福里·萨克斯的观点,美国大选使整个社会处于分裂状态,但分裂并不是存在于政党之间和各州之间,而是不同的代际。民调显示,特朗普获得了45岁以上选民选票的53%,30—44岁选民选票的42%,以及18—29岁选民选票的37%。福里·萨克斯的研究发现,18—35岁的绝大部分人没有投特朗普的票,他们或成为抵制特朗普政策的中坚力量。笔者以为,他们的选择必将影响到美国未来社会发展走向。

因此,可以借用美国心理学家对美国"70后""80后"和"90后"的研究视角,把"80后""90后"和"00后"三代人统一作为研究主体,对社会转型时期我国三代年轻人的社会特征加以考察,将有助于研究者从整体的角度描绘当下社会生活中大多数年轻人的群体特征,梳理出改革开放后出生的三代年轻人的共性特点,并对照国外学者的原始研究定义进行比较,以便为认识、理解当代年轻人的社会行为特征提供借鉴,也为社会治理提供学理支撑。

(王芳,原文载于《当代青年研究》2017年第3期)

日本"无欲世代"的群体
画像和成因探析

日本厚生劳动省发布的人口统计显示,2017年日本的出生人口数量为946 060人,比2016年减少30 918人,创下自1899年有统计数据以来的最低值;总和生育率(TRF)[①]为1.43,比2016年降低0.01,自2015年以来连续两年下降。根据厚生劳动省的测算,日本人口将在2053年跌破1亿,到2065年,人口预计比2015年的1.27亿减少三成,降至8 808万,且届时高龄老年人口将超过40%。为了提升生育率,日本政府过去推出多项政策措施,但从上述数据看,这些政策措施对人口的促进效果有限,日本老龄化和少子化趋向严重,已经成了深刻的国家问题。对于少子化的背后原因,日本社会普遍认为是青年一代对于婚姻、家庭乃至性爱的拒绝。

一、从"欲望社会"到"低欲望社会"

20世纪50年代中期至70年代初是日本经济的高速发展期,平均年增长率接近10%,且持续发展,在创造经济腾飞的"日本奇迹"的同时,也让日本社会的生活现代化达到了新高度。伴随着经济的发展,民众的收入水平不断提升,对消费的欲求也日益旺盛,而城市化进程和传统家庭结构解体等社会变化将家庭推上了消费的主体,其结果是促生了"家庭电器化时代"的全面到来。50年代中后期以洗衣机、冰箱和黑白电视机为代表的"三大神器",以及60—70年代以彩电、空调和汽车为代表的新"三大神器"在家庭相继普及,大量生产、大众消费是这一阶段的主要消费特征。

---

① 总和生育率(TRF)指一个国家或地区的妇女在育龄期间,每位妇女平均生育的子女数量,是衡量生育水平的最常用指标之一。

20世纪70年代中期至90年代初是日本经济的稳定成长期,平均保持在5%左右的年增长率让日本经济进入了"新的成长轨迹"。凭借持续稳定的经济发展,日本的国际竞争力迅速提升,80年代日本取代英国成为世界第一海外债权大国,同时也登上了世界第二大经济体的位置。经济增长带来了金融资产和房地产价格的上涨,而随资产急剧膨胀而来的财富效应也促使民众的消费欲望不断扩张,这不仅表现在消费能力上,也体现在消费需求上。随着可支配收入的不断增加,加上家庭的小型化发展等趋势,日本的消费主体由家庭逐渐转向个人,消费结构由家庭刚需升级为娱乐教育、交通通信等,消费需求由大众化日益向个性化、高端化、品牌化发展。强劲的购买力不仅体现在民众身上,也表现在企业层面,而购买的对象也不局限于日本国内。1989年,日本三菱公司购买了美国国家象征洛克菲勒中心,日本索尼公司收购了美国娱乐业巨头哥伦比亚影片公司;20世纪80、90年代,洛杉矶中心区域近一半的房产权属于日本人,夏威夷96%以上的外国投资来自日本,法国、意大利等欧洲奢侈品店挤满日本游客,"买买买"成为这一阶段日本的消费形象。

　　进入20世纪90年代,随着泡沫经济的破灭,日本陷入了被称为"失去的20年"的经济发展停滞期,同时,高龄少子化的加剧使得日本劳动人口不断减少,也成为进一步制约经济增长的因素。急转直下的经济溃败氛围和可支配收入的停滞乃至负增长消灭了多余的欲望,在消费上行空间被打断、民众消费理念趋于朴素理性的背景下,"低欲望"成为日本的整体社会氛围,特别是年轻世代表现出的"低欲望"群体特征成为社会问题。一方面,经济高速发展的神话虽然破灭,但日本社会长期积储的优厚物质基础并未消失,丰裕物质条件下成长的年轻一代表现出追求自我、享受安逸、缺乏奋斗目标等群体表征。另一方面,随经济低迷而来的失业率上升、收入不稳定,以及少子高龄化、国际地位下降等引发的社会发展不透明性,让年轻一代对未来丧失信心,呈现生活态度消沉、人际关系淡薄等群体表征。当如此人口负增长、经济疲软背景下成长起来的新生代成为消费主体,表现出对物质的寡欲和消费的低落,不买房、不炒股、不结婚、衣食住行将就、远离奢侈品,成为这一代人的群体消费特征。

　　2015年,日本经济学家大前研一在《低欲望社会:"丧失大志时代"的新·国富论》(『低欲望社会「大志なき時代」の新·国富論』)一书中指出,日本在人口老龄化背景下社会整体陷入了消费行为极度萎缩的"低欲望"漩涡,其突出表现是越来越多的年轻人对未来生活感到不安,选择不结婚、不生子、不消费的"低配"生活。"日本年轻人没有欲望,因为他们没有体验过有无限希望的高度成长时代或是泡沫经济时代,只经历过通货紧缩、不景气的黑暗时代,从懂事起就对未来充满不安,薪资一直是冻涨、降低的状态,因此不出门、不消费、不结婚生子,尽量减少人生风险,这已经成了基本性格。"越来越多的年轻人不愿意背负危机、丧失物欲和成功欲,"选择不拥有"成为时代脉络下的合理选择,也有学者称之为"厌恶消费世代"。《低欲望社会:"丧失大志时代"的新·国富论》在日本国内引发了极大的反响,这不仅仅因为年轻一代表现出的"低需求""低消费"会导致经济萎靡不振、社会失去活力,更因为青年群体的"低欲望"趋势已蔓延到对"婚恋"和"性"的态度和行为上,这可能会进一步加剧日本社会少子化、高龄化,对日本的人口结构、经济发展形成致命的打击。

二、日本年轻一代的"性"群体画像——基于青少年全国调查数据

青少年是生命历程的特殊阶段,"性"作为青少年时期成长发育的主要特征之一,不仅是青少年身心健康的重要组成,也会直接影响到未来的婚恋生育观,进而对整个社会发展和国家的人口环境形成深刻的影响。日本青少年对"性"究竟是怎样的态度,在行为上又有着怎样的变化,是否如一般认为的随着经济的低迷呈现"低欲望"特征。本研究利用日本性教育协会的翔实数据资料①,聚焦青少年的性心理和性体验的变化趋势,从纵横两个维度对当代日本青少年的"性"进行客观把握和呈现。其中,性心理主要从青少年的性兴趣及性态度进行分析,性体验主要从青少年的恋爱经历以及性行为的体验情况进行分析。

(一)性心理

1. 对性的兴趣

"性意识"的觉醒是进入青春期的重要心理标志。随着青春期生理发育,青少年心理和行为上也出现显著变化,对性征发育感到惊奇、神秘、羞涩并促使他们产

---

① 日本性教育协会自1974年以来约每六年对15—24岁的青少年进行一次"青少年性行为全国调查",迄今已经持续了8届,共对超过4.2万名青少年进行了相关调查。调查主要采用问卷调查法,通过分层抽样方式从全国的大城市、中城市和町村抽取初中生、高中生和大学生为调查对象,调查内容包括性生理、性心理、性体验等多个方面。第八次调查于2017—2018年实施完成。

生了解和探索性奥秘的欲望,开始对性表现出兴趣,有时还会出现性冲动。与童年期对性的好奇心理不同,在性欲驱使下对性产生兴趣,是青少年性心理发展的一个本质表现。"青少年性行为全国调查"自1981年第二次调查开始纳入了关于性兴趣的问题,通过询问是否对"性"有兴趣来了解青少年的性心理情况。从数据结果来看,主要呈现以下两个特征:

一是青少年对性的兴趣存在显著年龄和性别差异。数据分析发现,伴随年龄的增长,青少年对"性"的兴趣会不断提升。如2017年的调查数据显示,初中阶段男女生对"性"感兴趣的比例为46.2%和28.9%,到了高中阶段比例升至76.9%和42.9%,至大学阶段比例进一步增加到93.2%和68.6%,伴随年龄上升青少年"性"兴趣的增幅明显。同时,对数据的分析发现,在任何年龄段男生对"性"的兴趣均显著高于女生,且近年呈现差异越来越大的趋势。以大学生的数据为例,在1981、1987、1993、1999年和2005年的调查中,男生对"性"感兴趣的比例基本高于女生10个百分点左右,2011年的调查比例差开始扩大,增加到21.8百分点,至2017年,比例差进一步扩大至24.6个百分点。

二是青少年对性的兴趣在逐渐降低。对历年的数据比较发现,青少年对"性"的兴趣自20世纪80年代调查开始后日渐上升,90年代达到高值,21世纪以后出现急速回落。2017年的最新调查结果显示,76.9%的高中男生和42.9%的高中女生对"性"感兴趣,相比1999年的数据分别下降了16.1和36.1个百分点;同时,大学生的数据相比1999年分别下降了6.2和22.3个百分点。

表1 青少年对性感兴趣的比例　　　　　　　　　　单位:%

年份	初中生 男	初中生 女	高中生 男	高中生 女	大学生 男	大学生 女
1981	—	—	94.3	80.1	98.9	92.2
1987	56.5	49.7	91.6	77.2	97.3	87.6
1993	57.9	52.1	92.7	75.5	97.9	90.3
1999	61.0	51.4	93.0	79	99.4	90.9
2005	45.9	38.8	80.9	58.6	95.6	89.7
2011	42.2	33.7	75.2	46.4	95.5	73.7
2017	46.2	28.9	76.9	42.9	93.2	68.6

资料来源:作者根据日本"青少年性行为全国调查"数据编制。

2. 对性的认识

性心理涉及与性有关的一切心理活动，其中对性的认识是重要的组成部分。"青少年性行为全国调查"自1987年调查开始通过询问青少年对"性"的印象了解青少年对性的认识。从数据结果看，近年对性持负面认识的青少年有增多趋势。如1987年、1993年和1999年的调查数据显示，认同性是"快乐的"青少年比例基本在1/4至1/3之间，不认同性是"快乐的"比例约为5%；从2005年的调查数据开始，认同的比例出现下降，不认同的比例不断增加，至2011年不认同的比例首次超过了认同的比例；2017年的最新数据显示，认同性是"快乐的"青少年比例为14.7%，不认同的比例为16.5%。同时，认同性是"羞耻的"青少年比例除了1999年的调查数据出现较大下降外，基本维持在35%左右的平稳状态，但不能忽略的是，不认同性是"羞耻的"青少年比例呈现不断下降的趋势，如1987年时有17.6%的青少年不认同性是"羞耻的"，到了2017年，比例下降到了8.2%。

表2 青少年对性的认识　　　　　　　　　　　单位：%

年份	快乐的			羞耻的		
	认同	说不清	不认同	认同	说不清	不认同
1987	27.3	67.5	5.1	35.6	46.9	17.6
1993	33.6	62.0	4.4	39.2	42.9	17.9
1999	24.3	69.9	5.8	25.1	63.9	11.0
2005	18.2	70.0	11.8	37.7	52.8	9.5
2011	12.2	70.3	17.4	34.2	58.3	7.5
2017	14.7	68.8	16.5	35.0	56.8	8.2

资料来源：作者根据日本"青少年性行为全国调查"数据编制。

（二）性体验

1. 恋爱经历

"异性相吸"是青少年身心发展过程中的正常现象，也是青少年生理和心理健康的一种表现。进入青春期后，由性生理成熟引发的深层次性意识逐渐觉醒，对异性产生好感和爱慕倾向的青少年，会主动接近喜欢的对象，进而可能发生恋爱关系。"青少年性行为全国调查"自1974年第一次调查以来，主要通过询问恋爱经历了解青少年的恋爱情况。对数据的分析结果显示，青少年的恋爱情况显现低龄化和普遍化趋势。

比较初中生的数据可以发现,自 1987 年有相关调查数据以来,初中生有恋爱经历的比例呈现逐渐上升的趋势,从 1987 年的男生 11.4%、女生 15.3%,到 1999 年的男生 24.2%、女生 23.5%,再到 2017 年的男生 27%、女生 29.2%,增幅明显。整体看,有恋爱经历的初中生比例从 20 世纪 80 年代的一成多到如今的近三成,增加了三倍。高中生和大学生的数据则显现较为平稳的曲线,在 40 年的过程中虽然也有上下波动,但整体看高中生有恋爱经历的比例基本在五成左右,大学生有恋爱经历的比例基本在七成左右,保持较为稳定的状态。

表3 青少年有恋爱经历的比例　　　　　　　　单位:%

年份	初中生 男	初中生 女	高中生 男	高中生 女	大学生 男	大学生 女
1974	—	—	53.6	47.6	73.4	77.4
1981	—	—	57.5	52.1	74.4	79.0
1987	11.4	15.3	40.1	50.4	78.3	79.5
1993	15.1	17.2	45.9	53	82.5	83.8
1999	24.2	23.5	52.4	56.7	82.1	74.2
2005	23.9	26.7	59.6	63.1	79.8	81.4
2011	25.0	23.2	56.1	59.7	76.2	75.4
2017	27.0	29.2	54.2	59.1	71.8	69.3

资料来源:作者根据日本"青少年性行为全国调查"数据编制。

2. 性行为体验

性行为是个体旨在满足性欲和获得性快感而出现的动作和活动。青少年性生理发育年龄的不断提前,使他们能够更早地体验和接触与性相关的内容,而现代信息技术的高速发展也进一步促进了性文化的传播,部分青少年在性好奇和性冲动的推动下会发生接触性性行为。"青少年性行为全国调查"自 1974 年第一次调查以来,主要通过接吻和性交的经历了解青少年的性行为体验情况。从数据结果来看,主要呈现以下两个特征:

一是青少年性体验的比例呈现明显回落。对数据分析发现,青少年的性体验比例在经历了上升趋势后近年出现明显的回落。以大学生的数据为例,有过接吻体验的比例在 70—90 年代不断攀升,至 2005 年达到最高值,男女生的比例分别为 72.9%

和 73.3%;之后开始出现下降趋势,2017 年的最新数据为男生 59.1%、女生 59.7%,降幅明显。有过性交体验的比例也呈现同样的变化趋势,2005 年达到最高值,男女生的比例为 62.1% 和 61.7%;之后逐渐减少,2017 年的最新数据为男生 47%、女生 36.7%。整体看,青少年性行为的体验率基本降低到 20—30 年前的数据水准。

二是青少年性体验存在显著性别差异。数据分析发现,不同性别青少年的性体验比例有较大差异性,基本呈现初中、高中阶段女生的体验比例高于男生,大学阶段男生的体验比例高于女生的特征。以接吻体验为例,2017 年的数据显示,初中生有接吻体验的女生比例为 12.6%,比男生高 3.1 个百分点;高中生有接吻体验的女生比例为 40.7%,比男生高 8.8 个百分点;到了大学阶段,有接吻体验的女生比例则要比男生低 4.8 个百分点。比较历年的数据发现,初中、高中阶段女生的性行为体验比例高于男生是从 20 世纪 80 年代开始出现的特征,1974 年的调查数据显示当时的男生性行为体验比例均高于女生。

表 4　青少年有接吻体验的比例　　　　　　　　单位:%

年份	初中生 男	初中生 女	高中生 男	高中生 女	大学生 男	大学生 女
1974	—	—	26.0	21.8	45.2	38.9
1981	—	—	25.2	27.7	54.4	50.4
1987	5.9	6.9	23.7	26.4	60.5	50.8
1993	7.0	8.4	30.5	35.5	70.7	66.5
1999	13.7	12.9	42.5	44.9	72.3	64.9
2005	16.6	20.3	49.4	54.1	72.9	73.3
2011	12	14.7	39.7	46.4	65.4	62.3
2017	9.5	12.6	31.9	40.7	59.1	54.3

资料来源:作者根据日本"青少年性行为全国调查"数据编制。

表 5　青少年有性交体验的比例　　　　　　　　单位:%

年份	初中生 男	初中生 女	高中生 男	高中生 女	大学生 男	大学生 女
1974	—	—	10.2	5.5	23.1	11.0
1981	—	—	8.0	9.0	33.1	19.0

续 表

年份	初中生 男	初中生 女	高中生 男	高中生 女	大学生 男	大学生 女
1987	2.3	1.8	11.8	9.0	47.8	27.2
1993	2.0	3.1	15.5	16.9	59.3	46.8
1999	4.0	3.1	27.0	24.6	62.8	53.6
2005	3.7	4.4	27.0	31.1	62.1	61.7
2011	3.0	4.8	19.1	26.3	51.7	45.1
2017	3.7	4.5	13.6	19.3	47.0	36.7

资料来源：作者根据日本"青少年性行为全国调查"数据编制。

三、"无欲世代"（さとり世代）及其背后的成因探析

（一）"无欲世代"（さとり世代）的出现

从上述对日本全国青少年调查数据的分析可以发现，年轻一代对性的"低欲望"趋势特征确实存在。首先，"低欲望"趋势在性心理方面的体现是青少年对"性"的兴趣在逐渐降低，同时，青少年对"性"的负面认识有所上升。其次，"低欲望"趋势在性体验方面的体现是青少年的"性"行为体验比例逐渐回落。值得注意的是，虽然性行为的回落与性兴趣的下降呈现相同曲线特征，但进一步分析可以发现，青少年"性"兴趣降低趋势的显现要略早于"性"行为体验降低趋势的显现，前者基本在21世纪初就开始出现明显的回落，而后者则要到2011年以后开始呈现回落趋势。这表明，心理的"低欲望"要先于行为的"低欲望"。从这一角度出发，基于青少年"性"兴趣降低趋势仍在持续这一客观数据可以预测，日本青年一代的性行为体验在未来还可能继续降低。

"さとり世代"是日本继"ゆとり世代"（宽松世代）后推出的新名词，最先流传于网络，之后逐渐被社会广泛接受，是指这样一个特定的群体：出生于1987年至21世纪前后，和"ゆとり世代"（宽松世代）的年龄基本一致，群体特征表现为：在童年时期经历过经济崩溃，和网络共同成长，成人后远离物欲、食欲、性欲，不愿出人头地，不善

表现自我,对人(包括婚恋)冷淡,人际关系简单,缺乏野心,对任何事物都没有过多的期待,容易放弃。因此也被称为"无欲无求的一代"或"无欲世代"。如此"无欲世代"被认为是日本少子化深刻发展的最大推手,也是日本克服改善少子化问题的最大障碍。

根据日本厚生劳动省下属国立社会保障与人口问题研究所的调查数据,2015年日本男性的"终生未婚率"①为23.4%,女性的"终生未婚率"为14.1%,均创下历史新高值。这也意味着,有1/4的日本男性和1/7的日本女性终生未婚。同时,调查数据还显示,18—34岁未婚群体中,有42.9%的男性和39.2%的女性认同"碰不到理想的对象就不结婚"。此外,调查结果发现,18—34岁未婚群体中,69.8%的男性和59.1%的女性没有交往对象;35—39岁的未婚群体中,26%的男性和33.4%的女性从未有过性经验。

(二)"无欲世代"背后的成因分析

1. 平等说

对于日本社会逐渐增多的对恋爱和性持消极态度的年轻群体,专栏作家深泽真纪和社会学家森岗正博将之称为"草食男"或是"草食系男子"。森岗正博对"草食系男子"的定义是:心地善良,不被传统的"男子汉气概"所束缚,缺乏恋爱欲望,不想在恋爱中受伤,也不想去伤害别人的男子,认为男女平等新型关系的出现是日本社会产生"草食系男子"现象的内在原因。

一直以来,"男主外、女主内"是主宰日本社会的性别观念。在此传统观念下,男性被认为是"勇敢""责任"的象征,在战场和劳动生活中具有特殊的意义与价值。在日本的高度经济成长期,也是男性积极奋进,撑起了日本经济崛起的同时承担着抚养家庭的主要责任。然而,随着社会的不断进步发展,上述情况发生了巨大的变化。一方面,和平时代不再需要"为国捐躯"的战士,而科技的发展、服务业的兴起等也使得单纯体力劳动不断减少,让男性可以大展身手的舞台越来越小,这使得男性的社会角色不再如过去那么明确和重要的同时,社会地位也不再如过去那般高高在上。另一方面,在男女平等的理念下,女性不仅走出家门进入社会,在许多领域的作用和贡献都可媲美男性,甚至更为出色。女性的经济能力越来越强,社会地位也越来越高,生活不再必须依靠男性。换言之,传统的男性主导女性的人际关系模式正在瓦解和消失,女性不再需要通过婚姻获取社会身份,男性必须成家立业、抚养妻儿的责任分工

---

① 终生未婚率指至50岁尚未结婚的人口比例。

也在逐渐淡化,这样的氛围中"草食男"们渐渐出现,他们对结婚、恋爱失去兴趣,在性欲上也没有过高的要求,不会积极主动追求婚恋关系。与此同时,女性在其中感受到了平等,也因此并不讨厌"草食男"的存在,这也成为促进"草食男"扩大化的原因。日本婚介服务网站2009年对30—39岁的未婚群体的调查结果显示:有3/4的男性认为自己是"草食男"。"女强"带来的"男弱"是"草食男"出现的原因,也因此,森岗等认为"草食男"的产生是男女平等的一种新表现形式。

2. 风险说

相对于森岗正博的平等说,日本社会学家高桥征仁提出了"风险说"的解释,认为近年年轻人中日益增多的对恋爱和性没有兴趣的现象,主要源自年轻一代对"性"的态度正从"欲望时代"走向"风险时代"。

在长期的经济低迷期出生和成长的日本年轻一代缺乏远大理想、安于现状、社会意识薄弱,这些都使得他们不愿迎接挑战,不愿承担风险,追求和享受封闭安逸的生活。相比较需要承担未知的风险去挑战不熟悉或未知的领域,日本的年轻人更倾向于选择留在自己比较熟悉的生活环境,不愿离开舒适便利的 comfort zone(安乐窝)。如对18—26岁职场新人的调查数据显示,2004年时有71.3%的调查对象表示愿意赴海外工作,2007年该比例为减至63.8%,2013年更跌至41.7%。而当这种风险规避意识落实到人际关系上时,表现为青年一代不再认为与人交往意味着是"快乐"的或是"机会",他们首先考虑是未知的"风险"。对此,高桥征仁称之为"风险化",即当代青年在做决定之前,首先思考的不是行动带来的积极的效用,而是对随之产生的消极结果更为敏感和关注。在现代社会,无论结婚还是恋爱(包括同居等共同生活)是对个体生活产生重要影响的行为,对当代年轻一代而言,和自己喜欢的人一起组建家庭、生儿育女之前,首先考虑的是开始"新"的生活导致现有"生活状况"发生变化这一重大风险,而出于风险规避心理和安全趋向,更倾向于选择"不改变"来应对未知风险。这也促使青年一代在面临"性"这一未知领域时,不是选择积极面对,而是选择通过自我管理,如减少与人交往、不愿维持人情交际、消极对待婚恋等方式来降低风险的存在,其结果是这一代日本青年呈现出前所未有的"无欲无求"特征。

3. 负担说

对于青年群体"不婚不育"的趋势特征,近年另外一种"负担说"的解释逐渐增多,即年轻一代因为经济的困窘而无力承担"婚恋"和"性"带来的重担而不得不选择远离。

20世纪90年代初泡沫经济崩溃,日本陷入了长期的经济萧条,一方面,企业难以维持以往的增长率大量削减人员,另一方面,信息技术的进步导致劳动密集型产业减少,众多低端产业向发展中国家转移以寻求更低的原材料成本和更廉价的劳动力,其结果使得一直以来日本引以为豪的"终身雇佣制"崩坏,失业人员剧增。在缩减成本提高效益的强大压力下,为了进一步降低用工成本,日本中小企业开始改变雇佣模式,正是从这个时期开始,不拿奖金、不参加保险、随时可以解聘的非正式雇佣员工[1]数量开始逐渐增加。根据日本厚生劳动省的统计,非正式雇佣员工的数量从1988年的755万人,上升到2018年的2 156万人,30年间增长了2.9倍。[2] 非正式雇佣员工主要集中在服务业、批发零售业、制造业等领域,在数量增加的同时,非正式雇佣员工群体呈现出年轻化、薪金低、就业不安定等特征。日本日清基础研究所的调查数据显示,30—34岁男性正式雇佣职工的平均年收入为404.6万日元,而同年龄的男性非正式雇佣员工的平均年收入仅为251.4万日元。如此的低收入养活自己尚且困难,更遑论建立家庭、抚养儿女。日本公益法人联合综合生活开发研究所发布的统计数据显示,有20.9%的非正式雇佣者通过减少吃饭次数来应对贫困生活,有13%的非正式雇佣者近一年没有缴纳过税金和社会保险。低收入、低保障,加上工作的不稳定性使得非正式雇佣群体在婚恋问题上不得不采取保守和消极的态度,根据日本厚生劳动省的调查结果显示,同一年龄段中,男性非正式雇佣员工的结婚率仅为正式雇佣职工的1/2。对此,有人称之为是对男性"经济上的阉割"。

"低欲望社会"和"无欲世代"的出现反映了当今日本社会的现实情况,其背后是经济压力的增加和生活环境的改变等复合因素的作用。正如学者土田阳子指出的,"草食系"一词并没有如同过去常见的青年亚文化那样,成为风靡一时但很快被人忘记的"流行语",而今已俨然成为恋爱和对性持消极态度的"代名词"而长期存在,而清心寡欲的"无欲世代"也逐渐成为社会的固定组成,并有不断蔓延的趋向。大前研一在《低欲望社会:"丧失大志时代"的新·国富论》中预测,世界各国都将面对"低欲望社会"现象。放眼全球,经济减速和人口老龄化、少子化几乎是所有发达国家和地区的通病,只是日本表现得尤为突出。面对如此缺乏活力的"无欲世代",今后该何去何从,这不仅是日本社会面临的巨大考验,也是国际社会整体需要思考的课题。

(裘晓兰,原文载于《中国青年研究》2019年第8期)

---

[1] 非正式雇佣员工主要包括派遣员工、短期合同工、临时工、钟点工、业余打工者等形式。
[2] 数据出自日本厚生劳动省《劳动力调查》1988—2018年统计。

深度现代化:"80后""90后"群体的价值观冲突与认同

一、深度现代化阶段的中国青年

(一) 深度现代化

"从传统向现代转型"是理论界对改革开放以来社会转型主要特点的共同判断。中国现代化的起点可以追溯到近代资本主义的萌芽,1949年以前为新民主主义革命时期,1949—1979年是社会主义建设时期,而1980年开始的改革开放,至今已经提出至2050年建成社会主义现代化强国的详细路线图,这条现代化道路既包含内生性的动力萌芽又有外生性的冲击—反应,曲折往复,和西方资本主义国家由工业化推动的现代化进程截然不同。

对于西方工业社会的发展道路,丹尼尔·贝尔曾说过,"现代化"阶段已经走完,现代化的推动力已经耗竭,我们必须通过后现代化才能重新获得创新的动力。在后现代主义者看来,工业社会发展目标在经历对增长的过度强调后,已经转型为对多元、自由、去人类中心主义等后现代化价值的追求,现代化必然成为需通过后现代化而被解构的概念和价值。但这些反思,是基于西方资本主义国家内在发展矛盾的反思,这种逻辑并不一定适用所有文化环境和制度环境。国内学者对中国现代化有不同的思考角度,如钱乘旦认为中国至今仍处在现代化的过程中,"现代化"仍然是无数中国人追求的目标;世界近现代史的主题是现代化,现代化发展有三种模式,如英、法等国采用的自由主义经济发展模式,德、日等国采用的统制式经济发展模式,苏联等采用的计划经济发展模式并不都适用于中国。何传启提出中国的现代化可以区分为一次现代化和二次现代化,第一次现代化指从农业社会向工业社会的转变过程及其深刻变化,特点是工业化、城市化、福利化、民主化、世俗化等;第二次现代化,是指从工业社会向知识社会的转变过程及其深刻变化,其特点是网络化、全球化、创新化、个性化、生态化、信息化等。边燕杰等提出中国的现代化转型是和市场化转型混合作用,并影响到都市社会分层。梁玉成则进一步指出,中国的市场化转型并非美国社会学家提出的直线模型,而是 APC 时间因素(时代、世代、年龄)作用下的曲线模型。

从价值观层面来说,结构功能主义者一直主张,发展中国家在从传统向现代转变的过程中,主要受内部因素(道德观念和价值体系)制约,其中价值观的转变是社会变革最基本的前提。因此,当代意义的现代化不仅仅是客观世界的现代化,更重要的是精神世界的现代化。韩庆祥等提出中国的现代化转型分两步,一是物质生活的现代化,二是精神生活的现代化,虽然物质生活的现代化世界各国步伐不一,有快有慢,但精神生活的现代化是全球化的共同趋势。

对后发国家现代化的研究如果简单搬用西方模式常常会陷入理论困境,因为全球化背景下的当代中国,传统、现代、后现代各种各样价值以一种多元统一的方式共存,比如后现代的和谐发展追求与现代化的安全稳定目标、个体发展需求与传统社会的家庭观念共生,等等。所以,难以用简单的线性模式来分析中国的现代化发展道路。传统社会向现代社会变迁的过程,理想状态是直线、路径短、速度快,但现实往往不如理想这么"骨感",要复杂丰满得多。假若把中国的转型路径放在传统—现代、物质—精神二维四分的数轴上来进行分析,就可以借用经济增长的曲线理论来描述我们的现代化进程:在资源有限的条件下,增长或发展并非线性的,而是呈曲线性的。初期,进步比较缓慢,物质精神领域均较落后;起步期,两个领域并不均衡,物质领域呈现指数型增长,精神领域相对滞后;进入深度现代化阶段,即成熟期后,到达曲线中部,会出现物质增长率放缓、动力缺乏的问题。而这个时候,精神领域的价值更新需求会进一步提升,同时物质追求也并未停滞,在双重动力的共同作用下,最终超越传统,实现现代化发展的"倒 S 形曲线"。换言之,如果把经济增长、物质丰富作为早期现代化成果的话,深度现代化阶段,经济增长速度有所下降,但精神领域和价值成长的现代化成果却急需孵化,观念革命只有在价值领域提速增能的条件下,才能真正到来。而物质停滞或倒退的结果会导致倒 U 形发展模式,现代化始终停留于早期阶段,无法在增长的前提下实现新的进步。

(二)深度现代化阶段中国青年的三大特征

2012 年,党的十八大以后中国社会进入新发展阶段。以该年度为时间基点,处于青年阶段的 18—35 岁的青年群体,出生年龄组为 1980—1999 年。根据全国第六次人口普查(以下简称"六普")数据推算,该年龄段人数总规模在 4 亿左右,其中"80 后"2 亿,"90 后"1.8 亿,超过全国总人口的 1/4。和"50 后""60 后""70 后"相比,"80 后""90 后"青年是改革开放后成长的一代,也是深度现代化阶段成长起来的一代,拥有和其他世代完全不同的成长环境和成长经历。从群体特征上来说,这一群体最大的独特之处集中体现在三个方面:

1. 从历史方位来看,他们是"大变革一代"

"80 后""90 后"青年,和新中国成立后经济匮乏时代的一代人不同,他们是出生和成长于中国经济高速发展时期的一代人。这一阶段,国内物质资源实现了从匮乏到丰富的大发展,GDP 总量从 1980 年的全球第 13 位提高到 2018 年的全球第 2 位,占世界 GDP 总量的 15%,人均 GDP 从 1 000 美元增加到 9 900 美元。高速经济增长推动人民生活水平不断提高。截至 2017 年,全国农村贫困人口减少 7.4 亿人,对全球减贫贡献率超过 70%;人均可支配收入从 1978 年的 171 元上升到 2017 年的 25 947 元,扣除物价因素,实际增长 22.8 倍。随着经济增长质量和速度的提升,中国在世界政治格局中也开始占据越来越重要的地位,"一带一路"倡议吸引世界目光,一系列重大全球峰会先后在中国召开。最新的统计数据显示,我国科技进步贡献率从 2012 年的 52.2% 增长到 2018 年的超过 58.5%,国家创新能力排名从第 20 位上升到第 17 位。这些巨大的变革已经对青年人的生命历程产生了直接的影响,据"六普"数据显示,全国 20—34 岁人口中,大专以上学历人群已经占到 36.9%;截至 2017 年,我国新增劳动力平均受教育年限已超过 13.3 年,相当于大学一年级水平;育龄女性平均初婚年龄从 1990 年的 21.4 岁提高到 2017 年的 25.7 岁;"80 后""90 后"群体中独生子女数量超过 1.2 亿,占比 26.4%(根据 2005 年 1% 抽样数据中"各地区 0—30 岁独生子女数"和"2005 年全国分年龄性别的人口数"推算)。大变革影响下,青年一代受教育程度普遍提高,成年期延迟,家庭规模日趋小型化。未来 50 年,这些变革还将继续影响他们的学习、工作、生活和家庭。

2. 从结构特征来看,他们是"大流动一代"

"80 后""90 后"成长的年代,费孝通先生描摹的传统乡土中国的"宁静"被完全打破,青年一代不再像长辈一样守着传统社会"搬不动的土地"过活,相反,流动成为他们生命历程中最显著的特点。简单来说,青年人的流动可以分为两条路径:一是地域上的流动,二是结构上的流动。

地域上的流动包括"国内流动"和"国际流动"。首先是"国内流动"。整个轨迹很清晰,表现为从西部往东部,从乡村到城市,从三线城市到一线城市。青年是流动人口的主力军,"六普"数据显示,全国流动人口为26139万,1980年以后出生的新生代流动人口占49.8%,比10年前上升17.1个百分点。国内流动原因第一位是务工经商,占50.57%;第二是学习培训,占19.96%。其次是"国际流动"。全球化浪潮从根本上改变了人类社会生活的时间和空间距离,促进了世界各国之间的交流,跨国流动更加频繁。教育部2018年发布的数据显示,2018年度我国出国留学人数达66.21万,回国人数达到51.94万;而2000年出国人数为3.90万,回国人数只有0.91万。青年出国潮的方向性改变,表现为海归人数增长比超过出国人数增长比,从出国潮到海归热的"洄流"趋势已经越来越明显。

结构流动则包括"职业流动"和"阶层流动"。从就业数据来看,青年经济参与程度较高,我国劳动力的平均年龄为37.62岁,总体呈年轻化趋势。全国就业人员中,"80后""90后"占到35%,总体就业率维持在70%左右,远远高于世界平均水平。青年的从业结构发生了显著变化,在第一产业从业的青年占37.2%,第二产业从业的青年占29%,第三产业从业的青年占20.3%,第一产业青年虽然人口仍占多数,但比10年前已有较大下降。第二和第三产业从业的青年人口合计达49.3%,接近半数。此外,体制外就业青年的比例不断增加;跳槽频率增加,职业稳定性下降。职业结构的重心呈现从第一产业向第三产业、从体制内向体制外、从稳定职业向临时职业变化的趋势。和欧美发达国家和地区阶层固化的趋势不同,总体而言,中国仍旧是"阶层流动"的社会,教育获得和职业对青年发展是一种强影响,家庭社会经济地位的限制相对有限。在这个流动开放的社会里,中产阶级的数量和规模正在不断扩大。

3. 从技术载体来看,他们是"数位化一代"

据CNNIC 2018年8月新数据,全国7.1亿网民中,以"80后""90后"为主体的20—39岁网民占52.6%,其中90.2%的人使用手机上网。对数位化技术的依赖和熟谙,使得青年群体的交往面迅速扩大,AI技术、APP平台的不断应用,信息的传播渠道和效果呈几何级递增,远胜青年人口基数。改革开放40年,大飞机、高铁、地铁、共享单车等,最大限度地缩短了全球地理空间距离,快餐、快递、快报、支付宝、微信,改变了人们的生活方式和阅读方式,手机、腾讯、"王者荣耀"等创造了青年一代全新的娱乐方式和沟通方式。传统社会里需要花上一年半载时间才能完成的任务,现代社会里可能几天就能完成。一方面,后发国家青年对以上这些新技术新生活体验,完全可以做到和先发国家同步;另一方面,当代青年的生命历程以快镜头的方式快速切换,虽然世代的生命周期并未改变,但通过快速压缩和时空同步的方式获得的体验,超越以前任何一代。

二、研究假设和方法

当代中国"80后""90后"青年成长的时代造就了他们独特的生命历程,青年期延长、成长轨迹多元、去标准化等特征也深刻影响他们的价值观认同。价值观作为青年发展核心的内容,同时也深刻影响着社会的发展,具有非常重要的意义。

(一)研究假设

自从英格尔哈特用"静悄悄的革命"来形容价值观念革命以后,从"物质主义"价值观向"后物质主义"价值观的变迁方向似乎已成定论。近10年来,关于"后现代化""后工业化""后物质主义"等概念在国内理论界得到充分的讨论和分析,为数不少的学者赞同英氏所提出的"后物质主义"方向,认为中国社会正在或将要发生和西方社会一样的价值观转型,青年人心目中最重要的社会发展目标,将从经济增长转化为个体幸福;他们的个人价值,将从传统价值规范转化为追求自由的自我表达导向;他们的权威价值将从对神权的崇拜和对理性的推崇,转变为打破权威的去权威化倾向。首先,在"现代化"维度上,价值观将从"传统—权威价值观"向"世俗—理性价值观"转变。不再重视家庭价值观、离婚增加,更关注政治、反对权威和政府权力等。其次,"后现代化"维度上,价值观将从"生存价值观"向"幸福价值观"(或后现代价值观)转变,强调环境保护、妇女解放、休闲及朋友,并要求参与政治决策,等等。另一方面,反向的证据也在不断增加。包括英氏自己也承认,从历次世界价值观调查的数据来看,"中国是个特殊情况,绝对是物质主义占主体"。WVS调研数据显示,即使是中国青年群体中,后物质主义价值的比例也只有6.5%,远低于发达国家25%的平均水平。近期国外一篇运用2006年中国综合社会调查(Chinese General Social Survey,CGSS)数据研究也认为,"后物质主义"假设在中国并没有得到完全证明,虽然高收入和"后物质主义"倾向有一定相关,但是去权威价值观和收入之间并没有出现正向关联,高阶层、高收入群体反而更倾向于传统威权主义价值观,低收入群体倾向去权威价值观。中国调研的数据表明,中国青年的价值观在很多方面仍旧是沿着物质主义的路线在发展。

本文的核心假设是：前工业社会和工业化社会不一样，后发国家发展模式和先发国家发展模式也不一样。青年是生活在一定时空之中的，受社会背景因素的影响。近40年来，中国社会仍旧处于现代化的进程之中，因此其价值观与现代化先发国家相比，会体现出显著的差异，"后物质主义"并不适用于中国青年价值观特点的表述，年轻一代与年长一代相比，其价值观倾向既有对物质领域生存价值观的追求，也有对精神层面幸福价值观的追求，既有对安全和发展价值的追求，也有对权威和理性价值的重视。

（二）研究方法

通过文献综述、问卷调查、数据分析，同时结合政府和机构公开的宏观数据分析、专家座谈调研，围绕青年价值观的发展特点进行深入分析和讨论。

1. 研究对象

2012年，中国社会进入新发展阶段。以该年度为时间基点，处于青年阶段的18—35岁的青年群体，出生年龄组为1980—1999年。选取居住生活在上海的"80后""90后"青年为研究对象。"六普"数据显示共计693.47万，既包括户籍青年，也包括因学习、工作、家庭等原因来到上海常住6个月以上的青年群体。

选取上海作为深度现代化阶段青年价值观发展的调研样本，基于几点考虑：一是上海是人口导入地区，居住着来自全国各地的青年，价值观发展具有代表性。除沪籍人口外，常住人口中非沪籍人口占到40%以上，非沪籍人口中青年人口占绝大多数，特别是18—35岁青年劳动力比例在全国处于前列，既包括高学历毕业留沪群体和海归青年，也包括大量来自长三角、中西部和华北等农村地区的青年，受"大流动"因素的影响较强。二是上海是国内现代化程度最高的城市之一，价值观发展具有先行性。中国现代化程度从西向东逐步提高，和全国其他地区相比较，东南沿海地区始终是现代化程度较高的地区之一。在这里，政策理念、机制体制先行性较强，青年在深度现代化历程中的价值观冲突会更早呈现，价值观特点更为突出，价值观构建更为复杂多元。

2. 问卷设计

在参考国内外文献的基础上进行问卷设计和修订，采纳英格尔哈特的世界价值观量表（WVS）部分项目，修订后使用。问卷正式调研前经过研究者和受访者两轮试测和校正。根据使用对象不同，问卷分为大学生版和社区版，除重合项目外，大学生版的工作和生活价值部分调整为学习生活价值,社区版增加就业预期和就业选择,以及本人收入指标。两版数据输入 SPSS 合并使用,共计 478 个编码变量。

3. 数据采集

"上海青年调查"数据库(Shanghai Youth Survey, SYS, 2015—2016)通过分阶段抽样采集完成。根据青年人口的城乡总体分布情况确定抽样框,抽样比 8.59%,抽样误小于 2%。

第一阶段,采取多阶段分层随机抽样的方法抽取在校大学生。按不同专业、年级随机抽取的原则,总共抽取了上海市 10 所高等院校(包括 985 高校 3 所、211 高校 2 所、二本院校 1 所、民办高校 1 所、大专与高职院校 3 所)32 个专业 12 个年级的 1 884 名大学生作为样本。第二阶段,课题组通过分层抽样的办法,抽取了浦东新区等 6 区 25 个街镇、50 个居村委会作为二级抽样框,并从这 50 个居村委会中,按照等距抽样的原则,用入户调研的方式,抽取了 3 212 名已经完成学业、参加工作或待业在家的 35 岁以下青年作为调查样本。同时按配比抽样的方式,在这 25 个街镇抽样调研了 1 000 份 1950—1979 年出生组群体作为比较研究的对照组。第三阶段,按"六普"数据确定大学生样本与职业青年样本权重为 40∶60,按此对 5 154 份问卷设置权重变量,构成 4 177 份研究科学抽样样本。

4. 样本具体构成

经加权后的数据库结构为:(1)年龄结构。出生于 1980—1989、1990—1999 年的样本比例分别为 58.3% 和 22.7%,共计 4 177 份;作为对照组,抽取出生于 1950—1969 年和 1970 年的出生组分别为 482 位和 495 位,占加权后总样本的 9.3% 和 9.6%。(2)性别结构。"80 后""90 后"群体中,男性青年占 43.3%,女性占 56.7%。(3)户籍结构。上海市户籍青年占 84.8%,非本地户籍(含外籍)占 14.9%。(4)城乡结构。城市户口占 83.5%,农村户口占 16.5%。(5)教育程度。初中及以下文化的占 6.4%,高中文化程度的占 20.0%,大学专科文化程度的占 29.3%,本科及以上文化程度的占 44.3%。

(三)研究变量

1. 后物质主义甄别变量

英氏世界价值观调查中专门设计有价值观的甄别项目,即"您自己认为未来

10年对社会的发展哪两项价值重要",选项分别为:(1)维持社会稳定;(2)让人民对政府的重大决策有更多表达意见的机会;(3)刺激经济增长;(4)保障言论自由。其中选择(1)(3)的为物质主义价值观,(2)(4)的为后物质主义价值观,其他组合则为混合价值观。由于1992年和2005年WVS问卷有所不同,新版本新增了一道甄别项目,选项也更多,考虑到问卷长度,本次调研略做简化,设置了开放填写变量,由2名专业人员对调研对象填写的内容进行编码,(5)维持秩序,反腐败,(6)环境保护,(7)和谐、尊重、平等和以人为本。按照英氏的分类标准,两项优先价值均选择单数序号为物质主义价值观,编码为0,两项优先价值均选择偶数序号为后物质主义价值观,编码为2,第一选择和第二选择不一致的为混合价值观,编码为1。

2. 价值观结构变量

同时分别选取世界价值观量表(WVS)中能够体现两大维度价值观转型特点的18个测量项目,以6点量表的方式计分,分析价值观的内部结构。

三、新阶段青年群体的价值观:以上海为例

从后物质主义和价值观结构变量各项目的统计结果来看,身处中国社会快速变迁中的当代上海青年,在价值观建构和认同上,表现出诸多和西方后物质主义理论假设不一致的方面,既具有现代性所赋予的实用价值观,也有对更高层面精神追求的积极思考和探索。概括来说,具有以下一些趋势性的特点:

(一)以"社会稳定"为优先发展目标是未来10年青年心目中最为重要的价值观

在回答"未来10年重要的发展目标是什么"这一问题时,"保持社会稳定"成为大多数(74.9%)青年的首选,远远超过"更多的决策参与权"(13.0%)、"经济增长"(6.2%)、"言论自由"(3.7%)。在美国,2011年第六波世界价值观调研中,年轻人对这一问题的排序是经济增长(63.8%)、决策参与权(27.0%)、社会稳定(19.9%)、言论自由(15.2%);在俄罗斯(2011),青年的排序依次为经济增长(67.3%)、社会稳定(42.3%)、决策权(17.0%);在日本(2010),排序依次为经济增长(50.4%)、社会稳定(36.2%)、决策权(22.9%)(见表1)。

表1 18—35岁青年心目中未来10年最重要的发展目标

优先价值 (第一选择)	中国 (上海,2016)	中国 (2011)	美国 (2011)	俄罗斯 (2011)	日本 (2010)	印度 (2012)
刺激经济增长(%)	6.2	48.9	63.8	67.3	50.4	62.4
保持社会稳定(%)	74.9	27.9	19.9	42.3	36.2	43.7
更多决策参与权(%)	13.0	9.9	27.0	17.0	22.9	11.2
言论自由(%)	3.7	2.2	15.2	2.3	5.6	6.1
调查人数(N)	4 177	848	685	898	516	1 714

资料来源：作者编制。

显然，在经历40年经济高速增长后，"稳定压倒一切"的价值，在青年心目中占据越来越重的分量。上海2016年的调研和2011年世界价值观的中国样本比对，优先价值已经发生明显变化，74.9%的青年人认为社会发展第一目标是保持社会稳定。从2011年的刺激经济增长排列在第一位转变为保持社会稳定，说明有秩序地进行社会主义建设，在新世代中具有越来越强大的社会心理基础。

根据后物质主义甄别变量统计的数据，持后物质主义价值观的青年只占6.3%，远低于西方发达国家青年25%左右的平均水平；持物质主义价值观的青年比例占到33.5%，与非物质主义的反差值达到－27.3。比例高的混合价值观，即两项优先目标中既选择了物质主义发展目标，又选择了后物质主义发展目标的青年占到60.2%(见表2)。后物质主义假设无法得到支持，混合价值观比例位居第一，支持价值观"双重转型"假设。

表2 18—35岁青年价值观类型

分类	人数	百分比(%)
物质主义	1 515	33.5
混合价值	2 722	60.2
后物质主义	284	6.3
总计	4 674	100

资料来源：作者编制。

(二) 理性价值的深度发展是现阶段青年价值观最为突出的特点

对现代和后现代两大维度各项价值的分析发现，"双重转型"假设同样存在，两大维度的价值在青年心目中的认同度均处于较高水平。比如,表3显示,理性价值在青年心中占据重要的分量。他们对法治、科技等理性价值持肯定态度的比例较高,尤其是法治,6点量表中认同度达到5.2分,从频度来看,89.5%的青年认为"治理和建设好国家,应当发挥法治的重要作用"。另外,68.8%的青年认同未来社会应"更多强调科技的发展",青年对宗教等神权价值保持一定距离,认为宗教很重要或较重要的比例只占38.16%,但对科层社会的理性权威,尤其是法律权威和科技发展表现出高度的认同。

表3 青年对现代—后现代不同价值追求的认同度

维 度	价 值		测 量 内 容	得分	标准差
现代化维度	传统价值	1	传统:重视传统	4.83	0.94
		2	规范:遵从规定	4.67	0.95
		3	权威:服从权威	3.42	1.53
		4	社会:奉献社会	4.76	0.94
		5	利他:关爱他人	4.54	0.95
	现代价值	6	家庭:家风传承	4.75	1.03
		7	科技:强调科技	4.42	0.99
		8	理性:重视法治	5.20	0.85
		9	自主:创新独立	4.38	1.02
		10	参与:政治兴趣	3.24	1.13
后现代化维度	生存价值	11	物质:财富追求	3.72	1.16
		12	成就:功成名就	4.27	1.07
		13	就业:工作重要性	3.24	1.62
		14	安全:避免危险	4.56	1.04
		15	快乐:追求快乐	5.09	0.88
	幸福价值	16	和谐:环保观念	4.99	0.89
		17	个人:个体发展	4.14	1.21
		18	简单自然生活	4.57	0.87

注:各项目计分为6点量表,1代表最不认同,6代表最认同。
资料来源:作者编制。

(三)以积极参与为核心的政治态度是全球化背景下青年的主体性价值

传统社会公众更关心分配结果的合理性,而不是分配过程的合理性,因而政治参与意愿并不强。随着社会现代化水平的不断提高,公众的政治参与意愿也逐渐向现代转化,越来越重视分配过程的合理性,公众政治参与意愿不断增强。历年的世界价值观调查显示,全球范围内,决策参与意愿的比例都在不断提升。调研显示,当代中国社会,政治参与需求不断增加,实际参与的行为也在不断增加。从表1数据也可以看出,上海青年的决策参与意愿比2011年调查提高了3个百分点,高于印度,逼近俄罗斯。46.4%的青年表示自己对政治"感兴趣"或"很感兴趣","经常"或"有时"谈论政治问题者占到65.8%,"参加过与周围人讨论政治问题"者有37.6%,虽然实际参与各类社会组织和维权的比例不到7%,但自媒体时代的到来,为青年政治参与提供了一种充分的释放。发帖、转发、点赞、表情包制作等网络数位参与行为,以一种"弱卷入"的形式不断增长。比如"小粉红"("小粉红"的称呼最早出现于晋江文学城论坛,得名源于该网站配色为粉红色,且女性用户比例非常高。随着用户的增加,该网站论坛中越来越多出现对时政问题的讨论。2008年左右,该网站中以海外留学生或移民为代表的青年群体开始抱团,批驳论坛中一味美化西方、专发我国政府负面信息的内容,后专指"网络爱国青年")、"自干五"等左翼爱国青年的网络行为,以及IG夺冠以后王思聪吃汉堡表情包的迅速网红,都是青年群体数位参与的表现。

(四)讲诚信重规矩是年轻世代看重的个人行为准则和社会价值导向

在社会主义市场经济环境下成长的青年,重视自我增能的个体化价值目标。如财富和成功,越年轻的世代倾向度越高,尤其是"90后",他们对于自我增能的价值倾向是"50后""60后""70后""80后"和"90后"五个世代中最高的。89.9%的"90后"认同财富的重要性,63.1%的"80后"、60.8%的"90后"认同"成功很重要,让别人认识自己的成就"的观念。另一方面,上海青年也具有鲜明的社会导向和他人导向,87.3%的青年认同应该乐于奉献、关心帮助他人,90.6%的青年认为应当遵守社会规范,对于酒驾、逃票、逃税等违反社会公共规范的行为,九成以上的"80后""90后"青年都表示坚决反对,而且越年轻的世代越强调遵从社会规范,越重视"诚信"等价值规范。从社会发展需求来看,这反映了青年人在快速变迁时代对经济发展有序竞争的渴望,也反映了全社会对公平、尊严和公正等精神价值的需求,是物质充裕时代青年人对精神领域道德追求的反映。

(五)对快乐生活的共同向往是青年最重要的幸福生活价值

古希腊哲学家伊壁鸠鲁提出人的本性即是以求得快乐为生活目的,强调从心理和生理来解释人的行为。虽然从社会学意义上看,以快乐主义为代表的世俗化是现代化过程中一个值得肯定的积极趋向,但大众眼中世俗化所代表的功利化和去理想化还是带有负面效应。事实上,青年一代对待现代化的态度和传统观念有所不同。他们既重视效率和速度,也享受快节奏下的慢生活,尤其重视环境和生态的保护。如表3所示,"80后""90后"青年中,95.8%的人认同"快乐生活很重要",95.3%的青年高度认同"保护环境很重要",快乐、环保和简单生活等价值观预期超过个人发展,成为幸福价值领域最为重要的三项优先价值。但另一方面,作为思想解放浪潮下成长的一代,他们在个人生活价值上也表现出充分的个体主义特征,对个人发展有着最基础的认同和需求,远远高于中值3分。

(六)就业观念从精英取向过渡为质量取向是青年工作价值的发展趋势

随着国际国内经济增长趋势的逐步趋稳,青年人的就业观念已潜移默化地发生了变化,工作重要性虽然仍然较高,60.5%的青年认同工作重要性,但就业质量成为目前影响困扰青年发展的重要问题。具体表现为:一是大学生的求职心态求稳,精英就业观念转变,对于就业单位有了更为现实的考虑,选择中等收入稳定型的国有事业单位就业比例高。二是部分青年求职热情不高,观念性障碍是最大的问题,宁愿啃老、"二战"考研,也不愿意从事收入较低或不稳定的工作。三是青年的就业质量不高,比如,专业不对口现象严重、劳动强度与个人爱好不尽如人意、青年跳槽率和辞职率较高等。四是虽然"努力奋进"仍然是青年价值的主调,但近年来工作价值的重要性在青年心目中也有所下降,如39.4%的青年预期自己未来生活中将降低工作价值的重要性,家庭、互联网和闲暇时间在青年心中的重要性已经超过工作,12项社会主义核心价值观中,"敬业"在青年人心中的排序位居最后。青年对创业政策的需求大,相关部门的政策性引导和支持已经刻不容缓。

(七)婚育家庭等亲密关系领域表现出传统与开放并存的本土化特色

一是在婚恋价值观上,即便是在上海这座国际化开放程度高的城市,"相互尊重和欣赏""理解和宽容"和彼此"忠贞"依然是青年一代对婚姻的核心价值。社会经济地位越低,越是主张传统生活价值,特别是农业户籍的男性青年,非常认同"房子是结婚和养育孩子的必要条件"。二是在性观念上,"80后""90后"青年一代对性的态度总体趋向开放,对同居、堕胎、离婚、同性恋和婚外性行为的宽容度增强。三是家庭本位突出。99.3%的青年认为家庭非常重要或较重要,儿女双全是多数青年的理想家庭。尽管现代化的程度不断提高,家庭成员之间仍旧倾向于保持密切的联系。无论富裕阶层还是低收入阶层,在家庭价值上没有表现出显著的阶层区隔。

(八)思想动态和行为特征多元化是青年价值观冲突的主要表现

青年是具有价值观先行性的群体,青年价值观作为社会发展的晴雨表,势必会面临社会思潮、东西方文化、单边主义与共享发展的尖锐冲突。而新媒体、自媒体多重建构的环境下,各种意识形态都会对青年思想状况产生复杂细微的影响。另一方面,经济发展的不均衡性势必会导致青年群体内部出现分化。但这种内部分化并不一定表现在传统的社会分层(职业、收入等经济指标)上;相反,流动、求学、职业、城乡等具体经历和环境的不同,会建构出新的社会分类,产生各种新的青年群体。他们在社会心态、网络行为、婚恋价值观和家庭观念等各方面表现出一定的差异,例如,"外来务工子弟""城市中产阶级子弟""富二代"和"城市底层青年",他们彼此之间存在一定的社会距离,价值观认同过程存在差异,身份认同策略有所不同。其中,城市中产阶级子弟的价值观认同困惑,甚至可能比底层青年更为突出。因为城市中产阶级子弟虽然可以借助各种社会资源建构价值观认同,但这些社会资源在巨大的社会变迁中同样是脆弱和多变的。而且由于参照系数不同,中产阶级子弟的焦虑程度和幸福指数都会出现更低的状况。此外,因生活方式多样化形成的青年亚文化群体(诸如"低头族""佛系""剩女""跑酷"等)也受到广泛关注,形成一种新型青年结构图谱。

青年对社会主义核心价值观的认同度非常高,但对具体价值的排序上有所不同。总的来说,国家层面价值目标中的"富强"是青年优先的价值,其他四项排序重要的价值分别为"文明""和谐""诚信"和"自由"。但从内部群体结构来看,存在明显的序列差异。其中,外来务工青年认同的价值依次是富强、和谐和文明,低收入家庭青年认同的价值是富强、平等和公正,中等收入家庭青年认同富强、文明和和谐,高收入家庭青年认同自由和文明。不同群体青年在广泛认同的基础上也形成了各自价值追求的侧重点和倾向。

表 4 青年对社会主义核心价值观内容的重要性排序

价值认同		排　序
1. 国家层面价值目标	富强	1
	民主	7
	文明	2
	和谐	3
2. 社会层面价值取向	自由	5
	平等	6
	公正	9
	法治	8
3. 个人层面价值准则	爱国	11
	敬业	12
	诚信	4
	友善	10

资料来源：作者编制。

四、新阶段青年价值观发展的思考

（一）"80后""90后"青年的价值观发展具有鲜明的深度现代化特点

我们的调研显示，"80后""90后"世代的价值观发展与后现代价值观在几方面都表现出显著的差异。一是双重转型特点。他们的价值追求在生存—幸福价值和传统—现代两个维度也都表现出双高的特点，并未体现出此消彼长的特点，持混合价值观的比例远远超过物质主义和后物质主义价值观的比例。二是深度现代化特点。国家富强是当代青年的核心价值认同中排序第一的目标，他们对物质富裕的追求仍旧处于较高水平，并没有验证英格尔哈特提到的"匮乏假设"，他们对政治持积极参与的态度，高度认同法治、科学等现代科层社会的理性权威价值，并没有大规模出现后现代式的对权威的蔑视和否定。三是在社会规范价值观和幸福价值观上，世代更替特点显著，越年轻的世代越重视快乐与和谐，他们在轻松生活、"放下"工作的同时，重视环保，倡导生态主义，把人类价值放到更广泛意义上的世界价值去思考。在个人价值上虽然表现出一定的个体化倾向，却重诚信守规矩，继承了传统中国文化中强调的社会导向和他人导向。应该说,"80后""90后"中国青年是处在特定时空中的一代人,他们既经历了国家体制由计划经济体制向市场经济体制、社会形态逐步由传统农业社会向现代工业社会、社会结构由封闭向开放的转变过程,也经历了改革开放由"效率"向"质量"转变、发展方式由"速度"向"结构"转变、治理方式由单一主体转向政府负责多元主体共享共治的深化现代化过程。改革开放这一里程碑式的社会重大事件,不仅以快速高效的方式改变了一代人的生命轨迹,也让"现代化"成为这一世代生命历程中突出的主题。

如果说"从传统向现代转型",是理论界对改革开放以来中国社会转型主要特点的共同判断,那么简单用物质—后物质、现代化—后现代化的分析方式来解释中国未来的发展道路,会面临不少理论上的困境。正如现代化理论中马克思对经济发展的强调,韦伯对文化的强调,现代化进程必然包括物质和精神层面的双重动力和目标。但是,这种双重动力和目标相互作用的结果,并不像英氏预言的那样,必然导致后现代主义价值观。2015年,弗朗西斯·福山在对45个民主国家长期观测后提出,民主制度正在面临经济和政治的双重危机,这些危机的存在也让世代更替的方向打上大大的问号。而当代中国"80后""90后"青年,作为大变革、大流动和数位化的一代,他们的价值发展尤其需要本土化的深入思考和研究。

(二)对理想信念的主体性认同和思考是现阶段价值建构的重点内容

个人与社会的关系是价值观的核心问题,对这一问题的解答,既能帮助我们更深刻地认识个体价值观,也能为我们探讨现实社会中个人与社会关系提供可靠的理论前提和基本方法。以"80后""90后"为代表的当代中国青年,和其他国家的青年相比具有自身的发展特点:首先,他们对国家有信心。调查显示,在被问到"身为一个中国人,您感到自豪吗"时,19.9%的青年表示"非常自豪",49.5%的人选择"自豪"。其次,理想信念并未像某些人臆想的那样消失或者垮掉。相反,他们对中国特色社会主义道路有着感性的认同,八成以上的青年高度认同中国特色的现代化发展道路;他们对坚持中国共产党领导的重要性有充分的认识,认为要治理和建设好国家,就必须坚持中国共产党的领导。但值得注意的是,全球化发展背景下,青年价值观正在发生快速的变化,这种变化过程并非直线性的提高或进步,完全可能是往复曲折的。世界范围内,极端主义、民粹主义、否定现代化等思想的传播和影响,以及社会上出现的仇富心态、精致的利己主义者、拜金主义者、享乐主义者等现象的交互影响，也可能对青年价值观变迁产生复杂的影响，个别青年为追求青春激情、物质享受或功名利益不择手段，甚至走上犯罪道路。正如马克思所说，螺旋式上升、波浪式前进是人类社会发展的客观规律。"80 后""90 后"作为出生于改革开放年代、成长于新时期、在新时代进入青年阶段的一代人，他们是观念变革的积极投入和推动者，也是观念革命的受益者。倾听青年的声音，给予其选择和反思的空间，因势利导，实现深度现代化背景下的主体性认同，是一种更为科学的价值观成长。

（三）发挥价值观认同的整合功能是实现社会有机团结的重要基础

社会事实学派涂尔干等在 20 世纪初提出"社会整合"理论，认为现代社会应该更重视有机团结（organic solidarity），这种有机团结不同于传统社会通过强制方式实现的机械团结，相反是一种建立在社会分工基础上尊重异质和个性，强调彼此之间相互联结和依赖的社会纽带。从这个意义上来说，当代社会的价值观认同比较理想的目标，是打破不同群体的区隔，在尊重多元化基础上实现个体和社会的系统整合，达到与社会主流价值观相一致的有机团结。这种理性认同才是现代化社会的有机黏合剂。针对青年群体出现的内部分层，采取不同的引导性政策，如关注弱势群体的生存与持续发展，吸引优势群体的积极参与，为面临严峻的就业、住房、婚恋、育儿等方面压力的中产阶层群体提供社会公共政策的支持和协助，这些都是制度思考的方式，也是价值观整合功能充分发挥的有效途径和渠道。

（包蕾萍，原文载于《中国青年研究》2019 年第 8 期）

现代性和后现代性的同步发展："90后"生活价值观特征分析

一、问题的提出

代际价值观转变是一种在世界范围内较普遍发生的现象。美国著名政治学家罗纳德·英格尔哈特（Ronald Inglehart）于20世纪70年代提出代际价值观转变理论，认为随着经济发展和生存条件改变，社会将经历代际价值观转变的过程，不同代人的优先价值观将发生改变。英格尔哈特认为，虽然中国尚未发展到多数人口在成长过程中可以视生存为不成问题的阶段，中国尚未进入后现代价值观开始主导较年轻人群的阶段，但是，中国取得了令人瞩目的经济和技术进步，中国将经历代际价值观转变的过程，较年轻的群体将比他们的长辈更明显倾向于性别平等，宽容外来群体，以及更重视言论自由。许多中国学者已经注意到中国社会所发生的价值观转变，并试图用后物质主义理论进行解释，他们认为，中国已经出现后物质主义现象，且代际差距巨大，年轻群体由于生活水平的提高和物质上的满足，因此表现出更多对非物质因素的追求。

尽管代际价值观存在差异已经得到认同，不少学者认为，青年的价值观还表现出整合和分化并存的趋势。一方面，经济的发展会反映在价值观的转变上，青年的价值观将逐渐从侧重物质主义价值观转向侧重后物质主义价值观。正如艾布拉姆森和英格尔哈特在《全球价值观变迁前景》一书中提出的，"由工业化发达国家所创造的经济力量会逐渐转变为面向大众的价值目标，在这个过程中，对经济保障的强调会逐渐减弱，而归属、自我尊重和个体自我实现的需要会变得愈益重要"。另一方面，社会贫富差距的拉大会导致青年群体的分化加剧，不同阶层青年持有的价值观会存在较大差异。

对此，孙立平在分析中国社会的运作逻辑时提出，进入20世纪90年代中期之后,中国社会逐渐形成较为稳定的社会分层结构,这种分层通过代际传递反映在青年群体身上,不仅导致他们经济基础不同,而且不同阶层的青年形成了不同的价值取向、思维方式和性格特征。陆玉林在对中国青年文化的回顾与反思中提出,从总体上说,我国的青年文化不仅是代际性文化,也是阶层性文化。他认为,在群体分化已经表现为阶层分化,而各阶层间的社会、经济、生活方式及利益认同的差异趋于明晰之际,价值观念的阶层分化和群体差异在所难免。杨雄在对"第五代人"的研究中也曾提出,"目前青年分层的事实已启示我们:未来青年群体更不可能是'铁板一块',主体价值观的分化将更加明显"。因此,我们既要关注青年群体总体的价值观趋势,也要注重其内部不同阶层之间可能存在的价值观分化现象。

基于以上分析,本文探讨的主要问题有:在当前经济高速发展,但贫富差距加大的宏观社会背景下,"60后""70后""80后"和"90后"这四代人之间在生活价值观上是否存在差异?与其他三代相比,"90后"在生活价值观上具有何种特征?不同阶层人的生活价值观是否存在差异?究竟是代际还是阶层的差异更大?

二、研 究 方 法

本文的调查数据来自上海社会科学院"青少年发展与社会政策研究"创新团队课题组于2015年底至2016年上半年开展的"青年就业、生活及价值观调查"。调查对象为上海常住青年。调查采取多阶段分层抽样的方法抽取了在校大学生和社区青年。剔除掉无效样本,进入本次数据分析的有效样本量为4 887份,其中,"90后"样本为2 318份,占比47.43%,"80后"样本为1 956份,占比40.02%,作为比较群体,调查同时对"70后"和"60后"进行了调查,其中"70后"样本为313份,占比6.41%,"60后"样本为300份,占比6.14%。

参照梁晓声将中国青年分为不差钱的"富二代"、中产阶层家庭的儿女、城市平民阶层的儿女和农家儿女四个阶层的分类方法,本文对各年代人的阶层划分也主要分为四种类别,即来自富裕家庭、中产家庭、贫困家庭的人以及外来务工人员,其中,富裕家庭指父母月收入合计在20 000元以上,占比4.32%,中产家庭指父母月收入合计在2 000—20 000元,占比83.57%,贫困家庭指父母月收入合计在2 000元以下,占比7.51%,外来务工人员指户口为外地的农业户口,占比4.60%。

本研究对生活价值观的测量主要参考了"世界价值观调查"问卷,并根据中国的实际情况进行修改和补充,形成测量所用的6项指标。调查请不同代人就自己对各种生活方式的态度进行选择,分为"好事""无所谓"和"坏事"三种态度,其中"好事"赋值3分,"无所谓"赋值2分,"坏事"赋值1分。具体分布见表1。

表1 不同代人对各种生活方式态度的频数分布

	好事(%)	无所谓(%)	坏事(%)	均值	标准差
崇尚简单和更自然的生活方式	79.75	19.15	1.10	2.79	0.44
更多强调个人发展	63.39	30.55	6.06	2.57	0.60
更加尊重权威	41.64	37.20	21.16	2.20	0.77
更加强调家庭生活	78.41	20.20	1.39	2.77	0.45
生活中工作重要性下降	39.90	32.78	27.32	2.13	0.81
更多强调科技发展	72.88	25.05	2.07	2.71	0.50

资料来源:作者编制。

三、结果与分析

(一)"90后"的现代性与后现代性同步发展

代际比较的结果显示,"90后"最崇尚简单和更自然的生活方式,最强调个人发展、最不尊重权威,这反映了"90后"的后现代价值追求,但同时,"90后"又最强调家庭生活、非常重视工作、最强调科技发展,体现着现代性的价值追求,可见,"90后"一代是现代性追求和后现代性追求获得同步发展的复合体。

1. "90后"更崇尚简单和自然的生活方式

英格尔哈特通过在全球范围开展"世界价值观调查"后提出,在后现代主义社会里,强调经济成就为首要目标正让位于对生活质量的日益强调,如今世界的绝大部分地方,服从纪律、否定自我、以成就为主导,这些工业社会的规范正让位于更广泛的个人选择生活方式和个人自我表现等态度。随着物质生活的不断丰富和生活节奏的日益加快,越来越多的青年向往一种简单和自然的生活方式。曾经在美国风靡一时甚至风行全球的"新简单主义"宣扬的是一种"简单生活",不看电视、不上网、不住大房子、不大规模购物、不驾车等,甚至跑到没人的山野,除了吃饭、睡觉、享受自然风光外，什么也不做。如今这种生活方式也得到部分中国青年的青睐。面对被物欲控制的现状，许多青年人开始重新审视自己的生活，寻求更简单、适合自己内心的生活方式，有的选择遁入山中，有的选择专心工艺，等等。

那么对于简单和更自然的生活方式，不同代人持有何种态度呢？调查显示（见表2），对于"崇尚简单和更自然的生活方式"，"90后"的得分为2.84分，显著高于其他三代人的得分，具体而言，比"80后"高0.1分（$P=0.000$），比"70后"高0.09分（$P=0.017$），比"60后"高0.13分（$P=0.000$）。可见，相比较而言，"90后"最为推崇简单和更自然的生活方式，体现了一种后现代主义的价值追求。

表2 不同代人生活价值观的代际比较

	崇尚简单和更自然的生活方式	更多强调个人发展	更加尊重权威	更加强调家庭生活	生活中工作重要性下降	更多强调科技发展
"90后"	2.84±0.41	2.65±0.59	2.11±0.82	2.79±0.45	2.06±0.86	2.75±0.50
"80后"	2.74±0.46	2.53±0.60	2.30±0.70	2.76±0.45	2.21±0.76	2.68±0.49
"70后"	2.75±0.45	2.48±0.62	2.28±0.70	2.73±0.47	2.15±0.76	2.65±0.52
"60后"	2.71±0.45	2.35±0.62	2.27±0.67	2.70±0.47	2.03±0.73	2.63±0.50
F值	19.185***	31.995***	23.229***	5.711**	14.037***	11.816***
显著性（P）	0.000	0.000	0.000	0.001	0.000	0.000

（资料来源：作者编制）

2．"90后"更注重个人发展，淡化权威

英格尔哈特认为，后现代社会将日益强调个人自由和摒弃官僚权威，权威将日渐受到质疑，对权威的强调将逐渐淡化，人们将越来越重视个人价值以及自我表现。那么，对于个人发展以及权威，不同代人持有何种态度呢？调查发现，"90后"的确是最注重个人发展、最不注重权威的一代。具体而言，从对"更多强调个人发展"的态度来看，"90后"的得分为2.65分，显著高于其他三代人的得分，具体而言，比"80后"高0.12分（$P=0.000$），比"70后"高0.17分（$P=0.000$），比"60后"高0.30分（$P=0.000$）；从对"更加尊重权威"的态度来看，"90后"的得分为2.11分，显著低于其他三代人的得分，具体而言，比"80后"低0.19分（$P=0.000$），比"70后"低0.17分（$P=0.001$），比"60后"低0.16分（$P=0.001$）。可见，与其他三代人相比，"90后"最强调个人发展、最不尊重权威，体现着后现代主义的价值取向。

3. "90后"更注重家庭,强调家庭生活

在对待家庭的态度上,有研究认为,市场机制会通过经济理性入侵家庭,导致自我中心式的个人主义在家庭中泛滥,侵蚀家庭成员之间原本彼此关爱、互惠乃至利他的核心价值,削弱人们的家庭责任感,导致家庭稳定性下降,离婚率上升。但也有研究通过调查后得出结论,认为强调家庭整体利益和承担家庭责任的家庭主义思想仍受高度重视,有八成以上的人赞同家庭利益高于个人利益,近八成的人认同自己对家人的幸福负有很大的责任,家庭价值并未受到挑战,家庭幸福是满足个人自我需求的一部分。

那么,本次调查中不同代人对家庭重要性的看法如何呢？调查显示,对于"更加强调家庭生活","90后"的得分为 2.79 分,显著高于"60后"和"80后"的得分,具体而言,比"80后"高 0.03 分($P=0.043$),比"70后"高 0.06 分($P=0.148$),比"60后"高 0.09 分($P=0.009$)。可见家庭的重要性,在"90后"的心目中不仅未减轻,反而更为重要。

英格尔哈特认为,在后现代主义社会,家庭的重要程度将有所下降。家庭虽然依然重要,但家庭成员不再有生死攸关的联系,它的大部分功用已被福利国家取代。支持两性双亲家庭的规范由于一系列原因正在削弱,人们开始在旧规则上进行实验和检验,渐渐地,偏离旧规则的新行为模式产生了,而最有可能接受这种新行为模式的是年轻人群,而不是老年人群;是相对安全的人群,而不是安全缺失的人群。但是本研究显示,当前的"90后"一代并未比其他代人更不重视家庭,相反,他们更重视家庭生活,说明家庭在"90后"的生活中依然占据着非常重要的位置,其重要性甚至高于其他三代人,因此,在对待家庭的态度上,"90后"持有的是一种现代性的价值追求。

4. "90后"更重视工作

在现代主义社会,社会和个人最强调的是经济成就,成就成为最重要的价值导向,而工作则是人们实现经济成就和社会地位的最重要方式。因此可以认为,重视工作是现代性的一种表现形式。

那么,不同代人对待工作的态度是怎样的呢？从对"生活中工作重要性下降"的态度来看,"90后"的得分为 2.06 分,显著低于"80后"的得分,具体而言,比"80后"低 0.15 分($P=0.000$),比"70后"低 0.09 分($P=0.351$),比"60后"高 0.03 分($P=0.969$)。可见,"90后"并不是人们想象的那样不看重工作,相反,他们对工作的重视程度反而高于"60后"。因此,"90后"对待工作仍然是持有一种现代性的价值取向。

5. "90后"注重科技发展

英格尔哈特认为,现代化社会高度重视科学,认为科学和理性分析的力量几乎能够解决所有问题,而后现代主义的一个本质特征就是对科学、技术以及理性信仰的削弱。科技发展对我们生活的影响越来越大,那么,不同代人对科技究竟持有何种态度呢?从对"更多强调科技发展"的态度来看,"90后"的得分为2.75分,显著高于其他三代人的得分,具体而言,比"80后"高0.07分($P=0.000$),比"70后"高0.10分($P=0.009$),比"60后"高0.12分($P=0.001$)。可见,"90后"对科技的态度非常鲜明,追随时代发展的步伐,了解科技,紧跟科技,在生活中更多强调科技发展。因此,"90后"对待科技持有的是一种现代性的价值取向。

(二)富裕和中产家庭背景的人更崇尚简约生活和个人发展

阶层比较的结果显示,富裕和中产家庭的青年更崇尚简单和更自然的生活方式,更强调个人发展,更不注重权威,体现着后现代的价值追求。

1. 富裕和中产家庭的人更崇尚简单和更自然的生活方式

对于简单和更自然的生活方式,不同家庭背景的人持有何种态度呢?调查显示(见表3),对于"崇尚简单和更自然的生活方式",富裕家庭的人得分为2.82分,高于其他三类群体的得分,具体而言,比中产家庭的人高0.03分($P=0.283$),比贫困家庭的人高0.07分($P=0.054$),比外来务工人员高0.11分($P=0.007$)。此外,中产家庭背景的人得分比外来务工人员高0.08分($P=0.007$)。可见,相比较而言,富裕家庭和中产家庭的人更推崇简单和自然的生活方式,体现了更强的后现代主义价值追求。

表3 不同代人生活价值观的阶层比较

	崇尚简单和更自然的生活方式	更多强调个人发展	更加尊重权威	更加强调家庭生活	生活中工作重要性下降	更多强调科技发展
富裕家庭	2.82±.043	2.68±0.60	2.16±0.82	2.79±0.46	2.13±0.85	2.77±0.46
中产家庭	2.79±0.43	2.58±0.60	2.20±0.77	2.77±0.45	2.14±0.81	2.71±0.50
贫困家庭	2.75±0.46	2.52±0.65	2.23±0.77	2.76±0.46	1.98±0.82	2.69±0.53
外来务工人员	2.71±0.48	2.48±0.58	2.32±0.70	2.74±0.45	2.08±0.76	2.60±0.52
F值	3.738*	5.173**	2.152	0.424	4.878**	4.915**
显著性(P)	0.011	0.001	0.092	0.736	0.002	0.002

资料来源:作者编制。

2. 富裕和中产家庭的人更强调个人发展

对于个人发展，不同家庭背景的人持有何种态度呢？调查显示，对于"更多强调个人发展"，富裕家庭的人得分为2.68分，高于其他三类群体的得分，具体而言，比中产家庭的人高0.1分（$P=0.014$），比贫困家庭的人高0.16分（$P=0.002$），比外来务工人员高0.2分（$P=0.000$）。此外，中产家庭的人得分比外来务工人员高0.1分（$P=0.014$）。可见，相比较而言，富裕家庭和中产家庭的人更多强调个人发展。

在更加尊重权威方面，富裕家庭的人得分为2.16分，低于其他三类群体的得分，具体而言，比中产家庭的人低0.04分（$P=0.430$），比贫困家庭的人低0.07分（$P=0.291$），比外来务工人员低0.16分（$P=0.026$）。此外，中产家庭的人的得分比外来务工人员低0.12分（$P=0.021$）。可见，相比较而言，富裕家庭和中产家庭的人更不注重权威，体现了更强的后现代主义价值追求。

3. 不同家庭背景的人都非常强调家庭生活

不同家庭背景的人对待家庭持有何种态度呢？调查显示，不同家庭背景的人都很看重家庭，对于"更加强调家庭生活"，来自富裕家庭、中产家庭和贫困家庭的人以及外来务工人员的得分均较高，分别为2.79分、2.77分、2.76分和2.74分，而且相互之间并无显著差异（$P=0.736$）。这与刘汶蓉的研究中所显示的，没有证据表明家庭重于个人的观念和为家人承担责任的观念会随城市化和教育程度提高而淡化的倾向的结果是一致的。

4. 贫困家庭的人最认可工作的重要性

对不同家庭背景的人而言，工作的重要性究竟如何呢？调查显示，对于"生活中工作重要性下降"，富裕家庭的人得分为2.13分，与中产家庭的人得分基本相同，高于贫困家庭的人以及外来务工人员的得分，具体而言，比中产家庭的人的得分低0.01分（$P=0.877$），比贫困家庭的人的得分高0.15分（$P=0.027$），比外来务工人员的得分高0.05分（$P=0.461$）。此外，中产家庭的人的得分比贫困家庭的人的得分高0.16分（$P=0.000$）。可见，相比较而言，贫困家庭的人最注重工作，最不认同工作重要性下降的说法。而富裕家庭和中产家庭的人对工作重要性的认同度相对较低一些，这可能是因为他们已经较好地解决了经济问题，因此在选择的自由度上更大。就该点而言，富裕家庭和中产家庭的人比贫困家庭的人更具有后现代主义的价值取向。

5. 富裕家庭的人最强调科技发展

与英格尔哈特判断不同的是，中国的高阶层家庭非常重视科技的发展。调查显示,在对待科技发展的态度上,对于"更多强调科技发展",富裕家庭的人得分为 2.77 分,高于其他三个群体的得分,具体而言,比中产家庭的人高 0.06 分($P=0.119$),比贫困家庭的人高 0.08 分($P=0.059$),比外来务工人员高 0.17 分($P=0.000$)。此外,中产家庭的人的得分比外来务工人员高 0.11 分($P=0.001$),贫困家庭的人比外来务工人员高 0.02 分($P=0.040$)。可见,阶层越高的人,越注重和强调科技发展。

(三)生活价值观的代际分化和阶层分化并存

以上分析表明,人们的生活价值观在代际和阶层均存在显著差异。那么,如果同时引入代际变量和阶层变量,这种差异性是否还存在呢?是代际还是阶层的差异更大呢?OLS 回归模型的分析结果表明(见表 4),在控制了阶层变量后,代际的差异仍然广泛存在;在控制了代际变量后,阶层的差异在部分维度上存在。

具体而言,与"80 后"相比,"90 后"在"崇尚简单和更自然的生活方式"上得分高 0.087 分($P<0.001$),在"更多强调个人发展"上得分高 0.111 分($P<0.001$),在"更加尊重权威"上得分低 0.184 分($P<0.001$),在"更加强调家庭生活"上得分高 0.036 分($P<0.05$),在"生活中工作重要性下降"上得分低 0.161 分($P<0.001$),在"更多强调科技发展"上得分高 0.066 分($P<0.001$)。以上结果与未控制阶层变量时的结果基本一致。

表 4 不同代人生活价值观的代际和阶层比较(OLS 回归分析)

		崇尚简单和更自然的生活方式	更多强调个人发展	更加尊重权威	更加强调家庭生活	生活中工作重要性下降	更多强调科技发展
不同代人("80 后"=参照)	"90 后"	0.087*** (0.014)	0.111*** (0.019)	−0.184*** (0.024)	0.036* (0.014)	−0.161*** (0.025)	0.066*** (0.016)
	"70 后"	0.010 (0.026)	−0.048 (0.037)	−0.018 (0.046)	−0.027 (0.028)	−0.056 (0.049)	−0.027 (0.030)
	"60 后"	−0.029 (0.027)	−0.180*** (0.037)	−0.029 (0.047)	−0.055! (0.028)	−0.169** (0.050)	−0.045 (0.031)
不同阶层(外来务工人员=参照)	富裕家庭	0.055 (0.042)	0.118* (0.059)	−0.044 (0.074)	0.015 (0.044)	0.149! (0.079)	0.119* (0.049)

续 表

		崇尚简单和更自然的生活方式	更多强调个人发展	更加尊重权威	更加强调家庭生活	生活中工作重要性下降	更多强调科技发展
不同阶层（外来务工人员＝参照）	中产家庭	0.054! (0.030)	0.065 (0.041)	−0.066 (0.053)	0.017 (0.031)	0.111* (0.056)	0.092** (0.034)
	贫困家庭	0.026 (0.037)	0.043 (0.051)	−0.055 (0.065)	0.019 (0.039)	−0.050 (0.069)	0.079! (0.042)
参数	常数	2.697*** (0.029)	2.473*** (0.040)	2.356*** (0.051)	2.742*** (0.031)	2.121*** (0.054)	2.594*** (0.033)
	F 检验值	10.32***	16.75***	11.90***	2.91**	9.88***	7.25***
	调整后的 R^2	0.011	0.019	0.013	0.002	0.011	0.008
	自由度	6	6	6	6	6	6
	N	4 887	4 887	4 887	4 887	4 887	4 887

注：$P<0.1$，* $P<0.05$，** $P<0.01$，*** $P<0.001$。
资料来源：作者编制。

在控制了代际变量后，阶层之间的差异主要体现在以下几个方面：与外来务工人员相比，中产家庭的人更崇尚简单和更自然的生活方式，得分高出0.054分（$P<0.1$）；富裕家庭背景的人更多强调个人发展，得分高出0.118分（$P<0.05$）；富裕家庭和中产家庭的人都更认同生活中工作重要性下降，其中富裕家庭的人得分高出0.149分（$P<0.1$）、中产家庭的人得分高出0.111分（$P<0.05$）；富裕家庭、中产家庭和贫困家庭的人都更强调科技发展，其中富裕家庭的人得分高出0.119分（$P<0.05$）、中产家庭的人得分高出0.092分（$P<0.01$）、贫困家庭的人得分高出0.079分（$P<0.1$）。

四、结论与讨论

现代意义上的青年是工业革命所引发的现代化潮流的产物，而后现代社会的到来使得青年期作为过渡期的理论和模式面临挑战。与传统性相区别，现代性的核心目标是以理性为基础，追求知识的标准化，达成普遍真理，实现社会进步和人的解放。后现代社会则是一个正在脱离标准化的功能主义与对科学和经济增长的热情,而赋予审美以更多意义。根据英格尔哈特的理论,现代社会强调经济增长和经济成就,人们注重工作和家庭,尊重权威,强调科技发展,后现代社会强调的则是自我表达而非遵从权威,人们强调生活质量,注重环保,对各种文化更具包容性。根据以上分析,本研究的结论如下:

第一,生活价值观呈现整合和分化并存的趋势。一方面,不同代人之间的生活价值观存在代际差异,在控制了阶层变量的情况下,代际的差异仍然广泛存在,总体而言,"90后"更具有后现代的价值取向,但在部分维度上又表现出现代的价值取向,其现代性和后现代性呈现同步发展的态势;另一方面,阶层之间的分化非常明显,在控制了代际变量后,不同阶层的人在对待生活方式的选择、追求个人发展、对待工作和科技的态度上仍存在显著差异,总体而言,富裕和中产家庭背景的人更具有后现代的价值追求。

第二,"90后"价值观特征的形成与当前中国的宏观社会环境密切相关。一方面,改革开放的经济成就为"90后"提供了较为充裕的物质环境,使"90后"在出生和成长的关键时期能够有较丰富的物质保障,同时,全球化、信息化和网络化的时代环境又给他们提供了丰富的信息,使他们接触到各种不同的思想和生活方式,这为他们形成个性化和多元化的后现代价值取向提供了基础条件。另一方面,中国经济和社会发展仍然处于转型时期,在经济快速发展的同时,"90后"仍然面临诸多生存问题,如竞争激烈、就业压力大、房价高企等,使得"90后"仍然需要通过个人努力以及家庭支持才能获得生活资源,因而仍然具有较强的现代性追求。如果说高福利国家的年轻人在较完备的社会保障体系下发展出较完整的后现代价值取向,那么,中国的"90后"在经济发展和社会转型的双重背景下发展出的则是现代性和后现代性并存的一种价值取向。

第三,要以发展的眼光看待"90后"的生活价值观。日本大前研一先生在《低欲望社会》一书中指出,大量年轻人不结婚、不生子、不买房、不买车,失去消费欲望,使日本步入"低欲望社会",这意味着作为社会主体的新世代不愿再背负风险和债务,丧失物欲、成功欲、结婚欲、生子欲甚至性欲,因而远离时尚、远离名牌、远离买车、远离喝酒甚至远离恋爱。有人据此认为中国年轻人也出现低欲望的倾向。也有人认为当前在青年人中较为流行的是"小确幸"的生活,即注重追求"微小但确切的幸福与满足"。与以上两种生活价值取向不同的是,本研究表明,当前的"90后"一代追求的是既有后现代特征,又有现代特征的生活价值观,这种价值观既区别于日本的"低欲望",也区别于"小确幸",是一种注重成就,注重工作,注重科技发展,注重家庭等现代性的发展元素,同时,又注重自我表达和自我发展,淡化权威,追求个人内心宁静的简单和自然生活方式的后现代价值观,因此是一种带有发展取向的生活价值观。

（魏莉莉,原文以《现代性和后现代性的同步发展——基于代际比较的"90后"生活价值观特征分析》为题,载于《当代青年研究》2018年第6期）

上海"00后"成长发展状况研究

一、研究背景

习近平总书记在党的十九大报告中指出:"青年兴则国家兴,青年强则国家强。青年一代有理想、有本领、有担当,国家就有前途,民族就有希望。中国梦是历史的、现实的,也是未来的;是我们这一代的,更是青年一代的。"未成年人是青年的后备力量,关注未成年人就是关注未来的青年,关注未来国家的发展;培养未成年人就是为国家培养德智体美全面发展的社会主义建设者和接班人;为未成年人创设好的发展环境就是为未成年人创设美好生活,提高未成年人的幸福感和安全感。

2017年11月,上海市委书记李强强调,要深入学习贯彻党的十九大精神和习近平新时代中国特色社会主义思想。要在全市大兴调查研究之风,坚持需求导向、问题导向、效果导向,深入基层、深入群众、深入企业,了解社情民意、完善政策举措、解决实际问题,把全市各方面工作做得更好。在深入开展大调研的背景下,我们有必要在新的历史时期,进一步深入开展针对未成年人身心发展和成长环境的大调研。

2017年9月,上海市市长应勇在参加第29次上海市市长国际企业家咨询会议上提出,到2040年,上海将成为卓越的全球城市,成为令人向往的创新之城、人文之城、生态之城。随着上海的城市综合实力不断增强,城市影响力显著提升,上海将成为具有全球影响力的科技创新中心,建成国际一流创新创业人才的汇聚之地。城市的发展靠人才,今天的未成年人就是未来上海城市建设的主力军和生力军。因此,关注上海未成年人发展是事关国家和城市发展以及未成年人个人和家庭发展的重大课题。

为了了解当前上海未成年人成长发展现状,上海社会科学院社会学研究所受上海市精神文明建设委员会办公室的委托,在未成年人思想道德建设协调处的指导下,开展"上海未成年人成长发展状况调查",以此为依据分析上海未成年人成长发展的状况以及未成年人工作的成效,并为上海进一步提出促进和完善未成年人的社会政策提供决策依据。

二、研究内容和研究方法

(一)研究内容

"上海未成年人成长发展状况调查"主要包括两方面的内容:

1. 未成年人成长发展

(1)品德发展。主要从理想信念与爱国情感、自信心和自豪感的树立,基本道德规范的遵守和文明生活的基本素养等方面对未成年人的品德发展进行考察。

(2)学习能力。主要从学习兴趣、学习方法和习惯、开拓创新能力和新媒体使用情况等方面对未成年人在学习方面的能力和动力进行考察。

(3)身体成长。主要从睡眠时间、体育锻炼时间和身体健康等方面考察未成年人的身体发展状况。

(4)心理健康。主要从未成年人的自我悦纳与幸福感、情绪稳定性以及人际交往等方面考察未成年人的心理发展状况。

(5)综合素养。主要从参与课外活动、特长爱好、艺术修养以及科学素养等方面对未成年人在艺术和科学等方面的素养进行考察。

(6)劳动实践。主要从劳动行为、志愿服务与社会实践活动等方面考察未成年人参与家务劳动、学校劳动以及社会实践的状况。

2. 未成年人成长环境

(1)学校育人。主要从学校和班级的学风情况、学校德育课程开展情况和中小学教师的行为和道德情况等方面考察未成年人所在学校育人工作的推进状况。

(2)学校生活。主要从学校校园文化开展情况、校园安全情况和校园心理教育、青春期教育开展情况、学校学业压力等方面考察未成年人的学校生活状况。

(3)家庭生活。主要从家庭物质基础、家庭生活习惯和家庭情感交流情况方面考察未成年人的家庭生活状况。

（4）家庭支持。主要从家庭对未成年人的教育投入、家庭学习氛围、家校衔接情况和家庭学业压力等方面考察家庭对未成年人的学习支持状况。

（5）文化环境。主要从未成年人日常学习和生活的校园及社区周边文化环境情况、未成年人校外活动场所的服务配置情况对未成年人的文化环境进行考察。

（6）社区环境。主要从社区（村）未成年人活动场所的设置情况和社区（村）未成年人活动的开展情况对未成年人所在的社区环境进行考察。

（二）研究方法

调查于2017年下半年至2018年上半年在上海16个区开展，覆盖了小学、初中和高中阶段学校，学校类型包括小学、初级中学、高级中学、完中、九年一贯制和十二年一贯制学校。调查包括未成年人卷和家长卷。学生调查采用分层整群抽样的方法，首先根据各区总体在校生的人数，配比出各类中小学生的比例，然后确定每个区需要抽取的小学生、初中生和高中生人数，再根据各个区的办学特点，随机抽取符合条件的学校，并对抽取到的学校进行整群抽样，整群抽样的年级包括小学四年级、初中二年级和高中二年级的全体学生。家长调查则是邀请被调查学生的家长（父亲或母亲）完成家长问卷。调查采用网上填答的方式。调查最后获得有效未成年人卷7 653份，有效家长卷7 804份。

在未成年人调查中，小学生的比例为50.1%，初中生的比例为32.5%，高中生的比例为17.4%；男生的比例为51.8%，女生的比例为48.2%；上海户籍的比例为79.5%，外省市户籍的比例为17.9%，港澳台及外籍的比例为2.6%；居住在市区的比例为52.2%，居住在城镇的比例为43.7%，居住在农村的比例为4.1%。

在接受调查的家长中，父亲的比例为36.2%，母亲的比例为63.8%；受教育程度在初中及以下的比例为10.4%，高中（职高、技校、中专）的比例为21%，大专（高职）的比例为27.4%，本科及以上的比例为41.2%。

三、未成年人成长发展新特征

调查显示，为了促进未成年人思想道德建设及身心全面发展，上海各相关部门做了大量工作,上海未成年人在德、智、体、美、劳等各个方面取得一定发展,上海的未成年人工作取得较好成效,上海正努力朝着儿童友好型城市迈进。

(一)未成年人品德发展良好,修身活动成效显著

调查显示,目前有明确人生发展目标和理想的未成年人比例达到91.7%,其中排在首位的目标是"报效祖国、为社会作贡献",占比为31.8%,排在第二位的是"报答父母的养育之恩",占比23.4%,排在第三位的是"追求个人发展和事业有成",占比22.2%。

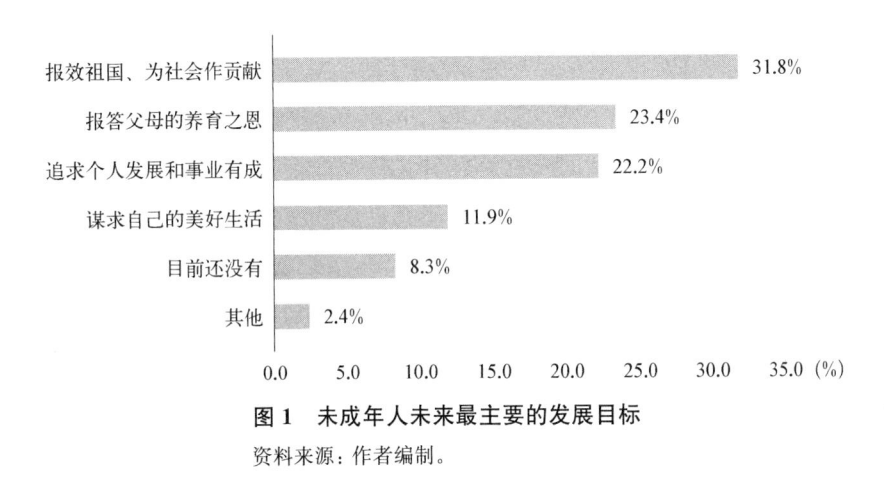

目标	比例
报效祖国、为社会作贡献	31.8%
报答父母的养育之恩	23.4%
追求个人发展和事业有成	22.2%
谋求自己的美好生活	11.9%
目前还没有	8.3%
其他	2.4%

图1 未成年人未来最主要的发展目标

资料来源:作者编制。

此外,绝大多数未成年人知晓社会主义核心价值观,对中国梦和中国传统文化高度认同,对国家、个人和上海的发展充满自信心和自豪感,对中国共产党的领导充满信心,能够遵守基本道德规范,对损害他人利益、集体利益和国家利益的行为感到羞耻,能够积极参加修身活动,在出行、游览以及人际交往中会遵循基本的文明礼仪。以上成绩的取得与学校和社会大力宣传传统文化,组织与传统文化相关的活动密切相关。绝大多数未成年人对中国传统文化持有正面积极的态度,认为中国传统文化是智慧之源,学习传统文化能够对自己有所助益,因而积极参与到学习中国传统文化的活动中,如观看中国诗词大会、参与"朗读者"活动等。

未成年人还积极参与到上海市精神文明办举办的系列"市民修身活动"中,参与未成年人修身养德活动。如市文明办举办了美德"童"行——"我为核心价值观代言"上海少年修身金点子征集行动,以培育和践行社会主义核心价值观为主线,

以加强青少年思想道德建设为根本,立足于正心、笃行、立德的文明修身行动,旨在引导广大少年儿童关注身边的美德榜样,发掘好行为好习惯养成的方法,宣传"修身金点子",践行良好风尚。市文明办还以"文明修身 做一个有道德的人"为主题,在易班博雅网开设未成年人修身活动专题页面,全年共计有100多类修身活动可供未成年人参与。以上活动有效地提升了未成年人的思想道德水平和文明素养。

(二)未成年人具有较强创新能力,科学素养获得提升

到2040年,上海将成为创新之城和具有全球影响力的科技创新中心,成为国际一流创新创业人才的汇聚之地。因此,创新能力是未成年人在未来具有竞争力的重要能力。

调查显示,当前未成年人具有较强的开拓创新能力,绝大多数未成年人能接受新的科学技术和生活方式,能把课堂学习和社会实践相结合,并能积极参与拓展性课程。95.4%的未成年人日常生活使用科技产品或服务,其中,排在前三位是智能手机(含电话手表)、平板电脑和社交软件如微信、QQ、飞信等,使用比例分别为76.3%、72.7%和68.2%。此外,还有一定比例的未成年人使用家庭娱乐终端如小米盒子、苹果盒子等,使用打车软件如滴滴、易到以及使用云存储和x-box或ps3等。

科技产品或服务	比例
智能手机(含电话手表)	76.3%
平板电脑	72.7%
社交软件如微信、QQ、飞信等	68.2%
家庭娱乐终端如小米盒子、苹果盒子等	32.5%
打车软件如滴滴、易到	24.9%
云存储	22.9%
x-box、ps3等	17.6%
以上皆无	4.6%
其他	3.9%

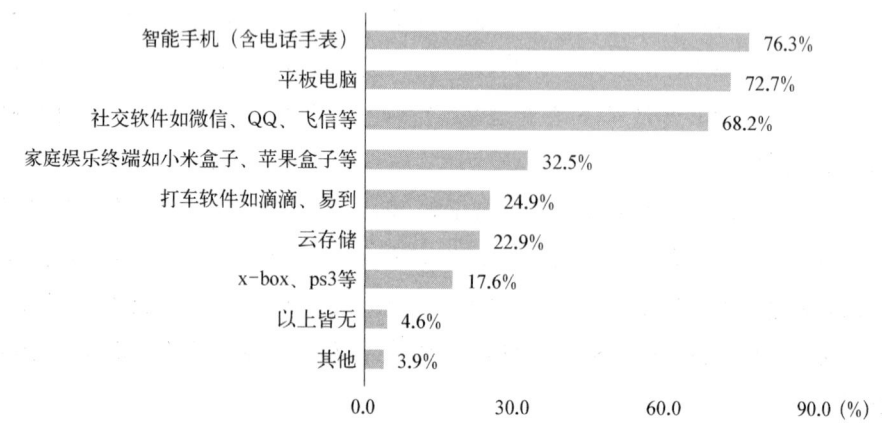

图2 未成年人日常使用的科技产品或服务

资料来源:作者编制。

有93.7%的未成年人对科学现象感兴趣，其中，有59.8%的未成年人不仅对科学现象感兴趣，而且会努力探究原因并尝试自己去解决，有33.9%的未成年人虽然对科学现象感兴趣，但过后就不再深究。

因此，家庭、学校和社会要努力为未成年人营造创新的氛围，鼓励未成年人发展创新思维，为未成年人提供创新实践的机会和平台，帮助未成年人不断提升创新能力。

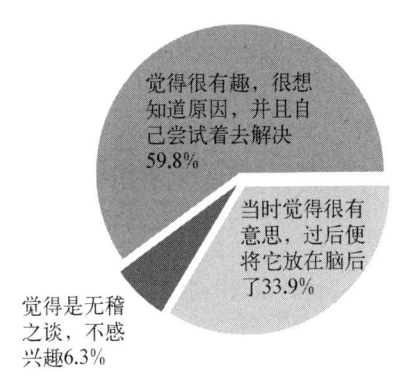

图3　未成年人对有趣科学现象的反应
资料来源：作者编制。

（三）未成年人具有较广阔国际视野，国际意识初步形成

在新的历史时期，上海要继续当好全国改革开放排头兵和创新发展先行者，就要求上海的未成年人能够站在时代的前列，领时代之先锋。调查显示，上海的未成年人具有较广阔的国际视野。从语言的学习上看，除了在学校统一学习的英语外，有33.6%的未成年人表示自己还在学习第二门外语甚至第三门外语，其中以日语、韩语、德语和法语为主。

从出国出境的经历来看，有60.6%的未成年人表示自己有过出国出境的经历，其中出国出境1—3次的占比35.2%，4—6次的占比13.5%，7—9次的占比3.5%，8.4%的未成年人出国出境次数在10次及以上。上海未成年人出国出境的地方排在前10位的是中国香港、日本、泰国、中国澳门、韩国、中国台湾、美国、新加坡、马

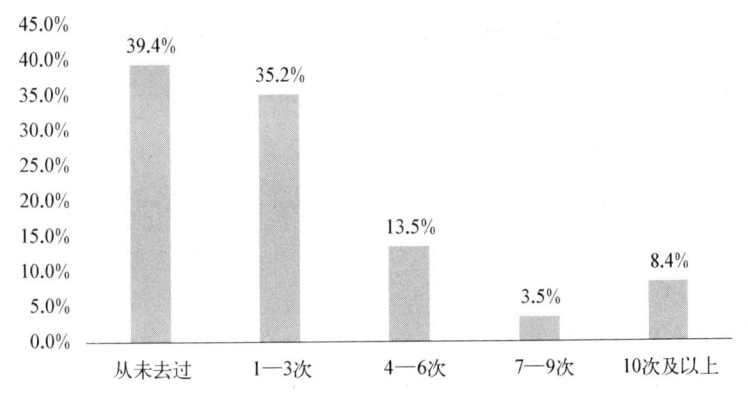

图4　未成年人出国出境次数
资料来源：作者编制。

来西亚和英国,在有过出国出境经历的未成年人中,有53.2%去过中国香港,43.1%去过日本,33.0%去过泰国。出国出境的目的以观光旅游、参加夏(冬)令营活动、探亲以及学校等组织的交流活动为主。由此可见,大多数上海未成年人已经积累了较丰富的境外经历,具有较为广阔的国际视野,这对于他们形成国际意识,提升国际理解力和国际竞争力都有所助益。

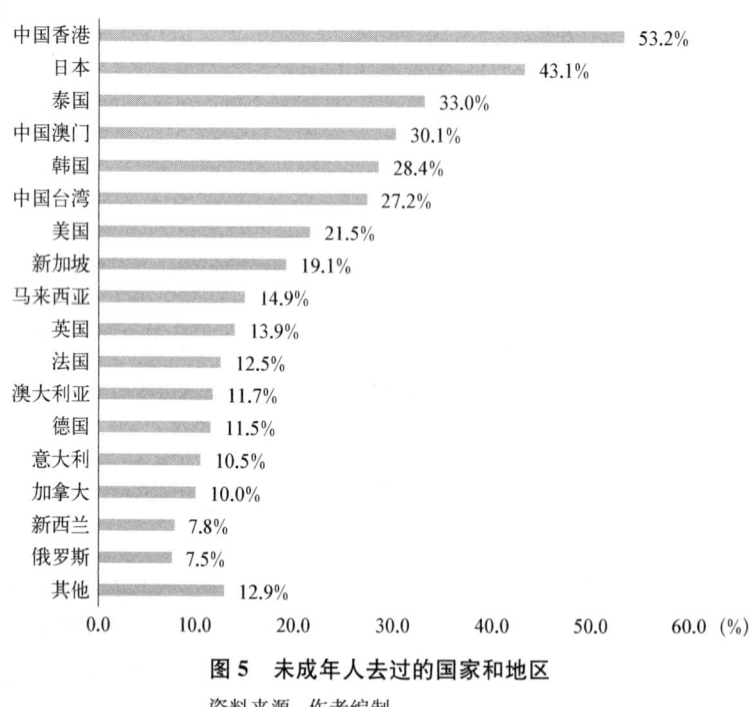

国家和地区	比例
中国香港	53.2%
日本	43.1%
泰国	33.0%
中国澳门	30.1%
韩国	28.4%
中国台湾	27.2%
美国	21.5%
新加坡	19.1%
马来西亚	14.9%
英国	13.9%
法国	12.5%
澳大利亚	11.7%
德国	11.5%
意大利	10.5%
加拿大	10.0%
新西兰	7.8%
俄罗斯	7.5%
其他	12.9%

图5 未成年人去过的国家和地区

资料来源:作者编制。

(四) 未成年人具有较高艺术修养,审美能力有所提升

教育部高度重视艺术教育,2014年发文《教育部关于推进艺术教育发展的若干意见》,明确提出将艺术素质测评纳入学生综合素质评价体系以及教育现代化和教育质量评估体系。调查显示,超过九成的未成年人有自己的特长爱好,其中,有1项特长爱好的占比24.4%,有2项特长爱好的占比28.8%,有3项及以上特长爱好的占比37.5%。

从未成年人具体擅长或爱好的艺术或科技类活动来看,分布较广泛,其中排在前三位的是绘画、器乐和乐高拼搭,选择比例分别为50.3%、37.2%和36.5%。其他诸如棋类、声乐、剪纸泥塑、舞蹈、书法、船模、航模、车模、机器人、演讲以及戏剧影视表演也获得部分未成年人的青睐。

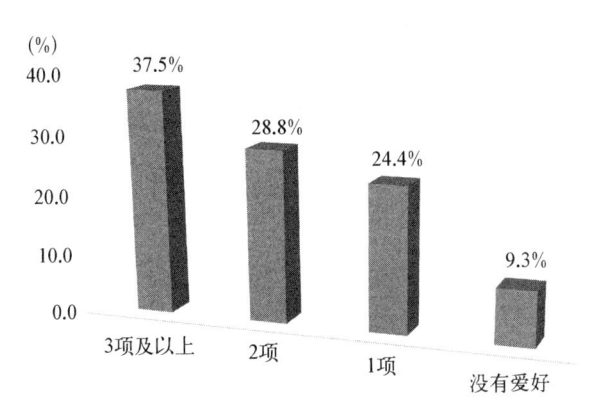

图6　未成年人有艺术或科技类特长爱好的数量

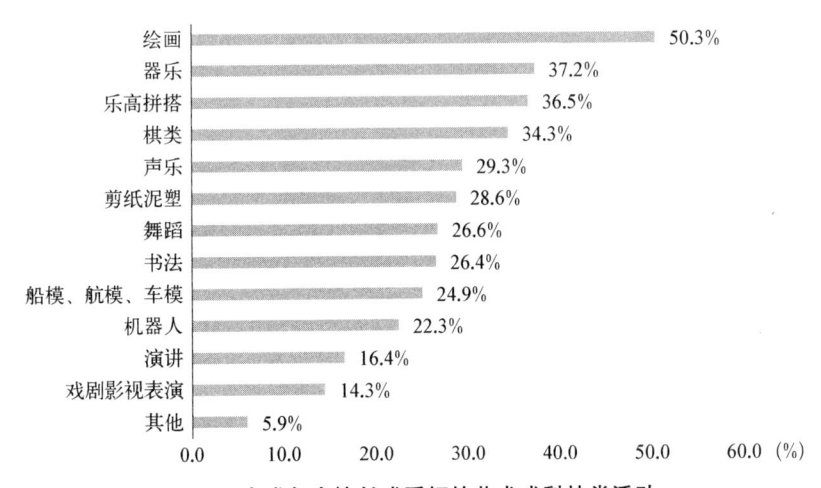

- 3项及以上：37.5%
- 2项：28.8%
- 1项：24.4%
- 没有爱好：9.3%

（资料来源：作者编制）

图7　未成年人擅长或爱好的艺术或科技类活动

- 绘画：50.3%
- 器乐：37.2%
- 乐高拼搭：36.5%
- 棋类：34.3%
- 声乐：29.3%
- 剪纸泥塑：28.6%
- 舞蹈：26.6%
- 书法：26.4%
- 船模、航模、车模：24.9%
- 机器人：22.3%
- 演讲：16.4%
- 戏剧影视表演：14.3%
- 其他：5.9%

资料来源：作者编制。

此外，大多数未成年人每个月都会接受一次甚至更多次的艺术熏陶。未成年人最常参与的艺术活动或驻足的艺术场所主要有看电影，去博物馆、美术馆，听音乐会，看儿童剧、戏剧、话剧、歌剧，听演唱会，看杂技马戏、舞蹈芭蕾表演等。可以说艺术已经成为上海未成年人生活的重要组成部分。从小浸润在艺术的氛围中，对于培养未成年人的审美能力，提高未成年人的品位和鉴赏力非常有帮助，这也有助于提升上海这座城市的文明程度和文化凝聚力。

（五）未成年人关注城市发展，愿意积极参与社会建设

在以更加积极的视角定位青少年在城市发展中的地位和责任的基础上，《上海市青少年发展"十三五"规划》提出了"积极发展"的创新理念，指出要营造良好环境，促进青少年拥有的能力和力量的发挥，从而促进城市活力的不断增强和提升。

调查显示，作为城市的一员，未成年人关注城市发展，对于上海城市的变化持认可态度。具体来看，对上海在绿化生态、治安状况、卫生环境、室内吸烟、河道污染、空气质量和交通拥堵等方面的治理情况表示认可的未成年人比例分别为 81.2%、79.4%、77.7%、73.1%、71.5%、70.1%和 60.8%。

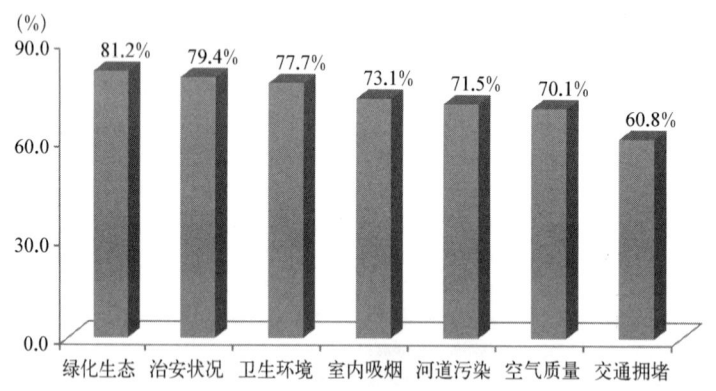

图 8　未成年人对上海城市治理的认同度

资料来源：作者编制。

在关注城市发展，认同城市变化的同时，未成年人也拥有积极参与社会建设的意愿和行为。调查显示，有 73.7%的人认同未成年人对影响其本人和群体的各类事项拥有自由表达意见的权利，同时，有近六成（56.9%）的人参加过与未成年人相关的政策决策以及社区的各项决策，具体形式包括参加讨论、投票、表决或提出意见、建议等。此外，有 76.8%的人认同未成年人应主动为社会进步出谋划策，贡献力量；有 74.3%的未成年人表示自己愿意更积极地参与社会政策的制定过程。与此同时，也应注意到有 79%的人认为需进一步拓宽未成年人社会参与的途径，社会应为未成年人提供更多参与机会，构建更通畅的参与平台。因此，我们要注意到未成年人对拓宽社会参与的途径的要求，为未成年人提供更多参与社会的机会，构建更通畅的参与平台。

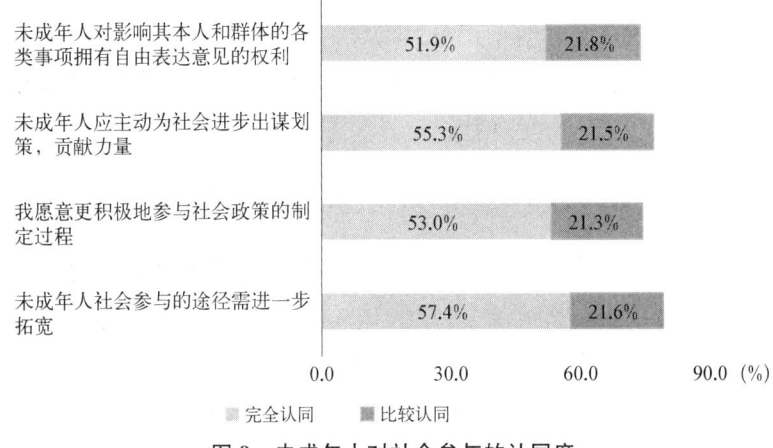

时代发展中的家庭与青少年 | 319

图9 未成年人对社会参与的认同度

资料来源：作者编制。

（六）学校德育推进扎实，校园文化建设成效凸显

"立德树人"是教育的根本任务。调查发现，学校育人推进扎实，德育课程的实施开展有序，学科育人的成效凸显，未成年人对于思想品德课（思想政治课）以及语文、数学等基础类学科在思想品德培养方面发挥作用的满意度均达到九成。同时，近年来上海市教委将立德树人、培育和践行社会主义核心价值观主题实践，深化民族文化传承等与校园文化建设紧密相连，通过"一校一品"等特色活动推动各级学校开展主题鲜明、内容丰富的校园文化活动，使校园文化建设成为推进学校德育的有效载体，而未成年人对于丰富多彩的校园活动的满意度也达到了九成。

（七）家庭物质基础良好，亲子关系融洽和谐

伴随着社会经济的发展，家长的育儿心态也发生了巨大改变，从追求数量的养儿防老到如今重视未来发展的望子成龙，已然成为普遍的现象，而家长对孩子教育的重视也体现在了对教育投入的增加上。调查显示，未成年人拥有良好的家庭物质条件，八成五的未成年人拥有独立的房间，九成五的未成年人拥有独立的书桌，而未成年人拥有电脑和手机的比例也都达到了七成，与此同时，家庭用于未成年人教育的年支出比例呈现上升趋势，对此不少家庭明显感到经济压力。家庭是未成年人成长的最主要场所，家庭氛围和亲子关系的优劣不仅关系到家庭的和谐幸福，更是影响未成年人健康成长与否的关键因素。调查显示，九成未成年人拥有良好

的亲子关系,在日常生活中与家长保持着良好的交流和沟通,家长也会主动及时了解子女的学习和生活情况并给予积极的指导。另一方面,和谐的家庭关系也被未成年人所认可,约九成未成年人对自己与家长关系感到满意,并认为家长能够以身作则,为自己树立良好的榜样作用。

(八)校外活动场所覆盖面扩大,服务功能不断完善

校外教育在促进未成年人素质全面发展过程中有着不可替代的独特作用,是全面实施素质教育的重要组成部分。近年来,在上海市委、市政府的高度重视下,《上海市校外教育工作发展规划(2009—2020年)》《上海市校外教育三年行动计划》等文件的相继印发和落实,使得校外活动场所在健全管理体制、建设活动阵地、架构内容体系、加强队伍建设、探索校内外教育衔接等方面取得了长足进步:建设了一批学生社区实践指导站、中华优秀传统文化传习示范基地和市级示范性校外教育活动场所;开发了一系列未成年人社会实践主题教育活动;形成了一批具有时代特征和上海特点的未成年人校外教育活动品牌项目,在提升未成年人的学习能力、实践能力、创新能力上做出了积极的贡献。调查发现,各类未成年人校外活动场所的服务项目设置情况较好,在显著位置公示了对未成年人的服务项目,设置了服务于未成年人的专门场地、项目、解说词,并通过配备安全保护人员,设置安全警示标志等措施积极确保活动场地、设施、器材的安全性。覆盖全市的校外活动场所以及功能齐备的场馆设施获得了未成年人的高度认可,调查显示,近九成未成年人对校外活动场所供给和服务质量表示满意。

四、挑战与建议

未成年人在成长发展过程中仍然存在一些瓶颈问题,面临一些新的情况,这既是当前未成年人发展面临的挑战,同时为上海未来的未成年人工作指明了方向。

(一)未成年人睡眠和体锻时间不足,家校合力仍需加强

未成年人睡眠时间和体育锻炼时间仍然有所不足,需要引起重视。本次调查显示,65.4%的小学生睡眠时间在10小时以下,73.2%的初中生睡眠时间在9小时以下,73%的高中生睡眠时间在8小时以下,都没有达到相应的睡眠时间标准。甚

至还有部分小学生、初中生和高中生的睡眠时间在6小时以下。睡眠不足会影响生长素的分泌,导致内分泌紊乱,不利于孩子的生长发育,而且会引起精神状况不佳,影响第二天的学习效率,长此以往,非常不利于孩子的健康成长。在体育锻炼方面,调查显示,有60.8%的未成年人每天体育锻炼时间在1小时以下,未能达标,有的未成年人甚至几乎没有任何体育锻炼时间。不锻炼身体会导致身体素质下降、体能不足,影响孩子的精气神,还会导致疾病发生率上升,从长远看,对成年之后的身体健康也会有不良影响。充足的睡眠和体育锻炼时间是未成年人身体健康成长的基本保障,作为未成年人成长的老大难问题,需要家庭、学校和社会联手解决。我国《未成年人保护法》第20条规定:"学校应当与未成年学生的父母或者其他监护人互相配合,保证未成年学生的睡眠、娱乐和体育锻炼时间,不得加重其学习负担。"具体而言,家长应督促孩子养成良好的睡眠和体育锻炼习惯,在家庭中尽力保证孩子充足的睡眠和足够的体育锻炼时间;学校可制定午睡制度,帮助孩子在白天补充睡眠,同时应保障学生体育锻炼的时间、场地和设施。通过家校合作,为未成年人创造更为宽松的环境,保障未成年人基本的身体需要。

(二)学业压力依旧显著,减负改革期待新突破

课业负担过重一直是教育领域的难题之一。《全国中小学生学习压力调查》显示,上海学生的日均作业时间超过3小时,和湖北黄冈并列全国第一。上海市教委近年来一直将减轻中小学生过重学业负担作为上海深化教育领域综合改革的重点工作推进,并成立了市级层面的减负工作小组,构建了跨部门统筹协调、协同推进的工作机制,出台了各类"减负"政策,如推行零起点教学、限制作业时间、控制考试难度等,并配合以开展放学后"快乐30分"活动、规范净化教育培训市场等,指导民办中小学招生评价等"减负组合拳",获得了显著成效。但不可否认,一些发生在日常教学中的不规范行为,也给推行减负带来了阻力。调查发现,上海各级学生的实际作业时间大大超过市教委的规定时间数,近八成的小学生,近3/4的初中生和1/3的高中生每天作业时间超过教委的规定;有超过半数的高中生、初中生和1/4的小学生认为作业负担过重;同时,有1/3的未成年人所在学校存在利用节假日、双休日组织学生上课或集体补课的现象。除了学校的学业负担之外,未成年人来自家庭的学业负担也较大。调查显示,超过一半的未成年人参加了校外补习班,八成未成年人每天除了学校布置的作业之外还需完成家长布置的作业或校外补习的作业。破解"减负"难题,还需要政府、学校、家庭和社会的共同努力。当下"减负"政策存在一定

的表面性和低落实度，一方面，要进一步加强对学校和教育机构监督管理的精细化，严格责任追究制度，让"减负"措施真正贯彻到实处；另一方面，在治标的同时更要治本，要继续推进升学考试制度改革和推进办学质量均衡，根本上解决教育资源不均衡、分数是升学唯一指挥棒的状况，切实改善学生的过重学业负担。

（三）未成年人学习兴趣有待提高，教学改革仍需深入

求知欲是人的本能，爱学习是人的天性，但是当学习压力过大时，人的天性会受到压抑。调查显示，有52.7%的未成年人完全认同学习是快乐有趣的，但是如果分年级来看，会发现随着年级的增长，未成年人对学习的兴趣在不断下降，其中，完全认同学习是快乐有趣的，小学生、初中生和高中生的比例分别为64.8%、43.5%和34.9%，呈现不断下降的趋势；而对学习持一般或负面的态度，小学生、初中生和高中生的比例分别为11.6%、26.5%和37.2%，呈现不断上升的趋势。在学习的主动性上，也呈现出相同的特点。调查显示，有45.3%的未成年人表示自己学习时很主动，不需要老师和家长的催促。但是如果分年级来看，会发现这种主动性会随着年级的增长而不断下降，其中，完全认同自己学习时很主动，小学生、初中生和高中生的比例分别为50.3%、44.3%和32.8%，呈现不断下降的趋势；而对学习主动性持一般或负面的态度，小学生、初中生和高中生的比例分别为20.5%、25.6%和35.9%，呈现不断上升的趋势。之所以会出现以上现象，原因在于随着年级的增长，未成年人承受的学业压力不断增长，因此对学习的兴趣和主动性不断下降有关。如何调动未成年人的学习兴趣和学习主动性，是学校、家庭和社会要关注的问题。爱因斯坦曾说过："兴趣是最好的老师。"所以学习中要注重激发未成年人的学习兴趣，提高学习的主动性和有效性。学校教学中要进一步深化教学改革、创新教学方式，教师要善于运用各种教学方法引导学生学习，促使学生爱学、乐学、善学。在学校教学中，未成年人不是消极被动的被教育者，而是积极主动的参与者和学习主体。教师要根据不同年龄段未成年人的身心发展特点，创设符合未成年人学习特征的情境，促使学生积极主动地参与到学习过程中。家长要善于观察和引导未成年人的兴趣，做到因材施教、因趣施教，要留给未成年人足够自我探索的时间和空间，切不可以各种学习任务将其课余时间填得过满，这样反而会降低未成年人对学习的兴趣和自主性。

（四）未成年人闲暇质量不高，闲暇教育有待加强

闲暇对于未成年人的成长有非常重要的作用，可以使未成年人的身心得到放

松,享受到美好生活,同时对未成年人发现自己的兴趣爱好,培养自我管理能力,提高审美情趣以及实现自我认同有积极作用。但是调查显示,当前未成年人的闲暇时间(不包括双休日)存在不足的问题,仅有43%的未成年人每天闲暇时间达到1小时,有57%的未成年人每天闲暇时间不足1小时,其中有14.2%的未成年人几乎没有任何闲暇时间,15%的未成年人每天的闲暇时间在半小时以内。此外,未成年人的闲暇质量不高,闲暇活动主要集中于读课外书、看手机和电脑以及看电视,这些活动虽然可以使未成年人得到放松并获得一些知识或信息,但是相对比较单一,缺乏社会性和互动性,对于培养未成年人的利他性以及社会交往能力无所助益。学校应重视闲暇教育,有条件的学校可以编制闲暇教材,开展相应的闲暇教育,加强对未成年人的闲暇引导。家长可以有意识地引导孩子在闲暇时间参加一些社会活动以及志愿者活动,培养孩子的社会交往能力和利他意识及能力。社会要尽可能为未成年人提供闲暇活动场地和设施,帮助未成年人健康成长。

(五) 网络对未成年人存在不良影响,媒体素养教育仍需增强

网络是一把双刃剑,在给人们的生活带来便捷的同时,也会带来一些新的问题。其中,网络成瘾对未成年人而言是一个比较突出的问题。调查显示,有13.7%的未成年人认同自己常常因为上网忘记做作业或拖延做作业的时间。而且这一问题会随着未成年人年级的增长而变得更为严重,对于认同自己常常因为上网忘记做作业或拖延做作业的时间,小学生、初中生和高中生的比例分别为10.1%、11.7%和25.5%,可见高中生在网络失控的问题上最为严重。而且未成年人对网络信息还存在选择、鉴别和评估能力不足的问题。当前未成年人使用网络的自控能力以及针对未成年人的媒体素养教育仍需加强。有条件的学校可以编制媒体素养教育的校本教材并开设相关课程,帮助未成年人提高对媒体的认知、辨别、批判及信息获取能力。家长也可有意识地引导未成年人有节制地使用网络,如和孩子约定上网时间,制定上网规则并有效执行,在孩子使用的电脑或手机上安装绿色上网软件,帮助控制上网时间、筛选上网内容等。

(六) 社区未成年人活动场所使用率偏低,便捷性有待提升

2015年,中共中央办公厅、国务院办公厅印发《关于加快构建现代公共文化服务体系的意见》,提出保障特殊群体基本文化权益,特别是将未成年人作为公共文化服务的重点对象。社区未成年人活动场所是社区未成年人公共文化服务的有效

载体。调查显示,社区未成年人活动场所的设置情况基本良好,但存在未成年人对社区活动场所的知晓率和使用率偏低的问题。如有三成的未成年人不知道社区图书馆的地址和开放时间,有超过六成的未成年人不知道社区活动中心和社区运动场所的地址和开放时间;同时,有30.6%的未成年人从来没有使用过社区活动场所。究其原因,除了宣传不足、活动内容单调等现实问题之外,社区未成年人活动场所的分布不均也是主要障碍之一。调查发现,有19.8%的未成年人家至社区活动场所所需时间在30分钟以上,甚至有7.4%的未成年人家到社区活动场所需要花费1个小时以上。进一步加强社区未成年人活动场所建设,一是要加大宣传力度,拓宽宣传途径,提升社区未成年人活动场所的知晓度;二是要丰富活动形式和内涵,增加社区未成年人活动场所的吸引力;三是要切实推进社区未成年人活动场所的规划建设和布局合理,缩小区域差异,提升使用的便捷性。

(魏莉莉、裘晓兰,原文以《上海未成年人成长发展状况研究》为题,载于《上海蓝皮书:上海社会发展报告(2019)》,社会科学文献出版社2019年版)

被"结构化"的童年与一场思想的革命

童年曾是天真烂漫、游戏玩耍的代名词。罗大佑在《童年》中描述的无忧无虑的童年,是过去几代人的集体记忆。那时的儿童,在参加学校学习的同时,有大量自主的时间参与同伴游戏、与人交往互动,并由此习得进入社会需要的态度、知识和技能。但是,近十余年来,中国儿童,特别是城市中等收入家庭儿童的日常生活发生了显著改变。一种被成人主导的高度"结构化"的童年样式和普遍的育儿焦虑一起,赫然呈现并成为醒目的社会景观。本文拟从个体生命历程中的"成年"与"童年"的关系,以及"成人"与"儿童"的权力关系的视角,分析和理解"结构化"童年与育儿焦虑形成的逻辑、后果以及可能的应对办法。

一、儿童生活的高度"结构化"

个体总是受到其身处的结构环境的制约,又会以社会行动者的姿态,在环境中探寻自我的空间。和这一般景象不同,今天很多儿童的生活,却是被高度"组织化""结构化"。其自主游戏、玩耍、社会交往的时空被严重限缩,追求并享受个人兴趣爱好的机会被削减,日常生活越来越多地被成年人控制。家长和学校安排中小学生(甚至学前儿童),进行大量的学习、练习、培训,剥夺了其自主活动的可能。

笔者在多地的调查发现,不少中小学校的非正式课程与活动遭遇挤压,学校生活的正式化程度不断趋高。其间有组织的活动增多,学生自主自发的活动减少。语文、数学、英语等列入正式考试的学科教师,时常和体育、美术等"副科"教师协商,占用"副课"时间上"主课",以求用更多的时间、更多的教与学,换取学生考试成绩的提升。学生在校内的课间时间、午休时间,校方也有正式的安排。有的学校明令禁止学生在课间或午间"游走""嬉戏""追逐",学生大多只能安静地待着,或进行动作幅度较小的平和的交流。因此,不少中小学校课间、课外的操场,常常平静冷清,见不到学生欢乐热闹的身影,他们的身体与动作已被严格规管。在校方看来,这种规训有其充分的合理性:一则可以减少学生在校意外伤害的机会,也减少由此引起的家长对校方的追责;二则以课程学习替代玩耍的做法,与家长追求学习成绩的目标完全契合。

学校生活非但越来越正式,还向儿童校外的生活世界侵略。中小学生的闲暇生活,遭遇正式学校教育教学活动的挤压,导致其闲暇生活亦出现高度组织化倾向。教师布置的课外作业,使得相当一部分孩子需要长时间留在书桌前。教师和家长利用社交媒体组建的家长群亲密联手,精心安排学生的日常。在这里,家庭和学校形成了高度统一的利益同盟,其目标都在让孩子取得好成绩。在一些地区,学校如果不布置课外作业,或者布置的课外作业少了,家长还可能向校方直接抗议。至于儿童完成作业的艰辛和主观感受,成年人看在眼里,却又熟视无睹。他们高举"少壮不努力,老大徒伤悲"的文化旗帜,不舍却坚定地选择牺牲孩子现时的福祉,去尝试换取可能的未来成功。

校外培训产业的发展也为童年的"结构化"提供绵延不绝的动力。在城市,关于棋琴书画、音乐、体育、舞蹈等的兴趣培训,关于语文、数学、英语、物理、化学等的学科辅导,充盈了学生的课外时间。学科辅导班自然是为学科考试成绩的提升,而兴趣培训班亦是考试升学导向。因为特长、才艺等综合素质在小升初、初升高等升学考试中扮演着日益重要的作用,不少家长逼迫孩童从小参加各种兴趣班。这种兴趣班,与"兴趣"了无干系。学生参与其间,并非基于自身的选择,而是升学制度以及父母对升学制度的理解使然。为了在激烈的竞争中胜出,有的孩子同时参加六七类校外培训与辅导班。有的家长一年在一个孩子身上花费的校外培训费用,高达20多万元。他们的孩子闲暇时间被挤占,整日在不同的培训班之间来回转场。

学校教育正式化程度不断提升并向校外延伸、闲暇生活的教育化,显著改变了儿童时期个体生活的样态。在这种新型的童年中,儿童并没有多少选择的余地。睡眠时间显著减少,日光下的自由玩耍、游戏娱乐、社交互动的时间与空间被高度压缩,灯光下的作业和学习时间显著增加。即使是有限的玩耍、旅行时间,父母也会竭力将其安排得富有教育意义。一位上海小学生家长语气淡然却坚定地说:竞争这么激烈,孩子的时间太宝贵,一分钟都不能浪费。据媒体报道,北京一位"海淀妈妈"则声称,"从一年级开始,我的孩子没有虚度过一天"。因为这样的认知和实践,孩子的一言一行都被成人安排设计。一些家长甚至或公开或隐蔽在孩子的卧室、书房安装摄像头,全程监视孩子。

二、"结构化"童年的生成逻辑

关于童年的社会文化规定,与社会组织秩序、教育制度、文化体系、成人与儿童的关系等紧密相关。中古时代并没有专门的学堂,孩童从小就参与到家务劳动与经济生产过程之中。菲利普等人认为,那时候的儿童,其实就是身体较小的成年人,要承担和成年人一样的责任与义务。工业化之后,现代学校制度方才诞生,专用于为未来做准备的"童年"才作为社会结构要素而存在。"结构化"童年及家长的育儿焦虑,与竞争性的升学制度、社会地位焦虑、市场消费主义的影响等因素密切相关。

竞争性的升学制度与民众的社会地位恐慌是成人社会不断"鸡娃"的基础性动因。高考制度恢复之后,教育在促进人们上向社会流动方面始终扮演重要作用。因此,优质教育资源成为人们竞相追逐的目标。大多数中等收入人群自身的受教育程度、职业、收入,都是其通过努力奋斗而成的。在他们看来,自致性因素如果不持续强化,社会地位就难以提升并维持。为了孩子和家庭的未来,"鸡娃"是必需的选择。这种对孩子未来的考虑,经由父母绝对权威的监护实践,成为支配儿童日常生活的不可抗拒的力量,也成为套在父母自己身上的沉重枷锁。但无论孩子如何辛苦,"鸡娃"是受到重视教育的文化传统肯定的选择,也与教育的社会分层逻辑高度契合。

在催生"结构化"童年和父母育儿焦虑方面,校外教育培训产业的市场逻辑,扮演了重要的角色。在逐利动机下,教育培训机构一边迎合家长的诉求,通过提前学习、大量刷题、找寻答题捷径等技术策略致力于提升孩子的考试成绩。只要能提高学生的分数,教育培训机构就能累积声誉,并进一步制造教育培训的市场。而家长和培训机构愿意承担原本由学校承担的教育教学任务,则完全符合作为理性行动者的学校的利益。有家长反映,一些教师看到大多数孩子在校外提前学习,在课堂里对大纲规定的基础知识甚少讲解,而是以更快的节奏带领学生挑战更大的难题。显然,逐利的市场获得了正式教育体系的认同,并塑造了以家长育儿焦虑、儿童学业负担重为特征的新的教育过程与教育体制。在这个意义上,童年的"结构化"过程其实是市场的产物。

"结构化"童年的形成，不仅深刻改变了儿童的日常生活，也改变了家庭生活方式与社会组织方式。在家庭层面，育儿的社会焦虑情绪广泛弥漫。近年来，无论考试制度怎么改革，无论国家对教育培训市场如何规范，"鸡娃"始终是家长的最可靠选择。所有能够协助家长"鸡娃"，能够协助孩子赚分数的安排，都有巨大的市场营利空间。教育培训机构由此成为蓬勃兴起的现代服务业。越是能够帮助孩子考试升学的机构，其市场越大。在这里，市场的逻辑、成功主义的文化与家长的地位焦虑一起，共同生产并维护着高度"结构化"的童年。

三、儿童抗争与童年的未来

儿童不是被动的服务接受者，而是有自身能动性的社会行动者。他们总是会以自己的方式去感受、认知、理解和阐释周遭世界，并由此和成年人一起实现对社会生活以及童年自身的再生产。"结构化"童年的未来走向，既取决于成人社会的安排，也取决于儿童的选择。

儿童以学习为中心，家庭以儿童为中心，这在中国社会合情合理。但是，当这个逻辑变得过于强大，儿童的生活世界就只有学习，其他的感受和需要则被有意无意忽视。一些极端的"虎爸""虎妈"甚至通过"吼""骂"和体罚，引导、逼迫孩子无休止地学习。但儿童并不是任由成人摆布的玩偶，他们始终有自己与世界相处的方式，有属于他们自己的主体性、利益诉求与情感需要。面对成年人的超强控制，他们会尝试以自己的方式予以应对。调查发现，一些孩子表面顺从父母佯装读书，实际上偷偷干自己喜欢的事情，用形式主义面对父母不可抗拒的要求。一些孩子假装按照父母的要求参加各种辅导班，但选择在辅导班里和同龄的孩子交流、玩耍并享受同伴交往的快乐，在高度结构化的空间中探寻并享受属于他们自己的同伴文化。还有些孩子则以哭闹、顶撞、冲突的方式，正面抗议父母的安排。这些选择和互动，正在逼迫成人社会重新认识"结构化"童年的合理性。

当前，很多家长一面继续"鸡娃"，一面感慨教育不能继续这样下去。家长在不断管控孩子、用心安排孩子学习的同时，又生怕他们无法承受重压，他们在各种社交群里交流着育儿的焦虑和应付焦虑继续"鸡娃"的办法。在公共政策层面，包括上海在内的一些地方政府开始了新一轮的招生制度改革，尝试化解优质教育资源不足带来的过度竞争。教育部门在试图整顿校外培训的秩序，政府相关部门开启了大规模的家庭教育指导活动,试图帮助家长科学育儿。显然,儿童的反抗已经唤起成人社会的反思,这些政策调整与制度实践正是人们对童年过度"结构化"态势的拨乱反正。但是,如果只是有限度地改革考试制度、限制校外培训等技术层面的调整,人们断然难以摆脱育儿焦虑这个集体困境。重新审视我们关于童年的社会文化规定,从根本上反思我们对童年的期待和安排的合理性,是走出"结构化"童年困境、告别育儿焦虑的根本办法。

我们需要一场关于童年的思想革命,由此重新建构个体生命历程中的"童年"与"成年"的关系框架,重新建构成人社会与儿童的关系框架。在个体的"童年"与"成年"的关系方面,社会和作为个体的家长都需要明确,"童年"是生命历程中宝贵的一段生涯,它的存在并非只是为"成年"做准备。"童年"不只是工具和手段,更是目的本身。"童年"时期,个体既要为成年生活做必要准备,也有充分的权力活在当下并享受儿童时期生活的美好。儿童时期的生活质量,是衡量个体一生幸福的重要指标。从这个意义上说,"结构化"童年的未来导向必须被消解。父母、家庭、学校、政府等成人或成人主导的社会设置,不能以教育或成就未来的名义去剥夺儿童游戏玩耍、同伴互动的时间和空间。在迈向社会主义现代化国家新征程的过程中,人们在追求物质成功、社会地位上升的同时,已经有条件去探索更个性化、更自主的生存之路,有条件让我们的孩子过一个属于他们自己的幸福童年。

在成人与儿童的关系方面,成年人的权力专横需要得到有效克制。儿童是有自身主体性的社会行动者。但在和孩子交往互动的过程中,成年人往往会凭借自己在亲子关系、师生关系中的权力主导地位,任意安排孩子的生活,支配控制他们的人生,不顾甚至完全不顾孩子的感受与选择。用摄像头监视孩子、用身体或语言暴力惩戒孩子的做法,无论其目的和动机多么正确,都只能增加童年的悲剧色彩,并激起儿童对"结构化"童年的抗拒。在关于儿童学校生活、闲暇生活的安排上,成年人如果能够蹲下身子,和孩子多一些真诚的讨论,就有可能和孩子们一起重新找回天真烂漫无忧无虑又积极向上的童年。

思想的革命往往是艰难的,何况关于童年的思想革命需要成年人自觉让渡、放弃对孩子的绝对支配权。我们能不能找回那个快乐、向上的美好童年,取决于每一个人是否真心诚意珍惜童年、尊重儿童。

(程福财,原文载于《探索与争鸣》2021年第5期)

AI 时代"教育内卷化"的根源与破解

一、"教育内卷化"和家庭焦虑的根源

"内卷"概念最早出现于格尔茨的《农业的内卷化》，形容一种"很辛苦又很不经济"的模式。时下，中国儿童教育也出现"内卷化"现象——大多数家庭、家长、孩子都在为超过"别人家"而努力，但到头来，所有人都感到精疲力竭，整体教育效益并没有显著提高。

从大的背景来说，家庭、家长们越来越焦虑，可能与我国社会经济发展过快有关系。过去经济发展较慢，社会竞争没那么大，社会节奏没那么快，学校排名之风没那么盛行，尤其是学历与收入的联系也并未像现在那么紧密，家长的心态也就比较平和。

时下，家庭、家长们的焦虑也与新科技的快速普及不无关联。研究发现：众多家庭存在的"鸡娃现象"与智能手机微信群的普及应用呈正相关关系。比如，当家长加入各种育儿微信群后，在微信群里看到的各种育儿信息越多，反而可能更加焦虑。原本每个家庭信息是闭环的，如今大家在一个微信群交流育儿经验，看似信息对称，结果却看到别人家如何"鸡娃"，别人家的孩子如何努力，结果导致越来越多家庭无法淡定，被迫卷入竞争，"教育内卷化"由此愈演愈烈，甚至有些家长从"孩子成绩焦虑"发展到"学校排座位焦虑"。

按照经典"焦点理论"，随着孩子年龄增长，家长对孩子的关注焦点一般会发生改变，相应也产生了不同的焦虑：（1）学龄前阶段，多数家长过度重视孩子各方面技能的学习及身体营养状况，往往忽略孩子本身行为习惯的培养，对心理健康的关注度也普遍较低。"幼小衔接"是引发此阶段家长焦虑的主因。（2）进入小学，学习问题引发家长较大范围的焦虑——孩子缺少学习目标和计划、学习缺乏自信、写作业不认真等成为家长关注的"焦点"问题。研究发现：除学校作业外，有七成小

学生仍需完成家长布置的额外学习任务,九成家长了解孩子学习情况的主要方式是看考试成绩。当然,小学学生的生活习惯依然是问题,他们的自理能力并未随年龄增长而改善,这与父母宠爱、家长担心学习时间被占用关系密切。其中,有三成半学生生活习惯问题是因沉迷电视网络而导致。(3)到了中学,尤其是进入高中,因学习成绩产生的焦虑情绪在家长中开始下降,"焦点"转向亲子沟通、互动、相处方面,约五成中学生不再或极少与父母沟通,父母与孩子冲突的数量明显增加。多数家长和孩子沟通的频率、质量明显下降,一些家庭出现了亲子关系恶化的状况。近五成孩子表示,不觉得和父母在一起相处是快乐的时光;九成家长坦言,与孩子交流的最大困难是不知道和孩子沟通的最佳方式。

与此同时,传统教育学的"焦点理论"也在遭遇新世代、新科技的挑战。尤其是互联网的出现,使以往教育模式从"雁阵模式"转为"重叠模式"。

过去孩子一出生,先是接受家庭养育,然后进入幼儿园、小学、初中、高中接受正规学校教育,再从大学毕业走上社会,接受社会规训,是一个经典的社会化过程。而进入互联网时代,比如疫情防控期间孩子居家上网课时期,家长扮演着督促孩子学习的角色,孩子同时要接受来自学校、社会各种多元化信息,这对传统的学校教育、家庭教育构成挑战,导致家庭、家长和孩子普遍感到焦虑,未来家校社协同育人的重要性、紧迫性凸显。

二、"精英教育"和"小众教育" 各具不确定性与风险

北京、上海、深圳等大城市人均GDP接近或超过2.5万美元之后,基本已跨越了"中等收入陷阱"。当家庭"基础民生"问题解决以后,人们自然会追求"质量民生"。"教育民生"自然而然地成为家庭普遍关注的头等大事。大城市的家长普遍不再担心孩子"有没有学上"的问题,而是担心孩子能否进优质学校。表面上看,这是孩子们的竞争,其背后实际反映了中国中等收入家庭的竞争与焦虑。甚至可以说,对不同教育模式的选择,事实上反映了中国不同家庭对未来社会所需要人才的一种趋势性判断。

一般来说,大多数家庭仍会选择传统的"精英教育",即让孩子按部就班、拼命刷题、千军万马过独木桥,走应试中高考的教育模式。也有一部分家长开始放弃上

述模式,选择"小众教育",去国际学校就读,走培养孩子的个性和自由、创新能力的教育模式,未来也不打算参加国内高考,准备送孩子出国。还有部分家庭则在上述两种教育模式之间犹豫、徘徊。客观地说,上述两种模式很难说谁优谁劣,关键要看孩子更适合接受哪种教育模式,但无论选择哪种教育模式,其实都存在不确定性与风险。

以"精英教育"为例,教育界曾对过去 30 年中国科大少年班的大学生发展做过追踪研究。回溯研究结果证实,过早定向的精英教育、天才教育,效果并没有想象得那么好。像科大少年班的既定目标是希望培养出一批立志于基础学科研究的科学家,但有研究通过对 3 162 名少年班大学生"长时段"的追踪调研发现,其毕业生中仅有 8% 最终成为从事科研或高校教授,而其他人不乏选择当和尚、快递员,也有人考了二级心理咨询证书,在社会上做心理辅导。当然,就总体社会环境而言,时下国内的大学毕业生,从事职业与所学专业对口率还不到 20%。中国科学院心理研究所科研团队发布的《中国国民心理健康发展报告(2019—2020)》显示,在询问研究生压力程度时,60.8% 的研究生自述压力比较大,22.7% 的自述压力很大,这表明压力情况在研究生群体中普遍存在,且比较严重。

再以出国留学为导向的"小众教育"举例,伴随出国留学大众化时代的来临,出国留学教育回报率越来越低。随着留学门槛的逐步降低,出国留学不再是富裕家庭才可以实现的目标,几乎每个人都有机会选择出国留学。《2019 年中国留学生意向调查报告》显示,忽略不清楚家庭年收入的部分(占 28.82%),家庭年收入为"11 万—20 万元"的占 23.45%,家庭年收入 10 万元以下的占 6.82%。留学生回国后,约 72% 的人进入企业,5% 的人开办自己企业,16% 的人正在寻找工作。从 CCG 调查数据来看,"海归"群体中 61% 的人选择回到自己家乡,13% 的人去了北京,8% 的人去了上海,7% 的人去了广东。由于近年来每年有约百万人回国,留学回报一年比一年低,单位没理想中那么好,工资也远未达到预期水准。因此,每个家庭对教育模式的选择、对教育投入与回报的权衡,也成为焦虑之缘由。

对此,有人曾提议说,现在高考是"一考定终身",要多考几次才公平。其实任何制度都无法做到尽善尽美,只能尽量减少缺陷。未来伴随新科技、新业态的不断涌现,个人更是越来越做不到"一考定终身"。这也说明,教育原本就具有不确定性与风险。教育学家比斯塔将其称为"教育的美丽风险",意思是指教育过程就是一个充满风险的过程,且教育就是因为这种风险的存在而美丽。而家庭教育需要面对的不确定性,则成为家长陷入焦躁的客观基础。我国的教育问题不仅仅是教育的问题,更是整个社会的导向问题。教育焦虑只是社会焦虑在普通家庭、每个孩子身上的一种折射。如若针对此类问题不做出制度性改革,教育焦虑及家庭成本将继续维持在高位。

三、AI 时代破解"教育内卷化"需各治理主体协同努力

在 AI 时代,新科技普遍应用的社会状态可用"加速"来描述。当下中国社会的"加速"状态,最突出地体现在,它从一种相对稳定和静止的形态迅速切换到一种不稳定和加速演化之状态。某种意义上,社会的"加速"正在解构原有的社会结构,也在形塑一种全新的社会形态。因此,现在很难再用单一办法来处理复杂性问题。学校教育包括家庭教育同样如此,必须通过构建家校社协同育人体系来解决上述难题。

(一)对于学校教育而言,教育评价须破除功利化的"五唯"评价

功利化评价反映在教育评价上,就是"唯分数、唯升学、唯文凭、唯论文、唯帽子"的顽瘴痼疾。在新时代要打破"五唯",建立起科学的过程评价、增值评价和综合评价体系。2020 年 10 月中共中央、国务院印发的《深化新时代教育评价改革总体方案》,要求"创新评价工具,利用人工智能、大数据等现代信息技术,探索开展学生各年级学习情况全过程纵向评价、德智体美劳全要素横向评价"。

第一,必须改变用分数给学生贴标签的做法,加强过程性评价,将参与劳动教育课程学习和实践情况纳入综合素质评价。过程性评价与终结性评价相结合,注重学生的多元评价,将分数评估与综合表现评价相结合、课堂表现与学科测试相结合、日常成绩与关键考试相结合。

第二,评价方法注重实证性,特别注重增值性评价,即在学校教育和学生学习成长的过程中,关注学校效能的改进与提高幅度、发展和变化倾向,以及学校所规定的发展目标的实现情况和学生成绩的提高情况,重视和强调学校质量的持续提高。

第三,教师评价不仅要对学生过去学习加以总结,也要对学生未来的学习做出方向性、路径性、策略性引领。把评价作为教育的内在动力,驱动教育立德树人目

标的实现。第四,学生是具体的人,其成长是一个连续的动态的过程,因此需要进一步强化过程评价,改进结果评价,更加关注学生成长状态。每一个具体的学生都是一个独特的个体,其学习和发展的起点、过程和结果都有很大的差异,因此评价必须尊重学生发展的差异性、丰富性。

(二)对于学校老师而言,切勿拿儿童"大脑"与"电脑"竞争

AI时代人工智能的算法,尤其是它的底层算法已经超过了人脑。据统计,人类顶尖围棋高手一辈子最多能下20万盘棋,而人工智能一个晚上能下100万盘棋,而且不知疲倦。这是数据之脑的特点,它做了人工、人脑无法做的事情。人类大脑容量是有限的,儿童大脑发展也是有阶段、有梯度的,其储存知识能力要大于提取能力,所以儿童的注意力是有限的。这就是为什么40分钟一节课,课间要休息的原因。儿童的神经回路会饱满,需要停顿。而机器深度学习,类似于蚂蚁寻找食物的过程。蚂蚁寻找食物就是无数蚂蚁不断试错的过程,最后有一只蚂蚁找到食物,它将信息传递给后面的蚂蚁,形成一个回路。所有蚂蚁就是通过不断试错,达到一个路径最优,这也就是我们通常所说的"底层算法"。机器会不断自我学习、自我复制,最终成为一个很聪明的机器人。而人脑容量是有限的,不可能像群蚁那样去反复试错。未来的大多数职业,凡是能够被机器人、人工智能替代的行业,人脑都会被替代。有人说现在70%大学生学的专业到10年以后将全部被电脑所取代。那么,我们现在学习还有什么意义呢? 未来学什么? 时下怎么学? 如何帮助孩子更智慧地学,这是我们学校教育、家庭教育指导工作面临的课题。总之,AI时代正在倒逼人们学习方式发生变革,我们教育评价也将随之发生变化。

(三)对于校外教育而言,社会教育目的是"将孩子心灵点亮,而不是将大脑塞满"

时下众多培训机构通过K12考试训练,把孩子整个大脑训练成考试机器。各种标准化考试,效率很高,但不符合教育本原。最近中央强调"五育并举",其根源正在于,人们过于关注孩子升学考试,一切围绕分数转,表面上强调素质教育如何重要,到了中高考,最终还是以分数作为选拔标准。这也是长期以来困扰教育学界的"素质教育"和"应试教育"关系问题,如今用新的话语方式表达,即是如何处理好"育分"和"育人"的关系。

AI时代社会教育应该大力倡导"ACE"(审美、创造、共情)学习策略。ACE学

习策略之所以被国际认同,优势在于它基本符合我们人类教育本原——"教育应将孩子心灵点亮,不是将大脑塞满"。数理化学习固然重要,但在电脑已反超人脑的时代,以刷题、标准化考试作为唯一标准的选拔模式显然已经落伍。机器深度学习已能很好地解决所有"算法"问题,故"大脑"不应再与"电脑"去竞争。而电脑无法超过人脑之处在于,人具有"审美、创造、共情"能力,ACE学习策略可以让儿童拥有比电脑更加丰富、更有厚度的生活审美、创新与生命体验。理想的教育应实现"高科技"与"高情感"的平衡,学校教育、家庭教育与社会教育应加强合作教育,倡导分享教育、融合教育。AI时代人的情感与社会关系会变得越来越简单,人机关系中人反而会变得被动。现在不少"10后"孩子被关在家里,仅凭电子设备来观察这个世界,而他们见到的世界都是片面和被"改造"过的。为此,必须通过亲子互动、校园文化、社会实践,综合锻炼儿童大脑,使其神经回路链接更加丰富多元。

(四) 对于家庭家长而言,应教会孩子敬畏生命、学会生存、感恩生活

敬畏生命对儿童来说,首先要尊重、珍惜自己生命;然后对动物、对大自然持敬畏之心。怀有敬畏之心的儿童,一般都会珍惜生命。学会生存,既要教儿童学会谋生本领,又不要太功利。应理解人生的"不连续性",学会目标和策略的区分。现在校园里有许多"A型学生",所谓"A型学生",是指传统观念里那些"好学生",他们成绩总是能得"A"。而"X型学生"则与之不同,他们的成绩并不一定拔尖,但愿意承担创新风险,勇于尝试新鲜事物,未来社会更需要"X型学生"。

市场经济固然要强调竞争、强调效率,但孩子过早地进入竞争社会,反而会影响其心智健康发展,故笔者主张"有机教育",即顺天时、适童心、不催熟、不"鸡娃",让每个儿童按照其天性发展。每个孩子有他自己的成长节奏,有的发展快一点,有的慢一点,但最终大多会"开花结果"。父母不必焦虑,而应静下心来陪伴孩子,在陪伴过程中发现孩子某种兴趣,然后因势利导地提供支持。特别是要教育孩子感恩生活,学会分享、学会善良、学会合作,孩子才会成长得更加自信、更加平和、更加善良。

(杨雄,原文载于《探索与争鸣》2021年第5期)

图书在版编目(CIP)数据

新时代家庭家教家风研究 / 李骏等著 . — 上海：
上海社会科学院出版社，2023
ISBN 978 - 7 - 5520 - 4254 - 2

Ⅰ.①新… Ⅱ.①李… Ⅲ.①家庭道德—研究—中国 Ⅳ.①B823.1

中国国家版本馆 CIP 数据核字(2023)第 195642 号

新时代家庭家教家风研究

著　　者：李　骏　王　芳 等
责任编辑：董汉玲
封面设计：周清华
出版发行：上海社会科学院出版社
　　　　　上海顺昌路 622 号　邮编 200025
　　　　　电话总机 021 - 63315947　销售热线 021 - 53063735
　　　　　http://www.sassp.cn　E-mail：sassp@sassp.cn
排　　版：南京展望文化发展有限公司
印　　刷：浙江天地海印刷有限公司
开　　本：710 毫米×1010 毫米　1/16
印　　张：21.75
插　　页：2
字　　数：387 千
版　　次：2023 年 11 月第 1 版　2023 年 11 月第 1 次印刷

ISBN 978 - 7 - 5520 - 4254 - 2/B·338　　　　　定价：98.00 元

版权所有　翻印必究